鲍春波 编著

高等院校程序设计规划教材

问题求解与Python程序设计

清华大学出版社
北 京

内容简介

本书以问题求解为核心，在分析问题、解决问题的过程中融入 Python 语言程序设计的基本思想和方法，立足于专业基本功的训练和应用工程型人才的培养。书中的每个章节都围绕几个案例问题展开，按照“问题描述、输入和输出样例、问题分析、算法设计、程序实现，以及相关的知识点讨论”来组织内容，各种语法现象和程序设计方法只有用到时才进行讨论，自然而然地出现在读者面前，符合人们的认知规律，容易理解，便于掌握。本书的每个程序清单都可以扫描二维码进行在线查看，均可以在 Python 3 的环境下运行测试。本书每章精心安排了一个实验，读者可以扫描每章末尾的实验指导二维码免费获得。

本书可以作为高等院校计算机相关专业本、专科“Python 语言程序设计”课程的教材，也可以供非专业的 Python 语言程序设计算机二级等级考试和广大程序设计爱好者选用。

图书在版编目(CIP)数据

问题求解与 Python 程序设计/鲍春波编著.—北京：清华大学出版社，2021.1
高等院校程序设计规划教材
ISBN 978-7-302-56665-6

Ⅰ. ①问… Ⅱ. ①鲍… Ⅲ. ①软件工具－程序设计－高等学校－教材 Ⅳ. ①TP311.561

中国版本图书馆 CIP 数据核字(2020)第 203681 号

责任编辑：袁勤勇 杨 枫
封面设计：常雪影
责任校对：焦丽丽
责任印制：刘海龙

出版发行：清华大学出版社
网 址：http://www.tup.com.cn，http://www.wqbook.com
地 址：北京清华大学学研大厦 A 座 **邮 编**：100084
社 总 机：010-62770175 **邮 购**：010-83470235
投稿与读者服务：010-62776969，c-service@tup.tsinghua.edu.cn
质量反馈：010-62772015，zhiliang@tup.tsinghua.edu.cn
课件下载：http://www.tup.com.cn，010-83470236
印 装 者：三河市君旺印务有限公司
经 销：全国新华书店
开 本：185mm×260mm **印 张**：24.5 **字 数**：594 千字
版 次：2021 年 1 月第 1 版 **印 次**：2021 年 1 月第1 次印刷
定 价：59.80 元

产品编号：088608-01

前言

Python是大数据时代最受欢迎的程序设计语言之一，是很多高校本、专科学生的一门必修课或选修课。特别对于高校计算机相关专业来说，很多学校已经把它作为大一学生学习的第一门计算机课程，因此它不仅仅是专业的基础课，为学习后续课程打基础，还肩负着如何激发学生的学习兴趣、培养学生的专业基本功、培养学生分析问题解决问题的能力、引导学生成为合格的专业人才（即启蒙、入门）等重任。作者在多年的教学实践和工程实践中一直在思考一个问题：计算机专业的第一门课到底讲授什么、怎么讲授才能符合应用工程型人才的培养目标，才能体现这门课该起的作用。带着这样的问题，以福建工程学院校级精品课程建设为平台，不断地进行理论教学和实验教学改革，吸收和学习国内外先进的教学理念和方法，于2015年9月由清华大学出版社出版了比较有特色的教材《问题求解与程序设计》(C语言版)。该书自2015年出版以来，得到很多老师和同学的认可。年轻的老师通过这本教材的教学大大提高了程序设计的教学能力，大学一年级的学生通过这本教材的学习，对程序设计，对计算机科学产生了浓厚的兴趣，开启了他们程序设计和软件开发的人生之旅。由于严格的在线评测程序设计风格，问题求解为核心的软件工程思想体系，以及特别注重分析问题解决问题能力的培养，专业的程序设计基本功的训练等显著特征，《问题求解与程序设计》(C语言版)2017年被福建省教育厅评为福建省特色优秀本科教材，作者所在的教学团队，福建工程学院信息工程与计算机学院软件工程教研室荣获福建工程学院教学成果二等奖。这两年来，作者一直在给数据科学与大数据技术、软件工程等专业的学生教授"Python程序设计"课程，一直想在《问题求解与程序设计》(C语言版)的基础上，出版一本同样风格的《问题求解与Python程序设计》，现在终于完成了，这要非常感谢清华大学出版社的支持。

教材的特点

教材每章的开始处列出了该章的学习目标，引出了该章要讨论的话题和要解决的问题。每章的最后给出了"你学到了什么?"一节，帮助读者理顺一章中的基本概念和重要知识点，提出了若干疑问请读者回答，如果读者回答有困难，就要回头查看相关的内容，再次消化理解。每章设计了比较丰富的程序练习题，对读者的程序设计能力给以强化训练，读者可以借助在线评测平台，自主练习。另外，每章还设计了比较综合的项目问题，读者可以尝试。除此之外，本书还有下面一些突出的特点。

1. 以问题求解为核心

学习程序设计的目的就是要解决实际问题，训练和提高分析问题和解决问题的能力。因此本书精心组织了 41 个案例问题。每个章节都围绕解决某个或某类案例问题来展开。把各种语法现象和编程技巧与规范融入解决这个问题的具体过程中。在解决问题的过程中学习程序设计的方法，训练程序设计的功夫。对于每个案例，经过分析、设计之后，给出完整的程序实现清单，教师或学生可以先运行程序，从感性上了解程序的输入输出和运行结果，然后详细展开几个相关的知识点。

2. 融入软件工程的思想

对于每个案例问题，首先按照问题描述和输入、输出格式的要求进行全面分析，明确要做什么，考虑各种可能的情况。对每一情况都给出具体的算法设计方案（伪码或流程图）、对应的代码实现（程序清单），然后对程序或算法用一组测试用例进行运行测试（这个运行测试是实时演示，教材中省略）。不管案例问题是大还是小，都严格按照这样的过程展开，进行强化训练。

3. 遵循循序渐进的原则

传统的教材都是比较集中地介绍各种语法现象，学生比较难以接受。本书采用循序渐进的原则，螺旋式展开，在问题求解需要的时候才介绍语法规范和注意事项。具体表现在以下几个方面。

(1) 对于数据类型和运算来说，在第 2 章只是介绍了整型数据和浮点型数据、算术运算和赋值运算。在第 3 章介绍了字符型数据、布尔型数据，关系运算、逻辑运算和条件运算。在第 4 章介绍了自增、自减运算和复合赋值运算，第 7 章引出了列表、字典、元组类型，第 8 章利用了集合类型等。

(2) 对于变量的存储类别和作用域来说，先在 5.1.3 节（函数调用）初步认识，然后在 5.2.3 节（函数调用堆栈）介绍局部自动变量和局部静态变量以及单文件内的外部变量。之后进一步介绍应用程序范围内（多文件之间）的全局变量，还介绍了单文件范围内的静态函数——私有变量和私有函数。

(3) 对于面向对象，从常用的整数对象、浮点数对象开始，到字符对象、字符串对象、range 对象、函数对象，在前 5 章中逐渐展开，到第 6 章正式讨论面向对象的思想，介绍自定义类的方法，并借助 tkinter 模块中各种小构件类，加深对类和对象的理解，第 7 章通过批量数据的处理问题，介绍了序列类型 list、tuple 和映射类型 dict，第 8 章是面向对象的提高，介绍了代码重用的两种机制“组合和继承”，多态性，抽象基类等，在第 9 章介绍了跟文件相关的对象。在第 10 章介绍了 NumPy、Pandas 库中的对象等。

(4) 对于异常处理机制，从第 3 章的含有判断的程序开始，就引出了异常的概念，使用了异常处理结构。第 4 章讨论程序的容错能力，正式介绍了异常；在第 8 章面向对象程序设计之后，再仔细研究异常类的层次结构（这一部分留给读者自学）。

(5) 对于格式化输出，本书开始使用的是 C 语言风格的%表达式，然后介绍了 format 函数，以及字符串的 format 方法，在第 4 章给出了最新的 f-string 方法，并且建议大家尽量使用 f-string 格式。

本书的亮点之一是图形程序设计贯穿始终，几乎每章都有。从 HelloWorld 开始介绍 turtle 库的海龟作图，富有趣味性，通过 turtle 绘图可以帮助理解选择判断结构、循环结构、函数等基本概念，到了第 6 章转为 tkinter 模块进行 GUI 程序设计，并在面向对象的程序设计中扮演重要的角色。对于数据分析一章，引出了 matplotlib 扩展库，可以很方便地绘制 NumPy 的 ndarray 类型的数据。

有人说 Python 程序设计没有指针，这是表面现象，应该说没有像 C 语言那样的用 * 说明的指针。实际上处处是指针。在 Python 中变量名是对象的引用，其实质就是对象的地址，因此凡是有标识符的地方实际都是指向对象的指针。Python 函数的参数传递，传递的是引用，传引用充分体现了引用的指针意义。在第 7 章的列表是一组有序（非排序）对象的集合，每个列表元素是通过对象的引用访问的，在第 8 章借助对象的引用给出了对象之间的链式存储方法，等等。

4. 程序设计在线评测

在线评测（Online Judge）本来是为各种程序设计竞赛提供的平台，通过近些年来的教学实践，大家都觉得在线评测用于程序设计类课程的教学效果很好。首先，由于每道在线评测的题目都精心设计了一组测试用例，学生要完成它，必须严格按照输入、输出样例的格式要求，仔细设计问题的求解算法。在设计过程中必须考虑各种可能的情况，不然就会导致部分测试用例不能通过。因此对于学生来说，非常有利于培养学生的专业素质，提高学生程序设计的能力。其次，由于是在线评测，学生提交作业之后会立即得到评测结果，因此如果在线评测的结果是 accepted，学生也会产生学习兴趣，带来一定的成就感。如果在线评测的结果是错误的，也会马上知道什么类型的错误，学生也会很快改正。对于教师来说，虽然需要比较多的准备时间，但是题目一旦设计好，基本上就不用手工评阅程序了。当然教师也应该抽查学生在线提交的作业，包括正确的和不正确的，从中发现问题。最后，在线评测与传统的作业完成方式相比更能训练学生的动手操作能力、问题求解能力。本教材从第 2 章起，每章都设计了 10 余道在线评测题目，全书总计包括 100 多道在线评测题目（部分题目不支持在线自动评测）。

5. 项目设计

从第 2 章起，每章最后都至少给出了项目设计题目。项目设计题目是一个规模相对比较大的题目，因此最好以小组为单位集体完成。组员之间彼此进行分工合作，这样可以培养学生的团队协作精神。在设计的时候，如果采用集成环境最好建立一个工程，特别是当项目规模比较大的时候更应该建立工程，这样可以方便地管理多个文件。

6. 课程平台

随着互联网的快速发展，特别是 5G 高速网络的到来，在线学习已经越来越普及。在线编译器、在线解释器和在线评测系统成为程序设计学习的热门平台。此外，如果想自己搭建一个含有在线评测的自主学习平台，也可以自己安装 moodle 系统，不过要另外安装一个 onlinejudge 插件。有很多高校的 onlinejudge 平台提供了丰富的在线评测题目，可以注册后练习。

7. 程序设计风格的培养

鼓励学生程序设计要练基本功。提倡先以命令行＋编辑器（特别是 Linux vim 编辑器）的方式进行程序设计。然后再考虑使用集成环境。

在书中多次提到 Python 程序设计的规范 PEP8，希望读者能仔细学习规范化程序设计，养成良好的程序设计习惯。

8. 在线学习资源

本书提供了全书 41 个求解问题的 113 个源程序清单，每个源程序均可通过手机扫码，在线查看或下载，如果在手机上事先安装了 Python3IDE 应用程序，可以直接运行该程序，查看运行结果，只须把查看到的源代码复制到 Python3IDE 的编辑窗口中，单击“运行”按钮即可。注意“查看程序”和 Python3IDE 是两个不同的应用程序，Python3IDE 打开后默认是一个编辑环境，等待用户输入代码，这时需要切换到查看程序界面，复制代码之后，再回到 Python3ID，粘贴代码。还可以在 Python3IDE 中对代码进行编辑修改。

本书还为每章设计了一个实验，提供了实验指导，每个实验指导同样可以通过手机扫码，在线查看或下载。

全书共有 10 章，各章内容概述如下。

第 1 章　绪论——计算机与程序设计。本章介绍了计算机的工作原理和它的快速计算能力和逻辑判断能力，特别强调这些能力都要通过存储程序来实现，因此进一步讨论了如何存储程序和数据、计算机系统中软件（程序）的重要性。为了使学生对程序有一个感性认识并产生一定的兴趣，介绍了典型的 Python 结构化程序，包括一个命令行的猜数游戏程序、一个 turtle 图形绘制程序，限于篇幅 GUI 窗口程序、嵌入式程序和网络应用程序没有列出。最后说明了写程序、开发软件要讲究方法，介绍了结构化方法和面向对象方法。程序设计还需要一个基本的开发环境，包括编辑器、编译器/解释器和调试器。对于编辑器，鼓励学生学习使用专业的 Vim 或者 Emacs 编辑器，并先在命令行环境下使用解释器，过一阶段再使用集成开发环境。要求计算机专业的学生必须练好打字基本功，并能够熟练地使用操作系统的命令窗口。

第 2 章　数据类型与变量——程序设计入门。本章通过 6 个问题的分析求解，使读者初步认识程序设计。通过“在屏幕上输出文字信息”的问题，介绍了 Python 结构化程序设计的基本框架以及标准输出函数，以及有趣的 turtle 模块中的在图形窗口写字的函数。通过“计算两个固定整数的和与积”问题，引出了常量与变量、整型数据、算术运算、赋值运算等概念。通过“计算任意两个整数的和与积”问题介绍了标准输入函数、测试用例和用流程图表示顺序程序结构的方法。通过“温度转换”问题的求解过程说明了变量初始化和运算的优先级和结合性的重要性。通过“求三个整数的平均值”问题引出了浮点型数据以及不同的数据类型之间转换等重要概念。通过“求圆的周长和面积”介绍了 math 模块中的符号常量 pi 的用法。通过海龟绘图问题，介绍了 turtle 库的特征，海龟按照指令爬行的轨迹就是图形。

第 3 章　判断与决策——选择程序设计。本章通过 5 个问题的求解，介绍了具有判断决策能力的程序该如何设计实现。通过“让成绩合格的学生通过”问题引出了逻辑常量、布尔型数据、关系运算、判断条件的各种表达形式，以及 Python 中进行逻辑判断的单分支选择结构。通过“按成绩把学生分成两组”的问题引出双分支选择结构和条件运算，同时分析了如果用顺序的两个单分支求解同样的问题会如何。通过“按成绩把学生分成多组（百分制）”问题的分析自然而然地引出选择结构的嵌套，同时给出了一种新的表达方式 if-elif-else 结构。通过“按成绩把学生分成多组（5 级制）”引出了字符型数据的表达方法。通过“判断闰年问题”引出了逻辑运算，从而给出了复杂判断条件的表达方法。把判断用在海龟作图的问题里，即判断点是否在圆内。

第4章 重复与迭代——循环程序设计。本章通过7个问题的分析求解，阐述了循环程序结构和3种控制循环的方法。通过“打印规则图形”问题分析了如何从重复的角度观察问题，使读者认识到发现问题中包含的重复因素的重要性，引出了while循环结构及计数控制循环的方法。通过“自然数求和与阶乘计算”问题引出了与while等价的for循环结构。通过“简单的学生成绩统计”问题的分析引出了标记控制（输入Ctrl-Z或Ctrl-D或特殊的值）循环的方法，因为这时不知道重复的次数。通过“计算2的算术平方根”问题的分析求解，介绍了误差精度控制循环的方法。通过“打印九九乘法表”问题介绍了循环嵌套和穷举法。通过“素数判断”和“处理有效成绩”问题的分析求解引入了break、continue的用法。通过“随机游戏模拟”问题介绍了random模块和自顶向下、逐步求精的分析方法，很多实际问题是随机现象，在这一节举例说明了随机现象如何模拟，如掷硬币实验，随机行走图形模拟。最后对结构化程序进行了总结，指出任何问题都可以使用顺序结构、选择结构和循环结构通过堆叠和嵌套的方法表示出来。

第5章 分而治之——函数程序设计。本章循序渐进地介绍了函数程序设计的思想和方法。通过“再次讨论猜数游戏模拟”问题，采用自顶向下、逐步求精的分析过程把问题划分为子问题，介绍了Python语言如何用函数表达子问题，包括函数的定义、调用和函数测试，函数模块化的基本方法。通过“判断问题”的分析求解进一步加深了函数的概念和函数的分而治之功能，并且进一步探讨了函数调用的内部机制以及变量的存储类别和作用域在函数调用过程中是如何体现的。接下来通过“问题的递归描述”介绍了递归函数的定义和递归调用的过程。通过进一步讨论海龟绘图问题，使读者进入了更高的层次，如何把一组函数做成一个库接口，即如何设计接口，如何实现接口，如何使用接口以及如何建立一个自己的函数库和package。在这个过程中，介绍了多文件之间的全局变量和文件内部的私有函数的声明方法。然后介绍了典型的Python项目的目录层次结构。

第6章 客观对象描述——面向对象程序设计基础。本章通过3个问题介绍了面向对象程序设计的基本思想。首先通过“学生成绩统计”问题，讨论了Python如何抽象学生对象，建立学生类，封装学生成绩的相关信息和方法，特别重要的是实例初始化方法__init__，它是构造器创建实例时自动调用的方法。然后通过“有理数的四则运算问题”，引出了面向对象程序设计中的运算符重载。特别强调了__str__重载的意义，在这里还介绍了@property属性的用法，私有成员、静态成员和类方法等重要的概念。最后通过“身体健康指数问题”引出了如何设计GUI程序，介绍了Python内置的tkinter模块，在这个模块中的每个小构件都是类，它们封装了该构件拥有的属性和方法，学习GUI设计是理解面向对象程序设计的不错的方法。

第7章 批量数据处理——序列程序设计。本章通过典型的批量数据中的排序和查找问题引出了序列程序设计的概念和用法。通过“一门课程的成绩排序”问题的分析，引出了用一维列表存储数据的方法。详细介绍了列表创建的方法，序列数据类型访问元素的方法等。这个成绩排序问题还实现了用字典存储的方法。无论是列表实现还是字典实现，在排序过程中使用了zip函数，而zip转换为列表是一个元组列表，因此在这一节系统地介绍了元组的基本操作。通过“三门课程成绩按总分排序”问题引出了二维列表的概念，分析了二维列表与一维列表的关系。由于序列类型的列表list的可变性，导致它作为函数参数时的特别的效果。通过两个排序问题的求解，介绍了交换排序、选择排序的算法，还有冒泡排序和插入排序。通过“在成绩单中查找某人的成绩”问题的分析，进一步讨论字符串类型 str，比较深入地介绍了字符串类的基本方法。同时还介绍了典型的查找算法，线性查找和折半查找。通过在画布上绘制图形问题，介绍了 tkinter 的 Canvas 类以及鼠标事件。

第 8 章 代码重用——面向对象程序设计进阶。代码重用是面向对象程序设计的重要特征之一。面向对象的对象类之间具有两种主要关系。一是 has-a 关系，另一个是 is-a 关系。前者是利用已有对象类组合新的对象类，而后者可以通过扩展，派生出新的类型，这是两种不同形式的代码重用机制。通过“课程管理”问题中涉及的对象，介绍了 has-a 关系组合新类的方法，通过层次几何图形的描述，介绍了如何从一个比较抽象的基类派生出内容更加丰富的、新类的方法。在这里特别强调了如何派生，继承什么，怎么继承，以及覆盖方法和多态性等重要概念。其中，课程管理问题还介绍了对象的链表存储方法。通过“简单的编辑器问题”讨论了 tkinter 模块中的 Text 构件和对话框。

第 9 章 数据持久存储——文件程序设计。本章首先回顾了数据的变量存储、列表存储甚至是链表存储，它们都具有易失性，引出了数据要持久存储可以采用文件机制，进一步可以使用数据库机制。本章通过 3 个问题讨论了这个话题。首先通过“文件复制”问题的求解，介绍了文件操作的一般步骤、缓冲文件系统的概念以及文本文件的读写方法。通过“把学生成绩数据保存到文件中”的问题求解介绍了文件的格式化读写方法，包括文本读写和二进制读写，还介绍了 JSON 格式，CSV 格式文件的读写方法，pickle 序列化和 struct 序列化方法。

第 10 章 数据分析与可视化——数组程序设计。本章通过 4 个问题，对 NumPy 模块、Pandas 模块、Matplotlib 模块、Jieba 和 Wordcloud 模块做了比较精简的介绍，突出模块的主要特征，使读者利用较少的篇幅、经典的问题求解就能体会到数据分析与可视化的基本内容，给继续学习数据分析可视化引了一条路，特别指出，NumPy 中的数据类型 ndarray 是数组，是与序列不同的、计算效率比较高的类型。介绍了 Python 中一个特别的数据对象与函数绑定的方法——闭包，以及可以修饰函数的修饰器。

建议教学安排

章　　节	理论学时	实验学时
第 1 章　绪论——计算机与程序设计	2	2
第 2 章　数据类型与变量——程序设计入门	4	2
第 3 章　判断与决策——选择程序设计	4	2
第 4 章　重复与迭代——循环程序设计	4	2
第 5 章　分而治之——函数程序设计	6	2
第 6 章　客观对象描述——面向对象程序设计基础	6	2
第 7 章　批量数据处理——序列程序设计	6	2
第 8 章　代码重用——面向对象程序设计进阶	4	2

续表

章　　节	理论学时	实验学时
第 9 章　数据持久存储——文件程序设计	4	2
第 10 章　数据分析与可视化—数组程序设计	4	2
合计	44	20

本书的写作计划虽然酝酿已久，但是真正成稿却是在一个令人终生难忘的特别时期——2020 年 2 月开始至 2020 年 6 月，突如其来的新冠病毒把人们封闭在一个小圈子里。整天除了学习就是学习。通过网络查阅大量资料，包括官方文档和优秀的博文论坛，从中学到了很多之前没有深入研究过的东西。但是，由于本书作者水平有限，书中还是难免存在不足，恳请广大读者批评指正。

此外，本书的出版不仅得到了福建工程学院信息学院软件工程教研室教学团队的支持，还得到了四川工业科技学院电信学院计算机教研室教学团队的认可，在此表示衷心的感谢！

鲍春波
于福建福州/四川德阳
2020 年 12 月

高等院校程序设计规划教材

目录

第6章 客观对象描述——面向对象程序设计基础 187

第7章 批量数据处理——序列程序设计 216

CHAPTER 第1章
绪论——计算机与程序设计

学习目标：

- 理解计算机的基本工作原理和相关的基本概念。
- 认识软件在计算机系统中的重要作用。
- 了解程序设计(软件设计)的基本过程和基本方法。
- 熟悉 Python 程序设计的基本环境和基本步骤。

本章从计算机的基本工作原理出发,探索计算机与程序设计的关系。首先使读者认识到现代计算机之所以无所不能,应用广泛,一方面取决于先进的计算机硬件,但更重要的是有丰富的计算机软件,应明确计算机软件在计算机系统中的地位和作用。然后介绍怎样才能开发出人们所需要的计算机软件,或者说怎样用计算机解决一个实际问题。这涉及一个比较复杂的过程：问题的需求分析和系统分析、算法设计、程序实现、程序的调试和测试、软件的部署和维护等。

1.1 什么是计算机

计算机(computer)这个词早已经家喻户晓,人人皆知。特别是随着个人计算机和互联网的迅速发展,计算机不仅是复杂的科学计算、自动控制、人工智能、计算机辅助设计与制造等高科技领域的强有力的武器,也已成为人们日常生活、学习、工作必不可少的工具。计算机这样神奇,人们肯定要问计算机到底是什么呢？计算机是怎么工作的呢？请看下面的几个定义：

- A computer is a machine that can follow instructions to alter data in a desirable way and to perform at least some operations without human intervention.①
  计算机是一种能够按照指令对数据进行适当的修改并且至少在没有人干预的情况下能进行运算的机器。
- A computer is a device that computes, especially a programmable electronic machine that performs high-speed mathematical or logical operations, or that

① Pfaffenberger, Bryan. Webster's New World Dictionary of Computer Terms[M]. Eighth Edition. IDG Books Worldwide, 2000, p.120.

assembles, stores, correlates, or processes information.[①]

计算机是一种计算设备,特别是那种可编程的能够高速地执行算术或逻辑运算,或者收集、存储、关联和处理信息的电子设备。

- A computer is a device capable of performing computations and make logical decisions at speeds millions (even billions) of times faster than human beings can.)[②]

  计算机是一种能以比人类快数百万(甚至数十亿)倍的速度进行计算和逻辑判断的设备。

- A computer is a programmable machine designed to sequentially and automatically carry out a sequence of arithmetic or logical operations.[③]

  计算机是一种可以连续地、自动地执行一系列算术和逻辑运算的可编程的机器。

上面几个定义从不同程度、不同侧面描述了计算机的基本特征,非常类似,这里可以用几个关键词来刻画:

计算机是一种设备,一种电子设备;

计算机具有运算(算术运算和逻辑运算)能力,而且是快速的;

计算机的运算能够自动进行,即它是可编程的(可把计算的指令按照一定的顺序事先放在计算机中)。

计算机虽然有计算能力,还有逻辑判断能力,但是它并不能主动做任何事情,它需要借助事先编好的程序(指令序列),按部就班地进行。只有把事先设计好的程序和数据存储到计算机中,启动这个程序后,计算机才会按照程序中指令的某种次序自动执行,直到结束为止,这种类型的计算机称为存储程序计算机或冯·诺依曼计算机。通过存储程序可以模拟人的逻辑思维能力,使计算机具有与人类大脑类似的功能,因此人们常把计算机称为"电脑"。

最早给出自动计算机模型的是英国数学家、逻辑学家艾兰·图灵(Alan Mathison Turing),如图 1.1(a)所示。1936 年,图灵在伦敦权威的数学杂志上发表了一篇划时代的论文《论计算数字及其在判断性问题中的应用》(*On Computable Numbers: with an Application to the Entscheidungsproblem*)。图灵完全是从逻辑上构造出了一个虚拟的计算机——图灵机,从理论上证明了制造出通用计算机的可能性,因此图灵是计算机科学的创始人。

1939—1941 年,美国爱荷华州立大学的约翰·文森特·阿塔纳索夫(John Vincent Atanasoff)教授和他的研究生克利福特·贝瑞(Clifford Berry)首次用硬件(真空管)实现了图灵机,命名为 Atanasoff-Berry Computer,简称 ABC。

1943 年开始,宾夕法尼亚大学莫尔电气工程学院的莫奇利(John. Mauchly)和埃科特(J. Presper Eckert)开始设计 ENIAC[④](埃尼阿克)(电子数字积分计算机的简称,英文全称为 Electronic Numerical Integrator and Computer),1946 年投入使用。

---

① Houghton Mifflin Company. The American Heritage Dictionary[M]. Third Edition. Dell Publishing, 1992, p. 180.

② Deitel, H.M., Deitel, P.J. C++ How To Program[M]. Second Edition. Prentice Hall, 1998, p. 5.

③ From Wikipedia, the free encyclopedia 维基百科.

④ http://en.wikipedia.org/wiki/ENIAC.

美籍匈牙利科学家冯·诺依曼(John von Neumann)，如图1.1(b)所示，ENIAC的顾问，1945年，在ENIAC研究组共同讨论的基础上，针对ENIAC存在的两个问题：没有存储器(用布线接板控制的)，没使用二进制(用的是十进制)，发表了一个全新的"存储程序通用电子计算机方案"——EDVAC (Electronic Discrete Variable Automatic Computer)，提出了存储程序的思想，并成功将其运用在计算机设计之中，开创了计算机新时代，冯·诺依曼被称为计算机之父。

(a)

(b)

图1.1 计算机科学和计算机技术奠基人——图灵(a)，冯·诺依曼(b)

世界上第一台冯·诺依曼结构的计算机是1949年由英国剑桥大学莫里斯·威尔克斯(Maurice Wilkes)领导、设计和制造的EDSAC(Electronic Delay Storage Automatic Calculator)。冯·诺依曼计算机从诞生之日起，经历了电子管时代(1949—1956)[①]，晶体管时代(1956—1964)，集成电路和大规模集成电路时代(1964—1970)，超大规模集成电路时代(1970年以后)。其类型从单片机(或嵌入式计算机)、个人计算机、工作站，到小型计算机、大型计算机、巨型计算机。然而不管是哪个时代的，也不管是哪种类型的，冯·诺依曼计算机都是由5个逻辑单元组成的，如图1.2所示。

输入设备：负责接收信息的部分，包括各种输入设备，如键盘、鼠标、扫描仪。

输出设备：负责输出信息的部分，包括各种输出设备，如显示器、打印机。

存储器：用于存储程序、原始数据和计算结果，存储器分主存储器(内存)和辅助存储器(外存)，在此存储器指的是内存。

运算器和控制器：二者统称为中央处理单元(CPU)，是计算机的核心。控制器负责协调管理各种计算机操作，运算器实现对数据的算术和逻辑运算。在CPU内部有叫作寄存器的存储单元，在CPU和主存储器之间还有称为Cache的一级、二级缓存的存储单元。

冯·诺依曼计算机的各个组成部分之间的关系如图1.2所示，其中，宽箭头是数据流，在数据流上跑的信息包括数据(输入数据、中间结果数据、输出结果数据)、程序指令、存储地址等。单线箭头是控制流，在控制流上跑的是控制信号，包括设备的状态和请求、命令和应答等。冯·诺依曼计算机的工作原理可以描述如下：在控制器的控制下，首先把程序和数据通过输入设备存储到存储器中，然后启动程序，按照程序中指令(语句)的顺序逐条处理每一条指令(可能是通过运算器进行一些算术或逻辑运算，也可能是跟输入和输出设备相关的

① 很多教科书上说的1946年问世的ENIAC是第一台电子管计算机，但它不是第一台存储程序计算机。

一些输入输出操作)，直到程序结束为止，其中程序的结果(包括中间结果)通过输出设备反馈给用户。

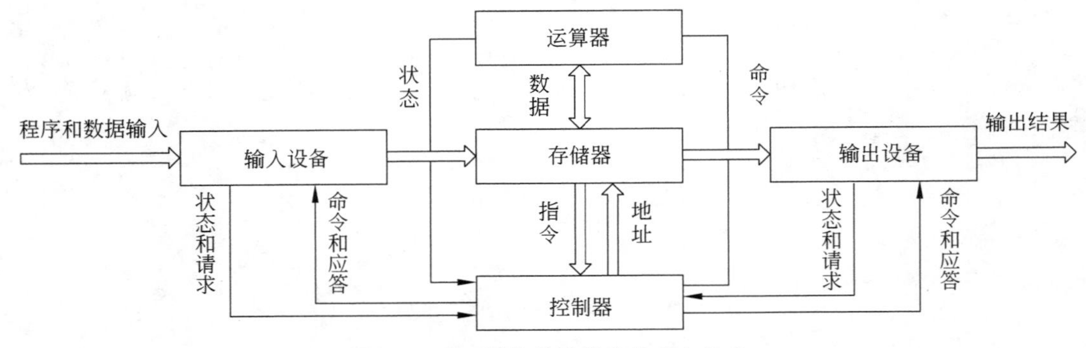

图 1.2 冯·诺依曼计算机的基本组成

不难看出冯·诺依曼计算机的本质是存储程序，它是把事先写好的求解程序和原始数据存储到存储器中，这样计算机才能自动快速地对问题求解。

1.2 如何存储程序

1.2.1 存储单位

冯·诺依曼计算机的另一重要的特征就是使用了二进制。在这样的计算机中，不管是数据还是程序指令，所有的信息都用 0 和 1 表示，也就是说在存储器中存储的是一个 0、1 序列。每一个 0 或者 1 所占的存储空间称为一个位(bit)，8 个连续的二进制位合起来称为一个字节(Byte，简写为 B)。一个存储器在逻辑上可以看成是由有限个字节组成的一个线性序列，通常用 KB(Kilo binary Byte)，MB，GB，TB 为单位表示存储器的容量，存储单位是 Byte。

1KB=1024B；　1MB=1024KB；　1GB=1024MB；　1TB=1024GB

1.2.2 存储方式

实际要存储的一个数据或一条程序指令，一般要占用由几个字节组成的一块存储单元。每个数据和指令所占的存储单元的大小与数据类型和机器有关。假设当前计算机是 16 位计算机，有一组学生成绩数据('A',100,'B',95,'C',80,'D',75,'B',90)要存储到内存中。由于字符数据'A'、'B'、'C'、'D'等各占用一个字节的存储单元，100，95，80，75，90 等整数数据各占 2 个字节大小的存储单元(注意，对于 32 位计算机或 64 位计算机一个整数要占用 4 个或 8 个字节的存储单元)，因此它们在内存中的存储映像在逻辑上如图 1.3 所示。为了方便对数据的存取，通常按存储单元在内存中的位置，以字节为单位用 8 位、16 位或 32 位二进制数对位置进行编址，这样每个存储单元就都有一个地址，这种地址也是一种数据，也可以存储到相应的单元中。图 1.3 中各个单元的地址是以字节为单位，由于二进制数用十六进制表示非常简洁，因此地址通常用十六进制数表示，例如 0x201F(其中前缀 0x 表示接下来的数是十六进制数)表示的就是二进制数 0010 0000 0001 1111。假设从 0x201F 开始的单元存储数据'A',则每个数据所在的地址分别是0x201F,0x2020,0x2021,…,0x202C。用同样的方法可以存储程序指令,但要注意不同的程序指令所占的字节数有所不同,并且跟机器密切相关。

注意,图1.3中的数据对象是连续存储的,但Python的数据对象是通过引用(与地址数据对应的)来访问的,所以数据对象的引用地址也会像图1.3那样存储起来,通过引用找到它引用的数据对象存储空间,关于这一点在2.2.2节详细介绍。

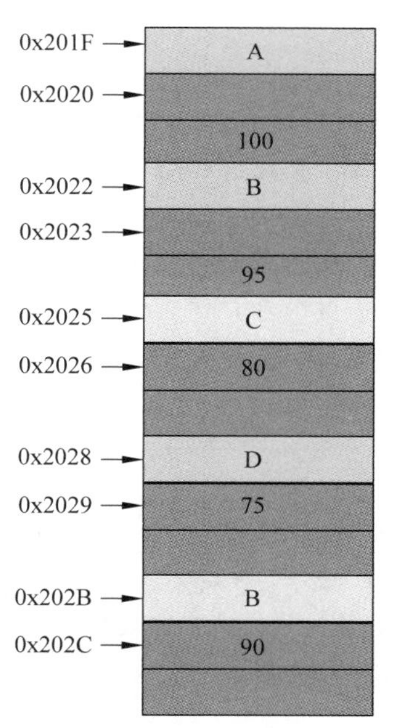

图1.3 数据在内存中的存储映像示意图

1.2.3 存取操作

我们可以对存储单元进行读或者写两种操作。读可以获得存储单元中的内容,写是修改或更新存储单元中的内容。读操作不改变存储单元中的内容,而且可以反复读,存储单元的内容可以说是取之不尽。而写操作会破坏该存储单元中已有的数据,新的数据会覆盖存储单元中已有的数据,即写操作具有破坏性,当然要慎用了。

1.2.4 存储器分类

存储器分为主存储器和辅助存储器。主存储(也叫内存)是随机存储器RAM(Random-Access Memory),这种存储器具有易失性,RAM在断电后所存储的程序或数据就会立刻消失。还有一种叫作只读存储器的ROM(Read-Only Memory),它在出厂之前就把一些基本的指令或数据烧录进去,用户一般只能读取其中的信息。但也有特殊的ROM允许用户对其进行擦写或修改,如计算机启动时运行的BIOS (Basic Input Output System,基本输入输出系统)程序就是保存在一种叫作EEPROM(Electrically Erasable Programmable ROM,电可擦除可编程ROM)或者新一代的EEPROM——闪存(FLASH ROM)的存储器中,用户在必要的时候可以对BIOS程序进行系统升级或修改。ROM最大的特征是不具有易失性,即在断电后,所存储的数据不会丢失。RAM和ROM的容量都比较小,从几百字节、几兆字节到几吉字节,如1GB、2GB的内存条等。

辅助存储器(也叫外存),可以永久保存程序或数据,即外存是在断电后仍能保存数据的存储设备,如硬盘、光盘(CD/DVD)、软盘、U盘等。这种存储器的容量一般都比较大,如80GB、120GB、250GB、1TB等。

1.2.5 文件与目录

数据或程序在外存一般以文件的形式进行存取,在MS Windows操作系统中,每个文件都用文件名.扩展名的形式命名,如学生成绩数据文件可以命名为studentScores.txt,学生成绩统计的Python语言程序文件可以命名为studentStat.py,而C/C++程序文件则需命名为studentStat.c或cpp,学生管理系统软件可以命名为studentManager.exe等。这里要注意文件名中间的圆点不要丢掉,并特别注意不同类型的文件是通过扩展名来区分的。数据文件和程序文件可以通过某个编辑器软件，如记事本软件、Vim 软件或集成开发环境录入，并以 txt、dat、py、c、cpp 为扩展名来命名，这些文件称为文本文件，这种文件可以通过编辑软件进行编辑、查看，而以 exe 为扩展名的文件是可执行文件，不能通过编辑器直接查看它的内容，它是可以在计算机上直接运行的程序。如果在命令窗口中输入该文件名再按回车键可以让它在计算机上运行，大家使用的每个应用软件都是 exe 文件。

若干个文件可以放在一个目录或子目录中。目录一般是树状的层次结构，具体结构与操作系统有关。除了使用窗口界面(如 Windows 10 操作系统的资源管理器)查看和访问文件和目录外。作为计算机专业人士，更应该熟悉使用命令行来控制计算机。对于 Windows 10 来说，在开始菜单中的搜索程序和文件编辑框中输入 cmd 后按回车键，就会有一个黑色的命令窗口(也称为控制台)弹出，如图 1.4 所示。

图 1.4　Windows 10 的命令窗口

Windows 命令窗口打开之后，会有一个小矩形光标在闪烁，命令解释器在等待用户输入命令(也称 DOS 命令)。DOS 命令有两类，一类是外部命令，另一类是内部命令。外部命令对应一个以“命令名.exe”命名的文件，如 notepad.exe，在命令窗口中直接输入“notepad 回车”，就会打开记事本窗口。而内部命令都包含在 cmd.exe 中，常用的内部命令有：

dir：文件或目录列表查看(directory)；

cd：显示当前目录的名称或将其更改 (change directory)；

copy：将至少一个文件复制到另一个位置；

move：将文件从一个目录移到另一个目录；

del：删除至少一个文件或目录(delete)；

md：创建目录(make directory)；

rd：删除目录(remove directory)；

ren：重命名文件(rename file)；

path：显示或设置可执行文件的搜索路径；

set：显示、设置或删除 Windows 环境变量；

cls：清楚屏幕或命令窗口(clear screen)。

每个命令输入之后必须再按回车键命令才被解释执行。每个内部命令输入后都由 Command 命令解释器解释处理。

对于 Mac OS/Linux/UNIX(简称类 UNIX)操作系统来说,命令窗口对应的是终端(Terminal),也称其为 shell,在终端窗口中可以运行不同风格的命令解释程序,如 sh、bsh、csh、zsh 等。类 UNIX 操作系统的 shell 命令与 DOS 命令类似,但有所不同,具体介绍如下。

ls：显示文件列表命令 (list)；

pwd：显示当前工作目录命令(print working directory)；

cd：显示目录或切换目录命令 (change directory)；

cp：复制文件命令(copy file)；

mv：重命名文件/移动文件命令(move file)；

rm：删除文件命令 (remove file)；

rmdir：删除目录命令(remove directory)；

cat：查看文本文件命令 (concatenate file)；

clear：清除命令窗口或屏幕(clear screen)；

mkdir：创建目录命令(make directory)；

set：显示环境变量命令 (list variables)；

echo：显示环境变量的值命令(print the value of a variable)；

vi：运行 Vi 编辑器(edit a text file)。

注意：类 UNIX 系统的文件命名,特别是可执行文件的命名与 MS Windows 系统的扩展名大不相同,大家可以比较一下。

1.3 软件与程序设计

假如你配置了一台不错的计算机,它有比较快的 CPU,比较大的内存和硬盘,还有比较好的显示器、键盘和游戏操纵杆等,那么是不是只有这些好的硬件,计算机就可以很好地工作了呢? 当然不可以! 你必须要先安装一个操作系统——系统软件,如 Windows XP 或者 Windows 7、Windows 10,也可以安装 Linux 操作系统。如果你的计算机没有安装操作系统这样的系统软件,你将无法跟它打交道。如果你要用计算机写一篇报告,还必须安装一个能编辑排版的软件,如文字处理软件 Word。如果你还要用计算机玩游戏,当然还要安装游戏软件。文字处理软件、游戏软件等是针对具体应用的应用软件。如果计算机没有这些应用软件,就很难用计算机做一些具体的事情。

计算机之所以有各种各样的本领,一方面是有越来越好的硬件支持,但更重要的是有丰富的系统软件和应用软件。没有软件的计算机称为裸机,裸机什么也不能做。计算机用户、计算机硬件、计算机系统软件、计算机应用软件是整个计算机系统的组成部分,它们之间的关系可以用一个层次图表示,如图 1.5 所示。

从图中不难看出,计算机软件在整个计算机系统中的重要地位: 软件是用户与计算机之间的桥梁,软件是用户操作计算机的接口。幸运的是,几十年来人们已经开发出了非常多的软件(包括系统软件和应用软件)可以供人们直接安装使用,当然除了开源/免费的软件外,使用软件都是要付费的。

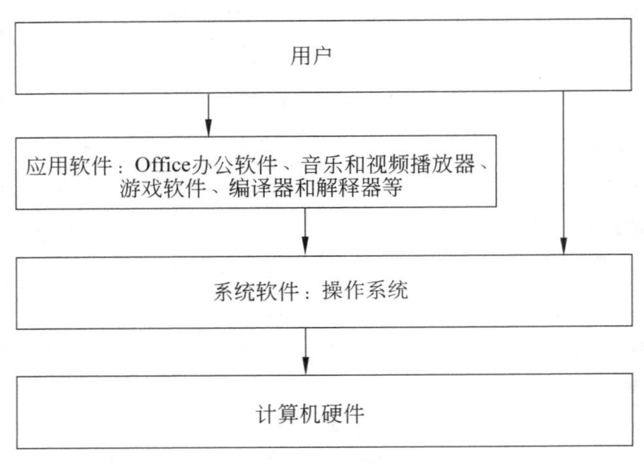

图 1.5 计算机系统的层次结构

思考题：试列出几款你所熟悉的应用软件。

再假如用户要求你给小学生提供一个做算术练习的环境。可能你马上会问有相应的软件可以用吗？回答是可能有也可能没有。如果没有该怎么办？那就只好自己动手了，实际上所有已有的软件都是前人开发的。开发软件正是计算机相关专业的学生将要从事的主要工作之一。要自己开发软件，首先要搞清楚到底什么是软件，然后再考虑怎么开发它。什么是计算机软件？简单来说，软件就是解决某个或某种问题的计算机程序（当然，完整的软件还包括软件的使用说明、帮助文档等），也就是说软件的核心就是程序。而所谓的程序就是解决那个问题的具体步骤构成的指令序列。如果一个问题比较复杂，它相应的软件就可能非常复杂，这种软件显然也不会轻而易举地做出来，必须经过精心地分析和设计才能实现，这要有一个过程。这个过程就是通常说的软件开发或者软件设计，或者更简单地说就是程序设计。因此，程序设计的含义就是给出用计算机解决问题的程序。本书不太区分软件和程序这两个词（当然严格来讲它们是不同的）。

怎么进行软件开发或程序设计呢？软件开发或程序设计的过程是怎样的呢？当我们接到一个程序设计的任务时，通常要经历如图 1.6 所示的几个步骤。

(1) 首先进行需求分析。这是一个非常重要的过程，在实际的软件开发过程（或软件公司）中，有专门的人做这个工作。他们试图清楚地理解用户要解决什么问题，并且以书面的形式写出要开发的软件到底要做什么。这要跟用户多次沟通交流才能确定。本书的问题都比较简单，它们的需求都是一些简单的陈述。

(2) 系统分析，定义目标。根据需求规范，进行数据流分析，识别软件的输入和输出。一般是针对输出目标确定实现这样的目标需要哪些输入。对于比较简单的问题，只要明确问题的输入和输出，确定输入输出的格式，了解一些附加的需求或约束条件，就应该可以解决了。对于比较复杂的问题，一定要采用特别的分析方法——软件工程方法进行系统地分析，如结构化分析方法和面向对象的分析方法。

(3) 算法设计。目标明确之后就要回答怎么做，给出解题的具体步骤——算法，实际上就是寻找从输入到输出的中间步骤，这个寻找过程一般称为算法设计。解决一个问题可能有不同的算法。到底哪种算法更好，要经过算法分析才能确定。算法设计和分析有比较系统的理论和方法，技巧性很高，在后续的“算法与数据结构”“算法设计与分析”等课程中将系统地学习。本书着重讨论最基本的结构化程序设计思想，自顶向下、逐步求精的基本算法设计策略，当然也渗透一些其他算法策略的基本思想，如分治策略、穷举策略等。一个算法可以用普通的自然语言陈述，也可以用框图或伪码表达，本书中采用伪码或框图描述算法。

(4) 代码实现(程序实现，编写代码)。有了求解问题的算法之后就可以选用一种计算机语言，如 Python 语言。根据算法的步骤写出相应的程序代码即源代码。对于简单的问题，这个过程可能比较简单，容易实现。对于稍稍复杂一点的问题，可能需要多人完成，每个人在实现的过程中需要进行自测(测试有没有实现响应的功能)、调试(发现程序中的 bug)，然后还要有人最终把大家做的模块集成到一起形成完整的软件。

(5) 调试测试。一个软件除了在开发过程中开发人员自测调试之外，在交付给用户之前，还要有专门测试团队对其进行测试。

(6) 系统部署/运行维护。软件测试之后就可以进行打包发布，部署到用户实际环境之中。软件在实际的使用过程中，可能会暴露出未曾发现的各种各样的问题，必须及时修改和纠正，这个过程就是后期维护。

不难看出，进行软件开发，不是容易的事情。一方面必须具有分析问题的能力，弄清楚问题的来龙去脉，然后设计出求解问题的算法；另一方面还要学会一种程序设计语言，用这种语言把算法表达出来，才能最终完成程序设计的工作。这两方面的能力综合起来就是程序设计的基本内涵，即用一种程序设计语言描述出解决某一问题的算法。

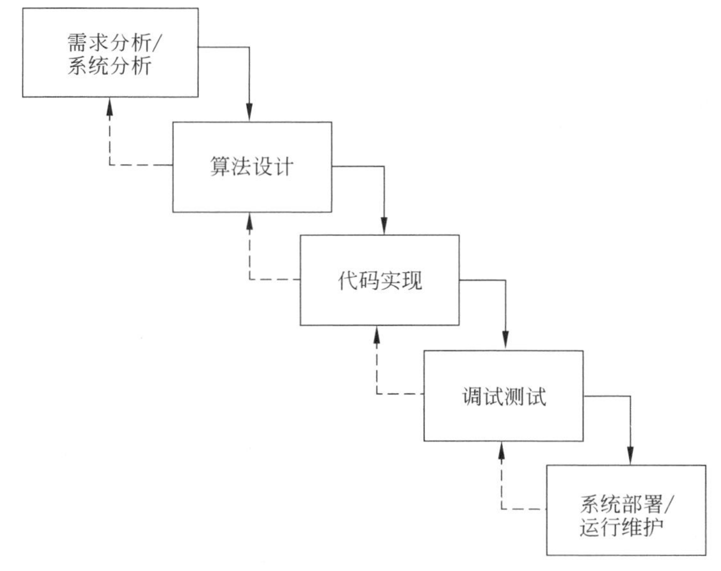

图 1.6　软件开发的基本流程

1.4　典型 Python 程序演示

用 Python 语言几乎可以设计出各种各样的程序(软件)，如控制台应用程序、GUI 应用程序、绘图程序、游戏程序、网络程序等，下面举两个例子让大家感受一下，每一个程序都可以在 Python 环境下解释执行。

【例 1.1】 一个简单的游戏程序。

假设甲乙两人进行**猜数游戏**。甲心里想好一个 1000 以内的整数，乙来猜，如果乙猜中了，乙赢，游戏结束，如果乙猜的数大于甲想的那个数，甲告诉乙太大了，如果乙猜的数小于甲想的那个数，甲就告诉乙太小了，这样总有一次乙会猜中甲想的那个数。写一个程序，用计算机模拟这个过程，计算机代表甲，随机产生一个 1000 以内的整数，玩家代表乙运行这个程序，猜那个数。下面的程序是在命令窗口中模拟这个过程。

```
1   #@File: guessNum.py
2   #@Software: PyCharm
3   from random import *
4
5   def main():
6       """ The top level of the Game """
7       print("Welcome to GuessNumber Game!\nWould you want beginning")
8       c = input("Y/N or y/n? ")
9       while c == 'y' or c == 'Y':
10          magic=makeMagic()
11          guessNumber(magic)
12          c = input("Next time ? Y/N or y/n? ")
13
14  def makeMagic():
15      """ Get a random number """
16      return randint(1,1000)
17
18  def guessNumber(magic):
19      """ Guessing """
20      guess=int(input("Please guess a number between 1 and 999:"))
21      while guess !=magic:
22          if guess <magic:
23              print("too low!")
24          if guess >magic:
25              print("too high!")
26          guess=int(input("Please guess a number between 1 and 999:"))
27      print("Congratulation! you are right!")
28
29  if __name__ == "__main__":
30      main()
```

【例 1.2】 海龟绘图。

下面简短的代码就可以绘制出一个漂亮的图案：

```
1   #@File: turtletest.py
2   #@Software: PyCharm
3   import turtle as t
```

```
4   t.speed(5)
6   t.color("red", "yellow")          #同时设置 pencolor 和 fillcolor
8   t.begin_fill()
9   for _ in range(50):
10      t.forward(200)
11      t.left(170)
12  t.end_fill()
14  t.mainloop()
```

1.5　程序设计方法

实践证明，程序设计或者软件开发必须讲究方法，不然将后患无穷，甚至是失败。历史上曾出现过所谓的“软件危机”。在早期的软件开发过程中，由于人们不重视开发方法，导致一些软件的开发无法进行下去；即便是开发完了，导致软件的后期维护成为不可能，迫使人们不得不放弃这个经大量投入开发的软件项目，造成了极大的浪费。人们在一次一次失败中逐渐认识到软件开发就像工厂生产产品，就像建设一个工程一样，必须遵循某种方法，按照某种规律进行，这就是软件工程化。软件开发方法逐渐形成了一个计算机学科的一个专业领域——软件工程。最典型的软件开发方法是结构化方法和面向对象方法。

1.5.1　结构化方法

结构化方法是一种传统的软件开发方法。它是由结构化分析、结构化设计和结构化程序设计三部分有机组合而成。它的基本思想是把一个复杂问题的求解过程分阶段进行，而且这种分解是自顶向下，逐层分解，使得每个阶段处理的问题都控制在人们容易理解和处理的范围之内。

结构化分析方法强调的是自顶向下、逐步求精的分析过程，在这个分析过程中特别要注意被处理的数据的来龙去脉。

结构化设计方法是强调的是结构化分析的基础上把整个问题的求解过程模块化，从而使问题求解层次化。

结构化程序设计是实现每个模块时只采用三种程序结构，即顺序结构、选择结构和循环结构，如图 1.7 所示。每种结构只有一个入口和一个出口，这三种结构可以进一步堆叠和嵌套，以描述任何复杂问题的求解过程。

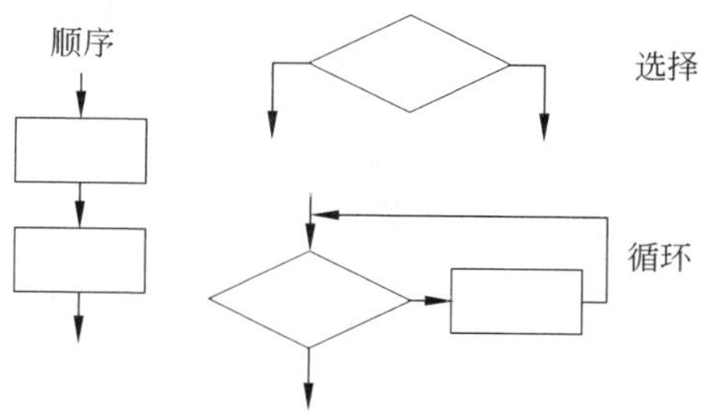

图 1.7　结构化程序设计中的三种结构

当问题过于复杂时，结构化方法开发软件就会暴露出它的弱点，因此现在人们都是结合面向对象的方法开发软件。

1.5.2　面向对象方法

客观世界是万物的有机体。每个物体都可以称为对象。我们要解决的某个问题一定与某类对象或某几类对象有关，因此我们必须把问题中包含的对象描述出来，表达出来，同时还要进一步分析这些对象之间有什么关系等。如何表达一个对象呢？可以从两个方面考虑。一个对象之所以和另一个同类的对象有所不同，是因为对象的一组属性不同而不同，也就是要把对象的属性表达出来，描述它的客观特征。如某个人的一组属性可以是身高、体重、肤色等。同一类的对象除了各自的属性值不同，它们应该有一组行为体现它们的能力，如人类能够行走、说话、劳动等。对象与对象之间是通过它们的行为相互交流和制约。对象之间还可能有层次关系和包含关系。同类型的对象是可以抽象为一个类，如人(类)，学生(类)。一个要用计算机解决的或要用计算机描述的问题往往要包含多个对象，形成一个对象系统。

面向对象方法同样包括三个方面：面向对象的分析方法、面向对象的设计方法和面向对象程序设计。其基本思想就是从对象(类)出发，进行系统分析，在计算机中建立与客观对象系统一致的对象系统，能够体现它们之间的层次关系、相互作用和制约关系，找到它们之间的求解方案。也就是说，面向对象方法对于整个软件开发过程(包括从分析到设计再到实现)都是基于对象类的，它是建立在“对象”概念基础上的方法学，它以对象为中心，以类(封装了同类对象的属性和行为)、继承(体现类与类之间的层次关系)、多态(对象根据所接收的消息而做出动作，同一消息为不同的对象接受时可产生完全不同的行动)为构造机制，描述客观问题，设计构建相应的软件系统。这种方法与人们认识客观世界的方法相一致。所以面向对象的方法进行程序设计更自然、更有效、更合理、更易于维护。

1.6 程序设计语言

无论什么样的软件或程序都要通过一种程序设计语言来表达。程序设计语言是人与计算机交流的工具，就像人与人之间交流需要一种双方都能理解的语言一样，程序设计所用的语言也必须是计算机能够理解的。

从计算机的工作原理可以知道，计算机只能直接接受 0 或 1 组成的代码。实际上，每种计算机都有一套用 0 和 1 表示的一些指令，如 00010101 01101100 就是一条机器指令，每条指令中一般包含某种操作和操作数或操作数的地址。所有的指令放在一起构成计算机的指令系统。在计算机问世的早期，就是直接用这些指令写算法的程序。这种由计算机指令系统构成的语言称为机器语言。显然这种“语言”机器很易“听”懂，可以直接接受，但由于不同的 CPU 往往有不同的指令系统，每条机器指令又很难记忆，所以机器语言通常称为是低级语言。用机器语言写出的程序与机器型号类型有关，所以其通用性很差。图 1.8 是早期的机器语言程序片段及程序经穿孔输入的纸带示意图，很难想象早期的计算机专家是怎么用计算机解决问题的。

00010101 01101100
00010110 01101101
01010000 01010110
00110000 01101110
11000000 00000000

图 1.8 早期的机器语言程序

为了避开直接使用 0 或 1 表示的机器语言，人们提出了用一个英文助记单符代表某个 0 和 1 组成的机器指令的操作，把操作数的地址也用一个名字代替，如 LD R5，PRICE，这里不再直接出现 0 或 1，这种格式的指令集合构成的语言称为汇编语言，用它写出的程序称为汇编语言程序。这样给程序的编制和阅读带来了很大的方便。显然，计算机不会直接理解汇编语言源程序。因此需要使用一个称为“汇编程序”的软件把汇编语言程序的代码转换为机器语言程序代码。由于汇编语言程序的代码是机器语言指令的直接替换，所以它还是与机器硬件相关的，仍然是比较低级的，因此汇编语言也是低级语言。下面是机器语言和汇编语言实现的简单加法程序对比。

汇编语言虽然是低级语言，写出的代码比较长，可移植性差，可维护性差，但是由于其执行效率比较高，因此很多与硬件密切相关的应用问题仍然是汇编语言的用武之地。

随着计算机技术的发展和计算机应用的推广，人们希望有这样的语言：

① 用它写的程序与具体的 CPU 指令系统无关，可以在不同的硬件平台上使用；

② 用少量的代码就可以实现比较复杂问题的处理；

③ 语言中可以用普通语言的句子和像数学运算一样的公式，形式很像自然语言。

这样的语言称为高级语言。

早在 20 世纪 50 年代末期，IBM 公司就开发出专门用于科学计算的高级语言 FORTRAN(FORmula TRANslator)，用这种语言可以直观地书写科学计算中的公式。虽然开始它是专门为 IBM 计算机服务的，后来逐渐演变成一种比较通用的语言，现在依然广泛用于科学计算。至今为止，高级程序设计语言已多达数百种，甚至上千种，有的专用于某个领域，有的可以应用于多个领域(通用)，非常有代表性的高级语言如表 1.1 所示。用高级语言，实现上述简单的加法运算可以直接写成 total = price + tax。每种高级语言有自己的语法规定、句型结构。程序员要按照该语言的规则书写具体的程序。显然用高级语言书写的程序更不能直接被计算机所接受了，同样需要一种或多种工具把它转换为机器能够执行的机器语言程序。把高级语言程序转换为机器语言程序的最典型的工具是编译系统(或者叫编译器)、解释系统(解释器)和链接程序(链接器)。编译器是把源程序文件从整体上翻译为机器语言指令代码，结果称为目标文件。单个的目标文件一般还不是最终可被计算机执行的软件，因为一般一个问题的程序往往由多个源文件组成，它们逐个被编译之后，产生多个目标文件，即使只产生一个目标文件，也会要用到系统的一些模块。链接器负责把解决该问题的多个目标文件和在程序中用到的系统库的目标模块链接成一个完整的可执行程序，生成扩展名为.exe 的文件，也就是通常所说的软件。解释器是逐句进行翻译，而且翻译之后立刻被执行，它不会生成目标代码文件，也不需要链接成 exe 可执行文件。通过编译链接方式生成软件的语言称为编译型高级语言，如 C/C++ 语言。通过解释方式执行的语言称为解释型高级语言，是人机交互语言，如早期的 BASIC 语言、LOGO 语言及现在流行的 Python 语言。也有的语言既是编译型的，又是解释型的，**它是先通过编译生成一种中间码(字节码)，然后由虚拟机解释执行，如 Java 语言、Python 语言**。

表 1.1　典型的高级程序设计语言

语言	介　绍
FORTRAN	最早的高级语言之一，面向科学计算的高级程序设计语言
ALGOL60	最早的高级语言之一，面向算法描述，科学计算，Python、Java 等语言都是由 ALGOL 发展出来的

续表

语言	介　　绍
COBOL	面向商业的通用语言
LISP	最早的高级语言之一，面向人工智能的表处理语言
Scheme	LISP 语言的一个现代变种
Smalltalk	历史上较早的、面向对象的程序设计语言和集成开发环境
C	一种结构化的系统编程语言
C++	结构化、面向对象的系统编程语言
Prolog	一种人工智能编程语言
Java	一种简单的、面向对象的、分布式的、编译解释型的、健壮安全的、结构中立的、可移植的、性能优异的、多线程的动态语言
Perl	一种像 C 语言一样强大的，像 awk、sed 等脚本语言一样方便的解释型语言
Ruby	一种面向对象的脚本语言，语法像 Smalltalk，又有点像 Perl 的具有强大的文字处理工能的语言
PHP	一种 HTML 内嵌式的、在服务器端执行的脚本语言，语言的风格类似于 C 语言
Python	一种解释型的程序设计语言，既支持面向过程，又支持面向对象的程序设计
D	一种既有 Python 语言的强大威力，又有 Python 和 Ruby 的开发效率的语言
R	一种统计分析语言
Ch	一种跨平台的 C/C++ 语言解释器，可嵌入的脚本引擎，具有 MATLAB 的计算和绘图功能
LOGO	一种解释型程序设计语言，内置一套海龟绘图系统
Scala	一种纯粹的面向对象的编程语言，具有函数式编程的特征
Spark	Apache Spark 是专为大规模数据处理而设计的快速通用的计算引擎

1.7 Python 语言简介

Python 是一种**面向对象的解释型计算机程序设计语言**，由荷兰人**吉多·范罗苏姆**(Guido van Rossum)于 1989 年发明，第一个公开发行版发行于 1991 年。目前最新版本是 3.8，其官方网站是 https://www.python.org，由于 3.x 版本与 2.x 版本不兼容，因此 2.7 版本现在仍然有一定数量的用户。

Python 语言起源于 ABC 语言。ABC 是由荷兰的 CWI (Centrum Wiskunde & Informatica，数学和计算机研究所)开发的，其目标是“让用户感觉更好”，希望让语言变得容易阅读，容易使用，容易记忆，容易学习，激发人们学习编程的兴趣。Guido 当时在 CWI 工作，并参与了 ABC 语言的开发，但是 ABC 语言由于其非开放性的限制并没有成功。1989 年圣诞节期间，在阿姆斯特丹，Guido 为了打发圣诞节的无趣，决心开发一个新的脚本解释程序，作为 ABC 语言的一种继承，他希望这种语言能够像 C 语言那样，可以全面调用计算机的功能接口，又可以像 shell（Windows 的 Command 和 UNIX/Linux 终端窗口）那样轻松地编程。之所以选中 Python（大蟒蛇的意思）作为该编程语言的名字，是因为 Guido 是一个叫 Monty Python 的喜剧团体的爱好者。在 Python 社区，人们给 Guido 一个很特殊的称谓“仁慈的独裁者”（Benevolent Dictator For Life），如图 1.9 所示。

图 1.9 Python 创始人——Guidovan Rossum

Python 语言不仅具有**开源**、**免费**、**跨平台**等显著特点，还是解释型高级编程语言，其解释执行的特征使用户可以在**命令窗口或终端环境**非常方便地**交互使用**。Python 的源程序不需要编译成二进制代码再执行，表面看来是直接从源代码运行程序，但在计算机内部，**Python 解释器把源程序转换（类似编译）成一种字节码的中间形式（特别是当导入模块时，这种中间形式保存到了 pyc 文件中），再由虚拟机解释执行**。Python 常被戏称为胶水语言，它能够把用其他语言制作的各种模块（尤其是 Python 模块）很轻松地联结在一起。常见的一种应用情形是，使用 Python 快速生成程序的原型（有时甚至是程序的最终界面），然后对其中有特别要求的部分用更合适的语言改写，如 3D 游戏中的图形渲染模块，性能要求特别高，就可以用 C/C++ 语言重写，而后封装为 Python 可以调用的扩展类库。这两点正是 Guido 的初衷。

Python 语言具有**简洁性**、**易读性以及可扩展性**。Python 不仅具有丰富的内置数据类型和标准库，而且越来越多的、开源的科学计算软件包都提供了 Python 的调用接口。还有非常多的、专用的科学计算扩展库，如 3 个十分经典的科学计算扩展库：NumPy、SciPy 和 matplotlib，它们分别为 Python 提供了快速的数组处理、数值运算以及绘图功能。因此 Python 语言及其众多的扩展库所构成的开发环境十分适合工程技术、科研人员处理实验数据、制作图表，甚至开发科学计算应用程序。

Python 还是**面向对象的程序设计语言**。面向对象语言是开发可重用软件的强大工具，Python 中的任何数据都是由类创建的对象。特别是随着数据科学和大数据技术的发展，Python 语言更为人们所关注。2011 年 1 月，TIOBE 网站编程语言排行榜将 Python 评为 2010 年年度语言。IEEE 发布 2017 年编程语言排行榜，Python 高居首位。

1.8 Python 程序设计的基本环境

经过前面几节的学习，大家已经对 Python 编程跃跃欲试了。首先要建立一个 Python 程序设计的环境。程序设计的基本工具之一是编辑器。它为我们提供一个输入代码、编辑代码的环境。通过编辑器可以把程序代码输入计算机，保存到一个文件中，这种文件称为源代码文件，简称源文件。在 Windows 操作系统中，最简单、常用的编辑器就是记事本软件 Notepad。在 UNIX/Linux 或 Mac OS 操作系统中最好用的编辑器是 Vim 或 Emacs（这两个编辑器都已经有 Windows 版了）。

计算机是不能直接执行源码程序的，还必须有一个编译器或解释器。它是把源代码翻译或解释成机器可以接受的指令代码的工具。对于 Python 程序设计来说，就是要安装 Python 解释器。在 Python 的官网上，可以免费下载需要的版本 3.x 或 2.x，注意 3.x 和 2.x 版本不是向后完全兼容的。本书选择使用 3.8 版本，下载时还要注意选择与操作系统相匹配的版本。另外，如果使用的是微软的 Windows 系统，还要在安装 Python 之后在控制面板中的 PATH 环境变量中添加 Python 解释器所在的路径，这样才可以在命令窗口的任何目录下启动它。当然，如果没有设置也可以直接到任务栏的“开始”列表中去启动。

也可以安装一个数据科学平台 Anaconda（https://www.anaconda.com，most popular Python/R data science platform）。其中不仅包含 Python 解释器，还包含 R 语言以及非常多的扩展模块，它们都不用单独安装。Anaconda 还有一个迷你版本 MiniConda 可以选用（https://docs.conda.io/en/latest/miniconda.html），但它的扩展库很少，如果需要什么扩展库就要自己用 conda 包管理器安装，如 Jupyter Notebook 等。

还可以使用 Python 的集成环境，如 Python 安装包自带的 IDLE，著名的 Jetbrain 公司开发的 PyCharm 等。

由于 Python 是解释型程序设计语言，所以它支持在 Python 的 shell 中交互执行一条语句或一组语句。当然它也支持先建立一个程序文件再去对其解释执行的方式。直接使用 Python 的 shell 比较简单，不管是在 MS Windows 的 Command 还是 Linux/Mac 的 Terminal 中输入 Python（或者 Python3）后按回车键，都将进入 Python 的 shell，如图 1.10 所示。

```
Python
chunbobao@baobosirs-MacBook-Pro dist % python3
Python 3.8.0 (v3.8.0:fa919fdf25, Oct 14 2019, 10:23:27)
[Clang 6.0 (clang-600.0.57)] on darwin
Type "help", "copyright", "credits" or "license" for more information.
>>> 
```

图 1.10　Python 解释器窗口

其中，＞＞＞是 Python shell 的提示符，**在等待输入 Python 语句，每输入一条语句，按 Enter 键后，Python 就会立即执行该语句**，这是因为 Python 在启动的时候会自动载入很多内建的函数和类，如 print，input，在内建/内置模块（__builtins__）中，可以使用 dir(__builtins__) 查看。

Python 还允许在启动的时候带一些选项或者标志对解释器进行定制，具体哪些选项可以输入 **python -h** 查看，这里提一下另一个交互性更强的 IPython，它增加了很多方便使用的功能，如支持变量自动补全、自动缩进、支持 Bash shell 命令，内置了许多很有用的功能和函数等，如图 1.11 所示。

Python 程序设计的另一种方式，就是利用编辑器写好代码，保存到一个文件中，再解释执行。下面推荐 4 种方法进行 Python 编程。

方法 1：编辑器和命令窗口相结合

选择一款喜欢的编辑软件，如 Vim，输入程序代码，假设输入并保存的文件是 hello.py。

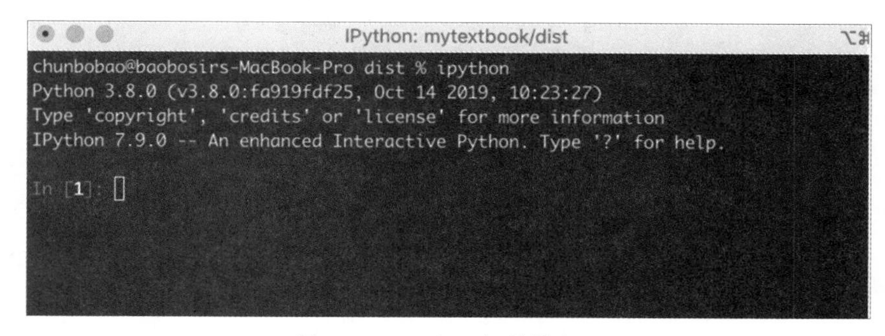

图 1.11　IPython 解释器窗口

然后在命令窗口中输入如下命令：

```
python hello.py 回车
```

这时程序就被解释执行，运行结果会显示在下一行。如果有错，显示的是错误信息，这时再切换到编辑器进行修改，保存，然后再次使用上述命令行运行程序。这个过程是要反复多次的，两个窗口可以并列放置，彼此对照使用。

方法 2：使用 Python shell 和自带的集成环境 IDLE

IDLE 是 Python 自带的 IDE(集成开发环境)，具备基本的 IDE 的功能，即有编辑、运行、调试等基本功能，是初学者不错的选择。当安装好 Python 以后，IDLE 就自动安装好了，不需要另外去找。可以在命令窗口中启动 IDLE，界面如图 1.12 所示，可以看到跟直接启动 Python 的 shell 界面很类似，但多了一个主菜单。这时可以直接使用这个 shell，输入 Python 语句，逐句执行。也可以选择 File 菜单中的 New File 命令建立一个编辑窗口，输入源程序，保存之后，再选择 Run 菜单中的 Run Module 命令运行程序，这时结果会显示在 shell 窗口中，如图 1.12 所示。

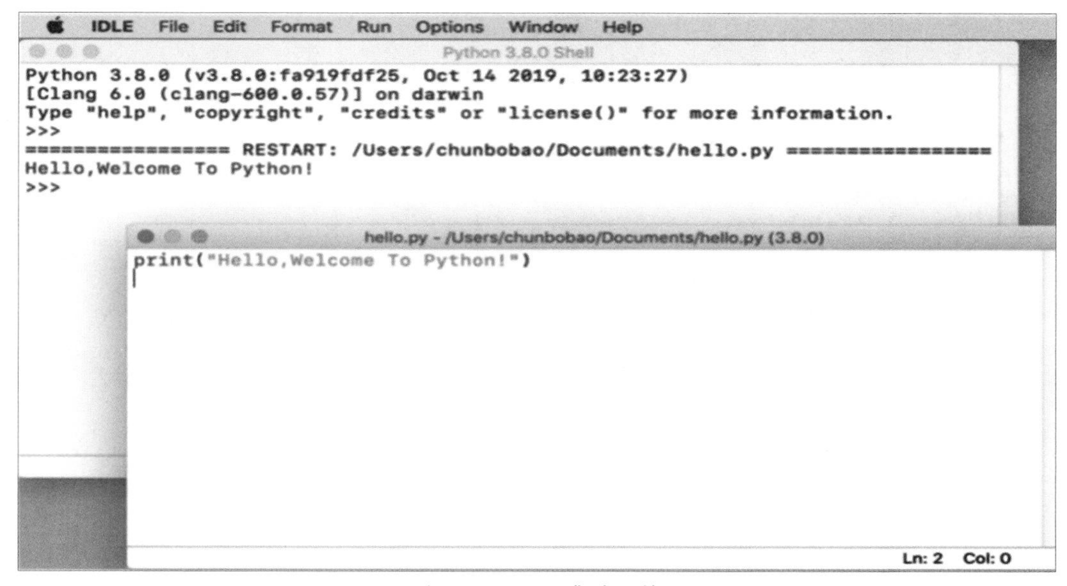

图 1.12　IDLE 集成环境

IDLE 是一个集成环境，它除了有编辑器之外还有调试器等工具，这里不再赘述。

方法 3：使用 Anaconda 中的 Jupyter Notebook

Anaconda 导航启动界面如图 1.13 所示。

图 1.13　Anaconda 导航界面

单击 Jupyter 中的 Launch 启动 Jupyter 笔记本，它是一个本地的 Web 页面，默认是显示系统的当前目录，相当于资源管理器，如图 1.14 所示。单击右侧中部的“新建”下拉菜单，其中有几个选项可以选择，选择 Python3 将建立一个 Jupyter 记事本，如图 1.15 所示。

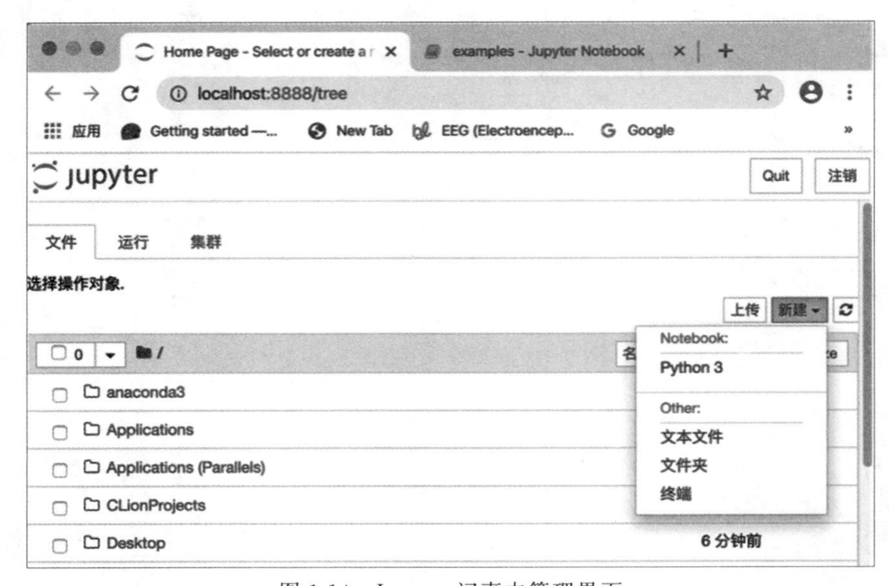

图 1.14　Jupyter 记事本管理界面

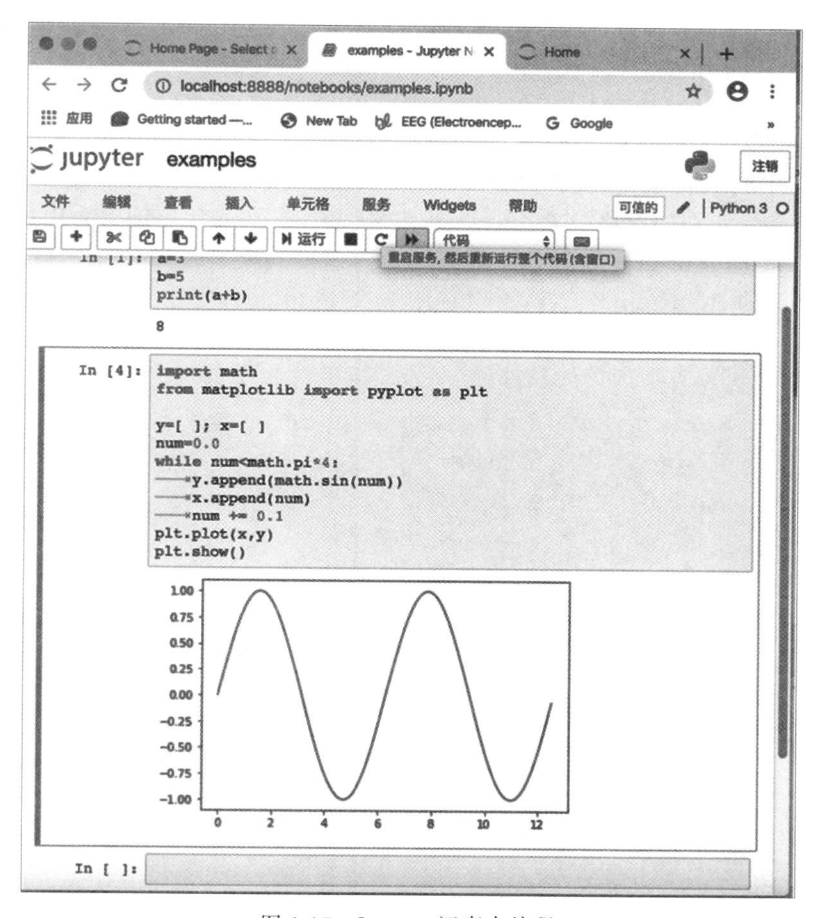

图 1.15　Jupyter 记事本编程

它是一个可以交互操作的网页，中上部是主菜单和图形工具栏。网页的主体是由若干可以输入 Python 程序段的横条单元格组成，每个单元格中可以输入多条语句，甚至是一个完整的程序。选中某个单元格，单击“运行”按钮即可运行，其结果显示在单元格下方。如果有图形也会显示在下方。几个单元格也可以按顺序执行。Jupyter Notebook 便于创建和共享程序文档，支持实时代码、数学方程、可视化和 Markdown。常用来做数据清理和转换、数值模拟、统计建模、机器学习等。

方法 4：使用 PyCharm 集成环境

除了 Python 自带的集成环境 IDLE 之外，还有非常著名的 PyCharm。PyCharm 的官网是 http://www.jetbrains.com/pycharm。它有两个版本，一个是专业版，另一个是 community 版，community 版是免费的，专业版对于教师和学生来说可以申请免费使用(一般是一年，注意：要有地址带 edu 的邮箱才能证明学生或教师身份)。还要注意的是，PyCharm 仅仅提供了集成开发环境，其本身并不包含 Python 解释器。因此在安装 PyCharm 之前，要先下载安装 Python 解释器，PyCharm 会搜索到已经安装了的 Python，并设置相关的路径，这样就把已经安装了的 Python 集成到一起了。

使用 PyCharm 集成环境编程要在 File 菜单中选择 New Project 命令新建一个工程，然后在工程中添加 Python 源程序文件进行编程，再在 Run 菜单中选择 Run 命令，会弹出一个 Run 菜单，从中选择源文件名运行，或者直接在 Run 菜单中选择“run 源文件名”运行，也可以直接在编辑窗口中右击鼠标，在弹出的窗口中选择要执行的文件，如图 1.16 所示。PyCharm 为每个工程文件建立一个目录，并且建立自己专门的运行环境。开发者可以选择 PyCharm 菜单中的 Preference→Project Interpreter 定制这个运行环境，添加或删除某个模块库。有一个非常特别的模块是 **PyInstaller**，它可以把 **Python 程序部署**为用户需要的**可执行程序**。在 Project Interpreter 中安装完成后，在 Tools 菜单中的 External Tools 命令中就会出现你所添加的 PyInstaller 工具，这时选中一个 Python 源程序，再运行这个工具，就可以把那个源程序部署为可执行程序，在工程所在的目录中的 dist 子目录中可以看到最终打包的结果，即用户可以直接运行的软件。

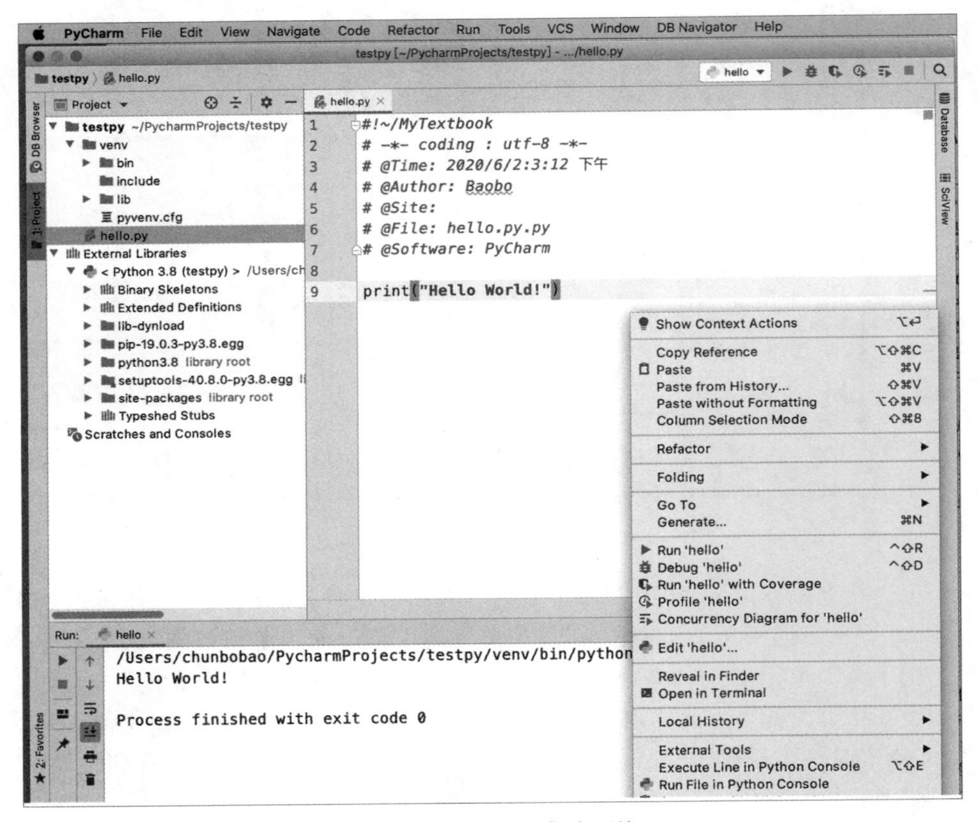

图 1.16 PyCharm 集成环境

小结

本章简单介绍了存储程序计算机的基本工作原理，讨论了存储单位、存储方式、存取操作等存储相关的内容。特别强调了计算机软件在计算机系统中的重要性，介绍了计算机软件开发或计算机程序设计的几个基本步骤（或阶段）。软件开发或程序设计要讲究方法，为了让初学者对程序有一个感性认识并产生兴趣，列举了几个典型的 Python 语言开发的程序。本章还介绍了软件开发的结构化方法和面向对象方法。程序或软件必须通过程序设计语言来表达，本章最后介绍了 Python 程序设计语言的特征和用 Python 进行程序设计所需要的基本环境，一种是命令行环境，另一种是集成开发环境。命令行环境是解释型语言 Python 的特性。

你学到了什么

为了确保读者已经理解本章内容，请试着回答以下问题。如果在解答过程中遇到了困难，请回顾本章相关内容。

1. 什么是计算机？什么是冯·诺依曼计算机？
2. 计算机是怎样工作的？
3. 什么是计算机软件？
4. 什么是程序设计？
5. 计算机是如何存储程序和数据的？
6. 计算机软件开发/程序设计的基本步骤是什么？
7. 什么是结构化方法？
8. 什么是面向对象方法？
9. 什么是程序设计语言？它是怎么分类的？
10. Python 语言有什么特点？
11. 编译器是干什么的？解释器是如何工作的？Python 程序是怎么解释执行的？

基本功训练

1. 熟悉常用的 DOS 命令或者 Linux 命令的使用方法，如 DOS 下的切换盘符命令，改变目录 cd，查看目录 dir(Linux 的 ls)等。选定一个磁盘，创建工作目录。

2. 熟悉文件的基本操作，建立文件、保存文件、打开文件、复制文件、删除文件、移动文件等。选择一个编辑器，建立 hello.py 文件，把它保存在工作目录中，退出，再打开，修改，再保存。

3. 英文打字基本功训练，要求每个人必须做到“盲”打，即按照标准的指法打字，并有一定的速度。可以借助英文打字软件——金山打字通来训练英文打字的基本功。适当练习中文打字。

4. 熟悉编辑器的用法，至少能熟练使用记事本软件输入英文文章和 Python 源程序。有能力的同学应当学会 Vi/Vim/Gvim 的使用方法。自选英文文章或源程序作为训练材料。源程序可选本章中给出的演示程序，输入之后保存到工作目录中。

5. 选择一种方法，初步了解 Python 程序设计的基本过程，即编辑源程序、编译/解释、执行(如有错误再修改源程序，再编译/解释，再执行)的全过程，这个过程可能反复多次。

实验指导

CHAPTER 第2章 数据类型与变量——程序设计入门

学习目标：

- 掌握 Python 程序的基本框架和一些基本概念。
- 掌握 Python 语言的数据输入和输出的方法。
- 理解数据类型、变量和对象的概念。
- 理解不同数据类型的转化原则。
- 培养程序设计的良好风格。
- 认识程序的顺序结构。
- 掌握程序设计的基本步骤。

本章通过几个简单问题的计算机求解，介绍 Python 语言程序设计的一些基本概念，包括 Python 程序的代码规范和风格，数据输入和输出，数据类型和转换，变量与对象等。本章要解决的问题有

- 在屏幕上输出文字信息和海龟写字
- 计算两个整数的和与积(包括固定整数和任意整数)
- 温度转换
- 求三个整数的平均值
- 计算圆的周长和面积
- 海龟绘图

2.1 在屏幕上输出文字信息

问题描述：

在显示器屏幕上输出“Hello, Welcome to Python!”，另起一行输出“Thanks!”。

输入样例：

无

输出样例：

```
Hello, Welcome to Python!
Thanks!
```

问题分析：

现在的任务是要把文字信息“Hello, Welcome to Python!”和“Thanks!”显示到屏幕上。这个问题看似简单，但实际上，计算机要做很多事情。首先，因为计算机的显示屏幕是

由整齐排列的像素点(小方块)组成的,对于分辨率为 1024×768 的屏幕,每一条水平线上含有 1024 个像素点,共有 768 条线,共计 786 432 个像素。所以在屏幕上显示信息实际上就是要控制屏幕上的哪些像素点应当被点亮,哪些像素点可见。其次,要确定一个显示的开始位置。然后计算机将根据文字信息的形状点亮屏幕上相应像素的位置。具体怎么确定起始位置,怎么点亮像素是不是都要程序员自己来考虑呢?如果是这样,这个问题实现起来就一点也不简单了。事实上,这些非常底层的操作,程序员根本不必去关心,因为有人已经写好了专门用于在屏幕上输出信息的工具函数。屏幕上输出分为两类,一类称为控制台输出,即在命令窗口当前光标所在位置按行输出,这种输出也是标准输出 stdout,Python 语言提供了 print 函数在标准输出上的显示信息;另一类输出是在一个图形窗口的画布上绘制文本信息,这需要借助 Python 标准库(或第三方库)来实现。Python 标准库中有一个非常有趣的模拟海龟爬行的作图模块 turtle,在 turtle 模块中有一个绘制字符信息的函数 write 可以直接使用。因此,可以给出本问题的简单求解算法如下。这里还有一个值得注意的问题,就是如何正确显示中文信息的问题。

算法设计:

① 调用 print 函数在屏幕上输出"Hello, Welcome to Python!"。

② 或者调用 turtle 模块中的 write 函数绘制"Hello, Welcome to Python!"。

程序清单 2.1(控制台输出版本)

```
1   #@File: hello.py
2   #@Software: PyCharm
```

```
3   #display information on control
4   print ("Hello, Welcome to Python!")    #注意行首不能有空格
5   print("Thanks!")
```

或者 4 行和 5 行合并:

```
4   print ("Hello, Welcome to Python!\n"Thanks!")
```

程序清单 2.2　hello2.py(海龟绘制版本)

```
1   #@File: helloturtle.py
2   #@Software: PyCharm
3
4   '''
5   drawing Messages
6   on the center of a graphical window
7   by using turtle module
8   '''
9   import turtle
10  #默认海龟位于画布中心,头朝右
11  #海龟在中心位置绘制欢迎词
12  turtle.colormode(255)              #默认 colormode(1.0),即 RGB 的值位于 0,1 之间
13  turtle.pencolor((255,0,0))         #红色
14  turtle.write("Hello,Welcome to Python!",font=("Arial",24,"normal"))
```

```
15  turtle.right(90)                      #海龟右转 90°
16  turtle.penup()                        #海龟抬起笔
17  #海龟向下走 50 个像素
18  turtle.forward(50)
19  turtle.pendown()                      #海龟放下笔
20  #海龟绘制"Thanks!"
21  turtle.write("Thanks!", font =("Courier New",48,"bold"))
22  turtle.hideturtle()                   #隐藏海龟
23  turtle.done()                         #绘制结束
```

运行测试截图如图 2.1 和图 2.2 所示。

图 2.1　运行测试 1

图 2.2　运行测试 2

2.1.1　Python 程序的基本框架

最简单的 Python 程序清单 2.1 只有一条语句,直接使用了内置函数 print。而程序清单 2.2 由于要使用一个 turtle 模块中的函数,所以增加了模块导入语句 import。一个 Python 程序一般都要包含若干注释部分、若干个导入模块 import 语句。随着问题的不断扩展,一个 Python 程序还会包含若干个自定义的函数,若干个自定义的类,甚至也可以自定义一个 main 函数作为程序的开始,具体可参考 1.4 节的实例代码的样子,不必搞懂那些代码,只是查看基本组成部分即可。

```
#!解释器说明
#字符编码说明
程序注释                                  #1
导入需要的模块                            #2
```

```
各个类的定义                                    #3
各种函数定义                                    #4
各种直接执行的语句,含调用模块中的函数语句        #5
```

下面针对这个程序框架的基本部分和程序清单 2.1、2.2 的实现代码，介绍一下 Python 程序的几个最基本的内容。

2.1.2　注释

注释是对程序的说明和解释，可以对整个程序进行注释，介绍程序的内容，标明程序的设计者和设计时间等，也可以对程序的某一部分甚至某一条语句进行注释，说明该语句的功能和作用。Python 解释器不会理睬程序中的注释部分，注释仅仅是为了便于人们阅读而存在的，是面向用户的。注释可以增加程序的可读性。

Python 注释方法有两种，一种是使用**配对的三引号**(''')，在它们之间的内容就是注释信息，这种注释可以分布在多行，但中间不能再出现，不然会产生注释错误。这种方法一般用于整体注释或段落注释，如程序清单 2.2 中的第 4～8 行。另一种方法是使用 **# 号注释**，这种注释比较灵活，它表示某一行从 # 开始之后的内容是注释部分。这种方法便于单行注释，如程序清单 2.1 中的第 1 行。

适当加一些注释是良好的程序设计习惯，如果在程序中不加任何注释，换来的是别人可能很难读懂该程序，甚至过一段时间之后连自己也读不懂了。

2.1.3　中文编码

在前面的例子中显示的是英文信息，如果要显示中文信息，如“谢谢!”，前面的代码就可能不会正确地显示，这说明当前的字符编码采用的不是 UTF-8 格式，而是 ASCII 编码，即只支持英文字符。ASCII 是美国标准信息交换代码(American Standard Code for Information Interchange)的缩写，是 7 位的字符集，为美国英语通信所设计，它由 128 个字符组成，包括大小写字母、数字 0～9、标点符号、非打印字符(换行符、制表符等 4 个)以及控制字符(退格、响铃等)组成。中文、日文、韩(朝)文等双字节的字符，ASCII 码是表达不了的，需要使用 UTF-8 编码(8-bit Unicode Transformation Format)，UTF-8 是一种可变长字符编码标准，既支持单字节的 ASCII 字符，又支持多字节其他字符。如果希望处理中文字符，就要使用 UTF-8 字符编码标准，这只要在源文件的第 2 行或第 1 行增加

```
#-*-coding: UTF-8 -*-
```

或者

```
#coding=utf-8                              #注意等号两端不能加空格
```

就可以正确输出中文字符了。

```
>>>print("谢谢!")
```

2.1.4　模块导入

Python 语言的源程序文件称为模块，在一个模块中一般包含一些定义好的函数或数据

类型的类。如果需要使用它们，就要使用 import 语句导入它。例如，程序清单 2.2 中要使用 turtle 模块中的 write 进行绘制文字，就要先导入 turtle 库，即：

```
9   import turtle                          #导入海龟绘图模块
```

注意这里的导入实际上是 Python 解释器把模块中的代码加载到内存里执行，模块中有可执行语句就解释执行，有定义语句则创建相关的对象。turtle 是 Python 内置的图形模块，可以在画布窗口中画直线、圆和其他形状的图形，也包括各种字符文本。在程序中导入了 turtle 模块后，turtle 中的绘制文本信息函数 write 就可以使用了，还有海龟抬笔落笔函数 penup、pendown，前进转弯函数 forward、right 等就被创建了，我们只需要提供必要的参数，就可以使用它们了，标准格式如下：

```
模块名.函数名(函数的参数)
```

其中，模块名是必需的，如 turtle，它起到命名空间的作用，或者说限定了函数所在的范围；模块名后面的圆点非常重要，它是一种运算，代表成员的意思；函数名就是要使用的工具名，如 write 等；而函数的参数则是要传递给函数的信息，如传递给

```
14  turtle.write("Hello,Welcome to Python!", font={24})
```

中的 write 的参数有两个，一个是前面的欢迎信息，另一个是后面的字体信息。

模块导入的方法除了 import 语句之外，还有 from 语句，例如：

```
>>>from 模块名 import *
```

这里 * 代表模块中的所有**对象(变量、函数等)**。它与 import 不同的是访问模块中的对象时不用使用点运算，可以直接使用变量名或函数名，之所以可以这样简便使用，是因为执行这条语句的时候，**把要导入的模块中的所有对象都复制到了当前的作用域**。后续章节会陆续看到，我们还可以有选择地复制所需要的变量或函数(详见 5.4.5 节)。

Python 标准包中像 turtle 这样的模块有几百个。安装好 Python 后，可以用下面的命令查看系统有多少内置模块可以使用。

```
>>>help("modules")
```

如常见的有数学模块 math，随机函数模块 random，后面会多次用到。如果想使用更多第三方的扩展模块，可以到 Python Package Index(简称 PyPI)网站上下载安装。PyPI 是 Python 语言的软件池，截止到现在，PyPI 中已有 216103 个项目，16553479 个软件版本。常用的安装方法是使用 pip 命令，如

```
pip install 软件包的名字
```

该命令需在操作系统的命令窗口执行，首先要保证网络是通的，它会自动到 PyPI 网站上搜索，下载并安装。

2.1.5 转义序列

本节的问题是要输出两行文本信息“Hello, Welcome to Python!”和“Thanks”或者“谢谢!”。注意，每次调用 print 函数输出信息之后，都会自动换行。也就是说 print 函数在控

制台输出信息后又输出了一个换行符。这个换行符怎么表示呢？换行符是ASCII字符集中的一个字符，其ASCII码是十进制的10，在附录B中的ASCII码表中叫NL，即NewLine。在高级程序设计语言中用\n表示。也就是说如果我们把

```
>>>print ("Hello, Welcome to Python!")
```

改写成

```
>>>print ("Hello,\nWelcome\nto Python!")
```

将输出三行

```
Hello,
Welcome
to Python
```

注意，虽然字符\n出现在了引号中，但结果中却没发现它。这是为什么呢？这是因为反单斜杠开始的字符有特别的含义，print函数遇到这样的字符就会做特别的处理。句子中总计有三个\n，其中两个\n可见，在行尾还有一个隐藏的\n。

反斜杠字符(\)称为转义字符(escape character)，\后面跟一个字符后称为一个转义序列(escape sequence)，也就是说有些特别的字符如果在前面加上\其意义就发生了转变，或者避免与其他相关字符混淆。转义序列\n的含义就是回车换行，print函数遇到它后光标会到新的一行开始处。也就是说它不会按照字符的表面信息打印出来，而是按照它所代表的意义**回车**换行去输出。常用的转义序列如表2.1所示。

表2.1 常用的转义序列

转义序列	含　义	转义序列	含　义
\n	换行(newline)	\'	输出单引号 (single quotation mark)
\t	水平制表(horizontal tabulation)	\?	输出问号(question mark)
\\	输出反斜杠(backslash)	\r	输出回车符(carriage return)(不换行，光标定位当前行的开始位置)
\a	响铃符(alert or bell)	\b	退格(backspace)
\"	输出双引号 (double quotation mark)		

可否修改print函数的自动换行信息，把第二行的“谢谢!”接在第一行信息的尾部输出？要实现这样的输出必须想办法把print函数末尾隐藏的\n修改成其他字符，阻止自动换行。具体做法如下：

```
print ("Hello, Welcome to Python!", end=' ')  #修改了结束符为空
print("谢谢!")
```

也可以用一个print调用输出2行，见程序清单2.1。

2.1.6 标准输出函数 print

Python程序的基本单位是语句。在程序清单2.1中，与算法步骤相对应的语句序列只

有一句,即

```
>>>print("Hello, Welcome to Python!")
```

这是本节问题求解的关键。计算机执行这个语句就能在屏幕(命令窗口)上输出文字信息"Hello, Welcome to Python!"这条语句称为函数调用语句,也叫标准输出语句。它是 Python 语言标准库中内置的工具函数,标准输出函数。所谓的标准输出就是控制台输出,常常把这种输出称为打印输出。print 函数的调用格式之一是:

```
>>>print("要显示的信息")
```

注意:这里的"要显示的信息"是 print 函数的一种简单形式,其中可以包含像"\n"一样的转义序列,实际上还可以包含丰富的格式说明。2.2 节将会看到实际要输出的对象,不仅是双引号里的内容,还可以有逗号隔开的输出对象列表,甚至可以设置一些参数,如多个输出对象的分隔符用参数 sep 的值指定(默认是空格);显示信息的结束符用参数 end 指定;要输出到哪里用参数 file 指定等。因此,更一般的 print 函数是:

```
>>>print( value, ….,  sep = " ", end = "\n", file = sys.stdout, flush=False)
```

其中的 sep,end,file,flush 都有默认值:

sep = "":当输出对象是多个时的分隔符默认是一个空格。

end = "\n":每个 print 输出结束默认输出一个换行符。

file = sys.stdout:print 函数默认的输出是标准输出,即命令窗口,也叫控制台(console),更一般的输出是一个文件流。

flush = False:默认不立即输出缓冲区的内容。

value 参数是要输出的内容,可以是字符串,也可以是非字符串。如果其他参数都使用默认值,print 函数的参数则简化为若干个 value 组成的列表,即

```
>>>print( value, value,value,…)
```

2.2 节将介绍利用这种格式输出信息。

Python 语言的一个重要特征就是解释执行,对于输出来说,在 shell 解释窗口输出时,可以不使用 print,直接输出对象。

```
>>>'Hello, Welcome'
'Hello, Welcome'
```

2.1.7 关键字与保留字

保留字又称为关键字,它是 Python 语言预先规定的、具有固定含义的一些单词,如 import,完整的列表见附录 A,总计 33 个关键字。用户只能按照它们预先规定的含义来使用它们,不能改变其含义。还有一些称为保留标识符的单词,如标准库函数中函数的名称,如 print,在 Python shell 内使用 dir("__builtins__")命令,可以列出所有内置函数的名字,总计 153 个。这些保留字和内置函数名字都不能修改和另作他用。

2.1.8 分隔符与空白符

就像写文章有标点符号一样,写程序也要有一些标点符号,也称分隔符,如逗号、圆点、

圆括号、方括号、单引号、双引号等，它们用来分割程序当中的代码。否则，编译器或解释器就无法区分不同的内容，Python 语言中还有一些空白符，如空格、回车/换行、制表符 Tab 等，它们也起到分割信息的作用。如果没有空白符，程序阅读起来不够清晰，理解起来会造成误解。适当使用空白符号，可以使程序代码容易阅读。

必须强调的是，Python 的代码严格遵守缩进规则，代码段的最外层的每一条执行语句的开始不允许有空格，hello1.py 和 hello2.py 的代码每一行都是独立的代码行，都是顶格书写的，即它们的开始不能有空格。当程序比较复杂的时候，Python 用缩进格式进行分组，如后面即将学习的分支结构、循环结构、函数结构时，代码段内部的代码行要按照层次缩进，即采用缩进来区分不同的结构，具有相同缩进格式的代码属于一组。

2.1.9　海龟写字

Python 语言提供了一个非常有趣的绘图模块 turtle，想象一个小海龟，在沙滩爬行，所到之处留下了它的爬行痕迹，这就是图形。turtle 提供了一个画布，上面有一个坐标系，横轴为 x、纵轴为 y，坐标系原点为(0,0)，海龟的开始位置是原点，头朝东，即 x 轴的正方向，或者 0°方向，90°方向则是 y 轴正方向，如图 2.3 所示。

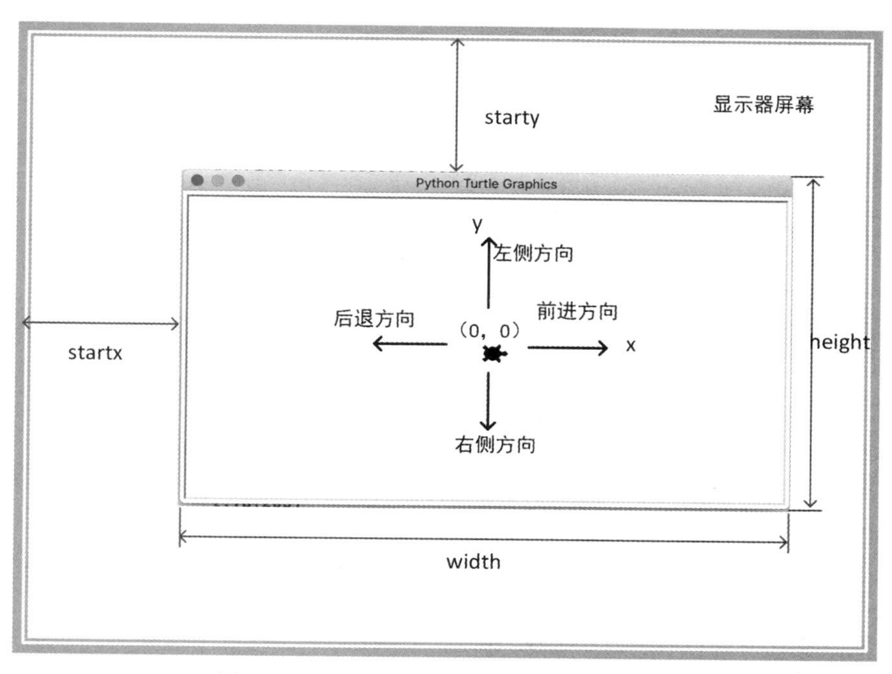

图 2.3　turtle 绘图窗口坐标系及其相对位置

小海龟会接受各种跟绘图有关的指令(注意均为函数)。在给定的指令控制下，小海龟在平面坐标系中移动，从而在它爬行的路径上绘制出图形。更加有趣的是整个爬行过程是可见的。turtle 可以移动，它本身有一支画笔，画笔有两种状态，抬起和落下，当落下时，移动就有轨迹留下。

turtle.penup( ) 或简写为 up( ) 或 pu( )　　　　(画笔抬起)

turtle.pendown( ) 或 down( )或 pd( )　　　　(画笔落下)

turtle 移动时是有方向的：

turtle.forward(a) 或简写为 fd(a)　　(向前移动 a 的长度)

turtle.backward(a) 或 bk(a) 或 back(a)　　(向后移动 a 的长度)

turtle.goto(x, y)　　(移动到坐标(x, y) 处)

turtle 可以改变方向：

turtle.right(a) 或 rt(a)　　(向右转动 a 度)

turtle.left(a) 或 lt(a)　　(向左转动 a 度)

本节用 turlte 的 write 函数在画布的中心位置开始绘制了字符串，字符是有字体的，可以设置字体名称、字体大小、字体的类型，例如

```
turtle.write("Hello, Welcome to Python!", font=("Arial",24,"normal") )
```

其中关于字体的类型包括 normal、bold、italic 等。关于字体的名称必须写正确，可以查看 Word 文档中各种字体的名称，常见的中文字体名称有黑体(SimHei)、微软雅黑(Microsoft YaHei)、新宋体(NSimSun)、标楷体(DFKai-SB)、仿宋(FangSong)、楷体(KaiTi)，大家可以尝试一下用 turtle 写中文信息。

2.2 计算两个固定整数的和与积

问题描述：

写一个程序计算固定整数 2 和 3 的和与积，输出计算结果。

输入样例：

无

输出样例：

```
2 + 3 = 5
2 * 3 = 6
```

问题分析：

计算机的基本能力之一就是计算。不用计算机，大家都知道怎么计算两个整数的和与积。但是如果不告诉计算机怎么做，计算机知道怎么实现吗？显然，无论问题多么简单，都要告诉计算机怎么做它才能实现。先简单分析这个问题要让计算机做什么。问题中已经明确说明要计算两个固定整数 2 和 3 的和与积，2 和 3 在写程序的时候就已经知道了。计算的结果在控制台上输出，输出的格式在输出样例中也已经规定，分两行显示。如果套用 2.1 节的方法，直接使用 print 函数输出上面的结果信息，你能写出相应的调用 print 函数的语句吗？像下面这样写可以吗？

```
>>>print("2 +3 = 5\n 2 *  3 = 6")
```

注意，其中的星号 * 表示乘法运算。看懂了吗？能得到题目要求的结果吗？对照一下 2.1 节的输出文本信息的方法，结果应该是正确的。但是，在这里计算机根本没有做任何计算，它是直接把计算算式输出到屏幕上了，其中的计算结果 5 和 6 是程序员计算出来告诉计算机的，因此这样做没有任何意义。正确的做法应该是让计算机计算出 2+3 等于多少，2 * 3 等于多少，然后再把结果输出到等式的右端。怎么让计算机计算呢？只要算式不在引号里就可以了，解释器会识别 2+3 和 2 * 3 这种算术运算。2.1 节已经给出的 print 函数的一

般格式中的输出列表位置就可以放置算式，这样调用 print 函数时就可以先算出结果再输出到屏幕上，具体算法如下。

算法设计 1：

直接在 print 的输出列表中计算 2+3 和 2×3 的值，并按照格式输出计算结果。

程序清单 2.3

```
1  #add2numbers1-1.py
2  print("2+3 =", 2+3)
3  print("2 * 3 =", 2 * 3)
```

算法设计 1 的实现方法是把计算和输出都交给了 print，显然，如果计算比较复杂的时候，print 的输出列表就会显得很拥挤而“不堪重负”。更好的做法是把计算任务从 print 中分离出来，先得到计算的结果，然后再让 print 输出结果，即让 print 主要完成输出任务。因此有下面的算法设计 2，具体实现见程序清单 2.4。

算法设计 2：

① 先把固定整数 2、3 暂存到内存中，即创建变量 number1 和 number2。

② 然后通过变量名 number1 和 number2 访问数据，分别计算和与积。

③ 最后按照输出格式的要求输出计算结果。

程序清单 2.4

```
1  #add2numbers1-2.py
2  number1 = 2                          #定义了变量 number1,它指向整数对象 2
3  number2 = 3                          #定义了变量 number2,它指向整数对象 3
4  sum = number1 +number2               #定义了变量 sum,它指向求和结果对象
5  product = number1 * number2          #定义了变量 product,它指向乘积结果对象
6  print(number1,"+",number2,"=", sum)          #输出 sum 引用的对象
7  print(number1," * ",number2,"=", product)    #输出 product 引用的对象
```

算法设计 3：

- 先把固定整数 2、3 暂存到内存中，即创建变量 number1 和 number2。
- 然后通过变量名 number1 和 number2 访问数据，分别计算和与积。
- 使用格式运算%输出计算结果。

程序清单 2.5

```
1  #add2numbers1-3.py
```

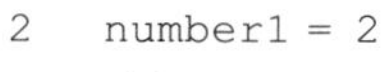

```
2  number1 = 2                          #定义了变量 number1,它指向整数对象 2
3  number2 = 3                          #定义了变量 number2,它指向整数对象 3
4  sum = number1 +number2               #定义了变量 sum,它指向求和结果对象
5  product = number1 * number2          #定义了变量 product,它指向乘积结果对象
6  print("%d +%d = %d" %(number1, number2, sum))  #使用格式运算%
7  print("%d * %d = %d" %(number1, number2, product))
```

2.2.1 数据类型

Python语言的数据对象是有类型的。一个数据类型是一组数据的集合与在这个数据集合上的一组操作的简称。整型类型int是Python内置的数字数据类型之一。计算机里的整型数据与数学上的整数不完全一致。数学上的整数是无限的,但Python中的整数理论上应该是有限的,因为计算机的内存是有限的。在内存允许的前提下,Python可以处理任意大的整数,这是与其他程序设计语言不一样的地方。我们可以用Python的sys模块的函数getsizeof查看一个整数所占的内存空间的大小:

```
>>>import sys
>>>sys.getsizeof(int)
28
>>>sys.getsizeof(100)
28
```

结果都显示28,这说明100这个整数对象占了28个字节。可以测试,一个整数最小占28个字节。当整数比较大时,getsizeof返回的值也会变大,一般来说它是4的倍数,如28,32,36等。不同配置的计算机,其结果可能也不一样。

整数类型int上规定了一组操作之后,它才有意义。Python中的整型数据类型可以进行加减乘除四则运算、求余数和乘方运算以及符号运算。因此我们可以说

整型数据类型=有限的整型数据集合+它支持的一组操作

Python中的一个整数可以用十进制、二进制、八进制和十六进制表示。二进制数以0b开始,八进制数以0o开始,十六进制数以0x开始,它们都会自动转换为十进制数。例如

```
>>>a = 0b10111001
>>>a            #没有print,直接输出a引用的对象
185
```

也可以直接(转换)输出对象

```
>>>0o1234
668
>>>0x23A3bc
2335676
```

Python语言内置的**数字数据类型**除了整型之外,还有表示实数的浮点型float,表示逻辑值的bool型,表示复数的complex。常用的类型还有丰富的**序列类型**,其中有表示字符序列的字符串类型str,更加一般的数据序列的列表类型list和元组类型tuple,以及体现**映射**关系的字典类型dict,容纳**关键字数据**的集合类型set等。Python的内置数据类型非常丰富,可参考其官网文档了解更多内容。我们会在后续的章节中陆续使用上述几个常用的内置类型。

2.2.2 对象与变量

Python中的每个具体的整数称为字面值或常量(literal),实际上都是整数类型的**对象**,

如100是一个整型常量，或整型对象，在后面的叙述中对常量和对象不加区分，1000，10000也一样。这些整数对象存储在内存中，要有一个名字去引用它，这个**对象的名字就是变量**。所谓变量就是其取值是可以变化的，也就是说一个整数对象的名字也可以作为另一个整数对象的名字。**Python中的变量是没有类型之分的**，它仅仅是对象的一个名字而已，或者叫**别名**，不管什么对象都可以创建它的名字，通过对象的名字，即变量名访问对象的值。程序清单2.4中为整数对象2和3分别创建了对象变量number1，number2，然后就用变量名访问它所代表的对象值了。Python语言规定在第一次使用变量时便创建了这个变量。实际上，在内存中整数2和3分别存放在各自的内存空间中，变量名所代表的像一个指针，也可以理解为它所代表的对象所在空间的首地址，在Python中对应一个id，这可以通过一个**id函数**来查看，还可以通过一个**type函数**获得对象数据的类型。例如

```
>>>number1 = 2
>>>id(number1)
4410766480
>>>type(number1)
<class 'int'>
```

变量的值、变量的id和变量的类型是Python变量的3个重要特征。变量的id是对象的唯一标识，类似于内存空间的地址。正如前面所说变量number1引用整数对象2，也可以引用整数对象3，即

```
>>>number1=3
```

这时它就与先前的2那个整数对象无关了，这时如果用id函数检查一下，发现它的id值发生了变化，如果把id看成地址，这时变量number1的id已经是3所在内存空间的地址了，如图2.4所示。

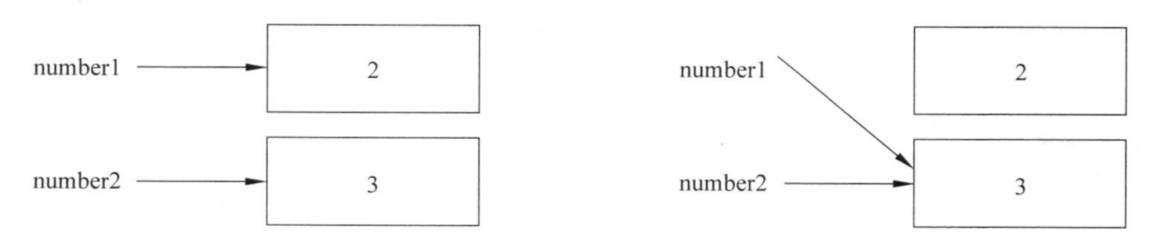

变量number1和number2 分别是对象2 和3的引用

当执行赋值语句number1=number2之后，变量number1 和 number2 都成为对3的引用

图2.4　变量是对象的引用

变量的这种特征说明了变量就是**指向**某个对象的名称，变量是对象的**引用**。变量的名字是与对象关联的。变量也可与一个特殊的对象None关联作为初始引用对象，它是NoneType类型的对象。

请验证一下，如果number1 ＝ 2，number2 ＝ 2，它们的id是各是什么？经过验证发现**同一整数对象在内存中只有一个**，只是被两个不同的变量引用罢了。但这也不完全正确，因为当两个整数对象超出－5～256时，它们在内存中就各自在自己的空间里了。

2.2.3 标识符

变量是需要命名的，变量名称为变量的标识符。变量命名要遵循标识符命名的基本规则：

- 由英文字母、数字和下画线组成；
- 且必须以英文字母或下画线开头；
- 不能使用系统的关键字；
- 长度不受限制。

标识符不允许使用系统中的关键字（或称保留字）如 int，float 等，Python 语言中包含的关键字见附录 A。

标识符应该尽量有意义，这样便于阅读，如 number，sum 等。但最好遵循 Python 编码规范 pep8（见 2.2.7 节）。按照 pep8 规范，可以用多个单词的组合，但是对于变量名来说要用小写字符，应尽量简短，两个单词之间用下画线连接，如 math_sum，或者采用首字符大写的方式如 MathSum、mathSum。

Python 中标识符的名字是大小写敏感的，如果给一个符号常量命名，一般都用大写，如 PI。有时也用大小写混合的方式，如类的名字，具体参见后面的章节。

标准库中定义的标识符一般不能被重新定义，如 print。

2.2.4 算术运算和算术表达式

在程序清单 2.3 和 2.4 中，使用了与数学中类似的两种算术运算加法（＋）和乘法（＊），Python 语言提供的算术运算还有**减法（－）**、**整数除法（//）**、**实数除法（/）和求余（%）**。因为这几种运算的操作数必须有两个，所以通常称它们为双目运算。Python 语言还提供了两个单目算术运算，它们是取正＋（可以省略）和取负－，例如－2，＋3。这些算术运算除求余运算外，它们的操作数既可以是整数，也可以是实数。

Python 谨慎地扩展了整除运算（//）和求余运算（%）的语义。如果设 n 代表被除数，m 代表除数，则 q ＝ n // m 和 r ＝ n % m。Python 保证了 q ＊ m ＋ r 等于 n，大家很容易验证它。注意，求余运算的操作数也可以是实数，也可以是负数，余数的符号取除数的符号，例如：

```
>>>-27 // 4          #注意取整是向小的方向取整
-7
>>>-27 %4            #余数为正,这是为了保证 0 <=r <=m 并且满足 q * m +r == n
1                    #容易验证  (-7) * 4 +1 = -27
```

而

```
>>>27 // -4
-7
>>>27 %-4  #除数为负数时,要保证 m <r <0, 并且还要满足 27 == (-7) * (-4) + (-1)
-1
```

也可以这样看，当被除数或除数是负数时，先求两个正数相除的余数，结果取被除数的符号，再把它与除数相加即得。

要特别注意，Python 语言中的算术运算与数学上写法的不同之处。乘法运算符的符号不是×，除法运算的符号不是÷，还要注意除法运算符/和//的倾斜方向，不要与转义字符\混淆。

在 Python 中把由运算符和操作数组成的式子叫作表达式，算术运算符与操作数连起来的式子就称为算术表达式，如程序清单 2.3 的输出列表项 2+3 和 2 * 3 和程序清单 2.4 中的 number1 + number2 和 number1 * number2 都是算术表达式。现在的表达式都比较简单，操作数仅仅是一个整型常数或者一个存放数据的变量名，在后面的学习中，大家会看到操作数的形式可以有其他更丰富的形式。

2.2.5　赋值语句

变量是对象的引用，变量名是引用对象的名字。Python 语言变量引用对象使用赋值运算符=实现，对应的语句称为赋值语句。

程序清单 2.4 中的第 2 行和第 3 行

```
number1 = 2
number2 = 3
```

是两个赋值语句，这样 number1 和 number2 就分别代表了对象 2 和 3。这里的=号不是数学上的相等，而是赋值运算符，它是把右端的数据对象赋给左端的变量。含有赋值运算的式子称为赋值表达式，number1 = 2 和 number2 = 3 是两个赋值运算形成的赋值表达式。注意赋值表达式和赋值语句的区别。

而第 4 行和第 5 行

```
sum = number1 +number2
product = number1 * number2
```

也是两个赋值语句，它们是把 number1、number2 引用对象从内存中读出来，做加法或乘法运算，再把结果对象用 sum 或 product 变量表示。这两个赋值语句左右两端的操作数都是变量，但它们要进行的操作是不同的。赋值运算右端的变量进行的是读操作，左端的变量进行的是写操作，更改变量引用的对象。

赋值语句左端必须是一个变量，不能是实际的数据对象，即如果写成下面的形式就错了

```
2= number1
```

同样

```
number1 +number2 = sum
```

也是错的，一个表达式只能放在赋值运算的右端。

从上面的讨论可知，赋值运算的右端可以是数据对象，也可以是变量，甚至是表达式。如果是变量，这个变量在参与运算之前要从内存中读出它所引用的数据对象；如果是具体的对象，则直接赋值给左端变量；如果是一个表达式，则把计算的结果赋给左端变量。赋值运算的左端必须是变量。

思考题：在 Python 语言的程序中，语句 sum = sum + 1 的含义是什么？可以写成 sum + 1 = sum 吗？

2.2.6 格式化输出

如何按照输出样例规定的格式进行输出是比较重要的。本节的算法设计 1 和 2 的输出语句

```
>>>print("2 +3 =", 2 +3)
```

和

```
>>>print(number1,"+",number2,"=", sum)      #输出 sum 引用的对象
```

是类似的。前者是逗号连接的两个固定的 value 输出形成所要的结果，第一个是字符串，第二个是一个算式的结果，两者之间默认的分隔符是一个空格。后者是逗号连接的多个 value 的输出形成所要的结果，各部分之间同样是被一个空格彼此分开。

算法设计 3 的实现截然不同，它使用了**格式运算符**%把输出的格式字符串和与格式串中的格式控制符对应的输出列表联系起来。**格式说明**字符串"2 + 3 = %d\n2 * 3 = %d,"中除了输出信息之外，还有两个%d，它所在的位置就是计算结果应该在的位置。前缀为%的符号%d，称为**格式控制符**，也可以称为**占位符**，其中 d 表示这个占位符的位置要放置的内容是整数。一个占位符与一个输出列表项相对应，如图 2.5 所示。

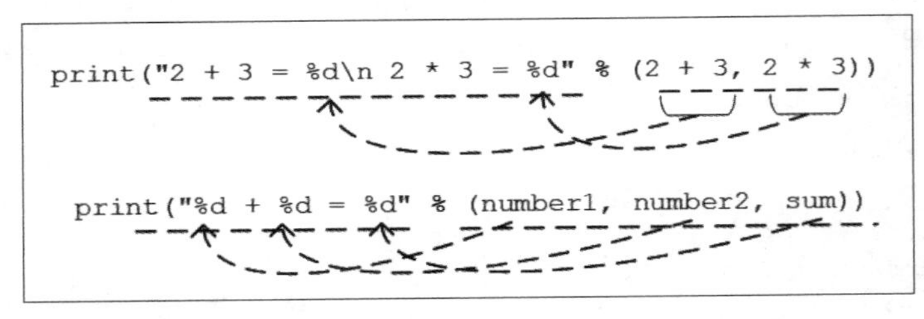

图 2.5 格式控制符与输出列表的关系

这里双引号引起来的内容可以认为是规定了输出列表项 2+3，2 * 3 的输出格式，双引号中的内容整体上可以被认为是一个格式说明，里面蕴藏着要显示的信息。%d 除了规定了要输出的数值是整数之外，还隐含了一个数值转化过程，因为 2+3=5，2×3=6 的计算结果 5 和 6 在内存中是它们的二进制数，而把它显示到屏幕上是文本字符，对应的是它的 ASCII 码，所以从计算到显示要经历一个转换过程，因此把%d 也称为**转换说明**。这一点对于多位整数，或小数计算更能显示出转换的意义，如计算的结果是 1000000，在内存中它是几个字节的二进制码，而在屏幕输出的信息是 7 个文本字符。这个转换的要求是通过占位符表示的。print 函数的这种格式化输出更一般的形式为

```
print("显示信息和格式说明" %(输出参数列表));
```

其中，格式说明中的占位符除了%d 之外还有其他类型，如%f，%c，%s，%o，%x，%e 等，依次对应浮点数、字符、字符串、八进制数、十六进制数、科学计数法格式的浮点数等，输出列表也会有其他更多的表现形式。原则上，只要输出列表项能有一个"值"与其对应就可以。

%d 输出时会根据输出列表项数据的大小自动输出它。如果想要给输出列表项指定一个宽度也可以。请看下面的例子，观察程序的输出结果。

```
>>>print("%d %d %d" %(2,33, 5563454534534))  #整数的实际宽度输出
>>>print("%d %d %d" %(232,2233,245))
>>>print("%5d %5d %5d" %(2,33333,556))       #规定了整数的宽度是 5,不足 5 位的右对齐
>>>print("%5d %5d %5d" %(232,33333,245))
>>>print("%-5d %-5d %-5d" %(2,33333,556))    #规定了整数的宽度是 5 不足 5 位的左对齐
>>>print("%-5d %-5d %-5d" %(232,33333,245))
```

运行结果：

```
2 33 5563454534534
232 2233 245
    2 33333   556
  232 33333   245
2     33333 556
232   33333 245
```

从运行结果可以发现，默认的占位符%d 是按照整数的自然长度进行输出，而%5d 指定输出宽度是 5 个字符，不足 5 个字符时按右对齐输出，%-5d 同样宽度为 5，但它是左对齐的。对于浮点数的输出，还可以指定它的精度，这将在后面的问题求解过程中讨论。

2.2.7　程序设计的风格

写程序跟写文章、弹钢琴一样，需要注意基本功的训练、风格习惯的培养。在开始学编程的时候就要注意程序设计的风格，这样久而久之就会养成良好的习惯。Python 的创始人 Guido van Rossum 给出了 Python 编码规范，命名为 PEP(Python Enhancement Proposal)，其最后版本是 PEP8(2001 年创建，2003 年发布)，就如何编写 Python 代码给出了一套增强性建议，如注释、空格、空行、各种标识符命名等，下面仅列举几点，详细内容请参考官方文档或中文翻译版。

- 行缩进 4 个空格。
- 每行最大长度 79 个字符。
- 类和顶层函数定义之间空两行，类中的方法之间以及函数内无关联的代码段之间空一行。
- 各种右括号前不加空格，逗号、冒号、分号前不加空格，函数和序列的左括号前不加空格，操作符左右各加一个空格。
- 不要将多条语句写在同一行，尽管可以用分号分割。
- 注释必须是英文，最好用完整的句子。
- 为所有的公共模块、函数、类、方法写文档字符串(DocStrings)。文档字符串是一个重要工具，用于解释文档程序，帮助你的程序文档更加简单易懂。非共有的函数可以在 def 下加注释。

请比较下面的代码哪个更易于阅读：

```
>>>number1 = 2 和 number1=2
```

```
>>>2 +3   和   2 +3
>>>sum = number1 +number2 和   sum=number1+number2
```

2.3 计算任意两个整数的和与积

问题描述：

给定任意两个整数，计算它们的和与积，输出计算结果。

输入样例：

```
Input 2 numbers: e.g., 2, 3: 2, 3
```

输出样例：

```
2 +  3 = 5
2 *  3 = 6
```

问题分析：

前面 2.2 节解决了两个固定整数的计算问题。程序清单 2.4 的程序在程序设计时就要把两个需要计算的整数写到程序中。如果要对其他数据进行计算，必须修改程序中的数据。每计算一次就要修改一次，这显然不是人们所期望的。尽管如此，还是已经初步领略到了一点程序设计的味道。理想的程序应该是对任何符合条件的两个数都能计算出它们的和与积。本问题中需要计算的两个整数就是任意的，在写程序的时候是未知的，两个整数是在程序运行时由用户来确定。这更让我们想到在程序中参与计算的量是变量的必要了。重新考察程序清单 2.4 不难发现，只要能解决如何在程序运行时给变量 number1 和 number2 提供具体的数值，问题便得到解决。在运行程序时用户提供数据一般是从键盘输入，如果程序员自己来解决键盘输入问题，同输出数据到屏幕一样是很困难的，涉及如何知道用户输入了什么字符，如何把字符转换为整型数据，用户输入的数据要存放到哪里，程序中的变量怎么找到数据保存的位置等一系列问题。幸亏 Python 语言标准库中提供了专门用于读用户键盘输入数据的工具函数 input。本问题求解的关键就是使用 input 函数读用户输入的数据。

算法设计：

① 读入用户从键盘输入的两个整型数据。

② 计算它们的和与积。

③ 输出计算结果。

程序清单 2.6

```
1   #add2numbers2-1.py,使用 int 对输入进行转换
2   inputstr = input("Input 2 numbers, e.g.,2,3")   #键盘输入的字符串
3   number1str,numberstr2 = inputstr.split(‘,’)    #把字符串用逗号分隔成子串
4   number1 = int(numberstr1)
5   number2 = int(numberstr2)
6   sum = number1 +number2                      #定义了变量 sum,它指向求和结果对象
7   product = number1 * number2                 #定义了变量 product,它指向乘积结果对象
8   print("%d +%d = %d" %(number1, number2, sum))  #使用格式运算%输出结果算式
9   print("%d * %d = %d" %(number1, number2, product))
```

程序清单 2.7

```
1  #add2numbers2-2.py:                          #使用 eval 对输入进行转换
2  number1,number2 = eval(input("Input 2 numbers, e.g.,2,3"))
3  sum = number1 +number2                       #定义了变量 sum,它指向求和结果对象
4  product = number1 * number2                  #定义了变量 product,它指向乘积结果对象
5  print("%d +%d = %d" %(number1, number2, sum))  #使用格式运算%输出结果算式
6  print("%d * %d = %d" %(number1, number2, product))
```

2.3.1 标准输入函数

程序在运行时读取用户输入的数据是非常典型的操作。在 Python 的内置函数库中提供的标准输入函数 **input** 可以从键盘读数据，基本的调用形式为

```
>>>a=input()
```

或

```
>>>a=input(" 提示信息 ")
```

前者没有提示，后者在双引号中输入一些提示信息，如“please input:”，运行之后，会等待用户输入，回车之后，存到内存中，并且变量 a 指向该字符串，或者说可以用变量 a 引用字符串。input 函数只能读入字符串。即不管你输入什么，都会当作字符串对待，例如：

```
>>>a=input("please input:")
please input:hello
>>>a
'hello'
>>>a=input("please input:")
please input:100
>>>a
'100'
```

注意：变量 a 指向的字符串不包含输入时的回车符。

2.3.2 类型转换

2.2.1 节已经讨论过，数据是有类型的，不同的类型支持不同的操作。键盘输入的两个整数字符串是不能进行算术运算的，必须把它们先转换为整型数据才可以。Python 的数据可以通过显式的强制类型转换来实现。

1. 使用整型类型 int 进行转换

整型 int 是一个数据类型，可以使用下面的形式定义一个整型类型的数据，也可以说是把一个数字字符串转换为一个十进制的整数。

```
int("数字字符串")
```

其中，数字字符默认是十进制的。例如：

```
>>>a = int( "132")
```

```
>>>a
132
```

这实际上是用 int 类型创建了一个整数对象 132，也可以通过参数指定数字字符串的基数，如

```
>>>int( "11110000", base=2)
240
```

把一个二进制的字符串转换为一个十进制整数。也可以用这种方法把一个实数取整，如

```
>>>int(34.5)
34
5
```

2. 使用内置函数 eval 进行转换

eval 函数是一个计算转换函数，它的一般形式是：

```
eval(expression[,globals[,Locals]]
```

其中，第一个参数 expression 是一个字符串，它可以是含有运算符的数字计算表达式，也可以是一组逗号分隔的数字串，对于前者它可以计算后转换为整数，对于后者可以分别转换为相应的整数。程序清单 2.7 中就是用的后一种形式，把键盘输入的逗号分隔的两个整数字符串分别转换为相应的数值，又分别赋给了赋值运算左端的两个变量 number1 和 number2。例如：

```
>>>eval("23")
23
>>>eval("1,2,3")
(1,2,3)
>>>x=10
>>>b=2
>>>eval("x+b")
12
>>>eval("2+3")
5
```

eval 函数的第一个参数还有更多的使用形式，参见 7.1.4 节。关于可选的第 2 个和第 3 个参数的用法，限于篇幅这里就不讨论了，感兴趣的读者可以查看官方文档。

2.3.3 测试用例

程序清单 2.7 或 2.8 运行时等待用户输入两个整数，程序到底能否满足输入任意两个整数都能给出它们的和与积呢？需要输入数据进行测试。程序运行时变量读入不同的数据，程序就会有不同的计算结果。设计一个含有输入输出的程序时，通常还需要设计出几组典型的输入数据，用以测试程序是否能够正常运行，每一组输入数据及其对应的结果叫作一个测试用例(test case)。ACM 国际大学生程序设计竞赛的题目都会给出输入输出的样例(sample case)，规定程序的输入输出格式。ACM 题目在线评测就是用提交的程序去读事先已经设计好的一组输入测试用例，如果程序的运行结果都与输出测试用例一致，那么程序就是完全正确的了。本书中所有要解决的问题(包括每节的例题和每章的在线评测习题)都与 ACM 题目风格类似。对于本节的问题来说，虽然输入数据比较

简单,但也可以有不同的测试用例,如一组比较大的数据,一组比较小的数据,有0有负数的数据等,如果都能得到正确结果,程序才是正确的。ACM竞赛对输入输出有严格的限制,如果使用了多余的输出语句将视为结果错误,因此参加ACM竞赛的同学要特别注意问题的输入输出说明。

请注意本题的输入样例的格式是逗号隔开的两个数据,以及输入提示。程序清单2.7中没有使用eval,采用的是把输入字符串用逗号分隔的方法,再把它们分别转换为整数。程序实现时必须严格按照输入输出的要求来做。

2.3.4 程序的顺序结构

再回头看看两个数求和与求积的程序(程序清单2.4和2.7),从宏观上来看它们的结构是非常清晰的,明显地可以看到其中的段落:

① 数据输入;

② 计算处理;

③ 数据的输出

等,这些段落之间具有简单的顺序关系,即先进行数据输入,然后再进行计算,最后输出计算结果,这是依次执行的。这种依次执行的程序结构为顺序结构。程序的结构可以用流程图清晰地表示出来。图2.6是典型的顺序结构流程图,其中矩形为处理框,表示执行某条可执行语句或者多条可执行语句构成的语句块。椭圆表示程序开始或结束,含有箭头的连接线为流向线。

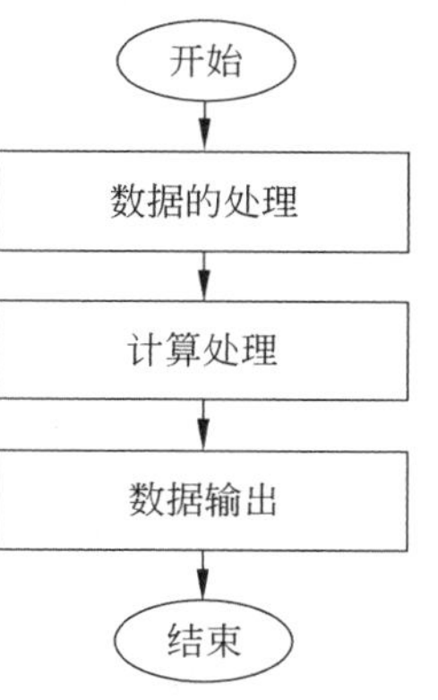

图2.6 程序的顺序结构

程序清单2.7仅仅能计算一组两个整数的和与积。如果有多组数据需要求和与求积,就要多次运行程序,这样就显得特别麻烦。实际上,如果对程序清单2.7中的输入/计算/输出重复执行,就可以处理用户输入的多组数据了。在一个程序中要反复做同一件事情,显然就不再是顺序结构了,而是循环结构要表达的。如果还能在每次重复的时候做出选择,进行判断,这就是选择结构了。因此当问题比较复杂时,就必须使用比顺序结构复杂的选择结构(详见第3章)、循环结构(详见第4章),甚至要通过它们的有机组合来实现。程序清单2.8是具有重复"输入/计算/输出"能力的简单实现,是无条件的重复。

程序清单 2.8

```
1  #add2numbers2-3.py
2  while True:
3     number1,number2 = eval(input("Input 2 numbers:e.g.,2,3"))
4     sum = number1 +number2                #定义了变量 sum,它指向求和结果对象
5     product = number1 * number2           #定义了变量 product,它指向乘积结果对象
6     print("%d +%d = %d" %(number1, number2, sum))  #使用格式运算%
7     print("%d * %d = %d" %(number1, number2, product))
```

第2行到第7行构成了一个循环结构,重复处理用户键盘输入的两个整数、计算和打印输出。其中,while是循环结构的开始,True表示逻辑真,while True表示这个循环要永远

进行，即第 3 行到 7 行之间的输入/计算/输出永远重复进行。这样的循环是一个无穷循环。当输入不正确的时候程序将出错，停止执行。因此，可以在循环内加一个判断，使其在输入某个值时退出循环。关于循环结构的详细描述留在第 4 章介绍。

思考题：你能设计一个小学生算术练习程序吗？

提示：本节的问题是用户输入两个整数，计算机对其进行计算，然后输出计算结果。现在反过来考虑问题，让计算机出题，小学生答题，然后计算机检验答案是否正确，给出评语，询问是否继续。如果想完整地解决这个问题现在还不太可能，但是可以分析一下解决这个问题的困难在哪里？先给出一个初步方案。

2.3.5 可执行脚本

Python 源程序也叫脚本，可以像 shell 脚本一样直接在终端窗口或命令窗口中运行。对于 Linux 系统、Mac OS 系统要做两件事情，一是在源文件的首行增加 Python 解释器的说明，例如，如果 Python3.8 位于/usr/bin/env 下，下面是 hello.py 的源文件的首行：

```
#!/usr/lib/bin/Python3.8
```

注意，这一行必须是以＃！开始，而且后面没有空格。然后在终端窗口中使用 chmod 命令把 hello.py 文件修改成可执行模式，即增加可执行的访问权限'x'，

```
chunbobao@baobosirs-MacBook-Pro ~%chmod +x hello.py
```

然后在终端窗口中输入

```
chunbobao@baobosirs-MacBook-Pro ~%./hello.py 回车
Hello, welcome to Python!
Hit any key to finish!
Process finished with exit code 0
```

对于 Windows 系统来说，脚本文件没有可执行模式这一说，因此不必有首行的解释器说明，也不用修改文件的权限，只须直接在命令窗口中运行或在 Windows 窗口中双击运行即可，但在 Windows 窗口双击运行时可能结果会一闪而过，即没有看见运行结果，为了让运行结果窗口能停下来供查看，可以在源文件中添加一条输入语句。完整的代码如下：

```
#!/usr/local/bin/Python3.8
1   """
2   hello.py
3   """
4   print("Hello, welcome to Python!")
5   input("Hit any key to finish!")
```

2.4 温度转换

问题描述：

将华氏温度转换为摄氏温度，计算公式为 C＝(5/9)(F－32)。请分两种情况实现，一是程序运行时键盘输入一个华氏温度，计算它的摄氏温度。二是对于 0 到 100 范围内的华

氏温度，每隔 20 度计算一次对应的摄氏温度，并形成一个对照表。两种情况的输入和输出都为整数。

输入样例 1：(针对第一种情况)

```
Enter a fahr:100
```

输出样例 1：

```
37
```

输入样例 2：

无

输出样例 2：

```
Fahr | Celsius
   0 | -17
  20 | -6
  40 | 4
  60 | 15
  80 | 26
 100 | 37
```

问题分析：

问题中的计算公式比两个数求和与求积稍微复杂了一点，但是它们似乎没有什么本质的差别，写出问题的求解程序。在这个公式中，5、9、32 是确定的整数对象。有两个整型量是可变的，华氏温度 F，摄氏温度 C，因此程序中只须定义两个整型变量，一个代表华氏温度的值，另一个表示摄氏温度的值，不妨取名为 fahr，celsius。如何给华氏温度变量 fahr 提供数据呢？参考上面两节的方法，一是采用赋值语句在写程序的时候确定一个华氏温度值，实现第 1 种情况；二是使用 input 函数在程序运行的时候由键盘输入一个华氏温度值，实现第 2 种情况。有了数据就可以按照公式进行计算了，关键是如何把数学上的计算公式写成 Python 语言程序的表达式，进一步形成一个语句。下面的一些写法哪一个可以得到正确的结果呢？

① celsius = (5/9)(fahr－3)；

② celsius = 5 * (fahr－3)/9；

③ celsius = (5//9) * (fahr－3)；

④ celsius = 5 (fahr－3)/9；

①和④似乎没有什么问题，但是犯有同样的错误，省略了乘法运算 *，这在 Python 语言中是不允许的。②和③的写法是正确的，但是都不能得到正确的结果，为什么呢？因为除法运算符/得到的是含有小数的实数，但题目要求输出整数结果，因此输出结果还要转换为整数才行；而除法//运算使得 5//9 的计算结果是 0，0 乘以任何数都还得 0，所以结果是 0，这显然是错误的。经过上面的分析，想必大家已经找到答案了，可以先用固定的华氏温度 100 试试看。不管用哪种除法运算，解决这个问题的基本算法应该是一致的。

算法设计：

① 确定一个华氏温度值(由键盘输入或者根据初始值确定)。

② 利用公式计算相应的摄氏温度。

③ 输出计算结果。

程序清单 2.9

```
1  '''
2  f2c-1.py: 使用公式 c=5/9*(f-32)对温度的值进行转换
```

```
3   '''
4   fahr=eval(input("Enter a fahr:"))
5   celsius=int(5*(fahr-32)/9)              #使用/运算和 int 相结合
6   #celsius=int(5/9*(fahr-32))
7   print(celsius)
```

程序清单 2.10

```
1   '''
2   f2c-2.py: 使用公式 c=5/9*(f-32)对温度的值进行转换
3   '''
4   fahr=eval(input("Enter a fahr:"))
5   celsius=5*(fahr-32)//9                  #使用//运算
6   print(celsius)
```

程序清单 2.11

```
1   '''
2   f2ctable.py: 使用公式 c=5/9*(f-32)建立一个温度转换表
3   f 从 0 到 100,间隔 20
4   '''
5   lower = 0
6   upper = 100
7   step = 20
8   fahr = lower                       #fahr 从 lower 开始
9   print("Fahr | Celsius")
10  while fahr <=upper:                #只要 fahr 不超过 upper 就重复执行下面缩进的代码
11      celsius = int(5 * (fahr -32) / 9)           #计算摄氏温度
12      print("%3d\t |  %-3d" %(fahr, celsius))     #按照格式输出一对温度值
13      fahr = fahr +step                           #fahr 改变成增加一个步长的值
```

2.4.1 整除和 int 转换

Python 中有两种除法运算,/和//它们的操作数可以是整数,也可以是实数,可以是正的,也可以是负的。例如

```
>>>5/2
2.5
>>>5//2
2
>>>5.0/2.0
2.5
>>>-5//2
-3
```

不难看出//除得的结果是向下取整,2.5→2,−2.5→−3。但是整数类型转换 int 则不然,例如

```
>>>int(2.5)
2
>>>int(-2.5)
-2
```

int 整数类型转换是舍掉小数部分，结果是取整，使用时要注意。

2.4.2　运算的优先级和结合性

数学中的算术运算是先乘除后加减，有括号先算括号里的，这条原则在 Python 程序设计中仍然有效。也就是说，在 Python 语言中，算术表达式中如果含有括号( )，要先算括号中的，括号的优先级最高，其次是单目的取正或取负运算，然后是双目的乘除和求余运算，最后才是双目的加减运算。

温度转换计算公式 5 * (fahr－32)/9 的运算顺序如下：

① 先计算 fahr 与 32 的差；

② 然后计算 5 与①的结果之积；

③ 最后是②的结果除以 9。

注意：在 Python 语言中只允许使用圆括号提高运算的优先级，并可以多层圆括号嵌套，不允许使用[ ]和{ }。

如果在一个表达式中有两个以上同一级别的运算，是从左向右还是从右向左依次进行运算呢？在 Python 语言中称这种特性为结合性，因此可以说双目算术运算是左结合的，而单目的取正和取负运算以及赋值运算则是右结合的。下面看几个例子：

【例 2.1】　写出 $y=ax^2+bx+c$ 对应的 Python 语言的表达式。如果 a=2，b=3，c=7，x=5，给出计算 y 值的顺序。

对于 x 的平方可以用乘法表达，所以 $y=ax^2+bx+c$ 对应的表达式为

y = a * x * x + b * x + c

把 a，b，c，x 的值代入后为

y= 2 * 5 * 5 + 3 * 5 + 7

按照算术运算的优先级和结合性，计算 y 的顺序为

① 2 * 5 = 10　　→　y= 10 * 5 + 3 * 5 + 7

② 10 * 5 = 50　　→　y= 50 + 3 * 5 + 7

③ 3 * 5 = 15　　→　y= 50 + 15 + 7

④ 50 + 15 = 65　　→　y= 65 + 7

⑤ 65 + 7 = 72　　→　y= 72

【例 2.2】　给出计算表达式 a + b + c 的顺序。

按照算术四则运算的左结合性，计算 a + b + c 相当于计算(a + b)+ c。

【例 2.3】　给出计算－－－a 的顺序。

按照取负运算的右结合性，计算－－－a 相当于－(－(－a))，最右边的取负先跟 a 结合进行计算，计算的结果再与倒数第二个取负结合进行计算，依次进行。

【例 2.4】　给出计算 a = b = c = 10 的顺序

因为赋值运算具有右结合性，因此计算 a = b = c = 10 相当于(a = (b = (c =

10)))。即最先把 10 赋值给 c,再把 c 的值赋给 b,最后把 b 的值赋给 a。因此它相当于执行了 c=10;b=c;a=b;三次赋值运算。

到现在为止,已经介绍的运算符有括号、算术运算、赋值运算,它们的优先级和结合性可以归纳如表 2.2 所示。

表 2.2 运算的优先级和结合性(优先级从高到低)

运 算 符	含 义	结 合 性
( )	括号	—
+,-	单目运算,取正、负	从右向左
*,/,//,%	双目运算,乘、除、求余	从左向右
+,-	双目运算,加、减	从左向右
=	双目运算,赋值	从右向左

2.4.3 变量初始化

本节问题中的第 2 种情况是计算一组温度的转换值。华氏温度从下限变量 lower,按照步长 step 变化到上限变量 upper,在程序中用赋值语句分别给它们赋值,并且都赋了一个整数,这样它们的类型就确定为 int(当然类型也是可以变化的)。这实际上是把变量 lower、step、upper 进行了初始化,这些变量都有了引用的对象。这里再次强调**没有被初始化的变量是不可以使用的**。类似地,对于接下来的 fahr,从 lower 开始,这一步骤可以理解为 fahr 变量首先被初始化为 lower,然后每重复地给 fahr 增加一个 step,更新 fahr 引用的对象值,即 fahr 从引用一个初始值 lower 改变到另一个增加了一个步长的新的值,重复计算 celsius 的值,直到 lower 超过 upper 为止。这是一个循环过程。在这个过程中变量 fahr 不断地在变化,一直变化到 upper。大家应该在脑海里想象这个变化的过程。这个循环过程实现比较容易,只须添加一行 while 语句,并让算法对应的 3 行语句缩进同样的长度,作为要循环的代码。现在大家不用深究循环更加详细的内容。这种有条件的重复——循环程序结构的细节,到第 4 章再仔细研究。

2.5 求 3 个数的平均值

问题描述:

计算 3 个数的平均值。要求结果精确到小数后 2 位。

输入样例 1:

```
Input 3 numbers, e.g., 1,2,3:
5,7,8
```

输出样例 1:

```
6.67
```

输入样例 2:

```
Input 3 numbers, e.g., 1,2,3:
3,3,4
```

输出样例 2:

```
3.33
```

问题分析：

数学上求 3 个数的平均值很简单，只要把 3 个数相加除以 3 就可以了，但是在用计算机计算时就不太一样了。3 个数可以是 3 个整数，也可以是 3 个实数，平均值一般都是实数，而实数在计算机里只能近似表达，如

```
>>>10/3
3.3333333333333335
>>>20/3.0
6.666666666666667
```

其结果精确到 15 位或 16 位小数。根据问题的需要可以控制实数的精度。本问题要求精确到 2 位小数，就是精确到 2 位小数就够了。因此问题求解的关键就是如何控制实数的精度。

算法设计：

① 输入 3 个整数或实数。

② 计算它们的平均值。

③ 输出计算结果。

程序清单 2.12

```
1   #average3num.py: 键盘输入 3 个数，求它们的平均值
2   num1,num2,num3 = eval(input("Input 3 numbers, e.g., 1,2,3:\n"))
    #num1,num2,num3 的类型由输入的数据决定，可能是整数，也可能是实数
3   ave = (num1 +num2 +num3 ) / 3               #计算 3 个数的平均值
4   print(round(ave,2))                         #输出精确到 2 位小数的平均结果
    #或者
5   print("%.2f"%(ave))                         #输出精确到 2 位小数的平均结果
    #或者
6   print(format(ave,".2f"))
```

2.5.1　浮点型数据

Python 语言把含有小数部分的数据称为浮点型数据。同整型类似，浮点型数据也有常量或对象和变量之分。Python 怎么识别一个数据是整型对象还是实型或浮点型对象呢？从字面上来看就是看有没有小数点，含有小数点的就是浮点型对象。那么，浮点型对象是什么形式呢？如何把一个浮点型数据保存在内存中呢？浮点型对象有两种表现形式，一种是十进制小数形式，另一种是指数形式，前者类似于数学上的小数，后者类似于数学上的科学计数法。十进制小数形式的浮点型常量是由数字和小数点组成，而且必须包含小数点，如 0.123，23.45，.90，23.，15.0 等都是合法的浮点型常量。注意其中与数学上的写法不同的地方，.90 是 0.90，23.是 23.0。15.0 与 15 有着本质的区别，前者是浮点型数据，后者是整型数据。

指数形式的浮点常量包括小数部分和指数部分，指数部分是 10 的幂，由于在 Python 程序中不能写出作为指数的上标，所以指数部分写成“e 指数”或“E 指数”的形式；小数部分是通常的小数，不过小数点位置是可以浮动(这也正是浮点数浮点的由来)，小数和指数之间是

相乘的关系，但乘号省略。如 0.00000012345，数学上可以写成 1.2345×10^{-7} 或者 0.12345×10^{-6} 或者 123.45×10^{-9}，而在 Python 程序中却写成 1.2345e-7 或 0.12345e-6 或 123.45e-9。又如 88839920000.0，写成指数形式则是 8.883992E+10 或 888.3992e7。当一个实数的绝对值较大或者较小时，用指数形式比较简洁直观。虽然小数点是可以浮动的，但写成具有一位整数的小数形式比较好。

Python 语言中提供了浮点数据类型 float 表示浮点型数据，每个 float 型数据理论上在内存中占 64 位，即 8 字节，其精度精确到小数 16 位。但实际上 Python 的 float 类型的大小是占 24 个字节。

```
>>>sys.getsizeof(1.0)
24
```

这说明一个 float 类型的对象除了数据本身之外，还有很多其他内部信息。利用 sys 模块中的 float_info 可以得到 float 类型的对象的最大值，最小值：

```
>>>sys.float_info.max
1.7976931348623157e+308
>>>sys.float_info.min
2.2250738585072014e-308
```

也就是 float 类型的数据范围在 2.2250738585072014e-308 和 1.7976931348623157e+308 之间。前面说过 float 类型的数据输出时它的精度是 16 位小数，加上一位整数位，最多 17 位有效数字。这不仅仅针对小数表示法，指数表示法也是如此，大家可以数一数上面的最大值和最小值的指数表示法的尾数有多少位。但 Python 还告诉我们

```
>>>sys.float_info.dig
15
```

这项信息说的是 **float 类型的数据计算机能准确表达的只有 15 位，它有不确定的尾数存在。**

浮点型数据，无论它是小数形式还是指数形式，在计算机内部都采用统一的浮点方式存储。1985 年，电气和电子工程师协会(Institute of Electrical and Electronics Engineers, IEEE)发布了 IEEE 754 标准[①]，给出了浮点数的存储规范，现在的编译器和解释器都遵循这个标准，如图 2.7 所示。每个浮点型数据包含三部分，最高位是符号部分 S(sign)，接下来是指数部分 E(exponent)，最后是尾数部分 M(mantissa)，任意一个浮点数 n 都以下面的形式存在：

$$n=S\times M\times 2^{E}$$

当 $n>0$ 时，$S=1$；$n<0$ 时，$S=-1$。

不难想象，指数部分 E 所占的位数越多，浮点数 n 的范围越大，尾数部分 M 占的位数越多，浮点数 n 的精度越高。IEEE 754 描述了单精度浮点数 float、双精度浮点数 double，以

① IEEE 754 是 IEEE 二进制浮点数算术标准(ANSI/IEEE Std 754-1985)，又称 IEC 60559：1989，它是 20 世纪 80 年代以来最广泛使用的浮点数运算标准，为许多 CPU 与浮点运算器所采用。该标准的主要贡献者是美国伯克利大学的 Kahan 教授，1989 年的 ACM 图灵奖得主。

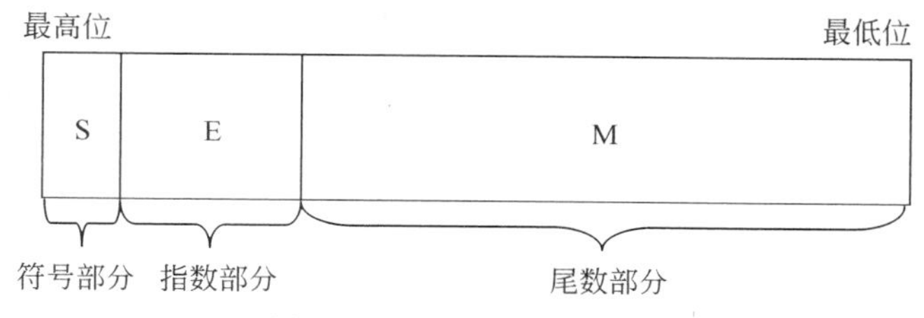

图 2.7　浮点数的内部表示

及扩展的单精度和双精度的存储规范。其中单精度和双精度是最常用的。单精度的 float 用 32 个二进制位存储，其中，符号位 S 占 1 位，指数 E 占 8 位，尾数 M 占 23 位。双精度的 double 用 64 个二进制位存储，其中，符号位 S 占 1 位，指数 E 占 10 位，尾数 M 占 53 位。因此，Python 的 float 就是 IEEE 754 标准中的 double。

指数部分也称阶码，采用移位码存储，单精度的偏移值是 127，**双精度的偏移值是 1023**。采用移位码表示指数部分的好处是不必考虑指数的符号位，对于单精度的浮点数来说，只要指数为−126～127，偏移之后就是无符号整数 1～254，而且指数 0 对应全 0。例如，如果实际数据的指数−8，在计算机内部要存储的是 118 的二进制表示，反之把内部的二进制表示减去 127 即可获得实际指数。

尾数部分用规格化的二进制小数的原码存储。规格化的小数是具有 1 位整数的小数，而且整数部分一定是二进制的 1，就没有必要占用尾数的二进制位了。因此单精度浮点数的 23 位尾数存储的就是纯小数。双精度的 53 位尾数存储的也是纯小数。下面看一个例子。

【例 2.5】　把十进制数 100.25 存储为单精度的浮点数。

100.25 的二进制表示 1100100.01，规格化之后得 1.10010001×2^6，把指数 6 偏移，即 127+6=133，也就是$(1111111)_2+(110)_2=(10000101)_2$，符号位 0，因此 100.25 的单精度存储格式为

```
0 10000101 10010001 00000000 00000000
```

反之，由浮点数的二进制位的序列很容易得到实际的存储的十进制数据，只要注意阶码是移位码表示，尾数有一个隐含的整数位即可。

类似地可以把一个十进制数存储为双精度的浮点数，有兴趣的读者可以自己尝试一下。

2.5.2　控制浮点型数据的精度

Python 语言提供三种方法控制浮点型数据的精度。一是使用内置函数 round，二是使用格式转换说明符%f，三是使用内置函数 format。

1. 四舍五入函数 round

```
round(number,ndigits=None)
```

第一个参数 number 是一个浮点型数，要控制它的精度，第二个参数 ndigits 给出精度的位数，默认是 None，即没有。当指定第二个参数时，按照给定的位数，保留小数。round 函数的结果，一般来说按照四舍五入的规则处理最后一位数字。但也不完全是这样，请看下面的例子：

```
>>>round(0.5)
0
>>>round(1.5)
2
>>>round(2.5)
2
>>>round(3.5)
4
```

也就是距离两端一样远时会保留到偶数的一边，这个规则对每一位都一样。再如：

```
>>>round(3.35,1)
3.4
>>>round(3.65,1)
3.6
```

但是有时也不满足这个规则，这跟 float 的精度有关。如：

```
>>>round(3.45,1)
3.5
>>>round(2.675,2)
2.67
```

在机器中浮点数不一定能精确表达，因为换算成一串 1 和 0 后可能是无限位数的，机器已经做出了截断处理。那么在机器中保存的 2.675 这个数字就比实际数字要小那么一点点。这一点点就导致了它离 2.67 要更近一点点，所以保留两位小数时就近似到了 2.67。除非对精确度没什么要求，否则应尽量避开用 round()函数，**因为会产生不确定的尾数**。

2. 浮点型格式控制符%f

在 2.2 节已经用过整型格式控制符%d 来控制整型数据的宽度和对齐方式等。使用%f 可以控制浮点型数据的宽度和精度，一般形式如下：

```
"%m.nf"
```

其中，m 是浮点型数据的宽度，包含整数位数、小数点和小数位数。n 是小数位数。但是要和格式运算符%结合起来，控制一个浮点型数据的格式。例如：

```
>>>"%6.2f" %334.54645
'334.55'
>>>"%.2f"%78.4354
'78.44'
>>>"%f"%645.465547457
'645.465547'
```

可以看出，当 m 和 n 均省略的时候，默认的小数位数是 6 位。还可以省略 m，只给出精确到几位小数的 n。格式运算符%形成的表达式是独立的，表达式的结果是一个字符串，并没有放到 print 函数中打印。可以把它放到 print 函数中打印出来，正如程序清单 2.12 中第 2 个的行号为 5 的语句那样。

3. 使用 format 格式化浮点数

Python 提供了一个格式化函数 format，其一般形式是

```
format(value, format_spec = '' )      #注意这个函数一次只能操作一个数据 value
```

第一个参数可以是要格式化的 float 数据(也可以是其他类型的数据)，第二个参数对应浮点数的格式说明符是 f(其默认值是空格)，这个格式化说明与上一小节的%格式说明中的浮点格式说明类似，只不过是去掉了占位符中的%，format 函数调用的结果也是一个字符串。例如：

```
>>>format(334.5567, "8.2f")
'  334.56'
```

同样，我们可以把这个 format 放到 print 函数中打印出来。正如程序清单 2.12 中的第 3 个行号为 5 的语句那样。注意，format 函数还可以格式化整数，并且可以是不同的进位制，具体是 d、x、o、b，分别对应十、十六、八、二进位制，它们均可以指定宽度。格式化百分数用%，格式化科学计数法的数据用 e，像浮点型 f 一样均可以指定宽度和精度等。所有的格式数据可以用符号>或<表示右对齐或左对齐，默认是左对齐。下面再看两个例子：

```
>>>height=1.64
>>>print(format(age,">5d"), format(height,"6.2f"))
   23  1.64
```

如果需要更高精度的浮点型数据，可以使用 decimal 模块中的 Decimal 类型，例如

```
>>>from decimal import *                         #导入 decimal 模块中的所有内容
>>>getcontext().prec=28                          #设置精度 28 位
>>>Decimal(1)/Decimal(7)                         #1/7,它们是 Decimal 类型的数据
Decimal('0.1428571428571428571428571429') #结果精确到 28 位小数
```

2.5.3　再谈数据类型的转换

到现在为止，已经遇到了三种数据类型：字符串、整数和浮点数。2.3.2 节已经讨论了键盘输入的整数字符串如何转换为整型的问题，我们用了两种方法，eval 和 int。本节的问题涉及的键盘输入的数字字符串转换为浮点型的问题。程序清单 2.12 中行号为 2 的语句用了 eval 函数，它将把键盘输入的实数字符串转换为浮点型数据，实际上也可以用 int 转换那样用 float 转换，例如：

```
>>>d = float("35")
35.0
```

这实际上是用 float 类型创建了一个浮点型对象 35.0。

由于问题的输入既可以是整数字符串，又可能是实数字符串，所以统一用 eval 就可以了。这种转换是显式的强制转换。

在进行实数和整数混合运算的时候，Python 会自动地先把整型数据转换为实型数据，这叫类型提升，然后再和实型数据进行运算，结果是实型数据。这种转换称为隐式转换。例如：

```
>>>a=2                                  >>>b=4.0
>>>c=a+b                                >>><class 'float'>
>>>type(c)
```

其中 a 是整型变量,b 是浮点型变量,二者相加之前,a 先**提升为浮点型**,然后再相加,相加的结果是浮点型。注意,不会把 b 降为整型。

2.6 计算圆的周长和面积

问题描述:

编写一个程序,键盘输入圆的半径,计算圆的周长和面积,先输出圆周率的值,再输出计算结果。

输入样例:

```
10
```

输出样例:

```
PI:3.141593
circumference = 62.831860
area = 314.159300
```

问题分析:

大家都知道,圆的周长和面积计算需要使用圆周率 π。如果要精确到小数点后 6 位,π 的值为 3.141593,这个值在程序中可能要多次用到,每次都写这么长的小数很麻烦。如果能用一个符号代替它就省事了。我们可以定义一个符号常量 PI 表示圆周率,也可以使用数学模块 math 中的 pi 常量。

算法设计:

① 输入一个半径值。

② 计算周长和面积。

③ 输出 PI 值和计算结果。

程序清单 2.13

```
1   #circle1.py
2   PI = 3.1415926
3   radius = eval(input("Enter a integer number:"))
4   circumference = 2 * PI * radius
5   area = PI * radius * radius
6   print("pi :", PI)
7   print("circumference  =  %.2f" %circumference )
8   print("area =  %.2f" %area)
```

程序清单 2.14

```
1   #circle2.py
2   import math
3   radius = eval(input("Enter a integer number:"))
4   circumference = 2 * math.pi * radius
5   area = math.pi * radius ** 2
```

```
6   print("pi :", math.pi)
7   print("circumference  =  %.2f" %circumference )
8   print("area =  %.2f" %area)
```

我们已经知道 Python 中的变量名可以指向任何类型的常量(或对象)，即变量的引用对象是可变的。如果一个标识符引用某个常量是固定不变的，那么这个标识符就可以称为符号常量。Python 中没有专门的关键字限定一个标识符是符号常量，也就是没有不可变的符号常量可以定义。但是一般来说，Python 程序员可以用大写的标识符通过赋值语句定义一个自己不想改的符号常量，别人看到之后也知道它是一个符号常量。如圆周率 π 可以定义为

```
>>>PI =3.1415926
```

如果只是单纯地想使用这个常量，Python 的 math 库中提供了圆周率常量，不仅如此，还有一个自然常数(自然对数的底数，欧拉数)：

```
>>>import math
>>>math.e
2.718281828459045
>>>math.pi
3.141592653589793
```

Python 的很多内置库或扩展库都会提供一些该库相关的符号常量，有些也是用大写的符号，读者学习的时候可以关注一下。

2.7　绘制几何图形

问题描述：键盘输入一个整数，在窗口中绘制以该整数为半径的圆及包含在圆内的内接三角形、四边形形、五边形、六边形和单个的圆，并用红、蓝、绿、黄、紫色分别填充它们。

输入样例：

```
100
```

输出样例：如图 2.8 所示。

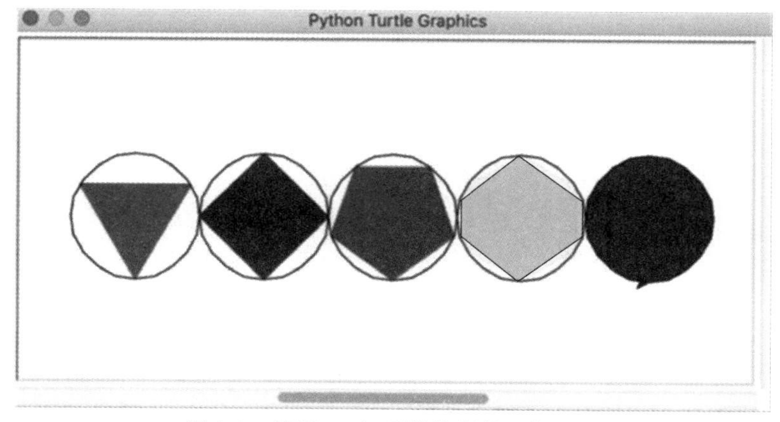

图 2.8　使用 circle 函数绘制的几何图形

问题分析：

图形是一类视觉直观信息，很多问题需要绘制图形。本节要绘制的几何图形是一组很规则的图形。普通的窗口只能输出文字信息，是不能绘制图形的。在 2.1 节我们已经讨论了利用 turtle 模块可以在一个窗口中绘制文字信息。实际上 turtle 不仅可以绘制文字，更能绘制各种丰富的图形。它提供了一个 circle 绘制命令，通过设置不同的参数就可以绘制跟圆有关的各种几何图形。

算法设计：

① 输入半径。

② 分别设置颜色。

③ 分别绘制并填充不同参数的圆。

④ 绘制结束。

程序清单 2.15

```
1   #simple.shapes.py
2   import turtle
3   radius = eval(input("Enter a integer:"))
4   turtle.setup(600,300,100,100)
5   #turtle.screensize(10 * radius, 3 * radius,bg="white")
6   turtle.pensize(1)
7
8   turtle.penup()
9   turtle.goto(-4 * radius, -radius)
10  turtle.pendown()
11  turtle.begin_fill()
12  turtle.color("red")
13  turtle.circle(radius, steps = 3) #Draw a triangle
14  turtle.end_fill()
15  turtle.color("black")
16  turtle.circle(radius)
#Draw a circle
17
18  turtle.penup()
19  turtle.goto(-2 * radius, -radius)
20  turtle.pendown()
21  turtle.begin_fill()
22  turtle.color("blue")
23  turtle.circle(radius, steps = 4) #Draw a square
24  turtle.end_fill()
25  turtle.color("black")
26  turtle.circle(radius) #Draw a circle
27
28  turtle.penup()
29  turtle.goto(0, -radius)
30  turtle.pendown()
```

```
31 turtle.begin_fill()
32 turtle.color("green")
33 turtle.circle(radius, steps = 5) #Draw a pentagon
34 turtle.end_fill()
35 turtle.color("black")
36 turtle.circle(radius) #Draw a circle
37
38 turtle.penup()
39 turtle.goto(2 * radius, -radius)
40 turtle.pendown()
41 turtle.begin_fill()
42 turtle.color("yellow")
43 turtle.circle(radius, steps = 6) #Draw a hexagon
44 turtle.end_fill()
45 turtle.color("black")
46 turtle.circle(radius) #Draw a circle
47
48 turtle.penup()
49 turtle.goto(4 * radius, -radius)
50 turtle.pendown()
51 turtle.begin_fill()
52 turtle.color("purple")
53 turtle.circle(radius) #Draw a circle
54 turtle.end_fill()
55 turtle.color("black")
56 turtle.circle(radius) #Draw a circle
57
58 turtle.down()
```

2.1.9 节已经用 turtle 模块在画布上写了字，接下来看看它是如何绘制几何图形的。首先，海龟绘图窗口的大小和起始位置是可以使用 setup 函数进行设置的：

```
turtle.setup(width=0.5, height=0.75, startx=None, starty=None)
```

参数 width、height 的值为整数时，表示像素，默认宽度为 400，高度为 300，为小数时，表示占据计算机屏幕的比例；参数 startx、starty 为矩形窗口左上角顶点的位置，如果为空，则窗口位于屏幕中心。如：

```
>>>turtle.setup(width=0.6,height=0.6)
>>>turtle.pensize(1)  (设置画笔的宽度)
>>>turtle.speed(2)(速度值数字越大，速度越快，但也有上限，大到一定值时就不变了)
>>>turtle.setup(800, 600, 100, 100)
```

参考图 2.3。2.1.9 节已经介绍海龟的画笔有两种状态，此外，还可以设置它的颜色和宽度以及移动的速度。

turtle 的颜色包括笔的颜色和填充颜色，可以使用色彩的名称指定颜色，如表 2.3 所示。

表 2.3　16 种常用色彩的名称及 RGB 值和十六进制值

色彩名称		十六进制值	RGB 值	色彩名称		十六进制值	RGB 值
aqua	水绿	#00FFFF	0,255,255	gray	灰	#808080	128,128,128
navy	深蓝	#000080	0,0,128	silver	银	#C0C0C0	192,192,192
black	黑	#000000	0,0,0	green	绿	#008000	0,128,0
olive	橄榄	#808000	128,128,0	teal	深青	#008080	0,128,128
blue	蓝	#0000FF	0,0,255	lime	浅绿	#00FF00	0,255,0
purple	紫	#800080	128,0,128	yellow	黄	#FFFF00	255,255,0
fuchsia	紫红	#FF00FF	255,0,255	maroon	褐	#800000	128,0,0
red	红	#FF0000	255,0,0	white	白	#FFFFFF	255,255,255

也可以通过颜色的 RGB 值指定。笔和填充的默认颜色均为黑色，如果要修改它们的值，可以使用 pencolor、fillcolor 或 color 函数设置。例如

```
>>>turtle.pencolor("red")       #将设置笔的颜色为红色
>>>turtle.fillcolor("blue")     #将设置填充色为蓝色
>>>turtle.color("red","blue")#将设置笔的颜色为红色，填充色为蓝色
>>>turtle.color("blue")         #将设置颜色为蓝色，可以用来设置笔的颜色，也可以是填充色
```

也可以用 RGB 值指定，默认的 RGB 值是 0～1 的数，例如

```
>>>turtle.pencolor((1,0,0)      #设置笔的颜色为红色
```

可以修改 RGB 值的模式为 0～255 范围的数：

```
>>>turtle.colormode(255)
```

这时就可以用

```
>>>turtle.pencolor((255,0,0)  #设置笔的颜色为红色
```

设置颜色了，对于 RGB 表示的颜色，可以在循环中不断改变 RGB 的某个值，使颜色呈现渐进色。利用海龟作图，可以画出多种几何图形。最简单的几何图形就是线，实际上就是 turtle 移动的轨迹，大家可以尝试一下，像下面这样画一条折线。

```
>>>turtle.fd(100)
>>>turtle.lt(60)
>>>turtle.fd(50)
>>>turtle.rt(120)
>>>turtle.fd(50)
>>>turtle.lt(60)
>>>turtle.fd (100)
```

你能想象出这条折线是什么样子吗？

本节的问题是绘制一些简单的几何形状，它们都是通过 turtle 的 circle 函数绘制的，如

```
turtle.circle(radius, extent=None, steps=None)
```

其功能是按给定的半径画圆，当前位置为圆弧的初始点，其中参数 radius 为圆的半径，为正数则逆时针画，为负数则顺时针画，方向随着轨迹的变化而变化；extent 为一个角度，决定哪部分圆弧被绘制，默认画完整的圆，也就是说，可以用这个参数指定圆弧的大小；steps 是步数，表示圆弧有多少小线段组成，例如 steps 是 5，就绘制五边形。封闭图形可以用颜色填充，填充由开始、设置颜色、绘制、结束组成。例如：程序清单 2.15 中的第 31 行到第 34 行：

```
31  turtle.begin_fill()
32  turtle.color("green")
33  turtle.circle(radius, steps = 5)        #画五边形
34  turtle.end_fill()
```

注意：在所有绘制结束时，要使用 done()或 mainloop()结尾。

小结

本章是程序设计的入门篇，涉及的问题包括从单一的文本信息显示到简单的算术运算，介绍了在 Python 程序中如何处理整型数、浮点型数，引入了数据类型和变量的概念，介绍了如何通过变量初始化、赋值语句、input 函数给变量提供数据，如何通过 print 函数输出变量或表达式的值。本章的问题求解过程都是顺序进行的，一般具有三个阶段，首先是输入数据，然后进行计算，最后是输出计算结果，简称 IPO，其中的计算，一般是通过赋值语句或直接把算术表达式放在输出语句中实现。在 Python 中规定，只有同种类型的数据才能参与赋值运算或算术运算，如果两个数据的类型不同，可以通过隐式的或显式的转换先把它们变成相同的类型再运算。值得注意的是 Python 中的算术运算与数学上的算术计算不完全相同，要注意它们的差别，还要注意算术运算和赋值运算的优先级和结合性。本章还特别强调了程序设计的风格，从一开始就养成良好的程序设计习惯，对于计算机专业从业人员来说是非常必要的。此外，本章还开启了可以增强学习兴趣的海龟作图之旅。

你学到了什么

为了确保读者已经理解本章内容，请试着回答以下问题。如果在解答过程中遇到了困难，请回顾本章相关内容。

1. Python 程序中怎么加注释？
2. 什么是模块导入？
3. 标准输出指什么？print 函数怎么用？
4. ASCII 和 UTF-8 是什么？
5. 转义序列是什么意思？
6. 空白符有哪些？
7. 什么是对象？变量是怎么定义的？变量和对象的关系如何？

8. 什么是标识符？其定义规则是什么？
9. 如何理解赋值语句？
10. 内置的 turtle 模块是什么？
11. PEP 是什么？
12. %运算表达式是什么？
13. 什么是格式化输出？
14. Python 的标准输入是什么？input 函数怎么用？
15. int 函数和 eval 函数的区别？
16. round 函数有什么特点？
17. 什么是测试用例？
18. 什么是可执行脚本？
19. 整型对象、浮点型对象有什么不同？
20. 什么是类型转换？
21. 什么是符号常量？
22. turtle 是如何绘制几何图形的？
23. 程序的顺序结构有什么特征？

程序练习题

1. Hello

问题描述：

在屏幕上输出信息“Hello，World！”和“You are welcome！”。

输入样例：

无

输出样例：

```
Hello,World!
You are welcome!
```

2. 输出图案

问题描述：

在屏幕上输出一个每行 8 个 * 号的平行四边形图案。

输入样例：

无

输出样例：

```
      ********
    ********
  ********
********
```

3. 简单的整数运算

问题描述：

键盘输入 a、b、c、d 的整数值，计算$[2(a+b)+3(c-d)]\div 2$的值，输出计算结果。

输入样例：

```
5 8 6 4
```

输出样例：

```
16
```

4. 计算二次多项式的值

问题描述：

对于任意一个 x 的二次多项式，假设各项的系数 a、b、c 和 x 的值均取整数。写一个程序，读取用户从键盘输入的一组系数 a、b、c 和 x 的值之后，计算对应的二次多项式的值，并输出计算结果。

输入样例：

```
1,2,3
1
```

输出样例：

```
6
```

5. 硬币兑换问题

问题描述：

请你给银行的柜员机写一个硬币兑换计算程序。当顾客把一些 1 元、5 角、1 角的硬币投入柜员机的入币口之后，柜员机就执行程序计算出应该兑换的 10 元纸币的数量和剩余硬币的数量，并在屏幕上显示计算结果，单击 OK 按钮之后，柜员机的出币口会把 10 元纸币及不足 10 元的硬币返回给顾客。这里把硬币投入简化成顾客按顺序输入各种硬币的数量，输入的顺序是 1 元数、5 角数、1 角数。输出的结果为 10 元数，元数和角数，出币口出币的环节可以忽略。

输入样例：

```
15 23 106
```

输出样例：

```
3 7 1
```

6. 分离 3 位整数的每一位

问题描述：

对任意一个键盘输入的 3 位整数，求出它的个位、十位和百位，并按下面格式输出结果"integer %d consists of unit digit %d, tens place %d and hundreds place %d\n"。提示，分离出一个整数的某一位可以用除法和求余运算相结合的方法。

输入样例：

```
123
```

输出样例：

```
integer 123:
unit digit 3, tens place 2, hundreds
place 1
```

7. 简单的浮点运算

问题描述：

对于键盘输入的实数 x，y，z，计算(x + y + z) / 2 的值，结果精确到一位小数。

输入样例：

```
26.5 88.2 23.98
```

输出样例：

```
138.7
```

8. 存款利息计算

问题描述：

对键盘输入的存款数 deposit，年利率 rate 和存款年数 n，计算 n 年后的本利和 amount。

本利和计算公式为 amount = deposit(1 + rate)n。注意：输入利率是一个小数，通常是一个百分数，如 3.2%，但为了简便，输入时只输 3.2 即可，输入之后再除以 100。提示：一个数的 n 次幂可以使用 Python 标准数学库中的函数 pow，但要在 main 函数的前面增加一行预处理指令 #include<math.h>，函数 pow 的调用方法为 pow(a, b)，其中 a 是底，b 是指数，pow 调用的结果是 a 的 b 次幂。

输入样例：

```
10000 3.2 1
```

输出样例：

```
10320.00
```

9. 平均成绩计算

问题描述：

计算一个学生的数学、语文、计算机 3 门课程的平均成绩，并输出结果，结果精确到小数 1 位。

输入样例：

```
80,90,100
```

输出样例：

```
90.0
```

10. 二进制数转换为十进制

问题描述：

键盘输入一个任意 4 位二进制数，计算出它对应的十进制数。提示：二进制数的每一位从低到高是 1 位（也是个位）、2 位、4 位、8 位，1、2、4、8 分别称为该位的基数或权。对于给定的二进制数可以按权展开，如$(1110)_2 = 1\times8 + 1\times4 + 1\times2 + 0\times1 = (14)_{10}$，求出对应的十进制数是 14。

输入样例：

```
1110
```

输出样例：

```
14
```

11. 使用 turtle 模块在绘图窗口写字

问题描述：

在绘图窗口中央写出“我爱你中国！”，尝试用不同的颜色，不同的字体和大小。

12. 使用 turtle 模块绘制几何图形

问题描述：

在绘图窗口中绘制平行四边形、任意三角形，可以尝试各种笔的颜色和填充颜色，有填充和无填充的效果。

13. 用 turtle 绘制五角星

问题描述：

在绘图窗口中心绘制标准的五角星，设置笔的颜色为金色，填充颜色为红色。你能绘制一面红旗吗？

14. 用 turtle 绘制图案

问题描述：

在绘图窗口中，绘制奥运五环图案，可以尝试五环用不同的颜色，并对有无填充做一个对比。

项目设计

1. 绘制一个心形图案

问题描述：

使用 turtle 绘制一个心形图案，添加文字“Heart!”，如图 2.9 所示。提示，把它分解为几个图形，如直线段，圆弧（多少度的）连在一起，画的时候确定从哪开始。你能不能画出立体感的效果，如含有阴影。

图 2.9　使用 turtle 绘制的心形图案

2. 打印一个 100 以内的平方表和立方表

问题描述：

计算 100 以内的平方和立方并打印出来，第 1 列是 0～100，第 2 列是平方值，第 3 列是立方值，每列的数字左对齐，前两列的宽度是 4 位数字加一个 Tab 对应的宽度，设 Tab 制表符的宽度是 5 个字符。你能不能把表格扩展为平方根表、对数表、三角函数表等。

运行结果：

```
number   square   cube
0        0        0
1        1        1
2        4        8
...
```

实验指导

CHAPTER 第 3 章

判断与决策——选择程序设计

学习目标：

- 理解算法的概念和算法的描述方法。
- 理解关系运算、逻辑运算和条件运算。
- 掌握几种形式的逻辑判断条件。
- 能用选择结构解决逻辑判断与决策问题。
- 理解复合语句(语句块)的概念。
- 熟悉现有各种运算的优先级。

通过第 2 章的入门学习，大家已经能够用计算机解决一些比较简单的问题了。请大家先回顾一下第 2 章所解决的问题的特点：先给定一些数据(键盘输入或程序中用赋值语句)，然后按照某个公式计算出一些结果，最后把结果输出到屏幕上，告知用户。这个过程可以说是直线型的，很固定，它们的先后顺序是固定不变的、依次进行的，在这个过程中不需要做任何判断，没有任何智能在里面，对应的程序结构是顺序结构。实际上计算机不仅能计算，按照公式计算，而且还能够有选择地、有判断地采纳不同的计算方案，也就是计算机具有判断决策能力，能像人一样思考。当然，这种能力是人通过程序赋予计算机的。本章要展现的就是在 Python 中是如何表示判断条件的，是如何做判断决策的。

本章要解决的问题是：

- 让成绩合格的学生通过；
- 按成绩把学生分成两组；
- 按成绩把学生分成多组(百分制和五分制)；
- 判断某年是否为闰年；
- 判断点的位置。

3.1 让成绩合格的学生通过

问题描述：

假设有一个计算机打字训练教室，大一刚入学的同学都要到这个训练教室练习打字。计算机自动考核，成绩 60 分以上视为合格。训练教室的门口有一个计算机控制的栏杆，它是一个“智能栏杆”，知道每一个参加训练的同学的当前训练成绩，因此当有人走进它时，它会获取学号，并要求输入成绩，然后计算机会检查输入的成绩是否属实，如果属实并大于或等于 60 分，栏杆将自动打开，允许通过。可想而知，如果成绩小于 60 分智能栏杆会是什么样子。注意，键盘输入成绩的时候必须要诚实，别忘了它是智能栏杆，不然就会有不良记录。写一个程序模拟这个“智能栏杆”。

输入样例 1：

```
What is your grade? 88
```

输出样例 1：

```
Good! You passed!
...
```

输入样例 2：

```
What is your grade? 50
```

输出样例 2：

无

问题分析：

这个问题看起来似乎很复杂，怎么搞一个“智能栏杆”呢？首先，“智能栏杆”知道前来测试的同学的成绩，可以用 input 函数来模拟，即等待同学输入他/她的成绩；控制栏杆的起落可以用一个简单的判断来模拟，即“成绩是大于或等于 60 吗”，如果是，它就升起，允许同学通过，待同学通过之后又落下，等待其他同学的到来。它始终处于监控状态。这里“允许通过”可以用输出一条信息“Good! You passed!”来仿真。因此，整个过程就可以先用 input 获取成绩，获得成绩后，进行一个判断，如果成绩大于或等于 60，打印通过信息；不然什么都不做，继续等待同学输入，这个过程是无限的。图 3.1 是解决这个问题的流程图，下面的算法是解决这个问题的简单版本，没有考虑任何可能的输入错误，而且程序不能停止。

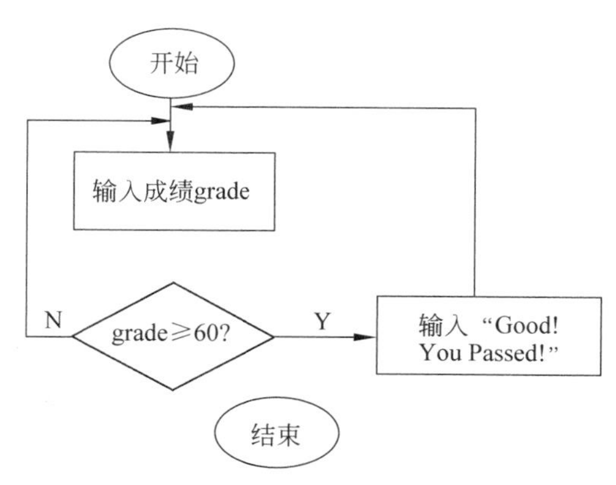

图 3.1　让成绩合格的学生通过的流程图

算法设计：

① 计算机等待输入成绩；

② 如果成绩大于或等于 60，输出“Good! You passed!”，回到①；

③ 否则，回到①。

程序清单 3.1

```
1    #@File: passedsimple.py
2    #@Software: PyCharm
3
```

```
4   while True:
5       grade = int(input("What is your grade? "))
6       if grade >=60:
7           print("Good! You passed!")
```

修改一下上面的算法，让它具有基本的容错能力，当输入非数值数据时提示输入错误重新输入，当输入 Ctrl-Z 或 Ctrl-D(Linux 系统)时程序停止运行，自然流程图也要修改一下，读者可以尝试一下。修改后的实现代码如下：

程序清单 3.1-1

```
1   #@Fle: passedgood.py
2   #@Software: PyCharm
3
4   while True:
5       try:
6           grade = int(input("What is your grade? "))
7           if grade >=60:
8               print("Good! You passed!")
9       except EOFError:          #处理输入 Ctrl-Z/Ctrl-D 时产生的 EOFError 异常
10          break
11      except ValueError:        #处理输入非数值数据时产生的 ValueError 异常
12          print("Your input is not right!")
13          continue
14
15  print("\nBye!")
```

3.1.1 关系运算与逻辑判断

程序清单 3.1 中第 6 行有一个式子 grade >= 60，它是**关系表达式**，其中出现的运算符 >=称为**关系运算符**。这个表达式是把 grade 变量引用的对象与 60 进行大于或等于比较，比较的结果有两种可能，或者为真，或者为假，当大于或等于成立时为真，否则为假。由此可见，关系表达式的真假是表示逻辑判断的条件，使用关系表达式就可以让计算机具有一定的"智能"。

Python 支持 6 种关系运算，其中大于>，小于<，大于或等于>=，小于或等于<=，它们与数学上两个数的比较运算>、<、≥、≤相对应，但要注意写法上有所不同。此外，还有等于==，不等于!=两种运算，这与数学上的写法大不相同。这里有两个容易犯的错误，一是把由两个符号构成的关系运算如<=分开书写成< =，中间多了一个空格；二是非常容易把判断相等的关系运算==写成一个=号，这两个都是语法错误。

关系运算像算术四则运算一样，都是**双目运算**，即它们都有两个操作数。由关系运算符连接起来的式子称为**关系表达式**，如 grade >= 60 就是一个关系表达式。

到此为止，已经有三类主要的运算了，它们是算术运算、赋值运算、关系运算。在一个表达式中既可以出现算术运算，也可以出现关系运算，甚至它们的混合运算，因此不同类型的运算符之间必须规定严格的优先级。即使是同一类运算，不同的运算之间也要有严格的结合性。这三类运算的优先级是：

关系运算的优先级低于算术运算，但高于赋值运算，而关系运算中比较大小的四个运算 >,<,>=,<= 的优先级又高于判断相等的两个运算 ==,!=。

关系运算是左结合的，但一般很少连用，真正使用的时候多加一层括号更清楚。表 3.1 扩展了表 2.2，给出了当前各种运算符的优先级和结合性。

表 3.1　运算的优先级和结合性(优先级从高到低)

运　算　符	含　　义	结　合　性
( )	括号	最近的括号配对
+,-	单目运算，取正、负	从右向左
*,/,%	双目运算，乘、除、求余	从左向右
+,-	双目运算，加、减	从左向右
>,<,>=,<=	双目运算，比较大小	从左向右
==,!=	双目运算，判断是否相等	从左向右
=	双目运算，赋值	从右向左

【例 3.1】　设有"a = 1,b = 2,c = 3"，分析下面两个语句中各种运算的顺序：

```
① print("%d\n"%(a+b>c));            //算术运算与关系运算混合
② status = a >b;                    //赋值运算与关系运算混合
```

分析如下：因为算术运算优先于关系运算，所以①的运算顺序为先 a+b，其结果再与 c 比较；因为关系运算优先于赋值运算，所以②的运算顺序为先 a>b，结果再赋值给 status。

【例 3.2】　设有"a = 30,b = 20,c = 2"，下面语句正确吗？

```
status = a >b >c;
```

如果正确，status 的值会是多少？

Python 中连续比较运算相当于两个比较之间省略了一个并且运算，即

```
a >b >c　等价于 a >b 并且 b >c
```

其中 30 >20 为真，20 > 2 为真，因此 status 结果为真。

3.1.2　逻辑常量与逻辑变量

任何表达式都是有值的，算术表达式的值是算术运算的结果，赋值表达式的值是赋值的结果。Python 中关系表达式的值应该是比较的结果。关系表达式比较的结果只有两种可能，不是真就是假。在计算机内部用 1 表示逻辑真，用 0 表示逻辑假。在 Python 中分别对应逻辑类型 bool 的逻辑常量 True 和 False，这是两个符号常量。例如：

```
>>>a=10
>>>b=20
>>>a>b
False
>>>a<=b
True
>>>a==b
False
```

Python 语言提供逻辑数据类型 bool，它实际上是整数类型 int 的子类，例如

```
>>>status = a >=b
>>>atatus
False
>>>type(status)
>>><class 'bool'>
```

```
>>>print("%d"%status)
0
>>>status = a <b
>>>print("%d"%status)
1
```

或者使用 int 转换器直接输出逻辑常量 True 和 False 的值。

```
>>>print(int(True))
1
```

```
>>>print(int(False)
0
```

3.1.3 单分支选择结构

关系表达式的真或假构成了逻辑判断的条件。Python 的选择结构就是通过判断条件的真和假有选择地执行某些语句(分支)。按照分支的多少分为三种选择结构：单分支、双分支和多分支。本节介绍单分支的选择结构。

单分支选择结构用 if 语句表达，具体格式如下：

```
if 判断条件表达式:
    条件为真时执行的语句或语句块
其他语句
```

其中判断条件表达式可以是 3.1.2 节介绍的关系表达式，也可以是其他形式(详见 3.1.4 节)；条件为真时执行的语句可以是任何可执行语句，甚至可以是多个语句构成的**语句块**(也称为**复合语句**)。单分支选择结构的流程图如图 3.2 所示。

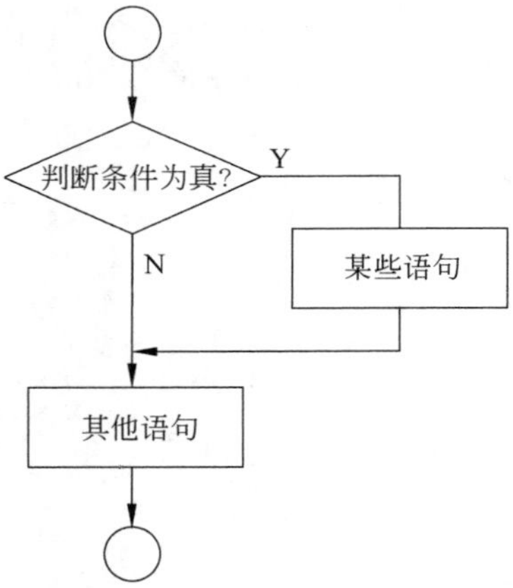

判断条件为真?
Y
N
某些语句
其他语句

图 3.2 单分支选择结构流程图

注意 if 语句的结构和写法。从结构上来看，可以认为 if 语句有两部分组成，一部分是 if 判断行，if 之后跟一个判断表达式，该表达式不用外加圆括号，另一部分是条件为真时要执行的语句，这一部分可以是另一个单句，也可以是一组语句。但是要注意两点，一是 if 判断行必须以冒号“:”结尾，二是第二部分的语句块必须按缩进格式书写。因为 Python 用缩进格式对语句进行分块，所以缩进的距离要相同。程序清单 3.1 的第 6 行和 7 行合起来才是一个单分支选择结构，或者叫 if 语句。注意它的写法：

```
>>>if grade>=60:
>>>     print("Good! You passed!\n")
```

程序结构通常用**流程图**表示，可以直观地认识它的执行过程，这个 if 语句对应的流程图如图 3.1 或 3.2 所示。在流程图中，一般把判断条件表达式置于菱形框之内，用菱形框表示判断条件，所以通常称菱形框为**判断框**。判断框有且只有一个入口，有且只有一个可以选择的出口，“真”或者“假”。框图中的两个小圆圈表示在其之前或之后是程序的其他部分，它

是连接其他部分的关节，称为**连接框**。从框图可以看出 if 语句的执行过程是：条件为真时执行某个可执行语句或复合语句；条件为假时跳过那个可执行语句或复合语句去执行 if 结构下面的其他语句。

【例 3.3】 对键盘输入的两个整数 a 和 b，输出它们所具有的大小关系。

先简单分析一下。两个数的大小关系可能有多种，大于、小于、大于或等于、小于或等于、不等于、等于，不能只给出其中的一种判断。如果大于关系成立，大于或等于也成立，不等于也成立。输入的数据不同，大小关系也不同。因此需要列出所有可能的大小关系。具体实现见程序清单 3.2。

程序清单 3.2

```
1   #@File: compare2numbers.py
2   #@Software: PyCharm
3   '''
4     Enter 2 integer numbers, output the comparing results
5   '''
6   a, b = eval(input("Enter two numbers e.g.,2,3"))
7   if a >b:
8       print("%d >%d"%(a,b))
9   if a >=b :
10      print("%d >=%d"%(a,b))
11  if a == b:
12      print("%d == %d"%(a,b))
13  if a <b:
14      print("%d <%d"%(a,b))
15  if a <=b:
16      print("%d <=%d"%(a,b))
17  if a !=b:
18      print("%d !=%d"%(a,b))
```

运行结果：

输入用例 1：

```
2 3
```

输出用例 1：

```
2<3
2<=3
2!=3
```

输入用例 2：

```
3 2
```

输出用例 2：

```
3>2
3>=2
3!=2
```

输入用例 3：

```
3 3
```

输出用例 3：

```
3>=3
3<=3
3==3
```

复合语句是多个语句的复合体，也可称为语句块，在 Python 中通过缩进格式表示复合语句。复合语句本身自成一体，它与程序的其他部分既相互独立又有一定的联系。一个单分支的选择结构，常常包含一个复合语句在内，下面的例子中 9 行到 11 行构成一个复合语句，是条件 grade<60 为真时要执行的语句。还有其他的语句块，你能识别出来吗？

【例 3.4】 写一个程序统计不及格的学生数。

程序清单 3.3

```
1   #@File: nopassed.py
2   #@Software: PyCharm
3
4   nopassed = 0
5   while True:
6       try:
7           grade = eval(input("What is your grade? "))
8           if grade <60 :
9               print("Sorry! You are not passed!")
10              print("Hope you make great efforts!")
11              nopassed = nopassed +1
12      except EOFError:                    #输入 Ctrl-Z 或 Ctrl-D 时，退出 while
13          break
14      except NameError:                   #如果输入了非数值的字符串，产生这个异常
15          print("Your input is not right!")
16          continue
17
18  print("\nNopassed total:", nopassed)
19  print("Bye!")
```

注意：Nopassed 变量是统计不及格人数的累加变量，它必须初始化为 0。

3.1.4 特殊形式的判断条件

除了利用像 grade >= 60 这样的关系表达式的值作为逻辑判断条件之外，还有一些特殊形式，它们不是关系表达式，但当它们用作判断条件时，系统就会把它们转换为逻辑值。如算术表达式的值、一个整型变量或常量的值、一个字符常量值，甚至是浮点型变量或常量。Python 规定一个表达式的值或某个变量的值或常量，当它们出现在 if 语句或其他含有判断条件的语句中时，只要它们的值非零，就转换为逻辑真，只有它们的值为零时才为逻辑假。简单来说，**非 0 即为逻辑真，0 为逻辑假**。下面分别举例说明。

【例 3.5】 判断一个整数不是偶数（或者是奇数）。

一个数 x 如果它能被 2 整除它就是偶数，也就是说如果 x%2 等于 0，那么 x 就是偶数，那么一个数不是偶数的判定条件为真怎么写呢？答案是 x%2 != 0，即 x 除以 2 其余数不为零，不为零的数当然不等于 0，因此结果为真。下面的 if 语句

```
>>>if x%2 !=0:
>>>     print("%d 不是偶数"%x)
```

按照**非零即为逻辑真**的原则，可以把它简写为

```
>>>if x%2:
>>>     print("%d 不是偶数"%x)
```

这里用算术表达式 x%2 作为逻辑判断条件，当它的值非零时就转化为逻辑真。

【例 3.6】 判断一个整数不是零。

很容易写出“一个整数 x 不是零”为真的条件 x!=0，因此有下面的 if 语句：

```
>>>if x !=0:
>>>     print("%d 不是零"%x)
```

与例 3.4 类似，同样有下面的简写形式

```
>>>if x:
>>>     print("%d 不是零"%x)
```

这里直接使用了变量的值作为判断条件，当 x 不是零时它的值就转换为逻辑真。

现在回头看看 while 1，这个 1 就是一个常量作为逻辑判断条件的例子，1 不为零，所以当然就是逻辑真了。其实，如果把 1 换成任何一个其他不为零的整数，负数也可以，其效果都是一样的，如 while 2，while－100。而且这个常数作为逻辑条件是不变的，所以它永远为真。

还有更多形式的判断条件后面章节会陆续介绍。

3.1.5　比较两个实数的大小

在数学上，比较两个实数与比较两个整数没什么区别，但在计算机中，比较两个实数要特别小心了。由于实数在计算机中存储是有精度的，Python 中的 float 类型的数据只有 16 位或 17 位有效数字，而且可靠的有效位数只有 15 位，所以超出部分的不同就不起作用了。例如：

```
>>>a=3.12345678901234569
>>>b=3.12345678901234561
>>>a==b
True
```

不难看出，虽然浮点型 a 和 b 它们的第 18 个数字不同，在数学上这是两个不相等的实数，但是在 Python 中它们确相等。再如：

```
>>>a=0.123456789012345675
>>>b=0.123456789012345672
>>>a==b
True
```

同样，a 和 b 小数点后第 18 个数字不同，但它们的前 17 位相同，所以 Python 认为它们相等。**因此两个浮点型数是否相等是由它们的精度决定的**。浮点数 float 的默认精度是 16 位到 17 位，在实际问题中未必需要这么高的精度。精度常常用一个小数表示，如 0.01 就是精确到 2 位小数，0.0001 就是精确到 4 位小数，当小数位数更多的时候可以用指数形式表示，如.1e-7 就是精确到第 8 位小数，这种精度数据常常用变量 epsilon(可简写为 eps)表示，即

```
epsilon = .1e-7;
```

Python sys 模块中给出一个 float 型数据的 epsilon，即

```
>>>sys.float_info.epsilon
2.220446049250313e-16
```

这个数对应的普通小数就是

```
0.0000000000000002220446049250313
```

在程序设计的时候**一般不是直接比较两个实数是否相等，而是通过它们之间的误差的精度来判断**，误差如果在允许范围之内就认为是相等的了。标准数学模块 math 中提供了一个求 float 数据的绝对值的函数 fabs(double x)，在程序中用来求两个数的误差（就是相减）的绝对值，如果这个绝对值不超过给定的精度 epsilon，就可以认为这两个数是相等的。我们可以检验一下上面相等的 a 和 b 是否满足这个条件：

```
>>>math.fabs(a-b)<sys.float_info.epsilon
True
```

把 a 和 b 的值修改成

```
>>>a=0.123456789012345685
>>>b=0.123456789012345672
```

或者

```
>>>a=0.123456789012345785
>>>b=0.123456789012345572
```

可以运行>>>math.fabs(a-b)<sys.float_info.epsilon 检验一下。

看一个完整的例子，程序清单 3.4 中给定了一个精度 eps=0.001 和单精度的 pi=3.1415926，用户任意输入一个 pi 值存入 yourPi 中，程序通过把 yourPi 与程序中的 pi 值比较，如果它们的误差的绝对值不超过给定的精度 eps，这时就认为 yourPi 符合精度，也可以认为在给定的精度下 yourPi 与程序中的 pi 相同。如果它们的误差的绝对值大于给定的精度，这时认为 yourPi 不符合精度要求。

程序清单 3.4

```
1   #@File: realNumCompare.py
2   #@Software: PyCharm
3
4   import math
5   myEpsilon = 0.001
6   myPi = 3.1415926
7   yourPi = eval(input("I have a epsilon, Enter your Pi:"))
8   err = math.fabs(myPi - yourPi)
9   print("the err is:", err)
10  if err <=myEpsilon:
11      print("Your Pi is ok! Because of the err %7.5f <=myEpsilon %7.5f" \
            %(err,  myEpsilon))
```

```
12  if err >myEpsilon:
13      print("Your Pi is not ok! Because of the err %7.5f >myEpsilon %7.5f"\
            %(err, myEpsilon) )
```

运行结果 1：

```
I have a epsilon, Enter your Pi:3.1415
the err is: 9.259999999988722e-05
Your Pi is ok! Because of the err 0.00009 <=myEpsilon 0.00100
```

运行结果 2：

```
I have a epsilon, Enter your Pi:3.14
the err is: 0.0015925999999999944
Your Pi is not ok! Because of the err 0.00159 >myEpsilon 0.00100
```

3.2　按成绩把学生分成两组

问题描述：

教师要把参加某次测验的学生按成绩及格与否分成两组，并统计出各组的人数。

输入样例：

```
88 99 77 66 55 44 -1          //-1 表示输入结束
```

输出样例：

```
you belong in group A
you belong in group A
you belong in group A
you belong in group A
you belong in group B
you belong in group B
aNum = 4
bNum = 2
```

问题分析：

3.1 节的问题只考虑成绩合格者如何处理，成绩不合格者置之不理，即当判断条件为真时去处理事情，而当判断条件为假时就跳过了，没有做任何事情。很多场合我们不仅要描述判断条件为真时做什么，还要对判断条件为假时的情况做出处理。本节的问题仍然是一个判断决策问题。按学生成绩把学生进行分组，就是成绩大于或等于 60 的学生去 A 组，成绩小于 60 的学生去 B 组，并统计出每组的学生数。用简单的单分支选择结构可以解决这个问题吗？回答是可以的。分析下面的程序是否可行，看看存在什么不足。

程序清单 3.5

```
1   #@File: if2parallel.py
2   #@Software: PyCharm
3   aNum = 0
```

```
4  bNum = 0
5  while True:
6      try:
7          grade = eval(input("Enter grades:"))
8          if grade >=60:
9              print("You belong in Group A")
10             aNum = aNum +1
11         if grade <60:
12             print("You belong in Group B")
13             bNum = bNum +1
14     except EOFError:
15         break
16     except NameError:
17         print("Your input is not right!")
18 print()
19 print("aNum = ", aNum)
20 print("bNum = ", bNum)
```

这个实现的正确性是没有问题的,但仔细看看会发现,不管成绩是大于或等于 60,还是小于 60,第 8 行和第 11 行的两个判断都要进行。例如,现在一个学生的成绩是 90,首先经历第 8 行的判断,grade >= 60 为真,执行第 9 行和第 10 行。紧接着就要执行第 11 行的判断,grade < 60 为假,因此不执行第 12 行和第 13 行。同样如果一个成绩是 50,也要经历同样的两次判断。每个成绩都要判断两次,显然是一种浪费。实际上,成绩大于或等于 60 和成绩小于 60 这两个判断条件之间是紧密相连的,是恰好相反的。如果第一个条件为假,自然就有另一个条件为真,没有必要再去重复判断。对于具有这样性质的判断问题,Python 提供了一种双分支选择结构 **if-else**。下面用双分支的选择结构解决这个问题,其流程图如图 3.3 所示。

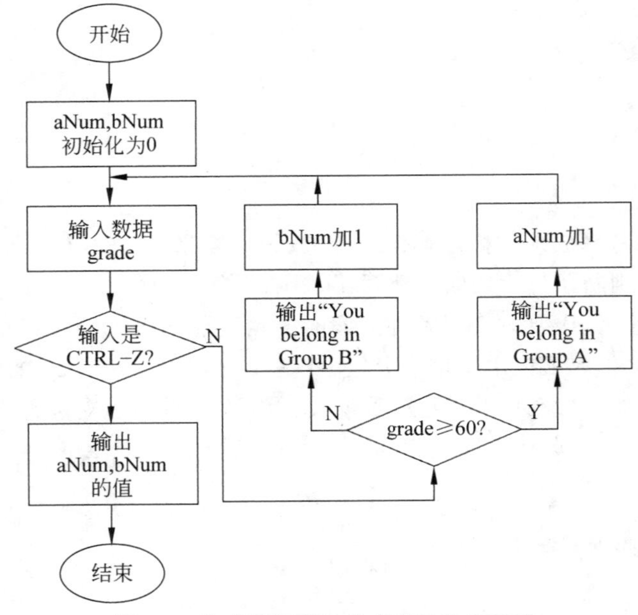

图 3.3 按成绩把学生分成两组的流程图

算法设计：

① 把统计求和变量 aNum，bNum 初始化为 0。

② 输入学生成绩，如果输入了 Ctrl-Z 或 Ctrl-D，执行⑤，否则③。

③ 如果成绩大于或等于 60，输出分到 A 组信息，aNum 加 1，返回②。

④ 否则，输出分到 B 组信息，bNum 加 1，返回②。

⑤ 输出最终统计结果，程序结束。

程序清单 3.6

```
1   #@File: ifelse.py
2   #@Software: PyCharm
3   aNum = 0
4   bNum = 0
5   while True:
6       try:
7           grade = eval(input("Enter grades:"))
8           if grade >=60:
9               print("You belong in Group A")
10              aNum = aNum +1
11          else:
12              print("You belong in Group B")
13              bNum = bNum +1
14      except EOFError:                        #输入了 Ctrl-Z 或 Ctrl-D
15          break
16      except NameError:
17          print("Your input is not right!")
18  print()
19  print("aNum = ", aNum)
20  print("bNum = ", bNum)
```

3.2.1 双分支选择结构

程序清单 3.6 的第 8 行到第 13 行是一个双分支的选择结构，条件 grade>=60 为真时执行一个分支，否则执行另一个分支。双分支选择结构用 if-else 语句表示，其一般形式为：

```
if 判断条件表达式:
    条件为真时要执行的语句
else:
    条件为假时要执行的语句
其他语句
```

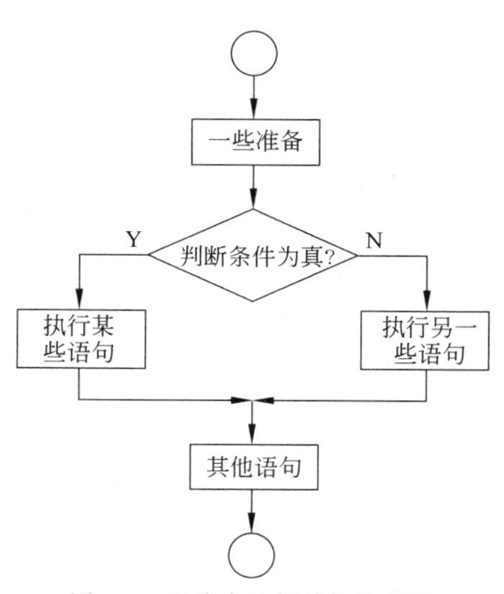

图 3.4　双分支选择结构流程图

其中表达式和语句的含义同单分支选择结构一样。它的执行过程如图 3.4 所示，当判断条件为真时执行 if 和 else 之间的语句，否则(隐含着判断条件为假),执行 else 后面的语句。在这个结构中存在两个分支,对于给定数据,只能有一个分支符合判断条件。不管是哪个分支,执行完毕之后都应该执行 if-else 结构下面的“其他语句”。这种双分支选择结构是对称的。

从程序清单 3.5 和程序清单 3.6 的运行结果可以看到,两个平行的单分支选择结构和一个双分支选择结构都能实现本节的问题,其结果完全一致,但是它们的运行过程有很大的不同。两个单分支要判断两次,而一个双分支只判断一次。下面再看几个小例子。

【例 3.7】 判断一个数是奇数还是偶数。

程序实现的片段如下:

```
num = eval(input())
if  num %2 :
    print("num is odd")
else:
    print("num is even")
```

当用户输入一个整数之后,如果输入的是奇数,则 num%2 不为 0,判断条件为真,输出信息 num is odd,如果输入的是偶数,num%2 为 0,判断条件为假,输出 num is even。输出哪条信息(进入哪个分支)由判断条件 num%2 的真假决定。

【例 3.8】 判断一个数是大于或等于零还是小于零。

程序实现的片段如下:

```
num = eval(input())
if  num >=0:
    print("num is equal to 0 or positive number ")
else:
    print("num is a negative number")
```

【例 3.9】 判断一个人的体重是否过大,判断标准是身体指数 t 是否大于 25,其中 $t=w/h^2$(w 为体重,h 为身高)。

程序实现的片段如下:

```
w,h=eval(input())
t = w/(h * h)
if t >25 :
    print("your weight is higher!");
else:
    print("your weight is not higher,\
            but I could not know if your weight is lower!")
```

3.2.2 条件表达式

由于双分支选择结构应用比较频繁,Python 提供了一种特别的运算,称为**条件表达式**,用来表达对称的双分支选择结构,具体格式如下:

```
表达式 1 if 逻辑表达式 2 else 表达式 3
```

这里有三个表达式，两个关键字，可以把它理解成一个三目运算。这个表达式的执行顺序是先执行 if 运算，判断逻辑表达式 2 的真假，如果为真则执行表达式 1，否则执行表达式 3。注意表达式 2 是判断条件，表达式 1 和表达式 3 是对称的两个选择结果。条件表达式的使用非常灵活简洁，通常可以用于有选择的赋值给某个变量。下面看几个例子。

【例 3.10】 求两个数的最大值，对于给定的 a 和 b，

```
max =a if a >b else b
```

max 的值是条件表达式 a if a > b else b 的结果，而条件表达式由逻辑表达 a>b 的真假决定，当 a>b 时条件表达的值为 a，否则为 b。

【例 3.11】 用条件表达式判断 print 函数的输出内容是奇数还是偶数。

```
print("num is odd" if  num%2 else "num is even")
```

条件表达式的值是 print 函数的输出值，它由逻辑表达式 num%2 的真假来决定是表达式 1 的字符串 num is odd 还是表达式 2 的字符串 num is even。类似的还有下面的例子。

【例 3.12】 用条件表达式判断 print 函数输出的一个数是正还是负的信息。

```
print("zero or positive" if num >=0 else "negative")
```

【例 3.13】 打印两个数中的较大者，对于给定的 i 和 j。

```
print(i if i >j else j)
```

根据 i>j 的真假，输出 i 或 j，当 i>j 时输出 i，否则输出 j。

【例 3.14】 返回两个数中的最大者，对于给定的 i 和 j。

```
return( i if i >j else j)
```

根据 i>j 的真假，返回 i 或 j，当 i>j 时返回 i，否则返回 j。

注意：条件表达式一般多用于三个表达式比较简单的情形，并且可以嵌套。

【例 3.15】 条件运算是右结合的，对于给定的 a、b、c、d 条件表达式。

```
a if a >b else c if c>d else d
```

按照右结合的原则，c > d 先作为第二个条件表达式的判断条件，如果它为真取 c，否则取 d，然后再看 a>b 是否为真，如果为真，则取 a，否则取 c>d 时条件运算的值。它相当于

```
a if a >b else ( c if c>d else d )
```

3.3 按成绩把学生分成多组（百分制）

问题描述：

写一个程序帮助教师把学生按分数段（90 分以上，80～89 分，70～79 分，60～69 分，小于 60 分）分成多组，并统计各组的人数。

输入样例：

```
please input grades:
```

```
44 55 77 88 99 98 78 67 Ctrl-D
```

输出样例：

```
Failed! group F
Failed! group F
Middle! group C
Better! group B
Good! group A
Good! group A
Middle! group C
Pass! group D
aNum = 2
bNum = 1
cNum = 2
dNum = 1
FNum = 2
```

问题分析：

3.2 节已经使用双分支选择结构解决了把学生按成绩分为两组的问题。本节的问题要求进行更细致的划分，即根据成绩的分数段(90 分以上，80～89 分，70～79 分，60～69 分，小于 60 分)把学生划分为多个组，不妨设为 A、B、C、D、F 组。并分别统计各组的人数。问题中有多个判断条件，而且不是简单的关系表达式所能表达的。90 分以上和 60 分以下比较容易表达，其他几种情况都是一种复合条件，即两个条件要同时满足，如成绩介于 80 分到 89 分之间的复合条件是“成绩大于或等于 80 分”**并且**“成绩小于 90”，在 Python 中允许写成

```
if  80 <=grade <90:
```

这种判断方法中每个分数段用一个 if，采用顺序并列的方式，实现所有分数段的划分。或者把它拆成下面 3.3.1 节将讨论的嵌套的 if 结构来表达。读者可以尝试一下这种判断方法，并分析它有什么不足。

本问题的不同分数段的判断条件实际不是独立的，如 90 分以上的分数段与不是 90 分以上的彼此具有 else 的关系，因此可以用双分支的选择结构，即 if grade＞＝90…else…。而 else 里面还可以有进一步的判断，这是双分支的嵌套。因此按照相邻分数段之间彼此存在的这种联系即可实现，另外本节成绩分数段的判断，不一定必须先判断哪个分数段，后判断哪个，但判断顺序的不同，将导致不同的嵌套顺序。算法设计 1 是按照成绩从大到小的顺序进行判断的，有比较整齐的嵌套描述。即先判断成绩是否大于或等于 90 分，如果不是，再看是否大于或等于 80 分，以此类推。而算法设计 2 是按成绩的客观分布规律考虑判断的顺序，即可能性比较大的先判断。首先判断成绩是否介于 70 分和 80 分之间，如果不是，则有两种可能，一是大于或等于 80 分，二是小于 70 分。如果是大于或等于 80 分，进一步看是否小于 90 分，又分两种情况，小于 90 分和大于或等于 90 分；如果是小于 70 分，进一步看是否大于或等于 60 分，这时又有两种情况，小于和大于或等于 60 分。

算法设计 1：流程图如图 3.5 所示。

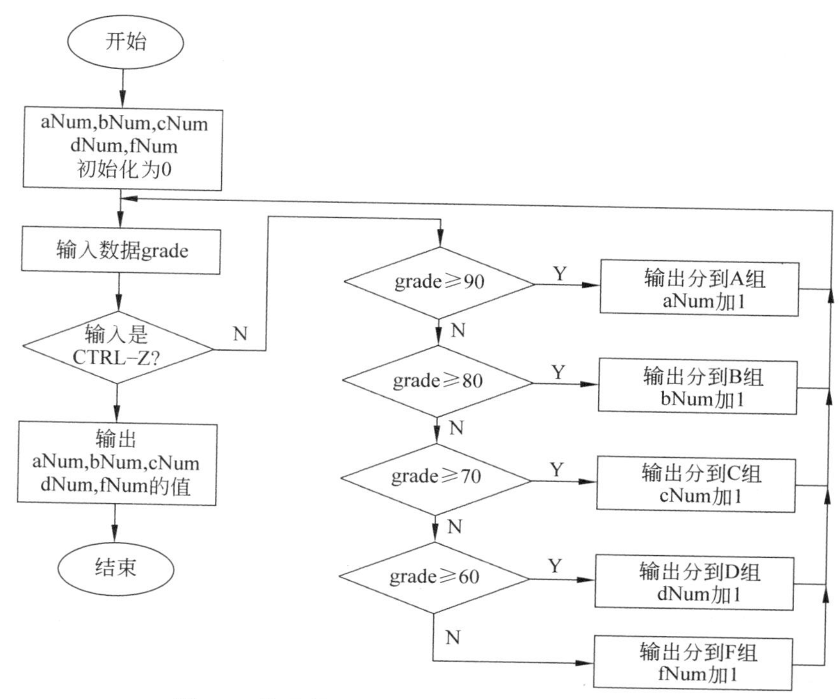

图 3.5 按成绩把学生分成多组算法 1 的流程图

① 把统计求和变量 aNum,bNum,cNum,dNum,fNum 初始化为 0;
② 输入学生成绩;
③ 如果输入没有结束则执行④否则执行⑨;
④ 如果成绩大于或等于 90,输出分到 A 组信息,aNum 加 1,返回到②;
⑤ 否则如果成绩还大于或等于 80,输出分到 B 组信息,bNum 加 1,返回到②;
⑥ 否则如果成绩还大于或等于 70,输出分到 C 组信息,cNum 加 1,返回到②;
⑦ 否则如果成绩还大于或等于 60,输出分到 D 组信息,dNum 加 1,返回到②;
⑧ 否则输出分到 F 组信息,fNum 加 1,返回到②;
⑨ 输出统计结果

程序清单 3.7

```
1   #@File: ifelseif.py
2   #@Software: PyCharm
3
4   aNum = bNum = cNum = dNum = fNum = 0
5
6   while True:
7       try:
8           grade = eval(input("Please enter your grades:"))
9           if grade >=90:
10              print("Good! Group A")
11              aNum = aNum +1
```

```
12          elif grade >=80:
13              print("Better! Group B")
14              bNum = bNum +1
15          elif grade >=70:
16              print("Middle! Group C")
17              cNum = cNum +1
18          elif grade >=60:
19              print("Pass! Group D")
20              dNum = dNum +1
21          else:
22              print("Failed! Group F")
23      except NameError:
24          print("Your input not right!")
25      except EOFError:
26          break
27  print()
28  print("aNum = ", aNum)
29  print("bNum = ", bNum)
30  print("cNum = ", cNum)
31  print("dNum = ", dNum)
32  print("fNum = ", fNum)
```

算法设计 2：流程图如图 3.6 所示。

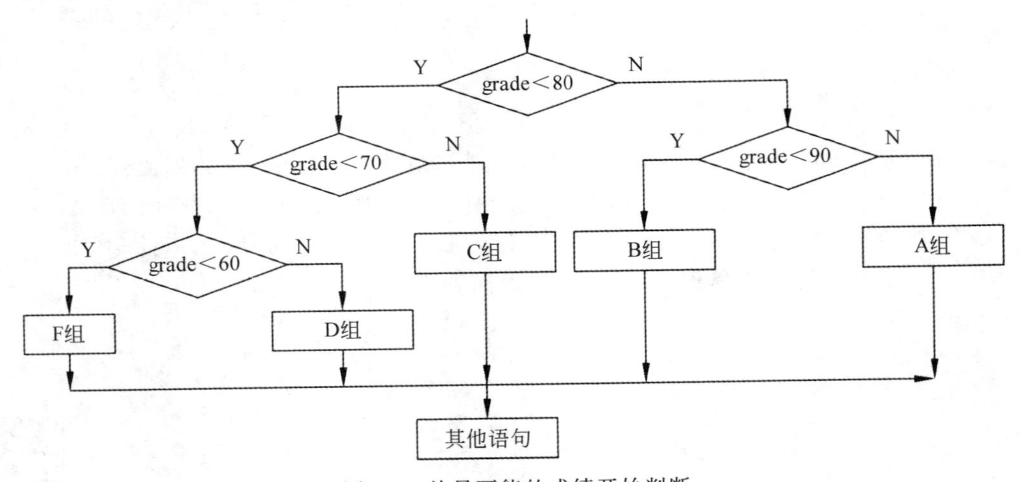

图 3.6　从最可能的成绩开始判断

① 把统计求和变量 aNum,bNum,cNum,dNum,fNum 初始化为 0；
② 输入学生成绩；
③ 如果输入没有结束则执行④,否则执行⑨
④ 如果成绩小于 80 且大于或等于 70,输出分到 C 组信息,cNum 加 1,返回到②；
⑤ 否则如果成绩小于 90 且大于或等于 80,输出分到 B 组信息,bNum 加 1,返回到②；
⑥ 否则(成绩大于或等于 90) 输出或分到 A 组信息,aNum 加 1,返回到②；

⑦ 否则如果成绩小于 70 且大于或等于 60,输出分到 D 组信息,dNum 加 1,返回到②;
⑧ 否则(成绩小于 60),输出分到 F 组信息,fNum 加 1,返回到②;
⑨ 输出统计结果。

程序清单 3.8

```
1  #@File: ifelseifbetter.py
2  #@Software: PyCharm
3
4  aNum = bNum = cNum = dNum = fNum = 0
5
6  while True:
7      try:
8          grade = eval(input("Please enter your grades:"))
9          if grade <80:
10             if grade >=70:
11                 print("Middle! Group C")
12                 cNum = cNum +1
13             elif grade >=60:
14                 print("Pass! Group D")
15                 dNum = dNum +1
16             else:
17                 print("Failed! Group F")
18                 fNum = fNum +1
19         elif grade <90:
20             print("Better! Group B")
21             bNum = bNum +1
22         else:
23             print("Good! Group A")
24             aNum = aNum +1
25     except NameError:
26         print("Your input is not right!")
27     except EOFError:
28         break
29 print()
30 print("aNum = ", aNum)
31 print("bNum = ", bNum)
32 print("cNum = ", cNum)
33 print("dNum = ", dNum)
34 print("fNum = ", fNum)
```

3.3.1 嵌套的 if 结构

什么是嵌套呢?简单来说,就是两个东西彼此套在一起,是一种包含关系。一个单分支的 if 能和另一个 if 套在一起吗?让我们仔细分析一下单分支的 if 结构。if 条件为真时要执行的某些语句并没有规定必须是什么语句,当然也可以是另一个 if 结构,即

```
if 表达式 1:
    if 表达式 2:
        表达式 2 为真时执行的语句
```

这样两个 if 结构彼此就嵌在一起了，外层 if 语句的表达式 1 为真时要执行的语句是内层的另一个 if 语句。

这种嵌套结构表达了一种**复合条件**，即如果表达式 1 为真，并且表达式 2 也为真，则执行"表达式 2 为真时要执行的语句"。

【例 3.16】 下面的程序片段表达了什么判断?

```
if grade >=60:
    if grade <70 :
        print("Passed!");
```

其含义是，如果成绩大于或等于 60 分，并且又小于 70 分，计算机回答"Passed!"。这样就实现了判断成绩是否介于 60 和 70 之间。请注意这种嵌套的书写格式，它是逐层缩进的格式，

如果把本节问题中的各个分数段分别进行判断，那么介于 80 和 90 之间的判断就可以用一个独立的 if 嵌套实现，同样介于 70 和 80 之间都可以用一个独立的 if 嵌套实现等，问题便可以得到解决，这种方法的完整实现大家作为一个练习尝试一下。

3.3.2 嵌套的 if-else 结构

与单分支的 if 结构嵌套类似，if-else 结构同样可以嵌套，而且更加灵活方便，其结构如图 3.7 所示。当 if 判断条件为真时要运行的语句或者 else 部分要运行的语句，都可以是另一个 if 或 if-else 结构。双分支的 if-else 是对称结构，if 部分和 else 部分都可以再嵌套其他的选择结构。if-else 结构的 if 部分嵌套另一个 if-else 的基本框架如下：

```
if 表达式 1:
    if 表达式 2:
        表达式 2 为真时执行的语句
    else:
        表达式 2 为假时执行的语句
else:
    表达式 1 为假时执行的语句
```

if-else 结构的 else 部分嵌套另一个 if-else 的基本框架如下：

```
if 表达式 1:
    表达式 1 为真时执行的语句
else:
    if 表达式 2:
        表达式 2 为真时执行的语句
    else:
        表达式 2 为假时执行的语句
```

可以想象，if 部分或 else 部分的 if-else 还可以进一步嵌套其他的选择结构，这样的嵌套

可以包含多层，如图3.7所示。不管内部嵌套了多少层，从最外层来看就是一个if-else结构。对于本节的分组问题，用if-else嵌套实现如下：

```
if grade >=90:
    print("Good! Group A")
    aNum = aNum +1
else:
    if grade >=80:
        print("Better! Group B")
        bNum = bNum +1
    else:
        if grade >=70:
            print("Middle! Group C")
            cNum = cNum +1
        else:
            if grade >=60:
                print("Pass! Group D")
                dNum = dNum +1
            else:
                print("Failed! Group F")
```

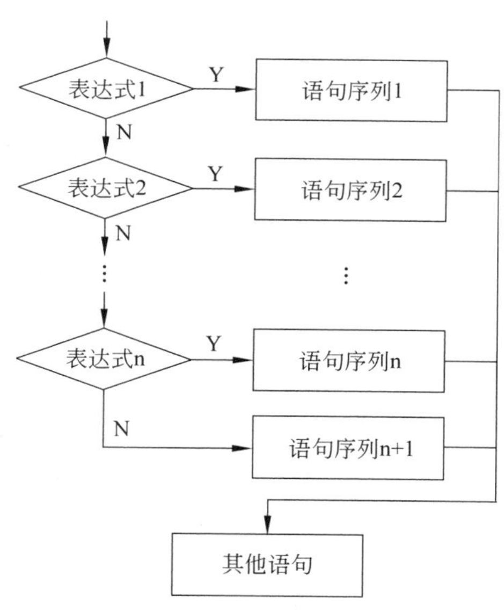

图3.7　嵌套的if-else结构

这个嵌套结构在grade >= 90不为真时内嵌了一个另外的if-else结构，内嵌的if-else进一步判断grade >= 80是否为真，当grade >= 80为假时又内嵌了一个if-else结构，判断grade >= 70是否为真，当grade >= 70为假时可以继续嵌套另一个if-else结构，判断grade>=60是否为真，当grade>=60为假时都归结为F组，嵌套结束。这样的嵌套可能很多层，你认为这种形式的嵌套选择结构有什么不足吗？

还有一点非常值得注意，嵌套的if-else结构，虽然层次可以很多，但是Python语言的缩进机制,使得代码层次分明,人机都不会出错。

【例 3.17】 设①x = 9,y = 5 或② x = 20,y = 9,分别分析下面的程序片段(1)和(2)的结果是什么。

(1)

```
1  x=9
2  y=5
3  if x<10:
4      if y>10:
5          print("+++++++")
6  else:
7      print("#######")
8  print("$$$$$$$")
```

(2)

```
1  x=20
2  y=5
3  if x<10:
4      if y>10:
5          print("+++++++")
6  else:
7      print("#######")
8      print("$$$$$$$")
```

只要严格按照缩进格式理解上面的代码片段,就可以理解每个分支包含哪些语句,结果自然也就清楚了。它们的运行结果分别是

```
$$$$$$$
```

和

```
#######
$$$$$$$
```

思考题 1:对于上面的程序片段,尝试其他的缩进格式,分析其结果。

思考题 2:对于算法设计 1 和 2,如果用户输错了成绩怎么办?如输入了 150 或者 −59 等,你能改进一下吗?

3.3.3 多分支选择结构

从 3.3.2 节的讨论可以发现嵌套的 if-else 可以表达非常复杂的判断条件,实际上它实现了多分支的选择结构,当某个条件为真时选择相应的分支执行相关的操作。但是它有明显的不足,当嵌套的层数很多时,就会一直向右倾斜下去,以至于无法在一页之内完成,所以这种格式不是好的书写格式,因此 Python 提供了如下形式的左对齐多分枝选择结构:

```
if  表达式 1:
    语句序列 1
```

```
elif 表达式 2:
    语句序列 2
elif 表达式 3:
    语句序列 3
    ⋮
else:
    语句序列 n
其他语句
```

这样的格式比较容易编辑,也很容易阅读。它实质是下一层的 if 提升到上一层的 else 后面组合到一起,合并写成 elif。这种多分支的选择结构可以用图 3.8 表示。程序清单 3.7 是 if-elif-else 多分支选择结构对本节问题的完整实现。

大家思考一下这样的嵌套的多分支选择结构是怎么执行的呢?虽然多分支选择结构包含很多判断条件,但是对于某个数据来说,只要有一个条件为真就会在执行完某个语句后离开整个 if-elif-else 结构。注意,程序清单 3.7 是按照算法设计 1 实现的,它是从 grade>=90 开始判断的。其实完全可以把判断条件再换一种顺序,如从判断 grade < 60 开始,再判断 grade < 70,等等。还可以从其他的判断条件开始,不管从什么判断条件开始,对同一组数据分组的结果应该是完全一样的,但判断的过程就不完全相同了。一个嵌套在内层的条件是否为真的判断,要经历它的外层的若干次判断为假时才能抵达,这个特点提醒我们,如果有多个判断条件,采用嵌套的多分支选择结构来表达,应该把最可能发生的那个条件放在最外层,以便它为真时就离开整个嵌套结构,如果把最不可能发生的条件放在比较外面的层,由于它为假的可能性很大,每次判断其他条件时都要经过它,这样就多做了一次判断。由于学生的成绩处于中游的比较多,所以算法设计 2 是从小于 80 开始判断的,对应的流程图如图 3.6 所示,详细实现见程序清单 3.8。

3.4 按成绩把学生分成多组(五级制)

问题描述:

写一个程序把学生按成绩分成多组,并统计各组人数,注意学生成绩为 5 级制 A、B、C、D、F,允许输入小写字符。

输入样例:

```
please input grades A/a, B/b, C/c, D/c, F/c:
A b b c f d c b c d
Ctrl-Z 或 Ctrl-D(结束)
```

输出样例:

```
Good, group a
Better! Group b
Better! Group b
Middle! Group c
Faield! Group f
Pass! Group d
```

```
Middle! Group c
Better! Group b
Middle!Group c
Pass!Group d
aNum = 1
bNum = 3
cNum = 3
dNum = 2
FNum = 1
```

问题分析：

五级制的成绩为优秀、良好、中等、及格和不及格，分别用字符'A'、'B'、'C'、'D'和'F'表示。因此输入学生成绩的时候就是要输入这几个特殊字符。成绩是字符时该怎么输入呢？程序中怎么判断呢？因为字符也可以具有整型值的结果，每个字符对应的整数是它的 ASCII 码，关键是如何判断用户输入的是哪个字符，如果知道了用户输入的是哪个字符，就可以对其进行分组划分和人数统计了。字符也可以比较，可以判断输入的字符等不等于分数段的等级字符。具体算法设计如下。

算法设计：

当学生成绩是五级制的时候，每次要判断的就是检查输入的字符是否与已知的五分成绩名称相同。流程图如图 3.8 所示。

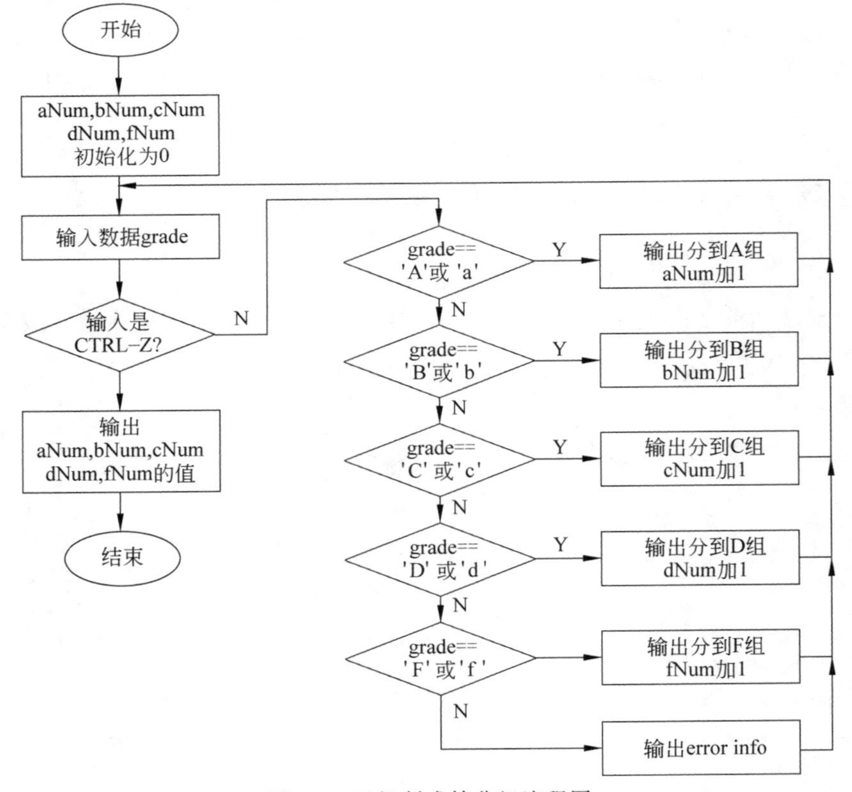

图 3.8　五级制成绩分组流程图

① 把统计求和变量 aNum，bNum，cNum，dNum，fNum 初始化为 0；
② 输入学生成绩 grade；
③ 如果输入没有结束则执行④否则执行(10)；
④ 如果 grade 是'A'或'a'，输出分到 A 组信息，aNum 加 1，返回到②；
⑤ 如果 grade 是'B'或'b'，输出分到 B 组信息，bNum 加 1，返回到②；
⑥ 如果 grade 是'C'或'c'，输出分到 C 组信息，cNum 加 1，返回到②；
⑦ 如果 grade 是'D'或'd'，输出分到 D 组信息，dNum 加 1，返回到②；
⑧ 如果 grade 是'F'或'f'，输出分到 F 组信息，fNum 加 1，返回到②；
⑨ 如果 grade 是其他字符，输出错误信息，返回到②；
⑩ 输出统计结果。

程序清单 3.9

```
1   #@File: ifelseifCharacter.py
2   #@Software: PyCharmimport sys
3
4   import sys
5
6   aNum = bNum = cNum = dNum = fNum = 0
7
8   while True:
9       print("Enter a grade, e.g., A/a,B/b:")
10      grade = sys.stdin.readline().strip('\n')   #当输入 Ctrl-D 时 grade 为空格
11      #grade = input()                          #当只输入一个回车符时,grade 为空格
12
13      if grade == '':
14          break
15
16      if grade == 'A' or grade =='a':
17          print("Good! Group A")
18          aNum = aNum +1
19      elif  grade == 'B' or grade =='b':
20          print("Better! Group B")
21          bNum = bNum +1
22      elif  grade == 'C' or grade =='c':
23          print("Middle! Group C")
24          cNum = cNum +1
25      elif  grade == 'D' or grade =='d':
26          print("Pass! Group D")
27          dNum = dNum +1
28      elif grade == 'F' or grade =='f':
29          print("Failed! Group F")
30          fNum = fNum +1
31      else:
32          print("error!")
```

```
33
34 print("aNum = ", aNum)
35 print("bNum = ", bNum)
36 print("cNum = ", cNum)
37 print("dNum = ", dNum)
38 print("fNum = ", fNum)
```

3.4.1 字符串和字符

Python 处理字符串提供了一种特别的数据类型——字符串类型 str。**字符串值或字符串常量**或者称字符串对象是一个字符序列，包括文字(text)字符和数字(numbers)字符。字符序列必须用一对单引号、双引号或三引号括起来。Python 没有提供专门的字符类型，而是定义单个字符构成的字符串就是字符。并且习惯上单个字符用单引号(当然用双引号也可以)，多个字符用双引号(同样也可以用单引号)，例如：

```
>>>letterChar = 'A'        #letterChar 是 str 类型的变量,引用字符(串)'A'
>>>numChar = '6'
>>>unicodeChar='大'
>>>message = "Welcome"     #message 是 str 类型的变量,引用字符串"Welcome"
```

文字字符包括 26 个英文字符(大小写不同)，0～9 的数字字符、运算字符，还有一些特殊字符，所有这些构成了 128 个字符的 ANSI 标准字符集，参见附录 B。其中，第 33 个字符到第 127 个字符是可见字符，从第 1 个字符到第 32 个字符和第 128 个字符是不可见的控制字符。字符常量在程序中要用单引号括起来表示，如'A'，'B'，'a'，'1'，'2'等。如果把字符常量去掉单引号，就不是字符常量了，就成了一个变量标识符或其他意义的标识符。数字字符常量要去掉单引号就变成了整型常量。

对于一些特别的可见字符和不可见字符，如果要在程序中作为字符常量使用的话，必须使用前面介绍过的转义序列即由反斜杆\开始的序列才可以，并用单引号括起，如回车键用'\r'，反斜杠自身要用'\\'表示等，参见表 2.1。

128 个 ANSI 字符又称为 ASCII 字符，每个 ASCII 字符对应一个 7 位的二进制码，即 ASCII 码。如'A'～'Z'的 ASCII 码是 1000001～1011010，转换为十进制为 65～90，实际上 Python 内部就是把字符作为一个整型数据来处理的。

文字字符也包括表达国际字符的 Unicode(统一)编码的字符，参见 2.1.3 节。Unicode 编码由\u 开始，由 4 位十六进制数表示，范围在\u0000 和\uffff 之间。例如“欢迎”对应的 Unicode 编码是"\u6B22" "\u8FCE"。

```
>>>a = "\u6B22"
>>>b =  "\u8FCE"
>>>a,b
('欢', '迎')
```

既然字符常量是对应的 ASCII 码或 Unicode 码(包含 ASCII 码)，所以两个字符常量或者存放字符常量的变量就可以比较大小，例如

```
c1 >c2 或 grade == 'B'
```

其中 c1 和 c2 是字符变量。因此字符关系表达式甚至是单个字符常量或变量都可以作为判断条件。

关于字符串类 str 的其他内容，放在第 7 章讨论。

3.4.2 字符数据的输入与输出

字符型数据怎么通过键盘输入呢？又怎么把字符输出到屏幕上呢？2.3.1 节以及前面的几个问题求解都多次用到 input 函数，这个函数运行时等待用户输入，输入的数字字符系列内部当作字符串接收，如果输入的文字字符序列刚好就是文字字符串了，就可以直接获得了，赋值给某个变量。例如：

```
<<<a=input()
hello
<<<print(a)
hello
```

```
<<<b=input()
A
<<<print(b)
A
```

程序设计时常常用字符的编码，如 ASCII 码、Unicode 码做一些判断或计算。因此，Python 提供了内置函数 ord，把一个字符转换为十进制的 Unicode 编码，反之，chr 函数把十进制编码转换为一个 Unicode 字符，例如 chr(97) 为字符'a'。另外 hex，bin，oct，int 函数可实现进制转换。请看下面的例子。

【例 3.18】 输入一个字符再输出它和它的编码(Unicode，含 ASCII)。

程序清单 3.10

```
1   #charIo.py
2   cha=input("Enter a character:")
3   while cha !='q':
4       code=ord(cha)
5       print("%c  %d  %x" %(cha,code))
6       cha = input("Enter a character:")
```

运行结果：

```
Enter a character:a
a  97  61
Enter a character:b
b  98  62
Enter a character:B
B  66  42
```

```
Enter a character:大
大  22823  5927
Enter a character:欢
欢  27426  6b22
Enter a character:迎
迎  36814  8fce
```

其中，%c 是字符格式占位符，%x 是十六进制格式说明符。

实际上，输入输出函数 input 和 print 都是基于 Python 的 sys 模块中的标准输入 stdin、标准输出 stdout 的。在标准输入 stdin 子模块的 readline 函数运行时会接收键盘输入的以回车结尾的一行信息。当然使用它也可以接收一个字符信息，但会包含一个回车符，因此用它实现键盘输入一个字符时必须把回车符分离掉。

程序清单 3.10 的 readline 版本如下。

程序清单 3.11

```
1   #@File: charIO2.py
2   #@Software: PyCharm
3
4   import sys
5
6   while True:
7       print("Enter a character:")
8       cha = sys.stdin.readline().strip('\n')  #输入 Ctrl-D 结束,cha 为空格
9       if cha == '':
11          break
12      code=ord(cha)
13      print("%c  %d  %x" %(cha,code,code))
14
15  print("\nBye")
```

运行结果：

```
Enter a character:
a
a  97  61
Enter a character:
b
b  98  62
```

```
Enter a character:
大
大  22823  5927
Enter a character:
B
B  66  42
```

可以看到，运行时包含一个回车符，但内部把它剥离掉了。本节的求解程序就是采用这种方法接受键盘输入的成绩字符，并且在输入 Ctrl-Z 或 Ctrl-D 时，能够正常结束。

3.5 判断闰年问题

问题描述：

键盘输入一个年份，判断该年份是否是闰年。

输入样例：

```
Enter a year:2019
```

输出样例：

```
2019 is not a leap year
```

问题分析：

首先要知道闰年的基本规则：“四年一闰；百年不闰，四百年再闰”。即判断某年是不是闰年就是要判断“某年能被 4 整除但不能被 100 整除或者能被 4 整除又能被 400 整除”是否成立。这个条件是比较复杂的，如何用这个条件进行逻辑判断呢？如果设当前年份是 year，大家不难分别写出“year 能被 4 整除”“year 能被 400 整除”以及“year 不能被 100 整除”等条件，这些条件单独为真不能说明某年是不是闰年，而是下面两种组合条件有一个为真时才能

判断该年是闰年：

① “year能被4整除”并且“year不能被100整除”；

② “year能被4整除”并且“year能被400整除”。

你能用单分支的if结构或双分支的if-else结构实现这个判断吗？试试看！现在用一个简单的if语句或if-else语句实现是不太可能的，必须用多个if或if-else才能把判断闰年的条件表达出来，具体实现留给读者。Python提供了另一类运算：逻辑运算，专门来表达具有“并且”“或者”含义的比较复杂的逻辑判断条件，详细介绍见3.5.1节。

算法设计：

① 输入年份year。

② 如果“year能被4整除”并且“year不能被100整除”或者“year能被4整除”并且“year能被400整除”输出是闰年。

③ 否则，输出不是闰年。

程序清单3.12

```
1   #@File: leapyear.py
2   #@Software: PyCharm
3
4   #leapYear.py
5   year = eval(input("Enter a year:"))
6   #简单的逻辑运算组合实现复杂的条件
7   isLeapYear = year%4==0 and year%100!=0 or year%4==0 and year%400==0
8   print("%d is a leap year" %year if isLeapYear else \
          "%d is not a leap year"%year)
9   #利用逻辑与和或的短路性:四年一闰的条件放在最前面,如果它为假,逻辑与必为假
10  #如果逻辑与为假(能被4整除也能被100整除或者不能被4整除),要进一步判断是否能被
    #400整除
11  isLeapYear = year%4==0 and year%100!=0 or year%400==0
12  print("%d is a leap year" %year if isLeapYear else \
          "%d is not a leap year"%year)
```

3.5.1　逻辑运算

逻辑(布尔)运算是Python提供的另一类运算，它包括**逻辑与**(and)，**逻辑或**(or)和**逻辑非**(**not**)。前两个是双目运算，后一个是单目运算，它们的操作数可以是任何值为逻辑真或逻辑假的表达式，也可以直接是任何值为非零的表达式作为逻辑真，或者任何值为0的表达式作为逻辑假。含有逻辑运算的表达式称为**逻辑表达式**。下面讨论一下逻辑运算的具体计算规则。

1. “逻辑与”运算

“逻辑与”运算的运算规则是：只有两个表达式的值均为逻辑真，这两个表达式的“逻辑与”才为真。有一个表达式的值为假，两个表达式的“逻辑与”必为假。逻辑与运算的这种特征可以用真值表表达，如表3.2所示。

表 3.2 “逻辑与”运算的真值表

p1	p2	p1 and p2
True	True	True
True	False	False
False	True	False
False	False	False

假设 grade 的值是 85,下面的逻辑表达式

```
(grade >=80) and ( grade <90)
```

是真还是假?因为 grade >= 80 和 grade < 90 都为真,所以结果为真。如果 grade 为 95 或者 75,上式的结果必为假。有了“逻辑与”运算之后就知道为什么

```
80 <=grade <90
```

是表达介于 80 和 90 之间的判断条件了。

2. “逻辑或”运算

“逻辑或”运算的运算规则是:如果两个表达式的值至少有一个为真,那么这两个表达式的“逻辑或”就为真。“逻辑或”运算的这种特征也可以用真值表表达,如表 3.3 所示。

表 3.3 “逻辑或”运算的真值表

p1	p2	p1 or p2
True	True	True
True	False	True
False	True	True
False	False	False

假设一门课的成绩包含实验课和理论课两部分的成绩,实验课的成绩用 grade1 表示,理论课的成绩用 grade2 表示,现在规定,这门课是否重修的条件是实验课或理论课有一个不及格者要重修。用逻辑表达式表示就是

```
( grade1 <60 ) or ( grade2 <60 )
```

3. “逻辑非”运算

“逻辑非”运算的运算规则是:如果一个表达式的值为假,那么这个表达式的“逻辑非”就为真,反之为假。“逻辑非”运算的真值表如图 3.4 所示。

表 3.4 “逻辑非”运算的真值表

p	not p
True	False
False	True

例如，逻辑表达式

```
not ( grade >=90 )
```

如果现在 grade 是 80，即 grade >= 90 为假，所以取 not 后为真；如果 grade 是 98，即 grade >=90 为真，所以取 not 后为假。

3.5.2　逻辑运算的优先级和短路性

在一个逻辑表达式中可以使用多个逻辑运算，因此逻辑表达式可以表示很复杂的判断条件。在一个逻辑表达式中可能有多个相同或不同的逻辑运算，可能还有逻辑运算以外的运算构成逻辑运算的操作数，如算术表达式、关系表达式等，因此必须清楚逻辑运算的优先级和结合性。逻辑非运算是单目运算，它的优先级较高，同单目的+、-运算同级，逻辑与运算的优先级高于逻辑或运算，而逻辑与的优先级又低于关系运算，因此我们可以把

```
(grade >=80) and ( grade <90)
```

简写成

```
grade >=80 and grade <90
```

而

```
(grade1 <60) or (grade2 <60 )
```

可以简写成

```
grade1 <60 or grade2 <60,
```

但是

```
not ( grade >=90 )
```

不能写成

```
not grade >=90,
```

因为逻辑非的优先级高于关系运算。到现在为止的各种运算可归纳为表 3.5。

表 3.5　运算的优先级和结合性（优先级从高到低）（扩展）

运　算　符	含　　义	结　合　性
( )	括号	最近的括号配对
+，-，not	单目运算，取正、负、逻辑非	自右向左
*，/，%	双目运算，乘、除、求余	从左向右
+，-	双目运算，加、减	从左向右
>，<，>=，<=	双目运算，比较大小	从左向右
==，!=	双目运算，判断是否相等	从左向右
and	双目运算，逻辑与	从左向右

续表

运 算 符	含 义	结 合 性
or	双目运算,逻辑或	从左向右
if else	三目运算,条件运算	自右向左
=	双目运算,赋值	自右向左

逻辑表达式的计算其实质就是逻辑真、逻辑假的计算,也就是 0、1 的计算。这类计算有一个非常特别的特点,含“逻辑与”运算的表达式,**从左至右计算**,遇到 0 就不用再向右计算了,因为这时逻辑表达式的值必为假,只有都是真的时候向右计算才有意义。同样,由“逻辑或”构成的逻辑表达式也是从左向右计算,如果遇到有一个操作数的表达式的值是 1 就不用再向右计算了,因为这时整个逻辑表达式的值必为真。这种现象称为逻辑表达式具有**短路性**,利用这个特点可以减少很多无用的计算,避免一些不该产生的错误结果。如

```
( i !=0 ) and (j / i >0 )
```

这是一个逻辑与表达式,如果 i != 0 为假,整个逻辑表达式必为假,就不用计算(j/i > 0)的真假,不然将导致零作分母的错误。Python 解释器就是这样处理逻辑表达式的。这也启示我们在使用运算符 and 的表达式中,应该把最可能假的条件放在最左边,在使用运算符 or 的表达式中把最可能真的条件放在最左边,以加快程序的执行。

有了逻辑运算,判断闰年的逻辑表达式可以写成如下的形式,

```
(year %4 == 0 and year %100 !=0) or  year %400 == 0
```

这里利用了短路性,使得表达式的逻辑或运算后面的表达式可以省略一个 year % 4 == 0。当然还可以写出其他的等价形式,完整的程序见程序清单 3.12。

作为练习,大家可以尝试用逻辑表达式作为判断条件重新实现把学生按成绩分组的问题。实现之后可以与其他实现方法做个比较。

还有一点需要注意,如果非 0 和非 1 的数值做 and 和 or 运算,其结果也是非 0 非 1 的值而不是逻辑值,而且同样是遵循从左至右的规则,例如:

```
>>>2 and 3
3
>>>3 and -2
-2
```

```
>>>3 or 2
3
>>>2 or 3
2
```

可以看出逻辑与运算 and,从左向右取最后一个为真的值,而逻辑或运算 or 从左向右取第一个为真的值,这也与短路性特征一致。但是如果强行用 bool 类型转换之后,结果就是 True 了,例如

```
>>>bool(2) and bool(3)
True
```

实际就是 True and True 的结果。

3.6 判断点的位置

问题描述：

以绘图窗口的原点为圆心，绘制一个半径为 100 的圆，对于键盘输入的两个位于圆内部或外部的点坐标，画出点，同时在点的旁边加一个标注，显示它是在圆内还是圆外。

输入样例 1：

```
50,50
```

输出样例 1：

```
运行结果图如图 3.9 所示
```

输入样例 2：

```
-100,-80
```

输出样例 2：

```
运行结果图如图 3.9 所示
```

问题分析：

本问题需要在图形环境中交互操作，首先要绘制一个圆，圆心位置为(0,0)，海龟初始状态也在圆心，但海龟绘图的起点是在圆周上，因此要移动海龟半径那么长的距离，然后用 turtle 的 circle 函数绘制。移动海龟之前，一定要抬起画笔，可以用 goto 语句直接到达指定位置，如(0,−100)。然后输入点坐标，绘制它，并计算它是否在圆内，显示相关的信息。

算法设计：

① 让海龟移动到(0,−100)。

② 画半径为 100 的圆。

③ 键盘输入点的坐标，计算它到圆心的距离 d。

④ 如果 d<100，则在给点附近显示它在圆内的信息。

⑤ 否则显示它不在圆的内部。

程序清单 3.13

```
1   #@File: pointincircle.py
2   #@Software: PyCharm
3
4   import turtle as t
5   t.setup(600,300)
6
7   t.up()
8   t.goto(0, -100)
9   t.down()
10  t.circle(100)                          #圆心在(0,0)
11
12  x,y = eval(input("What is your point(x,y)?"))
13
```

```
14 t.up()
15 t.goto(x,y)
16 t.down()
17
18 t.begin_fill()
19 t.color('blue')
20 t.circle(6)
21 t.end_fill()
22
23 d = int((x * x +y * y ) ** 0.5 )
24 print(d)
25 t.up()
26 t.goto(-100,-110)
27
28 if d <=100 :
29     t.write("The point (%d, %d) is in circle" %(x,y),font=(24))
30 else:
31     t.write("The point (%d, %d) is not in circle" %(x,y),font=(24))
32
33 t.hideturtle()
34 t.mainloop()                          #等待关闭图形窗口
```

注意这里采用了下面的导入语句

```
import turtle as t
```

它是导入库的同时给它起了一个比较短的别名以简化输入。

第 18～21 行绘制圆点的代码可以用下面一句简化：

```
t.dot(6,'blue')
```

注意：如果是在 Pycharm 环境下运行程序，绘制完成后仍然会有？号出现，如果是在终端运行正常。

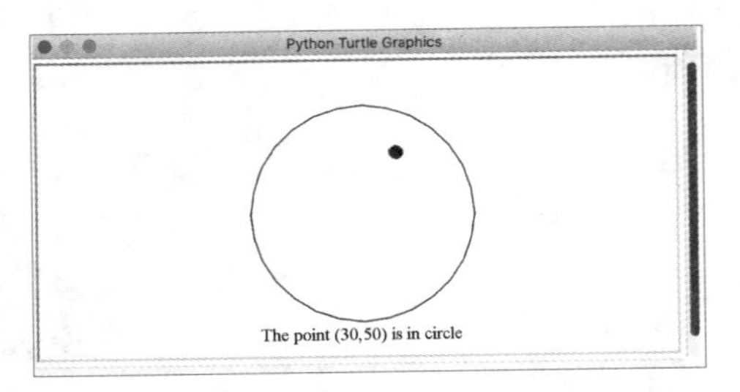

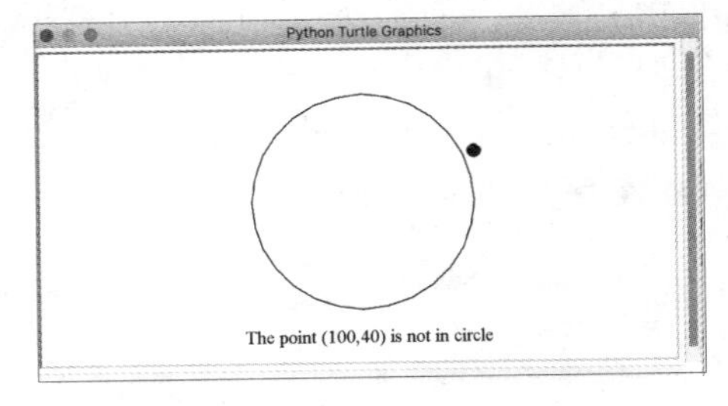

图 3.9　判断一个点是否在圆内

小结

本章解决的问题增加了一点智能性，也就是说，问题的求解程序要能够针对问题中原始数据或中间结果所处的状态，选择不同的数据处理方法进行处理。这样的程序具有某种逻辑判断能力，即问题的求解程序，有点像人脑，具有了一定程度上的“思维”能力。本章详细讨论了这种思维能力表达方法。在Python语言中,可以用各种形式的表达式表示具有逻辑真假值的判断条件。可以作为逻辑判断条件的,在形式上是多种多样的,如算术表达式、关系表达式和逻辑表达式均可以作为逻辑判断条件,字符型数据也可以进行比较。衡量的标准是非常简单的,就是根据表达式值来判断条件的真假,任何非0值均为逻辑真,只有值为0时才为逻辑假。根据逻辑条件的真假,Python提供了单分支、双分支和多分支的选择结构来表达逻辑判断。Python还允许对选择结构进行嵌套以表达比较复杂的逻辑判断问题。

你学到了什么

为了确保读者已经理解本章内容,请试着回答以下问题。如果在解答过程中遇到了困难,请回顾本章相关内容。

1. 什么是关系运算?什么是关系表达式?
2. 什么是逻辑运算?什么是逻辑表达式?
3. 可用作逻辑判断条件的是什么?算术表达式可以作为判断条件吗?
4. Python语言程序是怎样进行逻辑判断的?
5. 单分支选择结构与双分支选择结构有什么不同?
6. 如何进行比较复杂的逻辑判断?
7. 选择结构的嵌套与多分支选择结构有什么不同?
8. Python中的字符对象怎么表达?字符串呢?
9. 字符数据怎么输入输出?
10. 内置函数ord和chr怎么用?
11. 内置模块sys.stdin.readline与input函数有什么不同?

程序练习题

1. 奇偶判断

问题描述:

从键盘输入一个整数,判断它是奇数还是偶数,如果是奇数输出1,否则输出0。

输入样例:

```
5
```

输出样例:

```
1
```

2. 求两个整数的最大值

问题描述:

从键盘输入两个整数,求它们的最大值。

输入样例:

```
2 3
```

输出样例:

```
3
```

3. 比较两个整数的大小

问题描述:

从键盘输入两个整数,判断它们的大小,给出它们的所有可能的大小关系。

输入样例：

```
2 3
```

输出样例：

```
2<3
2<=3
2!=3
```

4. 分段函数求值

问题描述：

设有一个分段函数，x>0 时，y = 1－x； x = 0 时，y = 2； x < 0 时，y = (1－x) 的平方。写一个程序，对任意 x 的值求函数 y 的值。

输入样例：

```
1
```

输出样例：

```
0
```

5. 回文判断

问题描述：

从键盘输入一个 5 位整数，判断它的各位是否构成回文，如 12321 构成回文，12345 不构成回文。如果构成回文输出 1，否则输出 0。

输入样例：

```
12321
```

输出样例：

```
1
```

6. 字符判断

问题描述：

从键盘输入一个字符，判断它是数字字符还是大写英文字符或小写英文字符或是空格或者其他字符，如果是数字字符输出 N，如果是大写英文字符输出 U，如果是小写英文字符输出 L，空格输出 S，其他字符输出 O。提示字符属于哪一类可以直接比较，也可以用字符的 ASCII 码判断，例如大写字符是介于'A'和'Z'之间，或者是介于 65 和 90 之间，仔细查看字符的 ASCII 码表

输入样例：

```
5
```

输出样例：

```
N
```

7. 计算一个整数的位数

问题描述：

从键盘输入一个不超过 4 位数的正整数，计算它是几位数的整数。

输入样例：

```
32
```

输出样例：

```
2
```

8. 选择时间段

问题描述：

设有如下的时间表

```
** Time table **
1   morning
2   afternoon
```

```
3  night
********
```

如果用户输入1,则显示“Good morning!”,输入2,则显示“Good afternoon!”,输入3则显示“Good night!”,如果输入了非1,2,3,则显示“Selection error!”。提示,先用输出函数输出时间表,再从键盘读用户的输入,根据输入的值不同,用if-elif语句输出不同的反馈信息。

输入样例:

```
1
```

输出样例:

```
** Time table **
1 morning
2 afternoon
3 night
********
Good morning!
```

9. 求3个整数的最大值

问题描述:

从键盘输入3个整数,求它们的最大值,输出结果.

输入样例:

```
1 2 3
```

输出样例:

```
3
```

10. 3个整数排序

问题描述:

从键盘输入3个整数,把它们按照从小到大的顺序打印出来。

输入样例:

```
3 1 2
```

输出样例:

```
1 2 3
```

11. 求一元二次方程的根

问题描述:

写一个程序,键盘输入一元二次方程的3个系数a,b,c,计算根的判别式delta,如果delta大于或等于零,输出对应的实根,保留两位小数,否则输出“没有实根”。

输入样列1:

```
1 2 3
```

输出样例1:

```
没有实根
```

输入样例2:

```
1 8 2
```

输出样例2:

```
x1 = -0.26
x2 = -7.74
```

12. 十六进制的数字转换为十六进制数

问题描述:

从键盘输入数字0~15,显示它们对应的十六进制数。

输入样例 1：

```
10
```

输出样例 1：

```
A
```

输入样例 2：

```
1
```

输出样例 2：

```
1
```

13. 判断点是否在矩形内

问题描述：

使用 turtle 绘制一个 400×300 的矩形，然后输入一个点的坐标，判断它是在矩形内还是矩形外，在绘图窗口中的底部绘制点和相应的判断信息，运行结果如图 3.10 所示。

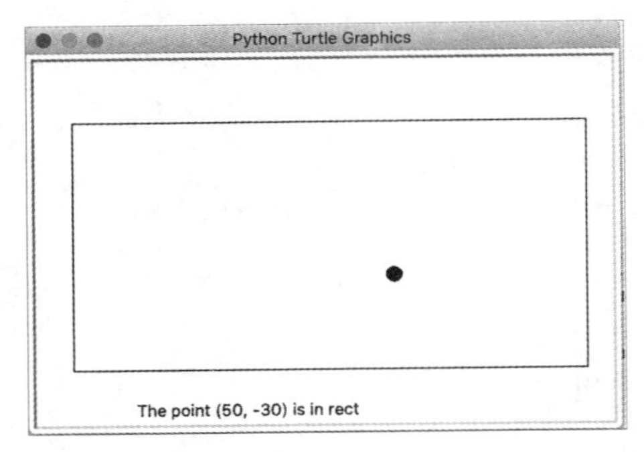

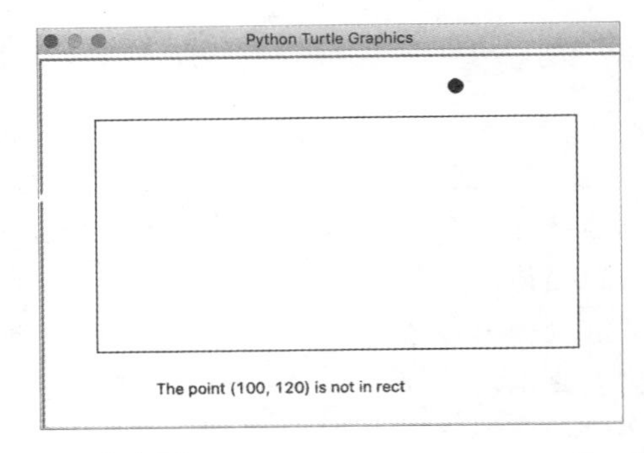

图 3.10　习题 13 的参考图

项目设计

1. 石头剪刀布游戏模拟问题

问题描述：

写一个程序模拟两个人玩“石头、剪刀、布”游戏。游戏规则为石头胜过剪刀，剪刀胜过布，布胜过石头，如果两个人同时说出“石头、剪刀、布”当中的任意一个，则两个人平。

2. 爱因斯坦阶梯问题

问题描述：曾经出过这样一道题，他说，有一个长阶梯，若每步上 2 阶最后余 1 阶，若每步上 3 阶最后余 2 阶，若每步上 5 阶最后余 4 阶，若每步上 6 阶最后余 5 阶，只有每步上 7 阶，最后刚好一阶也不剩，问这个长阶梯有多少个阶。编个程序算一算。

实验指导

CHAPTER 第4章 重复与迭代——循环程序设计

学习目标：

- 理解自顶向下、逐步求精的思想。
- 掌握循环结构的三要素。
- 掌握控制循环的方法：计数器控制、标记控制、迭代条件控制等。
- 熟悉循环结构 while、for 的使用。
- 学会用多重循环。

重复现象在现实生活中可以说无处不在。一年四季，春夏秋冬，周而复始；茫茫大海，潮起潮落，天天如此；很多生产流水线，每时每刻都在反复做着同样的事情。很多问题的求解可以通过多次重复找到答案。重复似乎很乏味，但重复给人以希望，重复可以从头再来，重复可以绚丽多彩。很难想象世界要是没有了重复该会变成什么样。在前面的问题求解过程中，我们为了丰富求解过程，已经反复使用了重复。如果没有重复，计算机每次只能处理一个数据或一组数据，要想处理更多的数据，还要再次运行，实在太麻烦了，实际上那样的程序用途也不大。有了重复，程序就显得非常灵活，得心应手。如小学生算术练习，做了一次再做一次。学生按成绩分组和统计，处理了一个同学的成绩之后马上就迎来了下一个学生成绩。本章将系统地讨论重复问题如何用 Python 程序描述。计算机的特点是运算速度快，精度高，不怕重复。如何用“重复”这一利器解决现实问题是本章的核心。

本章要解决的问题是：

- 打印规则图形；
- 自然数求和与阶乘计算；
- 学生成绩管理；
- 计算 2 的算术平方根；
- 打印九九乘法表；
- 判断一个数是否是素数；
- 猜数游戏模拟。

4.1 打印规则图形

问题描述：

写一个程序，从键盘输入读一个行数 m，使用星号字符打印一个 m 行 20 列的矩形图案。

输入输出样例：

```
Enter rows: 5
********************
********************
********************
********************
********************
```

问题分析：

对于上面的运行样例，从输出的图案能发现其中包含什么“重复”在内吗？如果能确定重复的对象，就应该能确定要重复多少次了，进一步就应该知道什么时候终止重复、完成任务。

如果大家认为重复做的事情是执行下面的输出语句

```
print("********************");
```

那么，就肯定知道要重复的次数是 5。对应的程序该是什么样的呢？有的人可能很快给出答案，把要重复执行的输出语句写 5 行，这似乎是一个正确的答案，但如果问题中的图案有 100 行甚至 1000 行、10000 行呢？显然此方法不太合适。也就是说直接书写重复的内容若干次不是控制重复的好方法。Python 语言提供了**循环结构**来表达这种重复问题(**事先知道重复多少次**)。在这种循环结构中能把

- 重复要做的事情
- 重复多少次
- 如何控制重复终止

这三要素充分表达出来，其中控制重复的次数是解决重复问题的关键。设问题中要重复 5 次，如何知道什么时候达到了这个重复次数呢？显然，如果每重复一次计数一次，重复了 5 次之后就计数到了 5，这就不应该再重复了。也就是说，在程序中应该有一个能计数的工具——计数器，程序在每次重复之后检查计数器是多少，控制重复是否进行。

算法设计：

① 计数器 counter 初始化为 0。

② 键盘输入星号的行数 m。

③ 如果 counter ＜ 循环次数 m，则执行④，否则循环结束。

④ 输出一行********************。

⑤ 计数器 counter 增加 1，转到③。

程序清单 4.1

```
1   #@File: printRectbyloop.py
2   #@Software: PyCharm
3
4   num = eval(input("Enter rows:"))
5   counter = 0
```

```
6   while counter <num:
7       print("*********************")
8       counter += 1
```

接下来介绍计数控制的 while 循环。

通过计数的方式控制重复的次数是最直接的方法了。怎么样让计算机计数呢？方法很简单，就是定义一个整型变量，用这个变量来充当计数的工具，设变量为

```
counter = 0
```

用这个变量计数的过程如下：

counter 必须先初始化为 0(当然也可以不从 0 开始)。然后每重复做完一次要做的事情，变量 counter 加 1 即可，即 counter = counter + 1。这样做 10 次之后，counter 的值就应该是 9(注意它是从 0 开始的)。不管什么时候，只要查看一下 counter 变量的当前值，就知道已经重复了几次了。通常把能够计数的变量称为计数器。假设一个问题要重复的次数是 10，那么用计数器控制重复是否继续进行，就是要判断条件

```
counter <10
```

是否为真，如果它为真，说明重复的次数还没有超过 10 次，就要继续重复做某件事，否则说明重复的次数已经达到了 10 次，就会停止重复。这样就通过计数的方式达到了控制重复是否再进行的目的了。

Python 提供了可以表达这种重复过程的循环结构 while 和 for，先学习 while 循环结构。本节的问题对应的 while 结构可以通过计数控制，可以把这类问题抽象成下面的模型：

```
计数器初始化
while 计数器<重复次数:
    重复执行一些语句   ⎫
        …              ⎬ 循环体
    计数器更新(计数)   ⎭
其他语句
```

计数控制的 while 循环对应的流程图如图 4.1 所示。不难发现，计数控制的 while 循环结构包含三个重要的组成部分：

- 计数器初始化；
- 循环条件；
- 计数器更新。

它们缺少一个或有一个不正确，都要给循环带来不正常或错误的结果。如果计数器没有初始化，循环次数可能出错；如果计数器不能更新，循环条件可能就不会发生变化，因此就会造成**无限循环**(**循环条件永远为真**)；循环条件要是不正确就更不能得到预期的结果。通常把 while 的条件为真时执行的所有语句叫作**循环体**。控制循环的计数器变量也称为**循环控制变量**。程序清单 4.1 中的第 5～8 行就是一个计数控制的 while 循环。

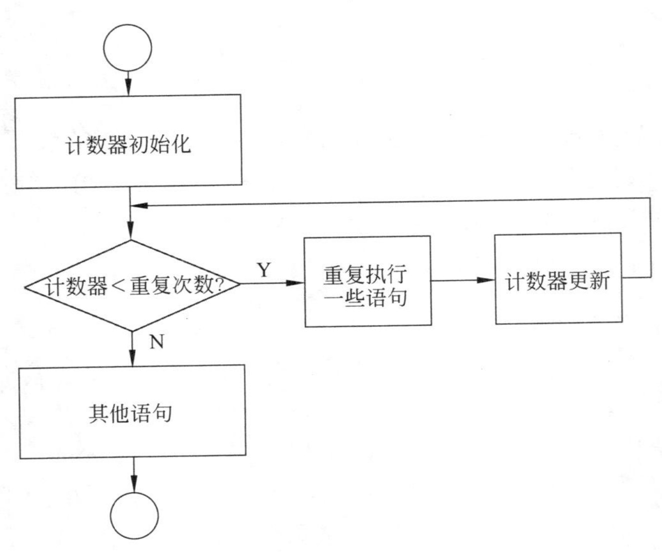

图 4.1 计数控制的循环

思考题：

① 如果计数器初始化为 1,循环的另外两个要素是否要做相应的变化？怎么变化？

② 如果重复的不是一行 * 号,而是一个 * 号可以吗？

③ 回头看看我们曾经用过的“while True:”循环,它符合现在的 while 循环结构吗？

4.2 自然数求和

问题描述：

写一个程序,输入一个自然数,计算这个数以内的自然数之和。

输入样例：

```
100
```

输出样例：

```
5050
```

问题分析：

对于输入 100,求 100 以内的自然求和,有的同学可能马上写出下面的答案：

```
print("%d" %( 1 +2 +3 +… +100))
```

或者定义一个求和变量 s,

```
s = 1 +2 +3 +… +100
print("%d"%s)
```

遗憾的是,Python 语言中没有省略运算,因此这样做显然都是错误的。

既然没有省略号,有的同学可能会想,完整地写出 100 个数求和的算式可以吗？当然可以,但是当数据量比较大的时候就有困难了,因此不是我们要用的方法。

可能有的同学又突然想起了曾经学过的等差数列前 n 项和公式：

```
s =(1 +100) * 100/2
```

这是很不错的方法。但是如果不知道有这样的求和公式该怎么办呢？**最朴素的思想就是一个一个累加**。先算出一个自然数的和，再算出 2 个自然数的和，依此类推，**经过 100 次重复**，就算出了 100 以内的自然数之和。如果用 s 表示累加求和的结果，它的初始值清空为 0，100 个自然数累加求和的过程为

$$s=s+i \quad i=1,2,3,\cdots,100$$

这个过程是一个重复的过程，这个重复跟 4.1 节的重复问题有点不同。现在重复做的动作虽然都是累加求和，但要累加的数 i 是变化的。这里 i 起到两个作用，一是每次要累加到 s 中的自然数就是 i，二是作为一个控制循环的计数器，即这个循环仍为计数控制的循环。累加求和变量 s 通常称为**累加器**。累加过程中的 s 左右两端的含义不同，右端的 s 是累加到 i－1 的结果，而左端的 s 是将要累加到 i 的结果。式子 s＝s＋i 有迭代累加的含义。至此不难写出下面的求解算法。

算法设计：

① 计数器和累加器初始化为 0。

② 键盘输入一个自然数 n。

③ 如果计数器的值小于或等于重复的次数 n，执行④，否则执行⑦。

④ 迭代累加 s ＝ s ＋ i。

⑤ 计算器加 1。

⑥ 回到③。

⑦ 输出计算结果。

程序清单 4.2

```
1  #@File: sumNaturalNumbers.py
2  #@Software: PyCharm
3  s,k = 0,1                              #累加器和计数器初始化
4  n = eval(input())
5  while k <=n:
6      s += k
7      k += 1
8  print(s)
```

4.2.1　迭代与赋值

数学上，有很多有规律的数据序列，它们的相邻两项彼此存在某种**迭代关系**，后一项可以用前一项计算出来。例如等差数列，假如公差是 2，A_0是 1，则第 k＋1 项与第 k 项之间的关系是 $A_{k+1}=A_k+2(k=0,1,2,\cdots)$，即把 A_k的值代入该关系式即可算出 A_{k+1}。如果要计算第 100 项，只需重复 99 次迭代计算即可。这种迭代关系，在 Python 程序设计中用赋值语句表示最为恰当。设变量 a 赋以 A_0的值，那么 $A_{k+1}(k=0,1,2,\cdots)$的值同样用 a 存放，即 a ＝ a ＋ 2，把这个迭代赋值重复 99 次即得到该序列的第 100 项。迭代重复是一类典型的重复问题，程序清单 4.2 的累加求自然数的和就是这样的过程：

$$s=s+i$$

i 从 1 到 100，循环条件是 i＜＝100，累加器 s 初始化为 0。而 i 既是要累加的加数，也是计数

器和循环控制变量。下面再看两个例子。

【例 4.1】 写一个程序计算 10!。

10 的阶乘计算与自然数求和类似。不同的是现在需要累乘，如果变量 product 初始化为 1，则下面的累乘

$$product = product * i$$

反复进行 10 次，即可得到最终的结果，其中计数器 i 的初始值为 1(i 的初始值为 2 可以吗?)与求和类似，这里 i 不仅作为计数器来通过循环条件来控制循环结构，还是每次累乘的一部分。注意：累乘变量 product 的初始值必须为 1(product 的初始值为 0 会怎样呢?)。完整的实现代码见程序清单 4.3。

程序清单 4.3

```
1   #@File: factorial.py
2   #@Software: PyCharm
3
4   fact = i = 1
5   n = eval(input())
6   while i <=n:
7       fact *=i
8       i += 1
9   print(fact)
```

运行测试：

```
50   #输入
30414093201713378043612608166064768844377641568960512000000000000
```

如果运行上面的程序就会发现，50 的阶乘，100 的阶乘都会立即得到结果，对 Python 来说都不成问题，因为 Python 的整数不限制大小的。

【例 4.2】 计算某个斐波那契数。

斐波那契(Fibonacci)数列是这样定义的：

1,1,2,3,5,8,13,21,34,55,89,…

它以 1,1 开头，从第 3 项开始，每项都是前两项之和。设 f1 表示一个已经求得的斐波那契数，初始值为 1；f2 表示另一个相邻的斐波那契数，初始值为 1，f 表示 f1 与 f2 之和，是一个后继的斐波那契数。重复这个过程就可以求得任意一个斐波那契数，这显然也是一个迭代重复的过程，描述如下：

初始序列： f1, f2

迭代关系： f = f1 + f2 =>f1, f2, f

变更角色 f1, f2 即 f1 = f2,f2 = f

下面是计算某个斐波那契数的求解算法：

① f1 初始化为 1，f2 初始化为 1，计数器 i 初始化为 2

② 如果 i<=12

  ⅰ. f = f1 + f2

  ⅱ. f1 = f2 //把现在的 f2 作为下一次求和的 f1

ⅲ. f2 = f　　　　　//把刚刚求得的那个 Fibonacci 数 f 作为下一次计算的 f^2

ⅳ. 计数器 i 加 1。

ⅴ. 回到②

③ 否则输出计算结果 f。

程序清单 4.4

```
1   #@File: fibonacci.py
2   #@Software: PyCharm
3
4   f1,f2=1,1
5   n = eval(input("Which fibonacci number do you want? "))
6   i = 2
7   while i <n:                                 #每次循环求一个新的 Fibonacci 数
8       f = f1 +f2
9       f1 = f2                                 #把现在的 f2 作为下一次求和的 f1
10      f2 = f
11      i += 1
12  print("the %dth fibonacci number is %d"%(i+1,f2))
```

运行测试：

```
Which fibonacci number do you want? 10
The 10th fibonacci number is 55
```

上面这种求解算法使用了 3 个变量表示斐波那契数，也可以像前面累加求和与累乘求阶乘中那样充分利用赋值语句的特点，使用 2 个变量表示斐波那契数，具体迭代过程如下：

```
初始序列 f1, f
迭代关系 f1=f1 +f =>f1, f, f1   //原 f1 的值被覆盖,f 成为第 1 个数,f1 是第 2 个数
        f = f +f1 =>f,  f1, f   //f 的值被覆盖,f1 成为第 1 个数,f 是第 2 个数
```

注意：这里重复迭代是两个赋值语句交替进行，**每次求出两个斐波那契数**。完整的实现代码大家可以自己尝试一下。

思考题：程序清单 4.3 和 4.4 中的计数器为什么要从 1 开始？如果在循环结束后输出计数器的值应该是多少？

4.2.2 更多的赋值运算

1. 复合赋值

迭代累加或累乘计算有共同的特点，就是赋值语句左右两端有同名的变量，这种形式会经常出现，为了简单起见，Python 专门提供了一些特别的算术赋值运算，以简化迭代计算的形式，这些运算有 +=、-=、*=、/=、//=、**=和 %=，它们都是双目运算，称为**复合赋值运算**，或者称为**增强赋值运算**。例如，

```
>>>a=10
>>>a -=5  #它与 a = a -5 完全等效
>>>a += 5  #它与 a = a +5 完全等效
```

类似的还有 a *= 5,a /= 5,a//=5, a **= 5 和 a %= 5 等。注意这里的**是幂运算。要特别注意这类运算符号是两个符号连在一起表示一种运算,中间不可加空格。还有几个跟位运算相关的复合赋值运算详见第 10 章的位运算。

2. 同步赋值

Python 还支持一种赋值运算叫作同步或同时赋值(simultaneous assign)。这种赋值语句在赋值运算符的左侧允许有逗号隔开的多个变量同时被赋值,但右侧必须有相同数量的值与左侧变量相对应,这样它们才能分别同时赋值给左侧的变量。例如:

```
>>>a,b=1,2
>>>a,b
(1,2)
```

注意,赋值运算符左右两侧必须对称,数量相等,即右侧的赋值对象不能少也不能多。右侧的赋值对象形式可以多种多样,只要有值就可以,可以是各种表达式。例如:

```
>>>x,y=float(format(2/3,"3.2f")), 2**3
(0.67,8)
>>>a,b=b,a
>>>a,b
(2,1)
```

容易发现,当右侧的赋值对象与左侧交叉对称的时候,同时赋值的结果是左侧两个变量的值发生了交换。这一特征使得交换两个变量的值变得非常容易,不然,一定要有一个临时变量帮助才可以实现交互,即:

```
>>>t=a
>>>a=b
>>>b=t
```

这是一个轮换的过程。我们可以使用同时赋值这种特别效果,重写一下 Fibonacci 数的实现程序,具体代码如下:

程序清单 4.5

```
1   #@File: fibonacci2.py
2   #@Software: PyCharm
3
4   f1,f2 = 1,1
5   n = eval(input("Which fibonacci number do you want? "))
6   i = 2
7   while i <n:                              #每次循环求一个新的 Fibonacci 数
8       f1,f2 = f2,f1 +f2                    #算法第 2 步
9       i += 1
10  print("the %dth fibonacci number is %d"%(i+1,f2))
```

4.2.3 for 循环

重复次数事先可以确定的问题有很多,Python 提供了 for 循环使得这类问题的循环结

构描述更加简洁。我们可以把 while 计数控制的循环用下面 for 循环表达

```
for i in range():
    循环体
```

还可以把它更加一般化

```
for 变量 in 序列:
    循环体
```

在这个结构中实际上包含了 while 循环的三要素：计数器初始化、计数器更新和循环的条件，只不过它们有时不是那么明显而已。使用 range 函数给出一个整数序列的范围，范围的下界就是控制变量的初始值，由于序列是依次排列的，所以循环结构会自动取下一个元素，这就是计数器更新。而循环条件就是 i 是否在序列范围内，或者说是不是 i<终值。

下面把前面用 while 循环实现的代码转换为 for 循环结构。例如，100 以内的自然数之和的 for 循环如下：

```
>>>s=0
>>>for i in range(1,101):     #i=0 开始,i<101
>>>        s += i
```

for 语句的执行过程同 while 语句的执行过程是完全一致的。首先 i 初始化为 1，1 在给定的范围之内，执行累加，第一次循环结束。i 取下一个值 2，再累加，一直到 i=100，累加，在这个过程中隐含着判断条件 i < 101 是否为真的判断，如果为真，才能执行循环体。

函数 range 实际上创建了一个 range 对象。range 对象是一个整数序列，是一个可迭代对象，即可以逐个进行访问。range 函数的定义如下：

(1) range(stop)；

(2) range(start, stop[, step])。

第(1)种形式只有一个参数，它代表的整数序列的范围是[0, stop)内的每一个整数。第(2)种形式有 3 个参数，其中第 3 个参数可以省略，它代表的范围是[start, stop]区间内的间隔为 step 的整数，如果省略了 step，则 step 为 1。步长可正可负，当步长为正时，整数的范围是从小到大，否则就是从大到小。下面举例说明。

【例 4.3】 100 以内的偶数相加。

```
>>>s=0
>>>for i in range(0,101,2):      #这里的 step 是 2
>>>        s += i
```

【例 4.4】 从 100 开始加到 1。

```
>>>s=0
>>>for i in range(100,0,-1):     #注意这里的 step 是-1
>>>        s += i
```

【例 4.5】 100 以内的自然数相加。

```
>>s=0
```

```
>>>for i in range(101):          #只有 stop 参数,初始值和步长都默认为 1
>>>        s += i
```

【例 4.6】 分析下面(1)、(2)两个程序片段,哪个能实现打印 0 到 2 * pi 之间所有间隔 10°的正弦值? 或者说哪个能实现得更好。

(1) 以 float 型的变量 x 作为循环控制变量,求每隔 10°的正弦值。

程序清单 4.6

```
#@File:Sinvalue.py
#@Software:PyCharm
1  import math
2  delt10 = 10 * math.pi / 180
3  x = 0.0
4  while x <2* math.pi:
5      y = math.sin(x)
6      n = int(x * 180/math.pi)          #弧度-->度
7      print("%d : %f" %(n,y))
8      x += delt10
```

运行结果:

```
0 : 0.000000
10 : 0.173648
20 : 0.342020
29 : 0.500000
40 : 0.642788
50 : 0.766044
59 : 0.866025
70 : 0.939693
80 : 0.984808
90 : 1.000000
100 : 0.984808
110 : 0.939693
119 : 0.866025
129 : 0.766044
139 : 0.642788
149 : 0.500000
159 : 0.342020
169 : 0.173648
179 : 0.000000
189 : -0.173648
199 : -0.342020
209 : -0.500000
219 : -0.642788
229 : -0.766044
239 : -0.866025
249 : -0.939693
259 : -0.984808
269 : -1.000000
279 : -0.984808
289 : -0.939693
299 : -0.866025
309 : -0.766044
319 : -0.642788
329 : -0.500000
339 : -0.342020
349 : -0.173648
359 : -0.000000
```

从以上结果可以看出,没有完全实现间隔 10°,这是由于 float 数据的精度造成数据有误差。

(2) 以整型变量作为循环控制变量,求每隔 10°的正弦值。

程序清单 4.7

```
#@File:Sinvalue2.py
#@Software:PyCharm
1  import math
2  for k in range(0,361,10):
3      x = k * math.pi/180              #度 -->弧度
4      y=math.sin(x)
5      print("%d : %f" %(k, y))
```

容易验证这个运行结果都是间隔 10°的值,限于篇幅这里省略了。

【例 4.7】 使用 turtle 库绘制一条螺旋线，如图 4.2 所示。

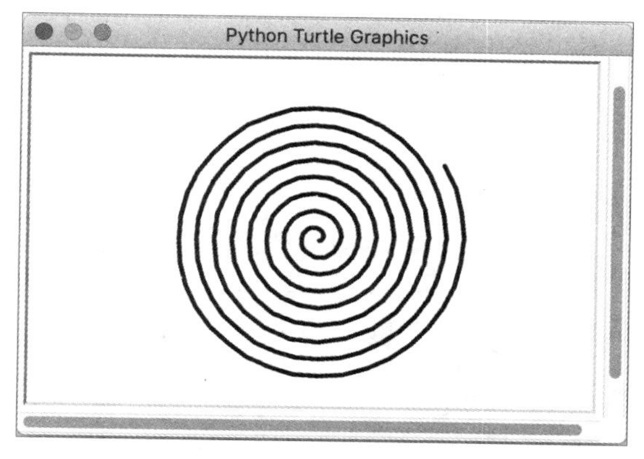

图 4.2　循环使用 turtle 的 circle 函数绘制的螺旋线

你能从中找到重复的东西吗？可以把螺旋线分解成一段一段的圆弧，注意，它们是不完全相同的弧，为了达到逐渐向外延伸的效果，圆弧的半径要逐渐增加一点。圆弧的角度可以相同。具体实现代码如下。

程序清单 4.8

```
1   #@File: spiral.py
2   #@Software: PyCharm
3   import turtle as t
4   k=2
5   t.speed(10)
6   t.pensize(3)
7   for i in range(100):
8       t.circle(k+i,30)
9   t.hideturtle()
10  t.mainloop()
```

其中第 8 行的 circle 函数的半径从 2 开始，每次加一个 i 的值，圆弧的角度均为 30，海龟从中央开始，一直是在画圆弧，重复了 100 次。读者可以尝试使用不同的颜色、不同的半径和不同的圆弧角度。

4.3　简单的学生成绩统计

问题描述：

给教师写一个统计平均成绩的程序，班级人数不限，结果精确到一位小数。

输入样例：

```
Please enter your grade, -1 to finish:
65 65 65 -1
```

输出样例 2：

```
Total = 195
Average = 65.0
```

问题分析：

在数学上，这是一个非常简单的计算问题，只要把全班所有学生的成绩加起来再除以人数即可。但用计算机解决这个问题对于初学者来说就不那么容易了,因为这里的人数是不定的。一般来说,用计算机求解往往是针对一类问题。本问题不针对某一个具体的班级,当程序写好后对任何班级都适用。

求平均成绩关键是累加求和之后,在求平均值的时候要知道人数。如果在写程序的时候知道班级学生人数,这类问题就很容易用计数控制的循环结构来解决。班级人数固定的程序使用起来受到很大的限制,人数不符合的班级就不能使用。如果班级人数不做任何限制程序都能使用,就要在程序运行的时候统计人数,那怎么知道什么时候统计完毕了呢?程序员在程序中可以设置一个特别的信息,称为**标记或哨兵**,当用户需要循环结束的时候,只要输入这个标记就可以离开循环。学习成绩数据一般是大于 0 的整数,因此可以用与成绩数据不同的值-1 作为标记。

算法设计:

① 求和变量和计数变量初始化为 0。

② 输入学生成绩或特殊标记。

③ 如果没输入结束**标记−1** 执行④,否则转到⑥。

④ 统计人数,累加成绩。

⑤ 返回到②。

⑥ 如果学生数不等于 0 执行⑦,否则转到⑧。

⑦ 计算平均值,输出结果。

⑧ 程序结束。

程序清单 4.9

```
#@File:averGrade.py
@Software:PyCharm
1    total = number = 0
2    grade = eval(input("Please enter your grade, -1 to finish"))
3    while grade !=-1 : #-1 作为结束标记
4        total += grade
5        number += 1
6        grade = eval(input("Please enter your grade, -1 to finish"))
7
8    if number !=0 :
9        aver = total / number
10       print("Total = %d"%total)
11       print("Average = %5.1f"%aver))
```

4.3.1 标记控制的 while 循环

标记是一种事先约定的信息,在程序中已经规定好了的。当程序运行时,用户如果输入这个标记信息,循环就结束,如果输入的是需要处理的数据,程序就去执行循环,做需要重复处理的事情。因此,标记控制的 while 结构应该是下面的格式:

```
用户输入信息        //可能是要处理的信息,也可能是标记
while 用户输入的信息不等于标记:
```

　　重复执行一些语句
　　用户输入信息
其他语句

注意，上面这种结构是在 while 之外先有一个用户输入语句，它为 while 的第一次判断提供数据。如果用户第一次就输入了标记，这时判断条件为假，一次循环都不会做。如果第一次输入的数据不是标记，while 的判断条件为真，就进入循环，执行循环体。注意：循环体内最后一个语句还要有一个跟 while 外同样的输入语句，它是为 while 的下一次循环服务的，如果第二次以后的某一次输入了标记，循环判断条件为假，将离开循环，否则就继续循环。标记控制的循环不关心循环多少次，循环次数的多少由用户决定。标记控制的循环流程图如图 4.3 所示。

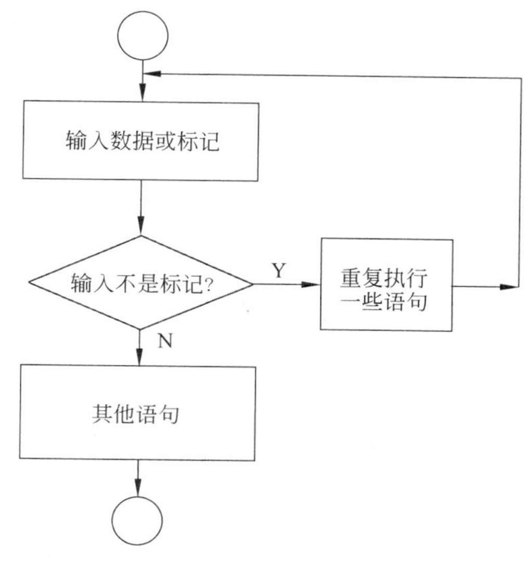

图 4.3　标记控制的循环

求全班学生的平均成绩，一般情况下班级的人数多少不一，因此采用标记控制的循环比较方便。用什么数据作为标记呢？标记数据应该和要处理的数据有明显的不同。成绩一般是 0～100 的整数，所以标记就不能取 0～100 的数，在程序清单 4.9 中用了 −1 作为标记，当然也可以选择其他数据，如 999、9999 等作为标记，只要能和实际处理的数据互相区别就行。

还有一种特殊的标记 EOF，它是 end of file 的缩写，表示文件结束了。这个 EOF 对于标准输入来说就是 Ctrl-Z 或 Ctrl-D，前者是 Windows 系统的结束输入标记，后者是 Linux/Max 系统普遍采用的标记。对于一般数据文件来说就是文件的末尾，也就是没有数据的地方。但是在 Python 库中没有定义 EOF 这个标记，而是用空字符串来表示。但是怎么产生空字符串的输入呢？如果用 input 函数输入数据，简单一个回车，程序中获得的就是空串，输入 Ctrl-D 反而是错误的。而 sys.stdin 模块中的 readline()读 Ctrl-D 的输入却是一个空行，但有一个回车符，因此要去掉那个回车符。下面是对应这两种不同的方法的实现代码。

(1) 用 Ctrl-D 产生空串

```
1  while True:
2      line = sys.stdin.readline()
```

```
3       if not line:   #这里是只输入 Ctrl-D 得到的空行,相当于 EOF,line 中含回车符
4           break      #这时跳出循环
5       #grade = int(line.strip('\n'))     #循环体要做的事情
6       #下面有关于成绩数据的处理代码
```

(2) 用输入回车产生空串

```
1   while True:
2       inputStr=input()
3       if inputStr == '':  #这里是只输入回车,得到的空串,inputStr 中不含回车
4           break
5       #grade = int(inputStr)
6       #下面有关于成绩数据的处理代码
```

上面的这种 while True 与 break 相结合的表现形式,只在 while 内部有一个输入语句,看上去比程度清单 4.9 更容易理解,读者可以尝试把程序清单 4.9 改写成这种形式。

4.3.2 程序的容错能力

什么是程序的容错能力呢?当一个程序交付给用户使用的时候,用户难免输入错误的数据,或者按错了键,这称为输入了非法数据。如果用户输入了非法数据,程序就崩溃了(这时可能出现运行时错误,也可能造成死循环等),那这个程序就显得很脆弱了,可以说它的容错能力很差。反之,如果不管用户输入什么样的数据,程序都不会崩溃。用户正确的操作会有正确的结果,错误的操作则给出提示,允许用户重新输入,我们说这个程序的容错能力很强。程序的这种特性叫作**鲁棒性**或**健壮性**。鲁棒性强的程序是软件工程质量所需要的。

程序清单 4.9 学生成绩统计的程序就具有较弱的鲁棒性,只考虑了求平均计数时分母不能为零。但当用户输入非数值的数据时,如普通的英文字母字符,程序就会出现错误(大家可以试试)。如果用户输入超出范围的数据,也会计算在内。如果要设计成鲁棒性比较强的程序,必须考虑用户的错误输入如何处理。如何过滤掉用户输入的错误数据呢?下面从两个方面讨论一下。

(1) **增加一些可能出错的判断,对出错给出反馈。**

如用户输入的成绩是非数字字符时,要报错,并退出程序,可以这样做:

```
print("Please enter grade, -1 for ending!")
grade = input()
for i in range(len(grade)): #检查输入中是否有字母
    if grade[i].isalpha():
        print("data error!")
        exit() #这是退出程序,最好是跳过,参考 4.6.1 节的 break/continue
else:
    grade = eval(grade)
```

对于用户输入的超出范围的数据同样要过滤掉

```
if grade >100 or grade <0:
```

```
    print("Out of range!") #break or continue
```

(2) **异常处理**。

大多数高级程序设计语言都提供异常处理机制。Python 也不例外。所谓异常就是程序在运行时出错了。前面的例题中我们已经用过多次了。Python 根据不同的异常情况内置了相应的异常类型，如 NameError，ValueError，TypeErro，EOFError 等，可以登录 https://docs.Python.org/3/library/exceptions.html 查看完整的**异常类型层次结构**。下面看几个例子。

当有变量名字不存在时系统就会抛出(也可以称出现、引起等)NameError 的异常，如

```
>>>a=2
>>>c=a+b
Traceback (most recent call last):
    File "<stdin>", line 1, in <module>
NameError: name 'b' is not defined
```

由于使用了没有定义的变量 b，解释器不能解释执行 c＝a＋b， 所以 Python 的 Traceback 就会反馈上面的信息。

类似地，如果一个输入语句要求整型数据，却输入了字符或浮点型数据，解释器会抛出 ValueError 异常，例如

```
>>>a=int(input())
23.4
Traceback (most recent call last):
    File "<stdin>", line 1, in <module>
ValueError: invalid literal for int() with base 10: '23.4'
```

Python 解释器提供了异常捕捉的机制，允许程序对可能出现异常的代码当异常产生时捕捉异常，并在程序中给以适当的处理，这种机制的基本结构是：

```
try:
    语句块 1                    #需要捕捉异常的代码
except 异常类型:                #这个异常类型发生时
    语句块 2                    #做相应的处理
except 异常类型:                #这个异常类型发生时
    语句块 3                    #做相应的处理
…                               #可以捕捉多个异常
【else:
    没有错误时执行的代码,这是可选的】
【finally:
    无论如何都会执行的代码块,例如一些"清理"动作 】
```

让我们修改一下程序清单 4.9，其中包含对输入数据不是整数的异常处理，数据超出范围的处理等容错处理的考虑，以及通过 Ctrl-D 控制循环结束的方法。循环结构采用一个无限循环作为框架，在其中加上若干判断，如果捕捉到 Ctrl-D，循环结束，输出最终结果。

程序清单 4.10

```
0   #averGrade3.py
1   import sys
2   total,number = 0,0
3   print("Please enter integer grade, Ctrl-D for finishing")
4   while True:
5       line = sys.stdin.readline()           #获得键盘输入的字符串行
6       if not line:                          #捕捉 Ctrl-D
7           break                             #中止循环
8       try:
9           grade = int(line.strip('\n'))
10      except ValueError:                    #捕捉异常
11          print("Please enter a integer number:")
12          continue                          #跳过出错的输入
13      if grade >100 or grade <0:            #数据的范围检查
14          print("Out of range")
15          continue                          #跳过超出范围的数据
16      total += grade
17      number += 1
18
19  if number !=0 :                           #保证 number 不为 0 时做除法
20      aver = total / number
21      print("Valid grades = %d" %number)
22      print("Total = %d"%total)
23      print("Average = %5.1f"%aver)
```

Python 也可以使用内置函数 raise 主动抛出异常，例如

```
if number == 0:
    raise ValueError("Division by zero)
```

但是如果没有捕捉到对其及时处理，就会产生异常，程序中断。如果不知道会出现什么异常类型，可以使用所有异常的基类 BaseException 捕捉可能发生的异常，即：

```
execept BaseExecption as e:
    print(e)        #可以看到产生的异常信息
    其他处理
```

大家可以在**学完第 8 章时再回头仔细研究异常类以及它们之间的层次关系**，那时你可以试着定义自己的异常类。

4.3.3 调试与测试

1. 调试

不管是什么样的问题，也无论是谁写的程序，都可能出现这样或那样的错误(常称错误为 Bug)。有的错误比较容易发现，有的则比较隐蔽，有的甚至很难发现，更有甚者有的错误不能发现。常见的错误类型有三种：**编译/解释错误，运行错误，逻辑错误**。编译/解释错误

属于语法错误，是很容易解决的，但对于运行错误和逻辑错误就是比较致命的。如果发现程序中有逻辑错误或运行错误，就必须要想办法查出它到底错在哪里，错误的根源是什么。寻找程序的错误根源并改正的过程称为**程序调试**(**Debugging**)。

程序调试一般要逐行检查，跟踪整个程序的运行过程。但也是有一些手段和技巧的。常见的方法如下。

- **断点打印法**：在可能出错的地方插一些输出语句，查看运行时一些变量的中间结果，这种方法看似简单，但是应用起来比较奏效，关键是经过分析确定关键位置。
- **使用断言 assert**：断言用于声明一个表达式为 True 时是正确的，在表达式条件为 False 的时候触发异常。对于一些敏感的变量或表达式，使用断言，确保它们不出问题。其一般形式是：

```
assert 表达式, "报错提示"
```

例如

```
n = int(input())
assert n !=0, 'n is zero!'
10/ n
```

断言一般是在程序开发阶段收集用户定义的一些约束条件，而不是针对设计错误的，后者由 Python 自行解决。

- **使用日志 logging**：主要用于输出运行日志，可以设置输出日志的等级、日志保存路径、日志文件回滚等。具体使用时把 print 替换为 logging，和 assert 比，logging 不会抛出错误，但是可以输出到文件并有如下优点：可以通过设置不同的日志等级，在 release 版本中只输出重要信息，而不必显示大量的调试信息；print 将所有信息都输出到标准输出中，严重影响开发者从标准输出中查看其他数据；logging 则可以由开发者决定将信息输出到什么地方，以及怎么输出。
- **使用调试工具 pdb**：它是一个交互式的命令行调试工具。例如我们要对 averageGrade.py 调试，只需在操作系统的命令窗口中运行下面的命令，即可进入 pdb 调试状态：

```
Python -m pdb averageGrade.py
(Pdb)
```

在这个提示符下有一组跟踪调试命令，如设置断点、单步执行、查看代码和变量的值等，具体调试方法大家可以自行查找资料学习。

- **使用集成开发 IDE 调试**：一般的集成开发环境都具有 debugger，如 IDLE、PyCharm 等。集成开发环境的调试器与 pdb 不同，它是可视的，用起来比较直观。

2. 测试

当问题的求解需要判断和重复的时候，运行结果往往与数据密切相关。为了确保程序在任何情况下都能正常运行，必须**精心设计一些数据——测试用例**(参见 2.3.2 节)，检验程序是否都能正常地做出反应，看看能否发现更多的错误，这个过程就是**程序测试**。例如，对于双分支和多分支的选择结构来说，各个分支的处理是否都能正常工作。对于每个分支都要设计一个测试用例进行测试。对于本节的成绩统计,至少有两种情况：一是确实输入了一组成绩数据,二是一个成绩数据都没有输入。这两种情况就要设计两个测试用例。程序测试是软件开发非常重要的环节,程序设计者在开发过程所做的测试属于自测。实际上程序在交付用户单位使用之前,还要由专门的人员进行全方位的测试,只有测试符合要求后才能打包发布。

调试与测试不是没有关系的,在程序员开发阶段,两者往往交织在一起。

4.3.4 输入输出重定向

计算机默认的标准输入(stdin)是键盘,默认的标准输出(stdout)是屏幕,input 和 readline 函数默认是从键盘读数据,print 函数默认是把数据输出到屏幕上。

对于成绩统计这类问题,因为要处理的数据往往比较多,如果每次测试运行都从键盘输入数据,就会做很多无用功。大家都希望原始数据只输入一次,下次运行时继续使用。这怎么实现呢？很容易想到要用文件,因为把数据存储在文件中,可永久保存。那当程序运行时能从文件读数据吗？答案是可以的！操作系统允许输入重定向,即允许把默认的标准输入——键盘修改成某个事先已经建立好的数据文件。

同样,对于程序的运行结果也可能需要多次查看,如果计算结果没有保存下来,每次需要查看运行结果的时候,就要再次运行程序,多次重复运行同样的程序得到同样的结果也是无用的重复。像输入可以重定向一样,操作系统也允许输出重定向,即把默认输出到屏幕修改成输出到某个数据文件,这样程序的运行结果就可以通过文件反复查看。

在程序运行时使用重定向操作符>和<,把标准输入和输出重定向到某个数据文件。例如把程序清单 4.5 averGrade.py 的输入重定向到 grades.txt，输出重定向到 results.txt 的命令分别是：

```
Python3 averGrade.py <grades.txt
Python3 averGrade.py >result.txt
```

注意：输入的定向符是<，小于号的开口方向就是数据的来源方向,就是事先输入好的文件,注意每个成绩数据在文件中要占一行,最后一行用－1 结尾。你有没有注意到上面的输入、输出重定向两个命令是没有关系的,互相独立的。可以把它们合并到一起：

```
Python3 averGrade.py <grades.txt >result.txt
```

这样前半部分是输入重定向,其运行结果又重定向到 result.txt。

4.4 计算 2 的算术平方根

问题描述：

计算 2 的平方根的近似值(一般只求正平方根),要求精确到第 3 位小数。

输入样例：	**输出样例：**
无	1.414

问题分析：

计算 2 的平方根是一个数学味比较浓的问题。典型的方法是**牛顿迭代法(也称切线**

法)。具体过程分析如下,求 2 的算术平方根也就是求方程 $x^2=2$ 的一个正根,即求方程 $x^2-2=0$ 的根。大家知道,方程的根是一个特别的 x 值,把它带入方程后方程两端会相等。如果把方程左端看成一个函数 $f(x)=x^2-2$,那么方程的根就是满足函数 $f(x)=0$ 的 x,即使函数 $f(x)$ 为 0 的 x 值,如图 4.4 所示。图中曲线 $f(x)$ 与 x 轴的交点 $(x,0)$ 即是 $f(x)$ 等于 0 的点,交点 $(x,0)$ 的 x 坐标就是 $f(x)=0$ 的正根。这个根在数学上是唯一的实数,但实际上是不可能求出它的精确值,只能在一定精度的要求下求出它的近似值。牛顿迭代法的思想是,给一个初始值 x_n,求出曲线 $f(x)$ 在点 $(x_n,f(x_n))$ 处的切线,切线与 x 轴的交点作为根 x 的一个近似值 x_{n+1} 即

$$x_{n+1}=x_n-\frac{f(x_n)}{f'(x_n)},\quad n=0,1,2,\cdots$$

其中 $f'(x_n)$ 是曲线 $f(x)$ 在点 $(x_n,f(x_n))$ 处的切线斜率,上式通过 x_n 计算出了比较接近 x 的 x_{n+1},然后再对于 x_{n+1} 重复刚才的过程,又会得到一个更接近 x 的 x_{n+2},这样重复多次,新计算出的结果会越来越接近于要求的根。

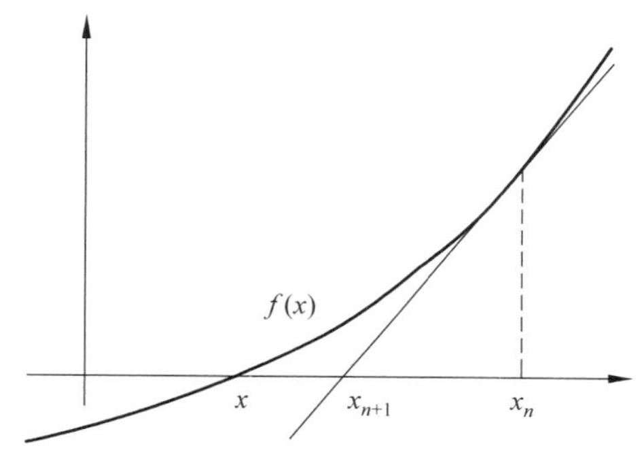

图 4.4　切线法求方程的根

对于 $f(x)=x^2-2$ 来说,上述迭代公式为

$$x_{n+1}=x_n-\frac{x_n^2-2}{2x_n}=\frac{1}{2}\left(x_n+\frac{2}{x_n}\right),\quad n=0,1,2,\cdots$$

其中曲线 $f(x)=x^2-2$ 在 x_n 处的斜率为 $2x_n$,把上式转化为 Python 表达式,即

```
x = (x0 +2/x0 ) / 2      #注意这个过程可以反复进行
```

首先给一个 x0 值,然后求出 x,再用 x 作为新的 x0,再次带入迭代表达式,如此反复。下面给出具体的迭代过程:

```
设 x0=10,  代入迭代公式计算 x = (x0 +2/x0 ) / 2
得 x=5.100,令 x0=x,再代入迭代公式 x = (x0 +2/x0 ) / 2,(注意这里把刚刚计算出的 x 作为新的 x0)
得 x=2.7461,令 x0=x,再代入迭代公式 x = (x0 +2/x0 ) / 2
得 x=1.7372,令 x0=x,再代入迭代公式 x = (x0 +2/x0 ) / 2
得 x=1.4442,令 x0=x,再代入迭代公式 x = (x0 +2/x0 ) / 2
得 x=1.4145,令 x0=x,再代入迭代公式 x = (x0 +2/x0 ) / 2
得 x=1.4142
```

这时发现它们越来越接近精确值 1.414…，而且 1.414 这部分已经不变了，这就是精确到 0.001 的计算结果。

算法设计：参考流程图 4.5。

① x0 初始化。

② 用迭代公式 x = (x0 + 2/x0)/2 计算出 x。

③ 如果 fabs(x－x0) >= eps，执行④，否则 ⑤。

④ x0 = x；# 用刚计算出的 x 值作为新的 x0，返回到②。

⑤ 输出结果。

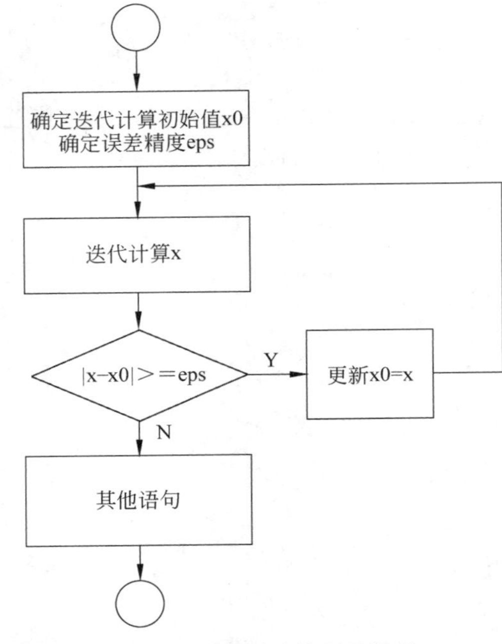

图 4.5　误差精度控制的循环

程序清单 4.11

```
1    #@File: mysqrtfor2.py
2    #@Software: PyCharm
3    import math
4    x0 = 10
5    eps = 0.001
6    count = 1
7    x = (x0 +2 / x0) / 2
8    while math.fabs( x -x0 ) >=eps :
         ''' 三种不同的输出方法 '''
9        #print("count = {0}, x = {1:.4f}".format(count, x))
10       print('count =', count, ", x =", format(x,'.4f'))
11       #print("count = %d, x = %.4f" %(count,x))
12       x0 = x
```

```
13        x = (x0 +2 / x0) / 2
14        count += 1
```

4.4.1　误差精度控制的 while 循环

前面已经讨论了计数控制的循环和标记控制的循环。本节的牛顿法求一个数的平方根问题，要重复进行的是一个迭代过程 x=(x0+2/x0)/2，这个过程既不知道循环次数，也没有什么可以作为输入的结束标记，怎么控制这个循环呢？通过迭代发现，如果精确到小数后第 3 位，第 6 次迭代计算之后就没有再重复计算的意义了，也就是已经达到了精度要求，重复迭代到此就可以停止了。这个该如何测定呢？方法很简单，只要把相邻两次的计算值相减得到一个差，看看它的绝对值是否比规定的精度 0.001 还小即可。如果这个判断为真则已经达到了精度。如果误差的绝对值比规定的精度还大意味着还没有达到计算精度，需要继续迭代计算。这个计算精度 0.001 常称为**误差精度**，它是根据实际需要确定的一个量。当误差精度比较小的时候，还可以用指数常量表示如 .1e-5，它等价于 0.000001。计算一个量的绝对值要用到包含在数学库中的函数 fabs(x)。本节问题的误差计算可以写成 fabs(x－x0)。这种用误差精度控制的循环结构基本框架为：

```
#迭代初值 x0 初始化,误差精度 eps 初始化
#用迭代公式计算 x
#while fabs( x -x0) >=eps:
    x0 = x;        #刚刚计算得到的 x 作为新的 x0
    #用迭代公式计算新的 x
```

误差精度控制的循环流程图如图 4.5 所示。

不同的问题其迭代公式有所不同，要求的误差精度 eps 也会不同。下面再看一个例子。

【例 4.8】　用下面的 e 的级数展开形式。

$$e=1+\frac{1}{1!}+\frac{1}{2!}+\frac{1}{3!}+\cdots$$

求常数 e 精确到小数点后第 8 位的值。

用这个级数展开求 e 的值是一个累加求和的过程，这个过程到底到什么时候结束是受精度约束的，精度越高，加的项就越多。可以把这个过程用下面的语句表达：

```
e = e +1/i!; // i = 0, 1, 2, …,#e 初始化为 0
```

这个语句重复地迭代累加 e，随着 i 的增加，分式 1/i! 就越小，每次在原来的基础上增加一个 1/i!。上式左右两端相减就是相邻两次累加产生的误差 1/i!，如果这个差比给定的精度还小就已经达到了精度，循环就应该停止。因此现在的迭代条件就是 fabs(1/i!)>=eps，如果这个条件不满足循环将停止。详细代码见程序清单 4.12。

程序清单 4.12

```
1    #@File: e.py
2    #@Software: PyCharm
3    '''
4      e = 1 +1/1! +1/2! +.... +1/n!
```

```
5   '''
6   import math
7   e = 1.0
8   eps = .1e-7
9   termN = 1 #first term 0, second is 1
10  factorial = 1                          #1!
11  while math.fabs(1/factorial) >=eps :
12      e += 1/factorial
13      #print("count = {0}, x = {1:.4f}".format(count, x))
14      #print("termN = %d, e = %.10f" %(termN, e))
15      print("termN = {}, e = {:.10f}".format(termN, e))
16      #print(f'termN = {termN:d}, e = {e:.10f}')
17      termN += 1
18      factorial *=termN
19  print("Approximate of e is %.8f" %e)
```

运行结果：

```
termN = 1, e = 2.0000000000
termN = 2, e = 2.5000000000
termN = 3, e = 2.6666666667
termN = 4, e = 2.7083333333
termN = 5, e = 2.7166666667
termN = 6, e = 2.7180555556
termN = 7, e = 2.7182539683
termN = 8, e = 2.7182787698
termN = 9, e = 2.7182815256
termN = 10, e = 2.7182818011
termN = 11, e = 2.7182818262
Approximate of e is 2.71828183
```

注意：程序清单 4.12 中的 while 循环有双重功能，不仅累加了 e 的值，而且还得到了需要的阶乘计算 product = i!。

4.4.2 再谈格式化输出

每个问题的求解程序都是要输出的，而且还会有各种各样的格式要求。前面已经介绍了几种格式化输出的方法，其中典型的方法就是 C 语言风格的**%-格式**表达式，但是当参数过多、输出字符串过长时其可读性就变差了。PEP(见 2.2.7 节)-3101 带来了 str.format，它是对%-格式的改进。str.format 使用正常的函数调用语法，与在 2.5.2 节曾经讨论过的内置函数 format 控制浮点数和整数的输出精度和宽度有类似之处，其基本使用格式如下：

```
"The story of {0}, {1}, and {c}".format(a, b, c=d)
```

前端的字符串包含一系列{ }表示的**域**(field)，也有人把它称为**槽**，用来控制 format **参数列表中的数据**的输出格式，str.format 函数允许有任意多个**位置参数或关键字参数**(**参见 5.1 节**)。每个域包括在一对大括号内，大括号内可以是从 0 开始的编号，也可以没有，没有时按自然顺序，每个**域与参数列表项**是一一对应的，如参数 a 对应域 0，参数 b 对应域 1，参数 c 对应域 c。如果 a="hello"，b = 100，d=124.67，则上面的语句将返回下面的字符串

```
'The story of hello, 100, and 124.67'
```

同内置 format 函数类似，在每个域的编号后还可接冒号说明输出数据的类型、精度、宽度、对齐方式等。例如

```
>>>print("{0:3d} and {1:.2f} and {2:9.4f}".format(3, 43.5465, 54.65566565))
3 and 43.55 and   54.6557
```

其中域 0 是 3 位整数，域 1 是 2 位小数的浮点数，域 2 是 4 位小数的 9 位浮点数。

str.format 格式控制域还可以有其他形式，如输出对象的下标或属性，对于更多的用法，请大家在学习第 7 章时再去查看 PEP-3101 文档。

人们经过一段时间的使用，发现 str.format 有些不太理想，因此 Python 3.6 开始加入了由 Eric V. Smith 撰写的 **PEP 498**，在这个提案中他给出了一种新的字符串格式化方法叫 **f-string 表达式**，也叫格式化字符串值(Formtted String Literal)。它是对上面的 str. format()方法的改进，使得字符串格式化更加容易。下面通过一个例子看看它的基本用法。

```
>>>name = 'Baobo'
>>>age = 60
>>>print( f 'Hello, {name}. You are {age+4}.')
Hello, Baobo. You are 60.
```

注意字符 f 位于字符串的引号之前，字符中的大括号{ }之内允许有一个变量或表达式，当执行这个语句时，f 串内部先获得变量或表达式的值，然后再与引号内的其他信息形成一个字符串。f 也可以大写。在{ }中变量加冒号后可以有各种各样的格式控制说明，这与模板字符串的用法类似。在{ }中还可以有更加丰富的表达式规定输出格式。完整的介绍请查阅官方文档 https://www.Python.org/dev/peps/pep-0498/。读者不难把程序清单 4.11 和 4.12 中的迭代过程的输出语句改写成 f-string 的格式：

```
10 print(f'count = {count}, x = {x:.4f}')
```

和

```
15 print(f'termN = {termN:d}, e = {e:.10f}')
```

你更喜欢哪一种方法？**建议读者从现在开始使用 f-string 格式。**

4.5 打印九九乘法表

问题描述：

打印一个九九乘法表。

样例输入：

无

样例输出：

```
1*1=1
2*1=2   2*2=4
3*1=3   3*2=6   3*3=9
4*1=4   4*2=8   4*3=12  4*4=16
5*1=5   5*2=10  5*3=15  5*4=20  5*5=25
6*1=6   6*2=12  6*3=18  6*4=24  6*5=30  6*6=36
7*1=7   7*2=14  7*3=21  7*4=28  7*5=35  7*6=42  7*7=49
```

```
8*1=8   8*2=16  8*3=24  8*4=32  8*5=40  8*6=48  8*7=56  8*8=64
9*1=9   9*2=18  9*3=27  9*4=36  9*5=45  9*6=54  9*7=63  9*8=72  9*9=81
```

问题分析：

这个表格有 9 行 9 列，每行的列数不同，但是有一定的规律，第 1 行有 1 列，第 2 行有 2 列，……，第 9 行有 9 列。每个表项都是做类似的事情，即**打印两个数的乘积公式和结果**，总计有 81 个表项。是不是写一个 81 次的循环就够了？没那么简单。每个表项由两个变化的乘数，一个是跟行数对应的第一个乘数，可以用 i 表示，另一个是与列对应的第二个乘数，可以用 j 表示，要重复 81 次：

当 i 等于 1 时，j 重复 1 次，

当 i 等于 2 时，j 重复 2 次，

⋮

当 i 等于 9 时，j 重复 9 次。

对每个 i 都要做一趟类似的事情，当 i 固定时，在那一趟里再做几次不等的重复，即**对 j 再重复若干次**。这个重复可以看成是两层结构，外层是重复地做若干行，内层是每一行再重复做若干次。这种重复是重复中含有重复，这就是本节要解决的**循环嵌套**问题。

算法设计：

① 循环控制变量 i,j 初始化为 1。

② 如果 i>9，程序结束，否则③。

③ 如果 j>i，输出换行符，i++，返回②，否则 ④。

④ 输出 i×j=i×j 的结果，j++，返回③。

程序清单 4.13

```
1   #@File: 99product.py
2   #@Software: PyCharm
3   '''
4     i*j product table,i,j=1...9
5     f-string's align: '>2d' or '2d' align right,
6                       '<2d' align left,
7                       '^2d' align  center
8   '''
9
10  for i in range(1,10):
11      for j in range(1,i+1):
12          #print('%d*%d=%-3d ' %(i, j, i*j), end ='')
13          print(f'{i}*{j}={i*j:>3d} ', end = '')
14      print()
```

4.5.1 循环嵌套

打印给定格式的九九乘法表是比较复杂的，我们可以先看一个比较简单的例子。

【例 4.9】 打印由 * 组成的 10 行 20 列的矩形。

前面已经使用循环打印过这个图形，当时重复要做的事情是

```
print("********************");
```

对于这个打印语句可以再分析一下，实际上它是重复打印 20 次 *，结束后打印一个回车换行。因此可以把它写成一个循环和一个单独的打印换行，即每一行都做同样的事情，因此上面这个程序段重复 10 次，就可以打印出一个整齐的矩形图案。这个问题的实现就是循环里又嵌套一层循环，循环分内外两层。行的重复是外循环，每做一次行循环，内循环要从头到尾走一遍，即重复输出若干列。这个双重循环的流程图如图 4.6 所示，图中对于外层循环的控制条件的不同写法画了两个功能相同的流程图。其完整实现代码见程序清单 4.14。

程序清单 4.14

```
1   #@File: rectnestloop.py
2   #@Software: PyCharm
3   '''
4   嵌套循环实现打印矩形图案
5   '''
6   i = 0
7   while i <10:
8       for j in range(20):
9           print('*',end='')
10      print()
11      i += 1
```

这是循环的嵌套，外循环是计数控制的 while 循环，内层循环是另一个计数控制的 for 循环。嵌套循环的执行过程是外循环每执行一次，内层循环就要从头到尾执行一趟，两层循环是一种完全包含关系，不允许出现交叉，如图 4.6 所示。当然嵌套的循环用哪个循环结构是没有限制的，是 while 循环，还是 for 循环，根据具体情况和自己的喜好确定，这个问题用两个 for 循环比较简洁，大家可重写一下。

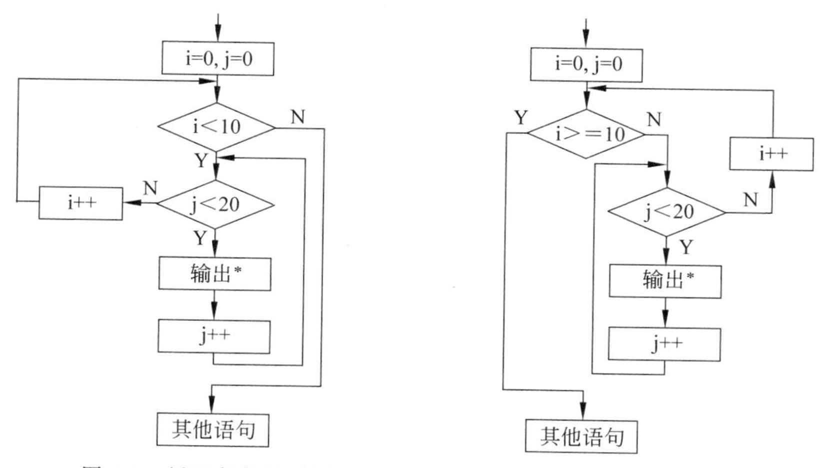

图 4.6 循环条件的不同写法(i<10 还是 i<=10)对应的流程图

【例 4.10】 用双重循环打印一个平行四边形。

平行四边形不像矩形那样方方正正。假设要打印一个 5 行，每行 10 个 * 号的平行四边形。在屏幕上打印信息是不可以跳过多少列进行打印的。跳过的空格也是需要打印处理的。如果把平行四边形扩充一下，使其成为一个梯形，如图 4.7 所示，它的每一行都是从第一个字符开始的。只不过每行开始的一部分是空格。5 行的第一部分的空格数分别是 4,3,2,1,0。这样打印平行四边形就可以设计成双循环的嵌套，外循环每次打印一行，内循环由三部分组成，第一部分是打印空格，并且每行的空格数是不等的；第二部分是打印 10 个 *；第三部分是打印一个回车换行。完整的程序见程序清单 4.15。

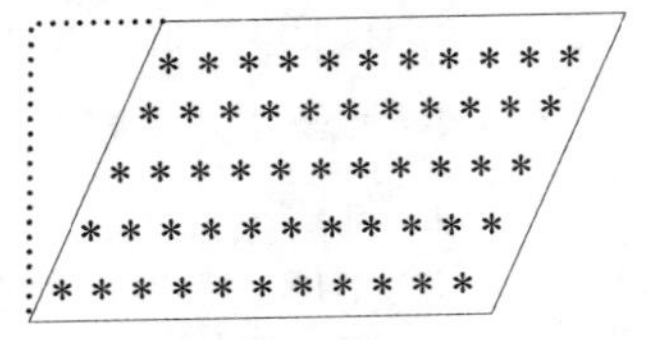

图 4.7 字符组成的平行四边形

程序清单 4.15

```
1  #@Software: PyCharm
2  #@parallelogram.py
3
4  for i in range(5):                          #循环 5 次
5      for j in range(4-i,0,-1):               #注意,这里的步长是-1,空格数是 4,3,2,1,0
6          print(" ", end = '')                #输出一个空格,不回车换行
7      for j in range(10):
8          print("*", end = '')                #输出一个星号,不回车换行
9      print()                                 #回车换行输出运行结果
```

运行结果：

```
    **********
   **********
  **********
 **********
**********
```

注意程序清单 4.15 中，外循环中有两个并列的内循环，第一个内循环的 j 的初始值是随着外循环 i 的变化而变化的，是 4－i，而且 j 是递减的，最后一行的 j 等于 0。第二个内循环是固定要打印 10 个星号。

通过上面两个例子的学习，大家是不是已经知道九九乘法表怎么做了？九九乘法表显然要用双层循环，内层循环 j 的重复次数随着外层循环 i 的变化而变化，j = i，内循环做完之后同样要打印一个换行。完整代码见程序清单 4.13，其中

```
13  print(f'{i}*{j}={i*j:<3d} ', end = '')
```

就是双重循环反复要执行的语句，f-string 输出时，某个输出域{}中的对齐格式可以是左对齐、右对齐和中对齐，分别用字符＜、＞和^表示，右对齐是默认的对齐方式，可以省略＞符号。如果大家对程序清单 4.13 中的双重循环觉得不太好理解，可以先考虑一种特殊情况，对称的矩形的九九乘法表，即每行的 j 都是从 1 到 9，读者可以自己尝试一下。

4.5.2 穷举法

计算机的一个重要特点就是计算速度快，它“不怕”那种手工几乎不可能完成的、大量的重复性计算。如果不限制运行时间，可以让计算机用穷举法(也称蛮力法或死算)在大量可

能的情况中去筛选问题的答案。下面以百钱买百鸡问题为例介绍这种方法。

【例 4.11】 百钱买百鸡问题。

假设某人用一百个铜钱买了一百只鸡，其中公鸡一只 5 枚钱、母鸡一只 3 枚钱，小鸡 3 只一枚钱，求他买的一百只鸡中公鸡、母鸡、小鸡各多少只？

设一百只鸡中公鸡、母鸡、小鸡分别为 x,y,z，问题可化为下面的三元一次方程组：

$$\begin{cases} 5x+3y+z/3=100(\text{百钱}) \\ x+y+z=100(\text{百鸡}) \end{cases}$$

显然这个方程组是一个不定方程组，不存在唯一解。解决这类问题的一个非常笨拙的但对计算机来说是很有效的方法就是逐个去试算——**穷举法或蛮力法**（**Brute Force**）。如果 100 枚钱都买公鸡最多可买 20 只，如果都买母鸡最多 33 只，如果都买小鸡最多是 100 只。穷举法就是对 0 到 20 的范围内的每个 x 的值，0 到 33 范围内的每个 y 值，以及 0～100 的每个 z 值，把所有可能的值逐个与给定的方程组条件做匹配，符合方程组条件的就是一个解，不符合的则略去。因此这是一个三重循环问题，最外层 x 从 0 变到 20，中层 y 从 0 到 33，最内层 z 从 0 到 100。具体代码如下：程序中的 i,j,k 与 x,y,z 相对应。

程序清单 4.16

```
1  #@File: coinscocks.py
2  #@Software: PyCharm
3
4  for i in range(21):
5      for j in range(34):
6          for k in range(101):
7              if 5 * i + 3 * j + k//3 == 100 and i + j + k == 100:
8                  print(f'cocks:{i}, hens:{j}, chickens:{k}')
```

运行结果：

```
cocks:0, hens:25, chickens:75
cocks:3, hens:20, chickens:77
cocks:4, hens:18, chickens:78
cocks:7, hens:13, chickens:80
cocks:8, hens:11, chickens:81
cocks:11, hens:6, chickens:83
cocks:12, hens:4, chickens:84
```

这是一个三重循环嵌套的问题。很多问题都可以用穷举法求解实现，如鸡兔同笼问题、直角三角形判断问题等。

4.6 列出素数

问题描述：

从最小的素数开始，按照每行显示 10 个数，宽度为 3 的格式输出前 20 个素数。

输入样例：无

输出结果：

```
 2   3   5   7  11  13  17  19  23  29
31  37  41  43  47  53  59  61  67  71
```

问题分析：

首先要知道什么是素数。素数也称质数，是只有 1 和自身两个因数的自然数。最小的素数是 2。其次要确定判断一个数是素数的方法。方法有多种，这里介绍两种，其他的方法请大家查阅相关的资料。

方法 1：依素数的定义，判断一个数 m 是否是素数，只需依次用 2～m－1 或者 m/2 的数作为除数，判断它是否能整除 m，如果发现某个 2～m－1 的数能整除 m，则就可断定 m 必不为素数，否则，m 就是素数。

方法 2：数学上已经证明的结果：只需验证 2 到 m 的算术平方根之间的数是否整除 m 即可。这个结论可以简单地推导一下，假设 m 能被某个整数 p 整除，则 m 除以 p 仍为整数，设为 q，也即 m＝p * q，p、q 该是什么范围之内的整数呢？一种极端情况是 p、q 刚好相等，也即 p、q 等于 m 的平方根，一般情形下，要么 p＜q，要么就 q＜p，也就是肯定有一个是小于 m 的平方根，这说明 m 如果能被某个整数整除，它一定会先在小于或等于 m 的平方根之内发生。

两种方法只是除法的次数不同，它们都要重复地检验 m 能否被 2 到某个数之间的自然数整除，都可以用一个计数控制的循环实现。方法 1 的计数上限是 m－1 或者 m/2，方法 2 的计数上限是 m 的算术平方根取整。很容易发现，在这个计数控制的循环过程中，在每次循环时在循环内部都要做一个判断，判断能否被某个数整除，当判断为真时就要跳出循环，这时循环的次数可能还没有达到，却要离开循环，如何让一个循环提前结束呢？答案是使用前面曾经多次用到的 break。

本问题是要显示多个素数，就是要重复上面的过程多次，这是在循环的外面又有一层循环，是双重循环。另外在内循环里还有一个分支结构。下面的算法是关于本问题的核心内容——内循环的算法。

算法设计(内循环)：对于给定的大于或等于 2 的自然数 num，判断它是否是素数。

① last ＝ num－1 或 m/2 或平方根 ＃对应三种不同的方法。

② isPrime ＝ True　＃标识当前 num 是否为素数，初始化为真。

③ 变量 divisor 初始化为 2　＃从 2 开始。

④ 如果 divisor＜＝last 执行⑤，否则执行⑦。

⑤ 如果 num％divisor ＝＝0 则 isPrime ＝ False 执行⑦。

⑥ 否则 divisor ＋＝ 1，返回④。

⑦ 如果 isPrime 为真，按照格式打印。

参考流程图如图 4.8 所示。

程序清单 4.17

```
1   #@File: prime.py
2   #@Software: PyCharm
3   '''
```

```
4   There are 3 methods to check if the number divided by 2:
5   1 : from 2 to number-1,
6   2 : from 2 to number/2,
7   3 : from 2 to sqrt(number)
8   '''
9   import math
10  count, num = 0, 2
11  while count <20:
12      divisor = 2
13      isPrime = True
14      last = num / 2
15      while divisor <=last:
16          if (num %divisor == 0):
17              isPrime = False
18              break
19          divisor += 1
20
21      if isPrime:
22          count += 1
23          print(f'{num:3d}', end='')
24          if count %10 == 0:
25              print()
26      num += 1
```

回顾一下两种循环结构的流程图，while、for循环结构都是先判断后执行的，它们所形成的循环都是从一个入口进入，在另一个出口结束，如图4.8所示。这是结构化程序设计所追求的。但是判断素数的循环过程却不满足这种单入口单出口的循环要求。在判断自然数num是否是素数的循环过程中有两种情况发生时，都会离开循环。一种情况是对所有的divisor，如果都不能整除num，这时num一定是素数，即当divisor＞last时离开循环，这是正常的结束循环；另一种情况是如果某个divisor能整除num，就没有必要再循环了，这时num必然不是素数，即当divisor ＜＝ last时就要离开循环，这是非正常结束(除非修改判断条件)。这样如果用"divisor ＜＝ last"作为循环条件，判断素数的循环就有两个可能的出口。这种非正常结束循环在Python中用break实现，算法流程图如图4.9所示。

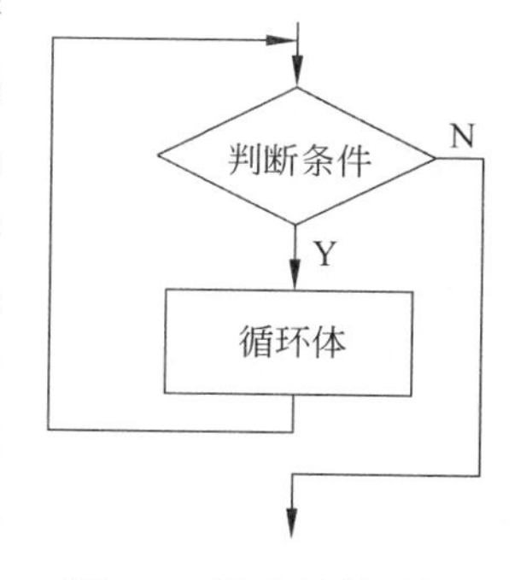

图4.8 标准的循环是单入口单出口

实际上不用break语句也可以实现，但是要修改判断条件。程序中isPrime是一个逻辑变量，它为真，则num是素数，否则，num不是素数。因此，如果把循环条件改为(divisor ＜＝ last and isPrime)，则isPrime为假时该循环条件就为假，这相当于使用break的效果了。

此外，4.3节讨论的简单学生统计问题，在4.3.2节考虑了尽可能增加容错能力的时候，就已经使用了break和continue，其中continue的功能是滤掉错误的输入，继续执行下一次循环。请查看程序清单 4.10。你是不是已经注意到含有 continue 的循环里有两个到下一次循环的出口，这也是结构化程序设计不太提倡的方法。同样，我们也有可以寻找替代的解决方法，为此只需在程序中把 if 结构修改为 if- else 结构（原来正常循环的部分作为 else 分支的内容即可），具体实现读者可自行尝试。

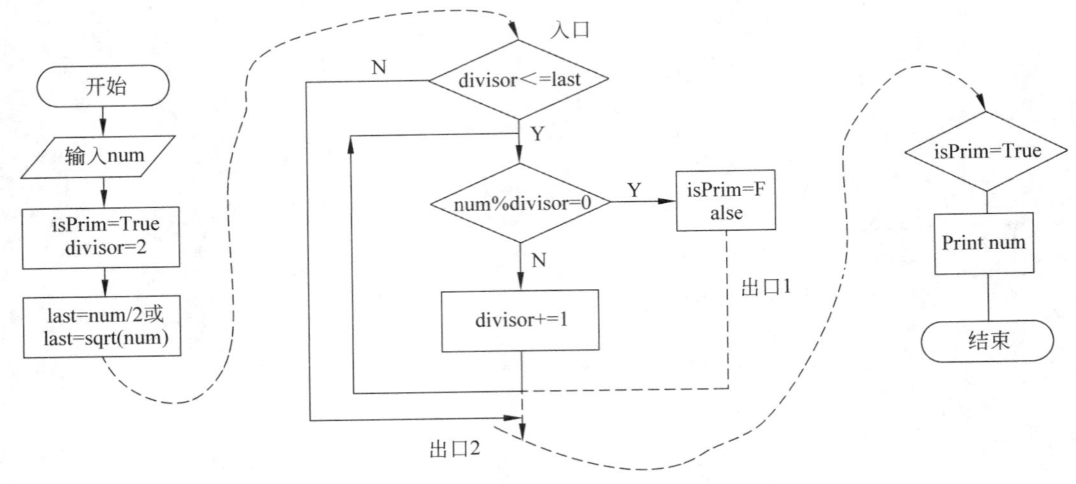

图 4.9 break 语句破坏了循环的单出口规则

4.7 随机游戏模拟

问题描述：

问题同 1.4 节典型程序演示中的猜数游戏。假设两个人进行猜数游戏。甲心里想好一个 1000 以内的整数，乙来猜，如果乙猜中了，乙赢，游戏结束，如果乙猜的数大于甲想的那个数，甲告诉乙太大了，如果乙猜的数小于甲想的那个数，甲就告诉乙太小了，这样总有一次乙会猜中甲想的那个数。写一个程序，用计算机模拟这个过程，计算机代表甲，随机产生一个 1000 以内的整数，玩家代表乙运行这个程序，猜那个数。

输入样例：

```
//假设计算机想的数是 425
500 250 375 437 406 422 430 426 424 425
```

输出样例：

```
Too high! Too low! Too low! Too high! Too low! Too low! Too high! Too high! Too low!
Congratulation! You are right!
```

问题分析：

这个问题当中的计算机“想”一个数是典型的随机问题，它想的数可能是 1 到 1000 中的任意一个，是一个随机整数，每个随机整数发生的可能性都是相等的。在现实世界中，随机发生的事情有很多，如投掷硬币，可能是正面向上，也可能是正面向下。每次投掷到底是正面向上还是向下是随机发生的，只有投掷之后才知道。经过大量的随机试验才会发现正面向上的可能性是多大。如何用计算机来模拟一个随机现象呢？如何让计算机产生一个随机数呢？让计算机随机产生一个数(一般要给一个范围)并不是非常简单的事情,它涉及一些数学上的东西,让大家自己来实现它还是有相当的难度。幸亏 Python 解释器中提供了一个模块 random 专门解决了这类问题,该模块中有一个函数 randint 可以产生一个范围中的随机整数,具体参考 4.7.1 节的讨论。随机数的产生问题解决了,计算机就能“想”一个数了。那这个游戏的过程怎么模拟呢？一个问题的求解方案不可能一步就设计出来,有一种自顶向下、逐步求精的方法可以帮助人们分层次地、逐渐给出问题的求解方案,在 4.7.2 节讨论相关的方法。这种方法是首先给出一个比较粗糙的过程,再逐步加细就会得到如下的算法。

算法设计：

① 计算机“想”一个数：使用 randint()产生一个 0～1000 的数 magic。

② 模拟猜数过程：

a) 读用户猜的数 guess；

b) 判断是否猜中：

ⅰ 如果 guess＞ magic；

ⅱ 提示 too high 返回到 a)；

ⅲ 如果 guess＜ magic；

ⅳ 提示 too low 返回到 a)；

ⅴ 如果猜中,转到 c)；

c) 输出祝贺信息。

③ 问是否继续猜？是则回到①,否则结束程序运行。

程序清单 4.18

```
1   #@File: guessNumber.py
2   #@Software: PyCharm
3
4   from random import *
5   print("Welcome to GuessNumber Game!")
6
7   while True:
8       magic = randint(1, 1000)           #产生一个[1,1000)的随机整数
9       print("I have a magic number between 1 and 999, please you guess:")
10      guess = int(input())
11      while guess !=magic:
12          if guess <magic:
13              print("Your guess is too low!")
14          if guess >magic:
15              print("Your guess is too high!")
16          guess = int(input("I have a magic num in [1,999], please you guess:"))
17      print("Congratulation! you are right!")
18      print("Coninue play this game or no? Y/N\n")
19      c=input()
```

```
20      if c=='y' or c=='Y':
21          continue
22      else:
23          break
```

4.7.1 随机数

现实生活中随机现象到处都是，可以用计算机模拟它们。一个随机发生的事件，在计算机里是用一个随机数来表示的。Python 解释器的 random 模块是跟随机数相关的。其中有一个函数 randint 可以产生一个范围中的随机整数，其调用形式是：

```
>>>import random
>>>random.randint(a,b)
```

其中 a、b 是两个整数，如 a=0，b=100，该函数将产生[0，100]的一个随机整数。

【例 4.12】 写一个程序，显示 100 个 10000 以内的随机数，按每行 10 个数输出。

程序清单 4.19

```
1   #@File: randomTest.py
2   #@Software: PyCharm
3
4   import random
5   random.seed(10)
6   for i in range(1,101):
7       rnum = random.randint(0,10000)
8       print(f'{rnum:6d}',end = '')
9       if i %10 == 0 :
10          print()
```

运行结果：

```
7194  1821  3120  7672  5186  3101  6977  3049  8503  1254
2209  2365   473   425  6429  8576  1152  1483   753   553
3696  6924  7771  2198  3491  8524  8766  2943  8942   605
1784  9460  8888  4621   309  4405  7483  6088  2220  7949
6148  3429   841  4254  5928  9236   732  9344  8151  2580
1589  7235  2742  8486  8858  7797  5813  3675  5470  6020
2185  8000  8836  1263  2535  8517  8459  4986  8085  2135
1949  5954  5666  1841  7882   416   480  4497  9988  6349
1520    82   633  2192  4339  6350  7732  3139   741  1737
7532  5622  6851  7640  2760  5605  5309  4422   277   126
```

注意： 上面程序如果把第 5 行注释掉，每次运行的结果是不同的，是随机的。加上第 5 行之后，每次运行的结果就固定了。实际可以想象在计算机内部存在一个非常非常巨大的随机序列，它是由若干个子序列构成，所谓的种子就是能够映射到那个子序列的一个无符号整数。如果每次运行时种子不同，自然运行结果就不一样了。当使用 random 中的 randint

产生随机数时，默认种子是自动变化的。再看几个例子。

【例 4.13】 10 以内的加法测试。

问题描述：计算机随机产生两个 10 以内的一位整数，请输入它们的和，如果正确输出 Good，否则，输出“Wrong! Try again!”，再次回答，直到正确为止。

程序清单 4.20

```
1   #@File: addquiz.py
2   #@Software: PyCharm
3   import random
4   a = random.randint(0,9)
5   b = random.randint(0,9)
6   print('What is '+str(a)+'+'+str(b)+'?')
7   answer = eval(input())
8   while answer !=a+b:
9       print('Wrong,Try again:' +str(a) +'+' +str(b) +'?')
10      answer = eval(input())
11  print("Good! You are right!")
```

注意：程序中第 6 行和第 9 行的输出中把几个字符串用加号连接起来形成的算式字符串，这里的加号不是数值相加，是字符串连接。

【例 4.14】 模拟掷硬币实验 10 000 次，输出正面向上的统计结果。

很多随机现象往往只有很小的可能范围。本问题的掷硬币只有两种可能，因此模拟它只需 0 和 1 两个随机数。

程序清单 4.21

```
1   #@File: throwCoin.py
2   #@Software: PyCharm
3   import random
4   heads = tails = 0
5   for i in range(10000):
6       a = random.randint(0,1)
7       if a == 0 :
8           tails += 1
9       else:
10          heads += 1
11  print("You thrown the coin 10000 times")
12  print(f"Heads up is {heads}\n Tails up is {tails}")
```

运行结果：

```
Throw cois 10000 timms
Heads up is 4955
Tails up is 5045
```

程序模拟了 10 000 次硬币投掷，正面向上的可能性大约是 1/2。

【例4.15】 写一个图形程序，模拟在网格中随机行走的历程，就像一个人在花园里闲情逸致那样，散步赏花，欣赏美景。

首先要画出网格。然后从某一个位置开始，如中心，随机地向四个方向移动。这里要充分使用循环结构来描绘，用随机数0,1,2,3表达4个不同的方向。实现代码如下。

程序清单4.22

```
1   #@File: randomWalk.py
2   #@Software: PyCharm
3   import turtle
4   from random import randint
5   turtle.speed(1)                    #设置海龟爬行的速度,1为最慢,0为最快,6为正常
6   ''' Draw 16 by 16 lattices '''
7   turtle.color("gray")               #设置网格线的颜色
8   x = -80
9   for y in range(-80, 80 +1, 10):
10      turtle.penup()
11      turtle.goto(x, y)              #画水平线
12      turtle.pendown()
13      turtle.forward(160)
14
15  y = 80
16  turtle.right(90)
17  for x in range(-80, 80 +1, 10):
18      turtle.penup()
19      turtle.goto(x, y)              #画垂直线
20      turtle.pendown()
21      turtle.forward(160)
22
23  turtle.pensize(3)
24  turtle.color("red")
25
26  turtle.penup()
27  turtle.goto(0, 0)                  #让海龟回到中心点
28  turtle.pendown()
29
30  x = y = 0                          #设置笔的位置为中心点
31  while abs(x) <80 and abs(y) <80:
32      r = randint(0, 3)
33      if r == 0:
34          x += 10                    #向东爬行
35          turtle.setheading(0)       #简写为seth,设置朝向
36          turtle.forward(10)
37      elif r == 1:
38          y += 10                    #向南爬行
39          turtle.setheading(270)
```

```
40          turtle.forward(10)
41      elif r == 2:
42          x -=10                          #向西爬行
43          turtle.setheading(180)
44          turtle.forward(10)
45      elif r == 3:
46          y -=10                          #向北爬行
47          turtle.setheading(90)
48          turtle.forward(10)
49
50  turtle.done()
```

图4.10是两次随机行走的结果。如果想每次看到的结果是一样的，就要在使用randint之前添加一个激活随机数的种子，只要每次种子相同即可实现。这样每次运行就会得到相同的随机数，因此也称这样的随机数是随机的。这样产生的不变的随机数，有时也是很有用的，想想它会有什么用？

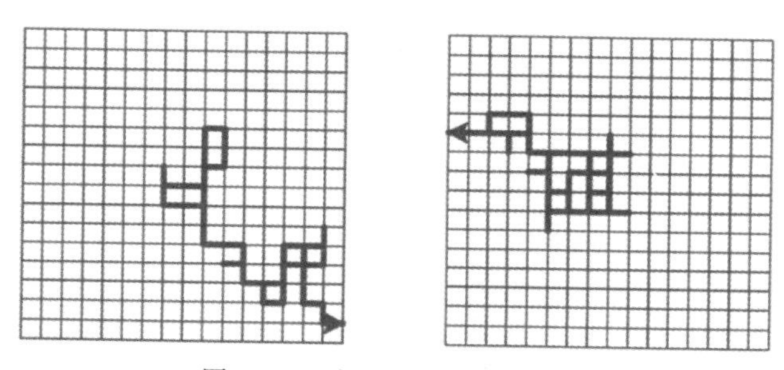

图4.10 随机行走的运行样例

4.7.2 自顶向下、逐步求精

结构化程序设计过程中，有一种"自顶向下、逐步求精"的程序设计方法，其基本思想是将复杂的、大规模问题划分为若干规模相对较小的几个小问题，每个小问题再进一步分解成更小的问题，依此类推，直到足够小的问题清晰可解为止。这种方法使问题的描述逐层进行，是一个从抽象到具体的过程。下面以本节的猜数游戏为例，讨论一下对待一个问题如何用自顶向下、逐步求精的方法分析设计。

首先给出最抽象、最顶层的问题描述，它只有一句话：

```
1 模拟猜数游戏                          ------顶层
```

怎么模拟呢？整个"猜数游戏"的模拟过程显然是由两部分组成，首先是计算机"想"一个数，然后是猜数。因此第一次分解求精的结果为：

```
1.1 计算机"想"一个数                    -----第2层
1.2 模拟猜数过程
```

这样整个问题就变成了两个小问题，每个小问题进一步求精、具体化，经过进一步求精要回答怎么想，怎么猜，因此第二次求精的结果为

```
1.1.1 使用 randint()产生一个 0~1000 的数 magic          ----第 3 层
1.2.1 读用户猜的数 guess
1.2.2 判断是否猜中,如果猜中,到 1.2.3,否则 1.2.1
1.2.3 输出祝贺信息
```

到现在为止 1.1.1、1.2.1、1.2.3 几个小问题都显而易见了，只有 1.2.2 还是比较抽象，因此进行第三次分解求精

```
1.2.2.1 如果 guess>magic                    ----第 4 层
        提示 too high 返回到 1.2.1
1.2.2.2 如果 guess<magic
        提示 too low 返回到 1.2.1
1.2.2.3 如果猜中,转到 1.2.3
```

现在每一步都很清晰了，再添加一步 1.3 是否继续玩下一次的判断，最后得到可以直接写出程序的算法描述：

```
1.1.1  使用 rand() 产生一个 0~1000 的数 magic
1.2.1  读用户猜的数 guess
  1.2.2.1 如果 guess>magic
          提示 too high 返回到 1.2.1
  1.2.2.2 如果 guess<magic
          提示 too low 返回到 1.2.1
  1.2.2.3 如果猜中,转到 1.2.3
1.2.3  输出祝贺信息
1.3    是否继续,输入 y/Y 转到 1.1.1,输入 n/N 结束
```

从上述算法可以看出，猜数过程是一个循环过程，如果没有猜中就继续猜，猜中后猜数循环结束。整个游戏的外层又是一个循环，如果用户输入 y/Y，新的游戏开始，否则程序结束。

4.7.3 结构化程序设计

通过前面几章的学习，我们已经知道了结构化程序设计的基本控制组件（结构）包括**顺序、选择和循环**。

结构化程序设计告诉我们，使用**顺序、选择和循环三种基本控制结构**，按照下面的基本规则就能实现任何“**单入口，单出口**”的程序。

① 从最简单的流程图开始；

② 任何矩形框（动作处理框）都可以被两个按顺序放置的矩形框取代；

③ 任何矩形框都可以被任何控制结构取代，包括（顺序控制结构，if、if-else 和 if-elif-else 选择结构，while 和 for 循环结构）；

④ 规则②和规则③可按任何顺序运用多次。

其中，规则②称为栈式控制规则，也即**堆叠**。

从规则①开始，反复使用规则②的效果如图 4.11 所示。规则③称为**嵌套**式控制规则，从规则①开始，反复使用规则③把矩形框用一个单分支的循环结构替代的效果如图 4.12 所示。按照这样的规则进行程序设计就像搭积木一样，使程序设计更加简单明了。

到现在为止,前面讨论的每个程序代码不管它有多少,统统都是包含在一个程序中。显然,当程序规模变大时这样就会难于操作,不宜于管理。实际上,结构化程序设计除了使用三种基本控制结构之外,还包含一个重要的内容就是模块化。Python 语言允许把一个规模比较大的问题分解成若干可以独立使用的模块,模块之间再有机地结合起来形成一个完整的应用程序。有了模块之后,结构化程序设计才算比较完整,第 5 章将详细讨论模块化程序设计的问题。

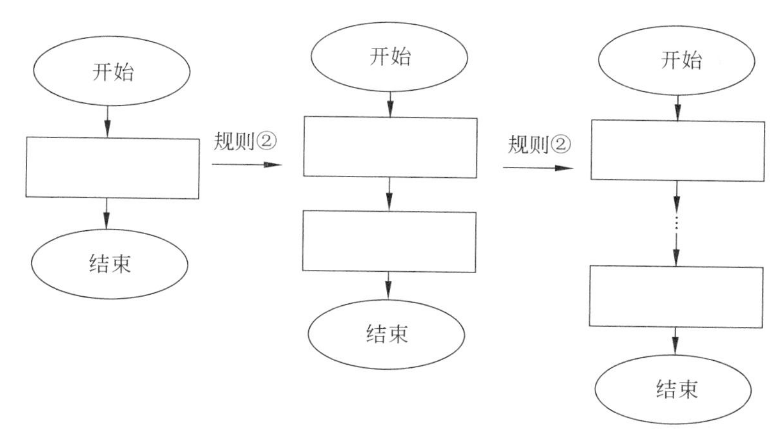

图 4.11 使用规则②把模块堆叠起来

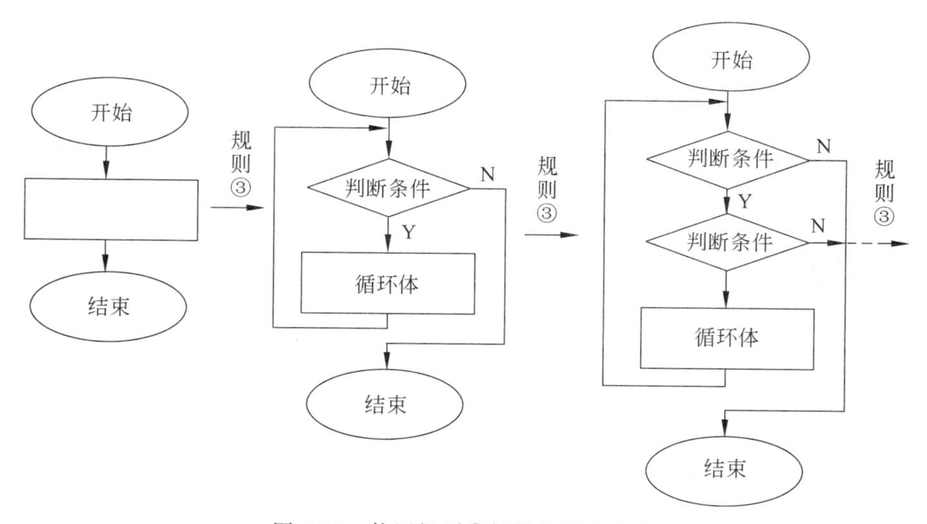

图 4.12 使用规则③把模块嵌套起来

小结

本章解决了重复性问题计算机求解的具体方法。重复问题可以是机械的重复,每次做的事情完全一样,也可以是迭代的重复,每次虽然动作相同,但是操作数在不断地变化。重复问题程序设计的关键是如何控制重复,本章给出了三种控制循环的方法：一是计数控制,二是标记控制，三是误差控制。Python提供了两种表达重复问题的循环控制结构while和for，其中while是最基本的循环结构，for循环结构是针对特殊问题的简化形式。循环结构可以堆叠和嵌套，循环结构还可以与选择结构堆叠和嵌套，再加上顺序结构，这样几乎就可以表达任何要解决的问题了，这就是结构化程序设计的基本方法。当一个问题比较复杂时，一般不宜也不易一次性直接写出最终实现的方案。应该有一个过程，结构化程序设计提倡用自顶向下、逐步求精的方法逐渐得到最后的实现方案，本章通过实例详细介绍了这种方法。

你学到了什么

为了确保读者已经理解本章内容，请试着回答以下问题？如果在解答过程中遇到了困难，请回顾本章相关内容。

1. 试列举一些包含重复的问题？
2. 什么是迭代？举例说明。
3. 循环结构的三要素是什么？
4. 如何通过计数的方法控制循环？
5. 如何通过标记控制循环？
6. 如何用误差精度控制循环？
7. while、for循环结构各有什么特点？
8. 循环嵌套和if-else嵌套有什么不同？
9. break和continue有什么用？
10. 怎么理解同时赋值？有什么用？
11. 如何产生随机整数？
12. 如何提高程序的容错能力？什么是异常处理？
13. 有几种格式化输出的方法？哪种是最新的？
14. 什么是自顶向下、逐步求精的分析方法？
15. 什么是程序测试？如何设计测试用例？
16. 什么是程序调试？调试的基本手段是什么？

程序练习题

1. 求10个整数的最大值和最小值

问题描述：

键盘输入10个整数，求它们的最大值和最小值，输出计算结果。

输入样例：

```
1 2 3 4 5 6 7 8 9 10
```

输出样例：

```
1 10
```

2. 求任意多个正整数的最大值和最小值

问题描述：

键盘输入若干个正整数，求它们的最大值和最小值，输出计算结果。

输入样例：

```
1 2 3 4 5 6 7 8 9 10 -1
```

输出样例：

```
1 10
```

3. 求奇数自然数之和

问题描述：

键盘输入一个自然数，求不超过它的奇数自然数之和。

输入样例：

```
100
```

输出样例：

```
2500
```

4. 计算 a＋aa＋aaa＋…的值

问题描述：

计算 a＋aa＋aaa＋…＋ aaa…aa(n 个 a)的值，其中 a 和 n 由键盘输入。提示：通项 term＝term * 10＋a，term 初值为 0。

输入样例：

```
2 3
```

输出样例：

```
246
```

5. 求任意多个正整数之和

问题描述：

键盘输入一组正整数求它们的和，并统计它们的个数。

输入样例：

```
1 6 3 -1
```

输出样例：

```
10 3
```

6. 近似计算

问题描述：

计算 1－1/2＋1/3－1/4＋…的值，计算的精度由用户确定。结果输出统一格式为%6.4f。提示：可以用 sign ＝ -sign 改变符号，但要注意 sign 的初始化。

输入样例：

```
0.0001
```

输出样例：

```
0.6931
```

7. 打印上三角的九九乘法表

问题描述：

打印一个倒置的九九乘法表，并配有行号(1～9)和列号(1～9)，在左上角第 0 行 0 列的位置显示一个 * 号，在第二行显示减号“－”号，九九乘法表的内容只显示两个数相乘计算的结果，这样通过查找行号列号交叉的位置就知道行乘列的结果。

输入样例：

无

输出样例：

```
*   1   2   3   4   5   6   7   8   9
-   -   -   -   -   -   -   -   -   -
1   1   2   3   4   5   6   7   8   9
2       4   6   8  10  12  14  16  18
3           9  12  15  18  21  24  27
4              16  20  24  28  32  36
5                  25  30  35  40  45
6                      36  42  48  54
7                          49  56  63
8                              64  72
9                                  81
```

8. 打印菱形图案

问题描述:

用 * 号打印一个方菱形图案,要求两个 * 号之间有一个空格,行数(旋转之后的正方形边长)由用户确定,如果输入了 5,则菱形的上下部分是 5 行,总行数是 9,列数与行数相同。

输入样例:

```
5
```

输出样例:

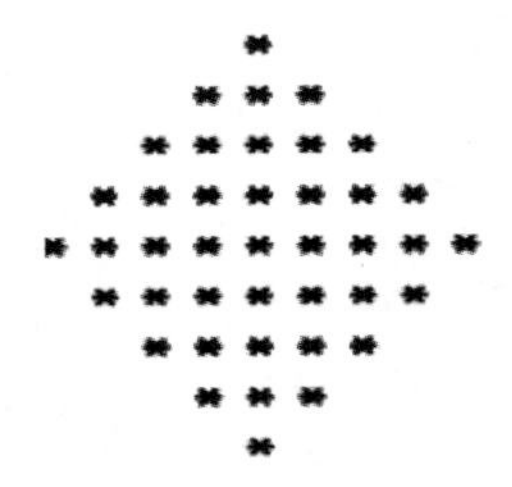

9. 求最大公约数

问题描述:

用辗转相除法求两个正整数的最大公约数。

输入样例:

```
4 6
```

输出样例:

```
2
```

10. 求水仙花数

问题描述:

如果一个 3 位整数刚好等于它各位数字的立方之和,则把它称为水仙花数。输出所有的 3 位水仙花数。

输入样例:

无

输出样例:

```
153 370 371 407
```

11. 求 π 的近似值

问题描述:

圆周率的值可以由下式确定,试求圆周率的近视值。

$$\frac{\pi}{2}=\frac{2}{1}\times\frac{2}{3}\times\frac{4}{3}\times\frac{4}{5}\times\frac{6}{5}\times\frac{6}{7}\times\cdots$$

输入样例:

```
1e-15
```

输出样例:

```
i=42441302 pi=3.1415926
```

12. 列出完数

问题描述:

一个数如果恰好等于它的因子之和,则称其为完数。编写程序求出某个整数以内的所有完数。

输入样例:

```
1000
```

输出样例:

```
6,its factors are 1 2 3
28,its factors are 1 2 4 7 14
496,its factors are 1 2 4 8 16 31 62 124 248
```

13. 猴子吃桃问题

问题描述：

猴子第一天摘下若干个桃子，当即吃了一半，还不过瘾，又多吃了一个。第 2 天又将剩下的桃子吃了一半多一个。以后每天都这样吃桃子，但到第 10 天想再吃就只剩下一个桃子了。写一个程序求第一天共摘了多少桃子。

输入样例：

```
无
```

输出样例：

```
1534
```

14. 绘制正方形螺旋线

问题描述：

使用 turtl 库绘制一个正方形螺旋线，如图 4.13 所示。

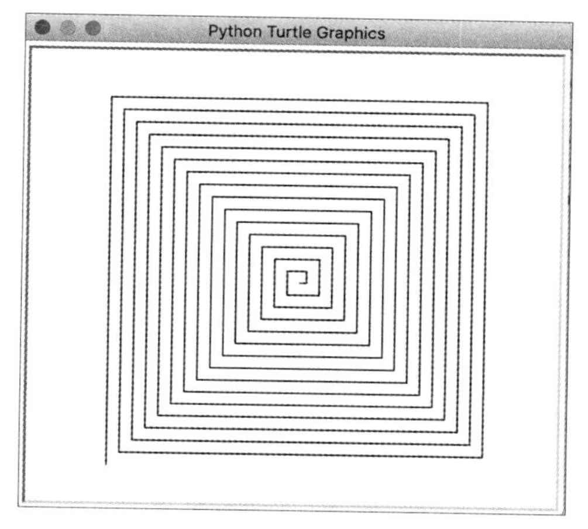

图 4.13 正方形螺旋效果

15. 绘制 10×10 的格子

问题描述：

使用 turtle 库在绘图窗口中绘制 10 行 10 列的方格子，如图 4.14 所示。

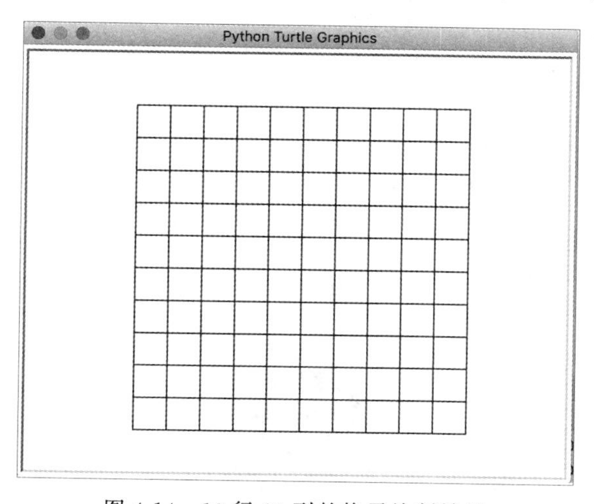

图 4.14 10 行 10 列的格子绘制效果

16. 绘制正弦曲线

问题描述：

使用 turtle 库在绘图窗口中绘制一条 -2π 到 2π 之间的一条正弦曲线，如图 4.15 所示，图中的希腊字符可以使用 Unicode 编码\u03c0。

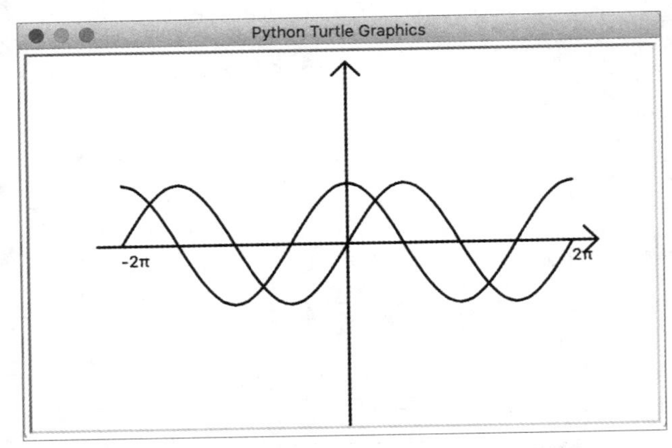

图 4.15　正弦曲线和余弦曲线的绘制效果

项目设计

1. 小学生加法练习软件

问题描述：

请为小学生开发一款 100 以内的整数加法练习程序。具体描述如下：首先计算机想两个 10 以内的整数 a，b，屏幕显示"a + b ="，等待小学生回答，如果小学生经过计算之后回答正确，屏幕显示 ok，否则，显示"try again!"，直到正确为止。如果回答正确，显示 ok 之后计算机会继续出题，重复上述过程。如果 10 次计算都通过，则显示"very good!"，升级为两位整数的加法，重复一位整数加法练习的过程。如果 10 次练习都通过，则显示"very very good!"，然后问继续练习吗？输入 Y/y 继续，否则练习结束。

2. 碰运气游戏模拟

问题描述：

游戏者每次投掷两个骰子，把两个朝上的点数相加。第一次投掷时如果得到的和为 7 或 11，游戏者就赢了；如果得到的和为 2、3 或 12 游戏者就输了(即计算机这个"东家"就赢了)；如果得到的和为 4、5、6、8、9 或 10，那么这个和就作为游戏者的点数，要想赢必须再次投掷，一直到取得自己的点数为止，如果投掷出 7 点，游戏者就输了。

实验指导

CHAPTER 第5章

分而治之——函数程序设计

学习目标：

- 理解函数程序设计的基本思想。
- 掌握函数的定义和函数调用的方法。
- 理解函数调用的过程和函数参数传递机制。
- 学会使用标准库中的函数。

迄今为止，我们已经学习了三种控制程序的结构：顺序结构、选择结构和循环结构。如果能把这三种控制结构灵活运用，使用堆叠嵌套技术，毫不夸张地说已经可以解决绝大多数问题了。前几章解决的问题都相对比较简单，问题的求解算法都比较明显，写出的程序一般是十几行，最多不过几十行，大多还不到一页纸的长度，都保存在一个 Python 源文件中，都是直接执行的。但是很多问题往往求解算法比较复杂，内容很多，实现的代码可能多达几百行，几千行，甚者几万行。这种规模的代码还能像前几章那样都保存在一个源文件中吗？在一个文件中那么多代码还是从头到尾都写在一起吗？回答应该是能！但是，设想一下成千上万行代码都写在一起，该有多么难以编辑控制。

一个规模比较大的问题，往往也不是一个人能独立完成的。即使能独立完成也要把它分解成若干个相对比较小的子问题，每个子问题还可以再分成若干个更小的子问题，这些小问题都解决了，整个问题就解决了。这种把大问题按层分解成子问题的过程是分而治之的过程，可以采用自顶向下、逐步求精的方法去分解。自顶向下、逐步求精的过程为函数程序设计提供了方法。每个子问题都可以对应一个独立的功能函数。一个问题经过函数化之后，所得到的函数并不是彼此孤立的，而是具有层次关系的一个整体，顶层的函数可以称为主函数，用 main 表示，main 调用它下一层的子函数，子函数再调用更下一层的子函数，这样有机地结合在一起。实际上，三种程序控制结构与函数相结合才是真正的结构化程序设计。

本章详细讨论如何定义**函数**，如何使用函数，函数之间是如何联系在一起的，如何定义**接口**、管理众多的函数、建立**函数库，或者说建立一个多个函数组成的模块（文件）**，比较系统地研究一下函数程序设计的基本方法。

本章要解决的问题：

- 再次讨论猜数游戏模拟问题；
- 是非判断问题；
- 递归问题；

- 简单的计算机绘图问题；
- 学生成绩管理系统的初步。

5.1　再次讨论猜数游戏模拟问题

问题描述：

问题同 4.7 节的问题描述，这里略。输入输出样例也请参考 4.7 节。

问题分析：

在 4.7 节已经采用自顶向下、逐步求精的方法研究了这个问题。已经认识到要解决一个比较复杂的问题，不可能一开始就能确定一个十分精细的解决方案，一般要经历一个从抽象到具体，逐步明晰的过程。开始先勾画出求解方案的一个比较粗糙的轮廓，确定一个比较抽象的概念，然后再逐步细化，把抽象的东西逐渐细化到可以实现的具体步骤。自顶向下、逐步求精的过程是一层层分解的过程。如果设猜数游戏模拟的顶层是问题的原始抽象描述，经过第一次分解问题变成了两个子问题，这样就有：

猜数游戏算法

① 计算机“想”一个数。

② 玩家“猜数”。

③ 问是否继续玩，回答 y/Y，返回到①，否则程序结束。

其中①和②的每一步都是比较抽象的子问题，分别命名为 make_magic 和 guess_number，make_magic 的功能是实现计算机“想”一个数，guess_number 的功能就是模拟一次猜数游戏的全过程。可以先认为它们都已经实现了(**先设一个桩，占一个位**)。因此猜数游戏就是顺序使用 make_magic 和 guess_number，其流程图如图 5.1 所示，这个比较粗糙/抽象的算法可以称为主算法，对应的流程可以称为**主流程**。

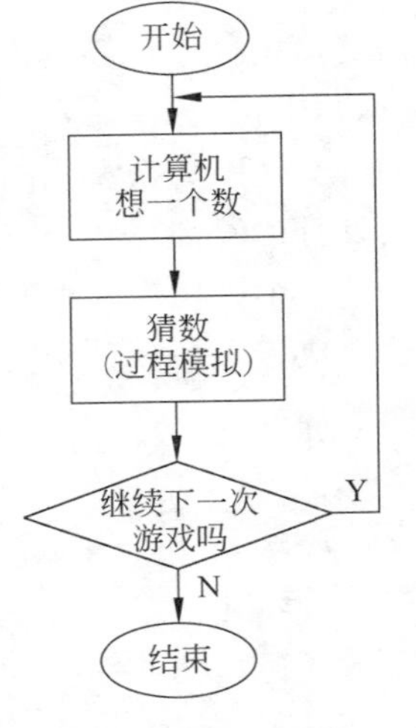

图 5.1　猜数游戏的主流程

如果用 main 表示主流程，把它认为是第一层，两个子问题对应的 make_magic 和 guess_number 是第二层，这样它们之间就形成了一个层次结构，如图 5.2 所示。这个层次结构表明了主算法和子算法之间的层次调用关系，图中单向的箭头线表示**调用**。因此可以说猜数游戏 main 调用 make_magic 和 guess_number。注意，实际 main 是不能主动执行的，Python 解释器调用 main 才能驱动整个游戏程序，即在 main 上面还有一层。

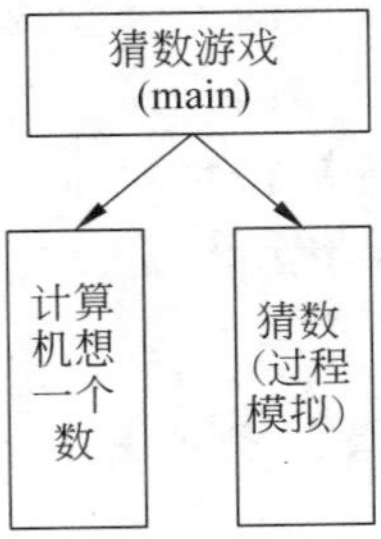

图 5.2　猜数游戏程序的层次结构

主流程和主算法和子算法的层次结构清楚之后，接下来就可以进一步研究每个子问题的解决方法了，即考虑 make_magic 怎么想一个数，guess_number 怎么猜的具体细节。如果子问题还很复杂，还很抽象，那就还要把每个子问题再次进行分解，每个分解出来的子子问题又对应一个更小的子问题，它们合起来构成本子问题的解决方案。如果经过第一次划分之后的子问题很容易求解了，就可以直接设计这个子问题的详细算法了。对于猜数游戏模拟问题，第一次分解求精得到的子问题“让计算机想一个数”已经比较简单了，可以直接给出它的算法如下：

make_magic 算法

1.1　使用随机函数 randint( ) 产生一个 0～1000 的数 magic

对于“猜数”来说，第 2 步判断是否猜中，又加细求精了一次，所以其算法可以确定如下：

guess_number 算法

1.2.1　接受用户猜的数 guess

1.2.2.1　如果 guess＞magic 提示 too high 返回到 1.2.1

1.2.2.2　如果 guess＜magic 提示 too low 返回到 1.2.1

1.2.2.3　如果猜中，转到 1.2.3

1.2.3　输出祝贺信息

Python 中把这样的层次结构中的算法，包括主算法和子问题对应的算法都用函数表达，因此就有 main 函数，make_magic 函数和 guess_number 函数。有了这些函数之后，在程序中就可以按照给定的层次关系调用它们了。完整的程序见程序清单 5.1。

程序清单 5.1

```
1   #@File: guessNumFuncs.py
2   #@Software: PyCharm
3
4   from random import *
5
6   def main():
7       """ The top level of the Game """
8       print("Welcome to GuessNumber Game!\nWould you want beginning")
9       c = input("Y/N or y/n? ")
10      while c == 'y' or c == 'Y':
11          magic=makeMagic()              #call makeMagic 函数
12          guessNumber(magic)             #call guessNumber 函数
13          c = input("Next time ? Y/N or y/n? ")
14
15  def makeMagic():
16      """ Get a random number """
17      return randint(1,1000)
18
19  def guessNumber(magic):
20      """ Guessing """
21      guess=int(input("Please guess a number between 1 and 999:"))
22      while guess !=magic:
23          if guess <magic:
24              print("Too low!")
25          if guess >magic:
26              print("Too high!")
27          guess=int(input("Please guess a number between 1 and 999:"))
```

```
28      print("Congratulation! you are right!")
29
30  if __name__ == "__main__":              #程序从这里开始执行
31      main()
32
```

其中在 main 里两个关键步骤 11 行和 12 行分别调用了函数 make_magic( )和 guess_number(magic),

下面将分节系统地讨论关于函数的一些细节。

5.1.1 模块化思想

现在总结一下刚才的讨论。在自顶向下、逐步求精的过程中,最初是比较粗糙的算法,把比较抽象的猜数游戏模拟归结为两个子问题,每个子问题对应一个函数。如果每个子问题能够很容易地得到解决,整个问题便得到了解决,如果子问题还比较抽象,就继续拆分成更小的子问题,又产生很多更小的子问题求解的函数,依此类推,直到很具体地能够解决为止。这个从抽象到具体的过程**蕴藏着一种层次结构**,所有的函数可以把它们组成一个解决这类问题的库,或者叫函数构成的模块,这种程序设计方法体现的就是模块化程序设计的基本思想,它是解决复杂问题或大规模问题的一种行之有效的策略——“分而治之”策略。

模块化程序设计使得一个比较大的问题转化为了若干个相对独立的、规模较小的子问题,这给软件开发带来了很多方便和好处。

- 整个库模块的开发可以由一个团队合作完成,每个成员只需完成其中的一部分;
- 开发一个或几个模块中的函数,不必知道其他函数内部结构和编程细节,只需知道它所需要的那些函数的接口,每个函数可以独立开发;
- 函数之间通过特别的消息传递机制(函数调用,参数传递)有机地结合在一起;
- 问题求解模块化之后,其函数之间具有层次结构,降低了复杂性,因此具有易读性,容易阅读和理解;
- 模块化还具有可修改性,对整个求解系统的修改只涉及少数部分函数;
- 模块化具有易验证性,每个功能函数可以独立测试验证,而且由于功能单一、规模较小,所以容易验证。
- 模块具有可重用性,每个功能函数可以反复使用,这一特征也称可复用。

注意:模块化程序设计要求每个功能函数的规模不要过大,函数的功能应该单一,即遵循函数功能的**高内聚**基本原则。函数的接口(名字和参数)应该尽可能简明,不同函数之间尽可能少地有关联,即遵循**低耦合**的基本原则。

5.1.2 函数定义

Python 结构化程序设计中把实现某种功能的一段代码封装在一起用**函数**表示,这个函数从功能上来看有点像数学函数,但表现形式和实现方法都与数学截然不同。在前面几章的学习中我们就已经接触到一些函数了,用来输出信息的 print 函数,用来输入信息的 input 函数,eval 函数等。不管是哪个函数,它们都对应一段代码。**函数定义(简称函数)**最基本的形式如下:

```
def  函数名  (参数列表):      #函数头
    """函数注释
    """
    函数体
    return
```

从整体上来看,**函数定义**是一段**有名字**、**有注释的**、**可执行的程序代码**,它由两部分组成:**函数头**和**缩进排列**的**函数体**。

1. 函数头

一个函数定义的头由三部分构成。

(1) **def**,这是一个系统的关键字,是 define 的简写。

(2) **函数名**,它是函数的标识符,其命名规则同变量名的命名规则一样。其作用类似变量名的作用,也可以称其为变量。变量名引用一个数据对象,**函数名则引用一个函数对象**(封装在一起的函数定义代码),**因此函数定义就像一个赋值语句那样,它是一个可执行语句(executable statement)**。

(3) **参数列表**,它是逗号隔开的一些列表项,每一项有一个参数名。这组参数是将来函数被调用时函数能够接收的参数。声明格式为:

```
(参数名称,参数名称,…)
```

注意这个参数列表必须放在一对小括号之内,参数的个数大于或等于 0。一对小括号是函数的重要特征,只有看到小括号,才能确定其前面的名字是函数名。函数定义的参数列表可以为空,但小括号不能没有。例如:

```
max2 ( a, b)
```

的参数列表是(a, b),说明当使用函数 max2 时它可以接受两个参数。但它只是在形式上给出了有什么参数,它叫**形参**。一般来说,函数在未被使用时,形参并不是什么变量,也不知道它引用什么类型的数据,只有在函数被使用的时候,形参才作为传递来的对象的变量自动产生,才有引用的对象(**注意:当参数具有默认值时例外**)。既然形参是形式上的参数,因此用什么名字是无关紧要的。

Python 函数的形参形式是比较丰富的,最基本的用法是**简单的形参名字**和**严格的参数顺序**,如函数 def print_rect(h, w)的功能是打印一个 h 行 w 列的字符图案,第一个参数的意义是行数,而第二个参数的意义是列数,两个参数如果交换一下顺序,意义就不同了。

注意:Python 的参数虽然没有限定数据类型和返回类型,但是也可以给用户一些提示,提示函数代码所期望的参数对象类型,如下面的函数定义对参数的数据类型和返回值的数据类型给出了提示,均为整型。

```
>>>def max2num (a: int, b: int) ->int:
```

但这仅仅是为用户服务的,机器内部是不理会的。

(4) **函数头结尾的冒号**:同分支循环结构的冒号一样,函数头结尾的冒号不能丢掉。

2. 函数体

函数体是函数定义的主体。

按照 Python 编码规范 PEP8,函数体的第一行,是可选的**函数注释**,一般是用三双引号括起来的文档字符串(DocString),注释的内容要求用英文书写,包括函数的功能、函数的参数的意义、函数的返回值信息,且在函数功能描述之后有一空行。大家都知道,注释部分是被解释器忽略的,它仅仅为了方便阅读而存在,但它是比较重要的一部分。作为一个函数的设计者,不仅要能够设计出符合上述格式的、好用的函数,还要考虑代码的可读性,也就是不仅要熟悉前面几章学过的基本程序结构,写出正确的函数体代码,还要写好注释。

接下来是实现函数功能的代码。前面学过的各种语句都可以出现在函数代码中,如赋值语句、输入输出语句、函数调用语句、判断选择语句、循环语句等。也就是必须熟练掌握前面已经学过的输入输出语句,三种控制程序结构的语句等。在 Python 中函数体的代码中允许包含另一个函数的定义,**即函数的定义允许嵌套**。

一个函数体可以包含

```
返回语句: return [返回值列表]
```

返回语句是可选的。如果需要把一些值返回给将来使用它的语句——函数调用语句,可以用 return 返回。**实际上没有 return 语句时系统也会返回一个 None**,这时相当于有一个没有返回值列表的 return 或直接是 return None 的效果。因此,**可以说 Python 函数都是有返回值的**。只不过有的有显式的 return,有的没有。return 语句常常位于函数代码的后面,但有时也在函数体的内部,允许有多个 return 语句,当然它们肯定是有条件的返回,不可能多个 return 同时进行。在一个 return 的返回值列表中,可能包含多个值,即**允许返回多个值**。

函数头和函数体一起构成了解释器识别的函数定义。从函数的定义可以看出,一个函数实际上就是一组语句被封装在了一起,用一个名字来表示,这组语句在被执行之前会通过参数带进一些信息,在被执行之后将完成一个特定的任务,其结果通过 return 语句或其他形式返回。因此,可以说一个函数就是具有某种特别功能的一种工具。一般来说,使用函数的人比较关心的是要提供给函数什么样的参数它才能执行,函数执行后其结果会是什么,并不太关心函数内部到底是怎么工作的、如何实现的。因此,人们常常把函数看成是一个黑盒子,如图 5.3 所示。

图 5.3 函数是一个黑盒子

下面看几个函数定义的例子。

【例 5.1】 定义一个函数,求两个数的最大值。

定义一个函数要从函数头出发,即要确定函数名称,函数的参数列表。此函数的功能是对任意给定的两个数,求它的最大值并返回。参数的类型在定义时不确定。函数的命名应该尽量有意义,这里命名为 max2num,意思是两个数的最大值。完整的函数定义如下:

```
1   def max2num ( a, b):
2       """ The Sum of two numbers
3       :param a: one number, int type
```

```
4       :param b: another number, int type
5       :return : maximum number
6       """
7       if a >b:
8          result = a
9       else:
10          result = b
11      return result
```

或者把第 7～10 行的代码用 if-else 表达式简单地写成

```
return a if a>b else b
```

【例 5.2】 定义一个函数，打印 h 行 w 列的矩形图案。

这个函数要打印一个 h 行 w 列的图案，显然函数的参数列表应该有两个参数，第一个参数表示行数或者是高度，第二个参数表示列数，也可以认为是宽度。它的功能是打印图案，没有结果要返回，函数取名为 print_rect，完整的函数定义如下：

```
1  def print_rect(h, w):
2      """ Display a Rectangle
3      :param h: height
4      :param w: width
5      :return: none
6      """
7      for i in range(h):
8          for j in range(w):
9              print('* ', end = '')
10         print()
```

【例 5.3】 定义一个函数，显示一个菜单界面。

当一个问题比较复杂时，经过分解会有很多子问题或者具有很多功能函数，这时可以给用户一个菜单界面提示，供用户选择，用户选择不同的功能就去执行不同的功能函数。而且这个界面是始终要显示在用户面前的，需要多次调用才能达到这样的效果。因此，有必要定义一个显示菜单界面的函数，函数命名为 menu，函数定义的完整实现如下：

```
1  def menu():
2     """ Display a Menu """
3      print("Welcome! Please give me your choice:")
4      print("====================================")
5      print("        1 --append record")
6      print("        3 --display record")
7      print("        4 --modify record")
8      print("        5 --find  record")
9      print("        0 --append record")
```

【例 5.4】 定义猜数游戏模拟的 make_magic 函数。

它的功能产生一个随机“想”的数，不需要参数，返回一个数，见本节开始的函数定义。

【例 5.5】 定义猜数游戏模拟的 guess_number 函数。

它的功能是模拟猜数过程,需要知道计算机想的数是什么,因此要有一个参数,没有无返回值。见本节开始的函数定义。

【例 5.6】 定义一个函数 sort2num,对两个数排序。

```
1   def sort2num(a,b):
2       """Sorting a and b """
3       if a <b :
4           return a,b
5       else:
6           return b,a
```

注意:这个函数同时返回两个值,因此,调用返回时候需要两个接收变量,即

```
x, y = sort2num(4,2)
```

实际 return 还是返回一个值,内部有一个组合和拆分的过程,见 7.1.8 节。

一个函数的规模一般不要过大,控制在 50 行以内为宜。一个函数的功能也应尽可能单一,不要让一个函数的负担过重。这里需声明,**在本书的章节中,限于篇幅,大部分函数的注释部分都省略了或采用简化的方式**。

最后再次强调一下,**在 Python 中**函数定义 **def 是一个可执行语句,函数定义时相当于定义了一条赋值语句,函数名作为函数对象的引用**,因此 def 是**隐性的赋值运算**,但当函数被调用时,才执行函数体。

5.1.3 函数调用

函数是自顶向下、逐步求精的求解过程中分而治之的结果,每个子问题均可以定义为一个函数,函数之间呈现一种层次结构,最顶层的是主函数 main。一般来说,下一层的函数是为上一层的函数服务的,也就是说,上一层的函数要使用下一层的函数,当然如果需要的话,下一层的函数也可以使用上一层的函数,同层的函数也可以互相使用。**注意 main 函数是自定义的**。在一个函数中使用另一个函数称为**函数调用**(**Invoke**),使用者称为**主调函数**(**或调用函数**),被使用者称**被调用函数**。函数调用的一般形式是:

```
>>>函数名(实参列表)
```

其中函数名后面的一对小括号是必需的,**实参**列表是逗号隔开的,**一般来说**,它与函数定义中的形参列表一一对应。常量、变量或表达式均可以作为实参提供给形参需要的“值”。函数调用可以独立使用,形成一个函数调用语句,如调用 print_rect 函数打印一个 5 行 10 列矩形图案:

```
>>>print_rect(5,10)
```

也可以作为其他语句或表达式的一部分,如函数 make_magic 调用的结果赋给变量 magic:

```
>>>magic = make_magic()
```

注意:当使用某个函数时,必须从下面三个方面着手:首先要知道那个**函数的名字**是

什么,函数的功能是什么,然后看看它**有无参数**,如果有参数,还要进一步确认:

① 有几个参数;

② 参数的先后顺序如何。

③ 函数的**返回值**是什么样子的。

【例 5.7】 写一个程序,测试函数 max2int 和函数 print_rect。

我们以 max2int 函数和 print_rect 函数为例,看看它们是如何被调用的。首先注意这两个函数都是有参数的,函数 max2int 有一个返回值,而函数 print_rect 无返回值。

Python 语言规定,一个函数在被使用或调用之前**必须先定义**,不然解释器在执行的时候就会出现警告和错误,例如假设你要使用一个函数 func()

```
>>>func()
Traceback (most recent call last):
File "<stdin>", line 1, in <module>
NameError: name 'func' is not defined
```

怎么让 Python 解释器知道已经定义某个函数了呢?如果在 shell 窗口解释执行,当然要先输入函数的定义了。**如果在程序脚本里定义函数,就没有先后之说了**,只要在同一个脚本文件中即可,至于在这个文件的哪个位置,都不受影响。如果要在 main 函数中使用 max2int 和 print_rect 函数,把 max2int 和 print_rect 两个函数的定义放在 main 函数定义之前还是之后都是一样的,**但是执行 main 调用的语句一定要在 main 函数定义之后**,见程序清单 5.2。

程序清单 5.2

```
1   #@File: myfuncstest.py
2   #@Software: PyCharm
3
4   """
5   Test how a function is invoked after defining
6   First one  is a function max2num, it have tow integer numbers parameters,
   return one max value.
7   Second one is a function print_rect to display rectangle with star sign by h
   rows and w columns
8   """
9   def main():
10      #常量作为实参
11      max = max2num(3,7)
12      print(max)
13      print(max2num(5, 10))
14      print_rect(5,10)
15
16      #变量作为实参
17      x = 5
18      y = 10
19      print(max2num(x, y))
```

```
20        print_rect(x, y)
21
22        #表达式作为实参
23        print(max2num(x+y, y))
24        print_rect(x, y+5)
25
26    def max2num (a: int, b: int) ->int:
27        """Get the maximum one from two numbers
28        :rtype: int
29        :param a: one number
30        :param b: another number
31        :return: a max one
32        """
33        if a >b:
34            result = a
35        else:
36            result = b
37        return result
38        #return ( a if a>b else b)
39
40    def print_rect(h: int, w: int) ->int:
41        """
42        :rtype: int
43        :param h: height
44        :param w: width
45        :return: none
46        """
47
48        for i in range(h):
49            for j in range(w):
50                print('*', end = '')
51            print()
52
53    if __name__ == '__main__':
54        main()
```

这个程序同前几章的程序相比大不相同，除了有 main 函数之外，在它前面还有两个自定义的函数。第 52 行前是 3 个函数的定义，它们仅仅是一些工具，如果不调用它们，它们是没有用的。这样的程序是怎么运行呢？整个程序的顶层只有一句话，就是第 53 行的判断结构，当条件为真时调用 main 函数，这是程序的入口。虽然在 main 的前面有那么多行代码，但运行这个程序时，从第 54 行跳到主函数，然后依次执行 main 函数里的从第 9 行到第 24 行的代码。其中有多条语句是进一步调用 max2num 和 print_rect 函数。以第 13 行的调用语句为例，看看计算机是怎么执行的。调用 max2num 函数要提供两个实参，第 13 行提供的是 5 和 10，即实参是 5 和 10，接下来会发生什么呢？接下来会暂时离开第 13 行，跳到 max2int 函数的定义，即跳到第 26 行，然后把实参的值 5 和 10 会传给形参 a 和 b，这时形参

a、b 才成为变量并用实参初始化，即 a、b 不再是形式上的参数了，而是一个真正的指向整型数据的变量，也叫引用实参对象的变量。然后开始执行它的函数体代码，result 的值为 10，执行 return 10，这时又发生了什么呢？会从第 37 行返回到刚才离开的第 13 行，继续执行 print 语句，输出最大值 10，如图 5.4 所示。

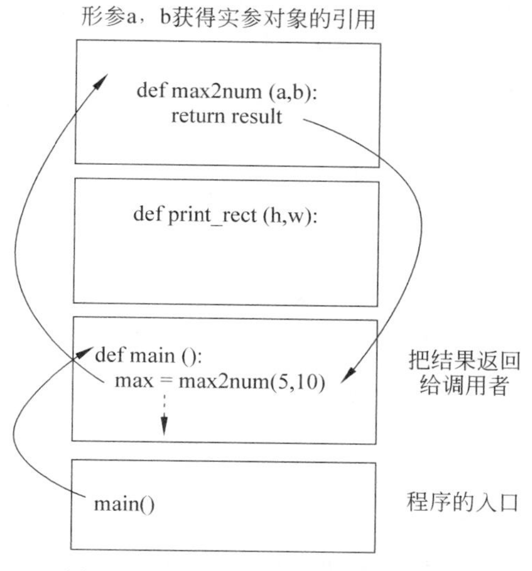

图 5.4　程序中函数调用的执行过程

接下来执行第 43 行，这时实参是 x 和 y，形参是 a 和 b，实参引用的对象怎么传给形参的呢？**Python 语言规定实参传给形参是把实参这个引用传给形参 a**，这个过程叫**传引用**(reference)，如图 5.5 所示，两个形参都引用到实参引用的对象之后，开始执行函数代码，结果返回到第 43 行，继续执行，这就同前面讨论的一样了。

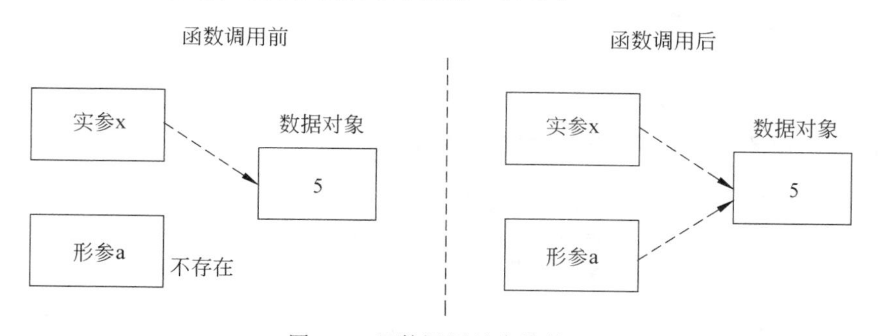

图 5.5　函数调用的参数传递

在这个例子中，有几种形式的函数调用。

(1) 整型常量作为实参的函数调用：

```
>>>max2int(10,5)
```

(2) 变量作为实参的函数调用：

```
>>>max2int(x,y)
```

(3) 表达式作为实参的函数调用:

```
>>>max2int(x+y,y)
```

【例 5.8】 使用 make_magic 函数和 guess_number 函数。

现在大家回头看一下程序清单 5.1,就应该能看懂了。程序中定义了三个函数,main,make_magic 和 guess_number。main 函数中调用了 make_magic 和 guess_number。

注意: 对于无参数的函数,函数调用的实参列表必须为空白,小括号不能省略,如>>>magic=make_magic()。另一个值得注意的问题是,guess_number 函数是无返回值的。

思考题:

① 实参变量传给形参,如果在函数体内,形参改变了它所引用的值,实参变量引用的对象值会怎样?

答案:由实参引用的对象类型所决定的,可变对象还是不可变对象,数值和字符串都是不可变的,将来会学习到可变对象,对于可变对象,函数体内对形参的改变实参将随之改变。

② 实参变量的名字与形参变量的名字可以相同吗?

③ 函数调用的结果可以返回一个值,也可以不返回值,能否返回多个值?

5.1.4 关键字参数

5.1.2 节的函数定义指出,函数头一般包含一组形参,当函数调用时,实参和形参的位置一般要一一对应。即函数参数在参数列表中的位置是非常重要的,常常把这种调用中的**实参称为位置参数(如果在 Python shell 窗口查看某个函数的帮助,会看到参数列表里有个“/”,表示它左边的参数是位置参数)**。这种位置参数也是程序设计语言普遍采用的方式。然而 Python 还有更加丰富的参数形式,例如还允许不按照参数的位置顺序调用函数,但实参必须借助形参的名字引用实参的对象,例如调用 print_rect(h, w) 函数绘制一个 5 行 10 列的矩形图案,可以

```
>>>print_rect( w = 10, h = 5)      #现在采用的是参数的名字引用 5 和 10,与位置无关
```

这种函数调用的实参称为(**命名**)**关键字参数**(在 7.1.10 节还将介绍**可变长的**关键字参数)。也就是说 5.1.2 节的函数定义中的参数具有双重特征,**位置参数和关键字参数**。尽管如此,参数按位置的顺序对应传递还是比较好的,不容易出错。Python 也允许既有位置参数又有关键字参数,这时**位置参数必须在前**,

```
>>>def func(x, y, a, b):
>>>    print(x, y, a, b)
```

调用形式为

```
>>>func(2, 3, a = 2, b = 3)
```

或者

```
>>>func(y=2, x=1, b = 3, a = 4)
```

都可以,但

```
>>>func(x=1,y=2,3,4)
```

就不行了。

Python 还允许在函数定义时明确哪些是位置参数，哪些是关键字参数，用特殊符号/和 * 号加以说明。例如

```
>>>def func(x, y, *,  a, b):        #a,b 必须用关键字实参
>>>     pass
>>>def func(x, y, /, a, b):         #x,y 必须用位置实参
>>>     pass
>>>def func(x, y, /, *,  a, b):     #x,y 必须用位置实参,a,b 必须用关键字实参
>>>     pass
```

在 PyCharm 中这几种用法都是可以的，但在终端 shell 和 idle 中“/”字符参数不可用。

5.1.5　默认参数

5.1.2 节定义的函数在没调用它之前，其形参是没有引用任何对象的。但 Python 允许形参在定义时就有引用的对象，即预先为该形参设定一个值，这就是 Python 的具有默认值的参数。这样，当调用这样的函数时，就有两种可能：一是省略了该参数，使用参数的默认值，二是传递一个实参，用实参对象去替代默认值。这种具有默认值的参数在函数对象定义时就创建了，而且只创建一次，相当于静态对象。例如。

```
>>>def print_r(h = 5, w = 2):
       print(h,w)
>>>print_r()              #没有给实参,调用函数时使用默认参数值
5 2
>>>print_r(3)             #只给了一个实参,它将对应左侧的形参,这里 w 使用默认值
3 2
>>>print(8,20)            #给了两个实参,这时形参的默认值无效
8 20
```

注意在定义具有默认参数的函数时，也允许有非默认的，这时**非默认的参数一定要在默认参数的左侧**。下面的两种定义形式有一种是错误的。

```
>>def print_r(h, w = 2): #正确
       print(h,w)
>>def print_r(h = 3, w): #错误
       print(h,w)
```

5.1.6　lambda 表达式

很多函数可以用很少的代码、甚至只有一个表达式来表达，如果仍然用 5.1.2 节的函数定义方法定义它们就有点不方便。Python 提供了 lambda 表达式来表示这种小函数，它是**没有名字但有参数的函数，它是匿名函数**。它是只有一个表达式的函数，例如，求两个数的和，可以定义下面的 lambda 表达式，结果赋给 f。

```
>>>(lambda a,b:a+b)(2,3)        #直接调用了 lambda 表达式
5
```

或者

```
>>>f = lambda a,b:a+b    #
>>>f(2,3)
5
```

其中 lambda 是一个关键字，a，b 是参数，冒号后面的 a+b 是对参数要计算的表达式。整个“lambda a，b：a+b”称为 lambda 表达式，它等价于下面的函数定义

```
>>>def f(a,b):
>>>     return a+b
```

再如求两个数的最大值函数用 lambda 表达式实现：

```
>>>f = lambda x,y: x if x>y else y
>>>f(2,3)
3
```

更常用的使用方法不是像函数那样显式地调用，而是直接把 lambda 表达式置于需要一个函数的位置，隐式地调用它，下面的例子中 map 内置函数把 lambda 表达式作用于列表的每个元素，结果是运算后的列表：

```
>>>list(map(lambda x : x * x, [1,2,3,4,5]))
[1, 4, 9, 16, 25]
```

5.1.7 函数测试

一个函数设计好之后必须对其进行测试，通过测试考察它有没有实现预期的功能，这种测试称为**功能测试**。因为函数是相对独立的单元，所以这种测试也称为**单元测试**。还由于这种功能测试不关心函数的内部实现细节，只看结果，因此也称这种函数测试为**黑盒测试**。

对一个函数进行功能测试，就是要**模拟一个它可以运行的环境**，为它准备好必要的实参，调用要测试的函数，观察调用结果。要使得函数能够运行，就要写一个 main 函数，然后调用它，驱动要测试的函数，因此常称这样的 main 函数为**驱动(driver)函数**，或者叫作**测试函数**。或者不定义 main，直接把它们写成一段可执行的顶层代码，程序清单 5.2 中的 main 函数就是驱动函数，它是测试 max2num 和 print_rect 函数的驱动函数，但是必须由顶层的调用语句 main()调用它，才能够执行。可以把这样定义的 main 函数和顶层的调用语句 main()合起来称为驱动程序。每设计一个函数都要养成为其写一段驱动程序测试它的习惯。

注意：驱动程序仅仅用于函数的测试，一旦测试完毕后它就会被废弃或被删除，因此不必写得很完美，只要能让被测试的函数正常运行起来、能输出函数的结果即可。

5.1.8 函数模块化

函数测试之后，既可以把它保存到一个文件中作为模块使用，而且可以反复使用，这是

函数的另一个重要特征。例如程序清单 5.2 中已经测试了两个函数 max2num 和 print_rect。现在就可以把它们单独保存成一个文件，取名为 myfuncs.py，即可在程序中或 Python Shell 中导入这个模块了。下面是简单的应用代码：

```
>>>import myfuncs  #这里假设在 myfuncs.py 文件所在的目录下启动的 Python Shell
>>>myfuncs.max2num(2,3)
3
>>>myfuncs.print_rect(3,10)
**********
**********
**********
```

如果 myfuncs.py 在一个子目录中，如第 5 章的源码目录 ch5，这时应该在模块前加上"ch5."即

```
>>>import ch5.myfuncs
```

如果使用 PyCharm 编程，要导入的模块在 Project 的某个目录或 Package 中，import 导入时也要在模块名前面加上目录名或 package 名。

Python 的主要特征之一就是模块丰富，不仅有很多内置模块，还有大量的扩展模块给予支持。前面已经用过了内置模块 math、random、turtle，今天再介绍一个跟时间有关的模块 time，以及日期时间模块 datetime、日历模块 calendar 等。在 Python 标准文档中，datetime、calendar 被归到了数据类型里了，因为它们包括日期类、时间类和日历类等，因此在第 6 章之后才能真正理解它们。下面主要看看 time 模块的用法，目标是使用 time 模块获得系统的当前时间和日期。

为了解决这个问题，必须先了解时间相关的术语，一是 UTC（Universal Time Coordinated），协调世界时，又称 GMT（Greenwich Mean Time），UTC 对应的各个时区就是 local time，例如北京时间；第二个术语是 epoch time，表示时间开始的起点，对于 UNIX 而言，epoch time 为 1970-01-01 00:00:00 UTC；三是 time stamp，时间戳，也称为 UNIX 时间或 POSIX 时间；它是一种时间表示方式，表示从格林尼治时间 1970 年 1 月 1 日 0 时 0 分 0 秒开始到现在所经过的毫秒数，其值为 float 类型。但 Python 返回的是秒数。

time 模块中提供的第一个函数是 **time.time()**，它返回系统的时间戳（秒）。time 模块提供的第二个函数是 **localtime( )（无参数时）**，它返回的是系统的当前日期和时间，是含有 9 个元素的**时间元组**，struct_time(tm_year，tm_mon，tm_mday，tm_hour，tm_min，tm_sec，tm_wday，tm_yday，tm_isdst)，每个元素可以用下标(0～8)访问，具体含义如下：

```
0 --year (four digits, e.g. 1998)
1--month (1-12)
2--day (1-31)
3--hours (0-23)
4--minutes (0-59)
5--seconds (0-59)
6--weekday (0-6, Monday is 0)
7--Julian day (day in the year, 1-366)
```

```
8--DST (Daylight Savings Time)
flag (-1,  0 or 1) 是否是夏令时
```

localtime 也可以接受以秒为单位的时间戳参数，把其转换为对应的时间元组。除此之外还有几个有用的转换函数。

(1) asctime([tuple])：将时间元组(默认为本地时间)格式转换为字符串形式。接受一个时间元组，其默认值为 localtime()返回值。

(2) ctime(seconds)：将时间戳转换为字符串。接受一个时间戳，其默认值为当前时间戳，等价于 asctime (localtime (seconds))。

(3) gmtime([seconds])：将时间戳转换为 UTC 时间元组格式。接受一个浮点型时间戳参数，其默认值为当前时间戳。

(4) mktime(tuple)：将本地时间元组转换为时间戳。接受一个时间元组，必选。

(5) strftime(format[, tuple])：将时间元组以指定的格式转换为字符串形式。接受字符串格式化串、时间元组。时间元组为可选，默认为 localtime()。

(6) strptime(string, format)：将指定格式的时间字符串解析为时间元组，strftime()的逆向过程。接受字符串，时间格式两个参数，都是必选。

在 strftime 和 strptime 中的 format 支持的格式有：

```
%a 本地(locale)简化星期名称
%A 本地完整星期名称
%b 本地简化月份名称
%B 本地完整月份名称
%c 本地相应的日期和时间表示
%d 一个月中的第几天(01 - 31)
%H 一天中的第几个小时(24 小时制,00 - 23)
%I 第几个小时(12 小时制,01 - 12)
%j 一年中的第几天(001 - 366)
%m 月份(01 - 12)
%M 分钟数(00 - 59)
%p 本地 am 或者 pm 的相应符
%S 秒(01 - 61)
%U 一年中的星期数。(00 - 53 星期天是一个星期的开始)第一个星期天之前的所有天数都放在第
0 周。
%w 一个星期中的第几天(0 - 6,0 是星期天)
%W 和%U 基本相同,不同的是%W 以星期一为一个星期的开始。
%x 本地相应日期
%X 本地相应时间
%y 去掉世纪的年份(00 - 99)
%Y 完整的年份
%Z 时区的名字(如果不存在为空字符)
%% '%'字符
```

现在大家应该可以给出获得系统的当前日期和时间的程序了，如下所示。

```
>>>import time
>>>localtimes =time.localtime()
>>>print(f'{localtimes[0]}年{localtimes[1]}月{localtimes[2]}日')
2020年6月8日
>>>print(f'{localtimes[3]}时{localtimes[4]}分{localtimes[5]}秒')
14时44分7秒
>>>print(time.strftime("%Y-%m-%d %X", time.localtime()))
2020-06-08 15:24:51
```

如果只用 time.time()函数，怎么计算出对应的日期和时间，见程序练习题。

5.2　是非判断问题求解

在4.6节已经讨论过显示素数的问题，其中包含如何判断一个数是素数。该判断过程是程序清单4.17中的一部分，如果在其他问题里还要用到判断一个数是不是素数，就要再写一段同样的代码。能不能把它做成一个可以在任何需要它的地方都能使用的工具呢？当然可以，就是要自定义一个函数，让它具有这种判断功能。本节以素数判断为例讨论是非判断问题。

5.2.1　判断函数

判断一个数是否是素数的函数功能应该是：任给一个自然数作为参数，判断那个数是素数或不是素数，返回值为真表示是素数，返回假，则不是。这样的判断问题有很多，如果把它们定义成函数的话，就是返回一个逻辑真或假的函数，这类函数统称为**判断函数**。判断函数的命名常常以is开始，后跟一个名词，因此判断素数函数的名称可以命名为 isPrime，把4.6节的程序清单4.17的判断部分取出之后，适当的修改即可得到 isPrime 函数的定义，见程序清单5.3。

程序清单 5.3

```
1   #@File: isPrime.py
2   #@Software: PyCharm
3   import math
4   def isPrime(num):
5       """ Check if the num is prime"""
6       divisor = 2
7       last = num / 2              #或者 last=m-1,或者 last=int(math.sqrt(num))
8       while divisor <=last:
9           if num %divisor == 0:
10              return False
11          divisor += 1
12      return True
13
14  def print_primes(numOfPrimes):
15      """ Display first numOfPrimes primes. """
```

```
16      count = 0
17      num = 2
18      while count <numOfPrimes:
19          if isPrime(num):          #检查 num 是否是素数
20              count += 1
21              print(f'{num:3d}',end='')
22              if count %10 == 0:
23                  print()
24          num += 1
25
26  def main():
27      """ Top level of the application """
28      num = 20
29      print(f'The first {num} prime numbers are :')
30      print_primes(20)
31
32  if __name__ == '__main__':
33      main()
34
```

程序中的第 4～12 行就是判断一个数是否是素数的函数 isPrime，这个函数经测试无误之后，就可以作为一个工具在需要的时候使用了。大家可以根据问题的需要定义自己的判断函数。

Python 中包含了很多这样的函数，例如判断字符类型的一组函数：

```
>>>a = 'lksdj'
>>>a[0].isspace()
False
>>>a[1].islower()
True
>>>a[3].isnumeric()
False
>>>a[2].isupper()
```

我们在 5.1.3 节已经讨论过，一个函数在被调用的时候，有一个实参与形参的参数传递过程，因为这个传递才使形参有实际意义。同时还知道，当被调用函数执行完毕之后程序还能准确无误地返回到调用函数处继续执行后面的操作（见 5.1.3 节的图 5.4）。程序清单 5.3 中的代码有 3 个函数，从第 29 行的 main()开始它们的调用层次如下：

① 从第 33 行开始，Python 解释器调用 main()→进入 main；

② 在 main 里的第 30 行调用 print_primes(20)→进入 print_primes；

③ 在 print_primes 里的第 19 行调用 isPrime→进入 isPrime。

然后会返回到②再到③，这样往返 20 次之后回到①，再回到 main()下面的第 34 行结束。

计算机内部是怎么保证这样的执行过程顺利完成呢？为了回答这个问题，还要研究两个小问题,一是**变量的作用域**(**scope**),二是**函数调用堆栈**。

5.2.2 变量的作用域

从2.2节开始,我们所讨论的程序就开始有变量了。特别是5.1节开始允许自定义函数之后,在不同的函数定义中都有自己的变量,甚至彼此的名字都是可以同名的。这样从变量所处的位置来看,有的是在函数外,有的是在函数内。大家观察一下程序清单5.3中函数isPrime和print_primes中都有哪些变量?它们的变量互相有影响吗?不同函数中的变量名就像在不同班级的学生名一样,即使它们名字相同也不会彼此影响,因为它们都各自在自己的范围内有效,而且只有进入那个范围时才有效。对于函数来说,当执行完函数后,函数中的变量就都不存在了。这就是所谓的变量的作用域。Python中的变量根据它们的作用范围不同分两种,即局部变量和全局变量。请看下面的程序:

```
1   global_a = 2
2   def func1():
3       local_a = 1
4       print(local_a)
5       print(global_a)
6   func1()
7   global_b = 3
8   print(local_a)                              #这里是错的
9   print(global_a)
```

global_a位于函数的外部是全局变量,可以在函数func1中print,local_a是局部变量,不可以在函数外部print,因此第8行语句是错误的。global_b同样位于函数的外部,也是全局变量,可否在func1中print呢?答案是不可以。

局部变量和全局变量除了作用范围不同,或者称可见区域不同,也可以认为它们的生命长短不同。每个变量从第一次使用开始,它就诞生了,当离开它的作用域的时候它的生命就结束了,这种特征可以叫变量的生命期,这是自动的。全局变量global_a和global_b,它们的作用域或者说生命期是不同的,各自的起点不同。再看一个例子:

```
1   x = 1
2   def func2():
3       x = 2
4       print(x)                                #输出 2
5   func2()
6   print(x)                                    #输出 1
```

如果局部变量和全局变量同名,则当进入函数内部时,全局变量被屏蔽,不可见了,实际上是暂存起来了。当返回到顶层的全局范围时,全局变量恢复,即局部变量具有函数作用域。上面的程序从第1行开始执行,到第5行调用func2,进入func2,这时局部的x与全局的x是无关的。当从func2返回时,局部的x已经结束生命期,所以第6行访问的x是全局的。

请注意,local和global是针对函数而言。对于if、while和for等结构的语句块来说也有内部外部，但它们的变量是相通的，如：

```
1   x = eval(input())
2   if x >0 :
3       y = 2                          #y 是 if 结构的内部变量
4   print(y)                           #当 x<=0, 这里出错,为什么?
5
6   s = 0
7   for i in range(11):                #i 是 for 结构的内部变量
8       s += i
9   print(i)                           #输出 for 循环结束时 i 的值
```

程序中的 if 结构内部有一个变量 y，当离开 if 结构时是可以访问的，但是如果 x<0，y 就没有被定义，这时第 4 行还使用它，就会反馈变量 y 没有被定义。第 7 行的 for 结构的内部有一个变量 i，当离开循环时，它的值是循环控制变量的终值 10，可以在第 9 行输出。

Python 提供了一个 **global 语句**，允许在函数内部指定某个变量是 global。如：

```
1   x = 1
2   def func2():
3       global x                       #定义这里的 x 是全局变量
4       x += 2
5       print(x)
6   func2()
7   print(x)                           #输出 3
```

程序中第 1 行的 x 是全局变量，在函数 func2 中如果想修改这个全局变量，必须在第 3 行的语句中把 x 定义为全局变量。

5.2.3 函数调用堆栈

一个函数在调用另一个函数期间，还没返回的时候，另一个函数可以再调用第三个函数，在第三个函数正在执行的过程中，还可以再调用第四个函数，依此类推，也就是说**函数调用可以嵌套**。

前面的讨论已经知道，当一个函数调用另一个函数时，如果有参数，会把实参的值(实际是引用值)传递给形参，并暂时离开主调函数的调用位置，去执行被调函数，当被调函数执行完毕之后准确无误地返回到原来主调函数的位置继续执行。程序是如何保证这样的过程正确无误的呢？原来 Python 解释器，为每个运行的程序定制了一个特别存储区域——**栈**，称为**调用堆栈(Call Stack)**，也称为**执行堆栈(Execution Stack)**、**运行时栈(Runtime Stack)**、**机器栈(Machine Stack)**。一个栈是一个特别的数据结构，它就像一个一端封起来的乒乓球筒，要往里装新的乒乓球只能在它的一端(**栈顶**)一个一个置入，取出乒乓球也只能从顶端弹出，它具有**先进后出**的特点。每次函数调用时会产生一个**激活记录(Activation Record)**，也叫一个**栈帧(Stack Frame)**，其中包括**函数调用的返回地址以及被调用函数的局部变量**(包括形参和函数内部定义的变量)。这个记录被存储到栈顶。如果函数调用是嵌套的，即调用一个函数时，在这个函数被执行的过程中又调用了另一个函数，就会有多个记录按照顺序依次压入栈中。当最后的被调用函数执行完毕要返回时,将从栈顶弹出一个记录(栈帧),从中找到函数调用返回的地址,同时**释放被调用函数的所有局部变量**。返回到上一层调用函数后继续执行,依次执行完嵌套调用的函数,逐个弹出栈顶记录。这样当整个程序执行完毕时,函数调用堆栈必为空。显然嵌套调用的层次越多,函数调用堆栈越高或称越深。注意:main 函数也是被调用的对象,它是由解释器调用的,因此第一次压入函数调用堆栈中的记录是解释器调用 main 时形成的,包含 main 函数的返回地址和 main 函数中的局部变量。下面再通过一个例子查看一下函数调用栈的具体变化过程。

【例 5.9】 写一个程序,由直角三角形的两条直角边,求它的斜边。

这个问题的求解直接使用著名的勾股定理,即直角边的平方和等于斜边(hypotenuse)的平方。为了说明函数调用堆栈,这里定义两个简单的函数,hypot2(float, float)求斜边的平方,求一个数的平方 square(float),这样在 main 中调用 hypot2 再开平方根即可。具体实现见程序清单 5.4。

程序清单 5.4

```
1   #@File: Pythagorean.py
2   #@Software: PyCharm

3   def square(a):
4       """ square a number """
5       return a * a
6
7   def hypot2( a, b ):
8       """ Get the sum of 2 square of right-angle-side"""
9       return square( a ) +square( b )
10
11  def main():
12      """ Test the Pythagorean """
13      x, y = eval(input("Enter two right-angle-side, e.g. 2.0, 3.0:"))
14      z = hypot2(x, y) ** 0.5
15      print(f'For two right-angle-side {x:.1f} and {y:.1f} ')
16      print(f'The hypotenuse is {z:.1f}')
17
18  if __name__ == '__main__':
19      main()
20
```

运行结果测试:

```
Enter two right-angle-side, e.g. 2.0, 3.0:3.0,4.0
For two right-angle-side 3.0 and 4.0 :
The hypotenuse is 5.0
```

在这个例子中,有多次嵌套调用,每次调用时都产生一个激活记录压入到函数调用堆栈,而数据对象存储在一个称为**堆**(heap)的空间里被变量所引用,具体过程如图 5.6 所示,图 5.6 中的实线是函数调用入栈的过程,虚线是函数调用返回出栈的过程。

① 首先解释器执行第 19 行，调用 main，调用时形成一个**记录 R1**：包括返回地址＋被调用函数 main 的局部变量 x，y，h2。R1 入栈。这里假设 main 中用户输入的数据是 3.0 和 4.0，即变量 x 和 y 分别引用对象堆里的对象 3.0 和 4.0。

② 在 main 中，执行第 14 行调用 hypot2 函数形成栈帧 R2：包括返回地址＋被调用函数 hypot2 的局部变量 a，b。这时 R2 入栈，同时 a 和 b 分别引用 x 和 y 所引用的对象 3.0 和 4.0。

③ 接下来在 hypot2 中的第 9 行又调用函数 square(a)，形成栈帧 R3：包括返回地址＋局部变量 a，这时 R3 入栈，变量 a 引用对象堆里的 3.0，注意这时变量 x 和上一层的 a 也引用对象 3.0。

④ 当 square 执行完毕之后要返回到第 9 行，怎么才能找到返回位置呢？这时需要从栈中弹出 R3，找到返回地址，同时要释放变量 a；然后继续执行调用函数 square(b)，这时再次形成栈帧 R3：包括返回地址＋局部自动变量 b，R3 入栈；square 执行完毕之后，返回时从栈中弹出 R3，找到返回地址，释放变量 b。

⑤ 当 hypot2 执行完毕时，要返回到第 14 行，怎么才能找到返回位置呢？同样要从栈中弹出栈帧 R2，找到返回地址，释放变量 a，b，继续执第 14 行的赋值语句及下面的语句。

⑥ 当 main 执行完毕时，要返回到第 19 行，同样需要从栈中弹出 R1，找到返回地址，释放变量 x、y 和 h2。这时整个调用堆栈为空，所有变量都被释放，程序运行结束。

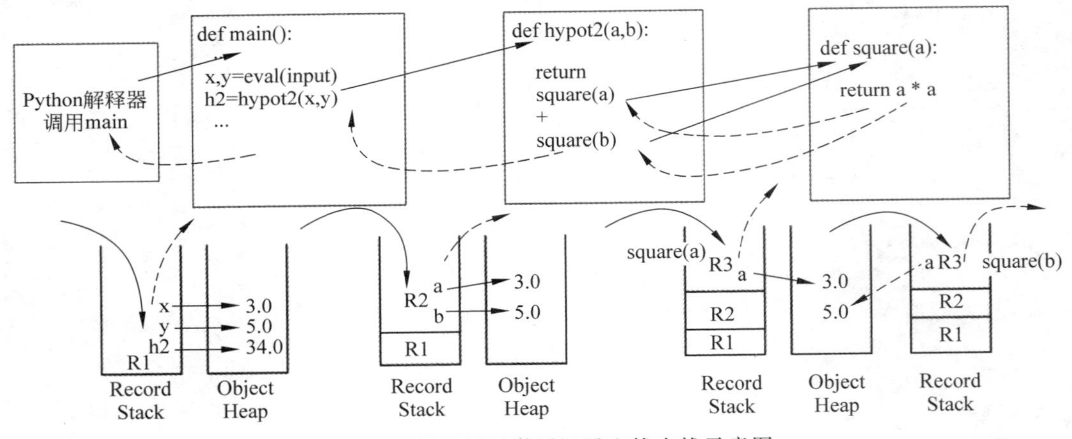

图 5.6　函数调用时激活记录入栈出栈示意图

5.3　问题的递归求解

在 4.2 节我们已经讨论过通过**迭代计算**阶乘(Factorial)的问题，即把

$$n! = 1 \times 2 \times 3 \times \cdots \times (n-1) \times n$$

描述成

```
fac = fac * i;      #i = 1,2,3,…, n
```

这是一个重复迭代的过程，只要给定 n，i 从 1 开始重复计算上式即可得到结果，把这个过程定义为一个函数就是：

```
1  def factorial(n):
2      """ Calculate n! by Iteration """
3      product = 1
4      for i in range( n +1): #loop
5          product *=i                    #迭代计算 product
6      return product
```

这种迭代计算的方法是经常使用的方法。但有时用迭代实现比较困难,因此人们研究探讨,能不能换一种思路来解决问题呢?例如,要找一个磁盘目录中的所有文件,应该怎么找呢?因为目录中有子目录,子目录中又有子目录。刚开始的时候不知道里面有多少层子目录,所以自然会自顶向下、逐层去看了。首先知道第一层里有多少文件,假设为n0,然后给出结论,整个目录里的文件就是n0再加上所有子目录里的文件了,这个过程不断地深入下去。一直到所有的子目录都查找完毕为止。阶乘的计算也可以从这个角度去看,从最大的数n开始,n!就是n乘以剩下的n-1的阶乘了。当然知道什么时候会停止的了。这就是非常不一样的思想方法——递归(recursion)。下面就开始仔细讨论这个递归过程如何用Python语言描述。

5.3.1　问题的递归描述

根据上面的分析,阶乘问题的递归定义如下:

$$n! = \begin{cases} 1 & n = 0 \\ n \times (n-1)! & n > 0 \end{cases}$$

这是数学上的定义,注意这里看不到循环,它由两部分组成。

特殊情况:n=0时为结果1,是非常简单的情况,有固定的结果,称为**基本情况**;

一般情况:n>0时,n!计算转换为一个比原始问题规模较小但与原始问题类似的(n-1)!与n的乘积,也就是说要计算n!只需暂时先把n保存起来,去计算(n-1)!,如果能把(n-1)!计算出来,n!自然就有了结果。n!与(n-1)!在形式上是完全一样的,只是规模由n变成了n-1而已。同样,要计算(n-1)!,先暂时把n-1保存起来,去计算(n-2)!,如果能计算出(n-2)!,自然就可以算出n-1的阶乘,依此类推,直到n=0时,这个过程停止了,因为这时0!=1,不用再计算了。通常把这个一般过程称为**递归**;但是这时并没有得到最终的计算结果,只是递归过程停止了。这时如果倒退一步,由0!=1就会得到1!=1*0!=1,再倒退一步,得到2!=2*1!=2,这样继续下去,一直到n!=n*(n-1)!=n*(n-1)的阶乘的结果,这个过程称为**回代**。下面是计算5!的递归回代过程:

```
 5!
={5 * 4!}
={5 * {4 * 3!}}
={5 * {4 * {3 * 2!}}}
={5 * {4 * {3 * {2*1!}}}}
={5 * {4 * {3 * {2*{1*0!}}}}}
={5 * {4 * {3 * {2*{1*1}}}}}
={5 * {4 * {3 * {2*1}}}}
={5 * {4 * {3 * 2}}}
```

```
={5 * {4 * 6}}
={5 * 24}
=120
```

许多问题都可以用递归的形式描述,从而用递归的方法来求解。如设 $s(n)$表示 n 以内的自然数之和,则 $s(n)$的递归定义如下:

$$s(n)=\begin{cases}1, & n=1\\ n+s(n-1), & n>1\end{cases}$$

再如,如果设第 n 项斐波那契(Fibonacci)数为 $f(n)$,则 $f(n)$的递归定义如下:

$$f(n)=\begin{cases}n, & n=0,1\\ f(n-2)+f(n-1), & n>1\end{cases}$$

5.3.2 递归函数

一个问题的求解如果能用递归定义描述,就可以把它定义为一个 *Python* 函数,可以称其为递归函数。下面以阶乘计算为例讨论一下递归函数定义的形式,见程序清单 5.5。

程序清单 5.5

```
1   #@File: factorialByR.py
2   #@Software: PyCharm
3
4   def rFact(n):
5       """ Calculate n! by Recursion """
6       if n == 0:                    #基本情况
7           return 1
8       else:
9           return n * rFact(n-1)     #递归调用
10
11  def main():
12      n = 3
13      print( rFact(n) )
14
15  if __name__ == '__main__':
16      main()
```

这个递归函数的定义看起来有点匪夷所思,递归函数的名称是 rFact,它的函数体非常简洁,其样子特别像上面阶乘计算的递归形式的数学描述。rFact 函数的定义中在第 9 行**调用了自己** rFact(n−1),这就是递归调用,这个递归调用当 n 为 0 时,于第 7 行返回 1 而停止,但是这个返回不是一次,会逐层的依次返回到计算出 n!。下面以 n=3 为例测试一下这个递归函数。注意递归函数的使用与普通函数相同。要计算 3!,只需用 3 作为实参调用递归函数即可。因为它有返回值,所以还可以直接打印出结果。

```
>>>print(rFact(3))
```

现在探讨一下这个递归函数的执行过程。当调用 rFact(3)时,如果它是非递归函数马上就会有结果得到。但 rFact 函数现在是递归定义的,计算机不会立刻得到 3!,而是在调用

rFact(3)的过程中，进一步去调用 rFact(2)，直到调用 rFact(0)遇到基本情况返回 1，返回给谁了呢？接受者是刚刚调用 rFact(0)的 rFact(1)，这样 rFact(1)从刚才停止的位置开始继续执行，依此类推，直到返回 rFact(2)。3 * rFact(2)计算出结果之后，rFact(3)执行完毕，得到最终计算结果用输出语句输出。这个过程如图 5.7 所示。

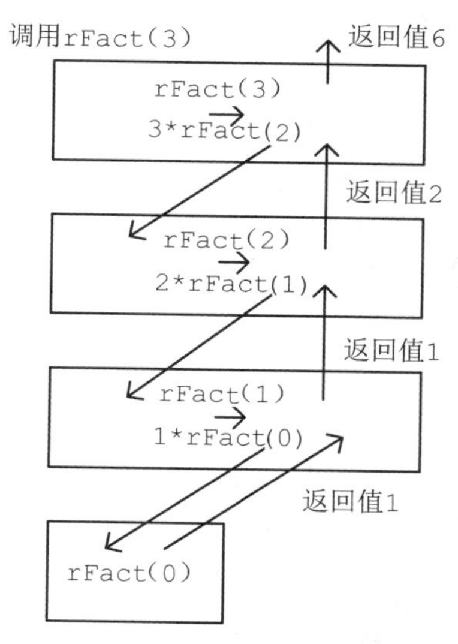

图 5.7 rfact 递归调用过程

在这个过程中要注意：

(1) rFact(3)的执行过程中转去调用了另一个函数，这另一个函数是谁呢？恰好是它自己！这就是**递归调用**。

(2) 一个问题的递归函数从代码形式上，比问题的迭代描述对应的函数定义要简单得多，没有使用任何循环结构(但实际上内部蕴含着另一种“重复”，即递归)。它们的执行效率哪个会更高呢？递归定义的执行效率高于迭代循环的执行效率吗？答案应该是显然的，因为递归定义的函数，在执行过程中，系统地开销比较大，递归调用的次数越多，函数调用堆栈就越大，进栈出栈所用的时间就越多，不仅要占用比较大的栈空间，还要耗费比较多的时间，因此递归调用的效率比较低。但是很多问题用递归定义会非常简洁、清晰，而现代计算机的运行速度已经大大提高，存储容量也很大，所以问题的递归定义和求解有很大的应用空间。下面再看两个例子。

【例 5.10】 斐波那契数递归求解。

从 5.3.1 节斐波那契数的递归描述不难看出，第 n(n>1，n 从 0 开始)项斐波那契数 f(n)是第 n−1 个斐波那契数 f(n−1)和第 n−2 个斐波那契数 f(n−2)之和，因此很容易写出求斐波那契数递归函数 rFib，请看程序清单 5.6。

程序清单 5.6

```
1   #@File: fibonacciByR.py
2   #@Software: PyCharm
3
4   def rFib(n):
5       """ Calculate the Fibonacci number by Recursion """
6       if n == 0 or n == 1:
7           return n
8       else:
9           return rFib(n -1) +rFib(n -2)
10
11  def main():
12      n = 10
13      print( rFib(n) )
14
15  if __name__ == '__main__':
16      main()
```

可以看到，斐波那契递归调用与递归求阶乘调用有所不同。每次斐波那契数的计算都要有两次递归调用，图 5.8 给出了 rFib(4) 计算的递归调用过程，斐波那契数递归调用呈现一个倒置的树状，不难想象当要求的斐波那契数比较靠后时，即 n 比较大时，这棵树会非常庞大。这个斐波那契数递归调用的次数会以几何级数的速度增长。n 等于 4 时，计算出 rFib(4) 就要 2^3 次递归调用，一般来说，计算 rFib(n)，就要 2^{n-1} 递归调用，系统开销猛增。当 n 大到一定程度的时候系统有可能造成瘫痪。大家可以尝试一下 n 超过 30 的时候调用 rFib(n) 的执行效果，可能会发现速度很慢了。

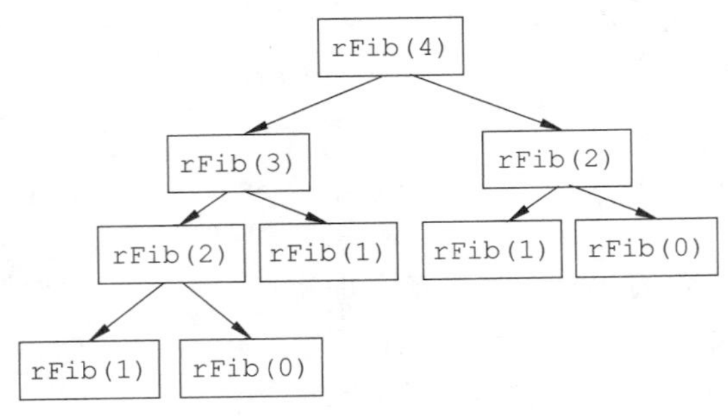

图 5.8 Fibonacci 递归调用树

【例 5.11】 汉诺塔(hanoi)问题。

汉诺塔问题是一个非常经典的数学问题。传说在远东的一个寺庙里，有 3 根木桩，其中一个木桩上套有 64 个盘子，它们从下到上一个比一个小，僧侣们要把它们移动到另一个木桩上去，要求每次只能移动一个盘子，而且保证小的要在上，大的在下，移动时可以借助第三根木桩。僧侣们最初遇到这个问题时陷入了困境，无法解决，互相推卸任务，最后推到了寺庙的住持身上。聪明的住持思考一下对副住持说，你只要能把前 63 个盘子由一个桩移到另一个桩上，我就可以完成 64 个盘子的移动。副住持对另一个僧侣说，你只要能把前 62 个盘子由一个桩移到另一根桩上，我就可以完成 63 个盘子的移动…… 第 63 个僧侣对第 64 个僧侣说，你能把上面一个盘子由一个桩移到另一根上，我就能完成两个盘子的移动。第 64 个僧侣很容易地实现了将一个盘子由一个木桩移到另一根木桩的任务，第 63 个僧侣也很容易地实现了两个盘子的移动……最后寺庙的住持就很容易地实现了将 64 个盘子由一个桩移到另一个桩的任务。这样一个复杂的问题用非常简单的思想方法解决了。这个过程就是用了递归回代的过程。

如果用字符 A 表示第一个树桩，字符 B 表示第二个树桩，字符 C 表示第三个树桩，8 个盘子的递归移动过程如图 5.9 所示。从 A 移动 8 个盘子到 B，只要能先从 A 移动 7 个盘子到 C(B 起辅助作用)，就可以完成 8 个盘子从 A 到 B 的移动。因这时只要把第 8 个盘子从 A 移到 B，再从 C 把 7 个盘子移动到 B(A 起辅助作用)即可。这样递归下去，直到只有一个盘子的时候直接移动即可，再逐个回代完成 2 个盘子、3 个盘子直到 8 个盘子的移动。

如果定义递归函数

```
def hanoi(n, a, b, c)
```

表示从 a 代表的柱子移动 n 个盘子到 b 代表的柱子，c 代表的柱子起辅助作用，那么从 a 代表的柱子移动 n－1 个盘子到 c 代表的柱子，b 代表的柱子起辅助作用，就是要调用

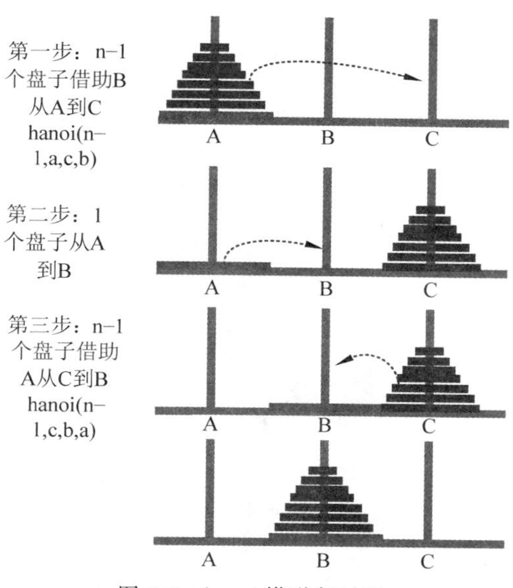

图 5.9　hanoi 塔递归过程

```
>>>hanoi(n -1, a, c, b)
```

而从 c 代表的柱子移动 n-1 个盘子到 b 代表的柱子，a 代表的柱子起辅助作用，就是要调用

```
>>>hanoi(n -1, c, b, a)
```

剩下一个盘子的移动用输出语句

```
>>>print(" Move disk %d from %s to %s"%(n, a, b))
```

表示。**注意**这个过程的顺序是先移 n－1 个，再移一个，再移 n－1 个，完整的实现见程序清单 5.7。

程序清单 5.7

```
1   #@File: hanoi.py
2   #@Software: PyCharm
3   def hanoi(n, a, b, c):
4       """ Solve Hanoi Problem by Recursion,n disks from a to b by c """
5       if n == 1:
6           print(" Move disk %d from %s to %s"%(n, a, b))
7       else:
8           hanoi(n -1, a, c, b)              #把 n-1 个盘子借助 b 从 a 移到 c
9           print(" Move disk %d from %s to %s"%(n, a, b))
10          hanoi(n -1, c, b, a)              #把 n-1 个盘子借助 a 从 c 移到 b
11
12  def main():
13      n = 3
14      hanoi(n, 'A','B','C')
15
```

```
16 if __name__ == '__main__':
17     main()
```

运行结果：

```
Move disk 1 from A to B
Move disk 2 from A to C
Move disk 1 from B to C
Move disk 3 from A to B
Move disk 1 from C to A
Move disk 2 from C to B
Move disk 1 from A to B
```

思考题：试比较一个问题的递归定义和非递归描述(迭代循环)有什么不同。

【例 5.12】 “雪花”曲线。

大自然有很多形状看上去非常奇特，如树枝、树叶、山脉、海岸线、雪花等，看上去极不规则，但似乎蕴藏着一定的规律。没错，实际它们都可以用分形几何来表达，它们具有自相似性。在分形几何中，各种分形图形需要借助递归的方法来实现。“雪花”曲线，也叫科赫(Koch)曲线，如图 5.10 所示，是由瑞典数学家科赫提出的。科赫曲线用阶数来描述，它从 0 阶开始，逐阶形成 n 阶曲线。0 阶曲线是一条长度为 L 的线段，1 阶曲线是把 0 阶的线段等分为 3，中间用边长为 L/3 的等边三角形的两条边代替(即没有底边的)得到 1 阶曲线，它包含 4 条线段。2 阶曲线是把 1 阶曲线的 4 条线段的每一段，按照 1 阶曲线形成的同样方法再形成 4 条线段，这样重复下去，重复 n 次得到 n 阶曲线。图 5.11 是 size 为 150，n = 0,1,2,5 的结果。

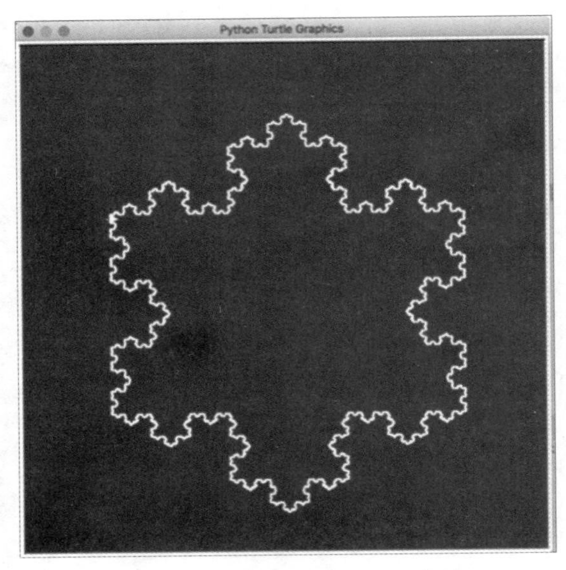

图 5.10 用递归绘制的 Koch 曲线

这个图形直接用循环实现比较困难。我们反过来考虑，从 n 阶开始，用递归的方法实现，这个问题就比较容易了，具体实现代码见程序清单 5.8。

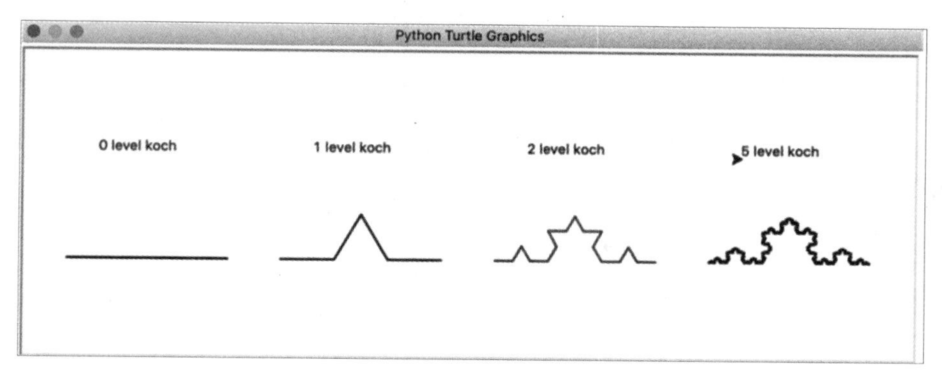

图 5.11 科赫曲线的形成过程

程序清单 5.8

```
1   #@File: kochCurve.py
2   #@Software: PyCharm
3
4   import turtle as t
5   size = 150
6   def koch(size, n):
7       """Draw Koch Curve by recursion"""
8       if n == 0:
9           t.fd(size)
10      else:
11          for angle in [0, 60, -120, 60]:
12              t.lt(angle)
13              koch(size/3, n -1)
14
15  def writeInfo(x,y,info,i):
16      t.penup()
17      t.goto(x, y)
18      t.pendown()
19        #str = str(i) +str error
20      t.write(str(i) +info, font={24})
21
22  def drawKoch(x,y,i):
23      t.penup()
24      t.goto(x, y)
25      t.pendown()
26      koch(size,i)
27
28  def init():
29      t.setup(600, 600)
30      t.speed(0)
31      t.pensize(2)
```

```
32      t.screensize(canvwidth=None,canvheight=None,bg="black"),
33      t.color("white")
34
35  level = 5
36  def main():
37      """ Draw Snow flower """
38      init()
39      t.penup()
40      t.goto(-200, 100)
41      t.pendown()
42      koch(400, level)
43      t.rt(120)
44      koch(400, level)
45      t.rt(120)
46      koch(400, level)
47      #writeInfo(-30,0,' Koch Curve',level)
48      t.done()
49
50  if __name__ == '__main__':
51      main()
```

5.3.3 尾递归

问题求解的递归实现程序代码简洁,但效率并不是很高,原因是当递归的层次过多时,函数调用堆栈就会开销过大。如果一个函数中所有递归形式的调用都出现在函数的末尾,这个递归就叫作尾递归。这种尾递归调用是整个函数体中最后执行的语句,并且它的返回值不属于表达式的一部分,因此在回带过程中不需要做任何操作。这个特性很重要,如果解释器能利用这个特性优化递归所用的函数调用堆栈,执行的效率就会大大提高。因为大多数现代的编译器和解释器,检测到一个函数调用是尾递归的时候,它就会覆盖当前的活动记录而不是在栈中去创建一个新的栈帧。这样就会自动生成优化的代码。Python 解释器支持这种尾递归的优化。下面看看阶乘计算和斐波那契序列的尾递归形式是什么样子的。请看程序清单 5.9。

程序清单 5.9

```
1   #@File: tailRecursive.py
2   #@Software: PyCharm
3   def Factorial_tailR(n, result):
4       """ Factorial Tail Recurvation """
5       if n == 0:
6           return result
7       else:
8           return(Factorial_tailR(n -1, n * result))
9
10  def Fibonacci_tailR(n, f1, f2): #f1=1, f2=1
11      """ Fibonacci tail recurvation"""
12      if n == 0:
```

```
13            return f1
14        else:
15            return Fibonacci_tailR(n - 1, f2, f1+f2)
16
17    def main():
18        """阶乘和 fibonacc 尾递归测试 """
19
20        print(Factorial_tailR(50, 1))
21
22        for i in range(0,30):
23            print(Fibonacci_tailR(i, 1, 1), end = ' ')
24        print()
25
26    if __name__ == '__main__':
27        main()
```

可以看出尾递归与普通递归的实现有什么不同吗？

① 参数不同，尾递归增加了参数，并且是把最终的结果作为参数，因此要用结果的初始值作为递归函数调用的实参。

② 把普通递归回代过程的计算，在递归调用之前就计算出来了，并把它作为参数传下去。这样递归到最后一次调用时结果自然就有了，不需要回代的过程了。

有时甚至考虑如何消除尾递归，让计算效率更高，读者可以自行探索一下。

5.4 绘制几何图形的接口

问题描述：在一个窗口中随机地绘制若干个半径随机的几何图形（点、线、矩形、圆、多边形等）并能在图中标注一些信息。图 5.12 是一次运行的结果。

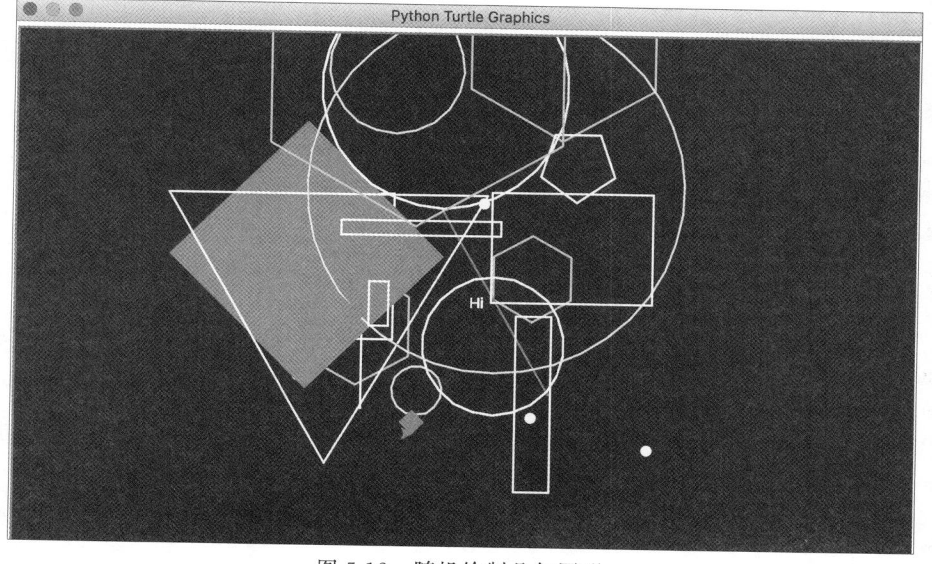

图 5.12 随机绘制几何图形

问题分析：

在 2.7 节曾经讨论过绘制几何图形的问题，在一个窗口中绘制了几个不同边数的多边形和圆。你有没有注意到程序的代码比较长，并且有很多重复的代码，如 turtle 库中的 penup、pendown、goto 命令的使用。能不能避免这种重复呢？即能不能重用某些代码呢？回答是肯定的。本节问题的求解方案就是设法建立一个解决这个问题的函数库，然后利用这个自己建立的函数库作为工具随机地绘制若干图形。其中要用到随机函数模块，产生随机坐标，可以考虑是随机小数。对于所画的几何图形是哪类的，可以用一组整数来表示，如 0 表示点，1 表示线等，这样一个随机整数就决定了绘制什么类型的几何图形。

算法设计：

① 建立一个函数库，其功能是，在指定的位置绘制点、线、矩形、圆、多边形、标注信息、图形颜色、是否填充等。

② 键盘输入图形数量 n。

③ 进入循环。

④ 随机产生 n 对坐标和图形类型。

⑤ 调用相应的函数进行绘制。

程序清单 5.10(接口模块)

```
1   #@File: myturtleInterface.py
2   #@Software: PyCharm
3
4   """
5     This module includes some functions to draw simple shapes based
        on turtle module.
6     all function heads compose a interface for using this module,
        which gave you some
7     parameters that should be prepared in your invoking sentences.
8   """
9   import turtle as t
10
11  __myname = "Baobo"
12
13  def showMe():
14      print(__myname)
15
16  def init(CanvasWidth, CanvasHeight, bgColor, fgColor, speed, penSize):
17      t.setup(CanvasWidth, CanvasHeight)
18      t.speed(speed)
19      t.pensize(penSize)
20      t.screensize(canvwidth = None, canvheight = None, bg = bgColor ),
21      t.color(fgColor)
22      t.getscreen().colormode(255)
23
24  def _move(x,y): #保护型函数
```

```
25        t.penup()
26        t.goto(x, y)
27        t.pendown()
28
29    def __move(x,y): #私有函数
30        t.penup()
31        t.goto(x, y)
32        t.pendown()
33
34    def drawPoint(x, y):
35        _move(x, y)
36        '''
37        t.begin_fill()
38        t.circle(10)
39        t.end_fill()
40        t.goto(x+5,y)
41        '''
42        t.dot(10)
43
44    def drawLine(x1, y1, x2, y2):
45        _move(x1, y1)
46        t.goto(x2, y2)
47
48    def drawBox(x = 0, y = 0, width = 10, height = 10):
49        _move(x, y)
50        t.goto(x +width, y)
51        t.goto(x +width, y +height)
52        t.goto(x, y +height)
53        t.goto(x, y)
54
55    def drawCircle( x = 0, y = 0, radius = 10):
56        __move(x, y)
57        t.circle(radius)
58
59    def drawArc( x = 0, y = 0, radius = 10, ext = 50):
60        _move(x, y)
61        t.circle(radius)
62
63    def drawTrangle(x, y, radius = 10):
64        _move(x, y)
65        t.circle(radius, steps = 3)
66
67    def drawDiamond(x, y, radius = 10):
68        _move(x, y)
69        t.circle(radius, steps = 4)
```

```
70
71 def drawPentagon(x, y, radius = 10):
72     _move(x, y)
73     t.circle(radius, steps = 5)
74
75 def drawHexagon(x, y, radius = 10):
76     _move(x, y)
77     t.circle(radius, steps = 6)
78
79 def writeText(x, y, info):
80     _move(x, y)
81     t.write(info, font={24})
82
83 if __name__ == "__main__":
84     print("Please use me as an importing module! ")
85
```

程序清单 5.11(接口模块测试)

```
1  #@File: myInterfaceTest.py
2  #@Software: PyCharm
3
4  import random
5  import turtle as t
6  import myturtleInterface as me          #加载自己的接口函数模块
7
8  winWidth = 800
9  winHeight = 500
10 penSize = 2
11 speed = 2
12 bgColor = "black"
13 fgColor = "red"
14 randSize = min(winWidth, winHeight)//3
15
16 def main():
17     """ Test my graphics interface """
18
19     me.init(winWidth, winHeight, bgColor,fgColor, speed, penSize)
20
21     n = eval(input("How many shapes do you want drawing? "))
22
23     for i in range(n):
24         shapeType = random.randint(0, 10)
25         x = random.uniform(-randSize, randSize)
26         y = random.uniform(-randSize, randSize)
27         if shapeType == 0:
```

```
28                me.drawPoint(x, y)
29            elif shapeType == 1:
30                t.color("blue")
31                x1 = random.uniform(-randSize, randSize)
32                y1 = random.uniform(-randSize, randSize)
33                me.drawLine(x, y, x1, y1)
34            elif shapeType == 2:
35                t.color("white")
36                w = random.randint(0, randSize)
37                h = random.randint(0, randSize)
38                me.drawBox(x, y, w, h)
39            elif shapeType == 3:
40                t.color("yellow")
41                r = random.randint(0, randSize)
42                me.drawCircle(x, y, r)
43            elif shapeType == 4:
44                t.color("purple")
45                r = random.randint(0, randSize)
46                t.begin_fill()
47                me.drawDiamond(x, y, r)
48                t.end_fill()
49            elif shapeType == 5:
50                t.color(234,100,250)
51                r = random.randint(0, randSize)
52                me.drawPentagon(x, y, r)
53            elif shapeType == 6:
54                t.color(100,100,100)
55                r = random.randint(0, randSize)
56                me.drawHexagon(x, y, r)
57            elif shapeType == 7 :
58                t.color("green")
59                r = random.randint(0, randSize)
60                me.drawArc(x, y, r, 90)
61            elif shapeType == 8 :
62                t.color("red")
63                r = random.randint(0, randSize)
64                me.drawTrangle(x, y, r)
65            else:
66                t.color("white")
67                me.writeText(0, 0, "Hi")
68
69        t.done()
70
71    if __name__ == '__main__':
72        main()
```

```
73      me.showMe()
74      print(me.__myname)
```

5.4.1 接口设计

什么是接口(interface)? 通常接口是指两个独立的实体之间的公共边界。例如，池塘的表面就是水和空气的接口；汽车驾驶的控制装置(方向盘、变速器、离合器、油门等)就是驾驶员和汽车的接口。在程序设计中，**接口是函数库的实现与使用库的程序之间的边界**。当程序调用接口中的函数时，信息会穿越这个边界。一般来说，实现接口的程序员和使用接口的程序员是不同的，前者叫作**实现者**(implementor)，后者称为**客户**(client)。客户是通过接口来使用库函数的，客户不必知道库函数的实现细节，只需知道如何调用它，就像驾驶员不一定知道汽车的内部构造和工作原理，只要知道怎么通过控制接口使用它就可以了。

接口是为客户服务的，在接口中必须有足够的信息供客户使用。在一个接口中应该包括：

(1) 注释；

(2) 函数的原型(函数头)；

(3) 常量定义；

(4) 类型定义。

程序员有了函数库的接口文件，就可以通过函数原型知道如何调用库函数了。

本节的问题是要在 turtle 模块的基础上建立一个方便绘制各种几何图形的函数库——也可以叫模块，为此可以先进行接口设计，给出模块中的每个函数的原型，具体如下：

```
1   #@File: myturtleInterface.py
2   #@Software: PyCharm
3   """
4   This module includes some functions to draw simple shapes based on turtle.
5   all function heads compose a interface for using this module, which gave
6   you some parameters that should be prepared in your invoking sentences.
7
8   """
9
10  def init(CanvasWidth, CanvasHeight, bgColor, fgColor, penSize):
11      pass
12
13  def drawPoint(x, y):
14      pass
15
16  def drawLine(x1, y1, x2, y2):
17      pass
18  …
```

在这个接口设计中，每个函数仅仅给出了函数的头，函数体用 pass 充当，相当于占位。这样的函数常称为桩 stub。为了检验它是否可以工作，可以先写一个驱动程序测试这个接口框架，程序中要使用 import 或 from ＊ import ＊语句导入函数库，程序如下：

```
1   #@File: TestMyInterface.py
2   #@Software: PyCharm
3
4   import MyturtleInterface as me          #导入自定义的函数库
5
6   me.drawBox(1,1)                         #仅以 drawBox 为例，调用函数库中的函数
7   print("ok")
```

大家可能认为，一个接口就是一些注释和函数定义，好像没有什么技术含量。其实不然，接口也是要设计的。同一个库，可能会有不同的接口。库中可能有很多函数，但不是所有的函数都要作为接口对外开放。确定哪一组函数对用户开放，需要做一个多方面的权衡。一般来讲，接口应该满足下面的特性。

(1) 同一性：一个接口应该是某一明确主题的抽象，如果某一函数不适合这个主题就应该把它放到另外的接口中。绘图库不要掺杂与绘图无关的函数。

(2) 简单性：问题的求解算法可能非常复杂，但接口必须对客户隐藏那些复杂的细节，给客户呈现一个简单的界面。尽可能让用户使用方便，以减少客户程序设计过程的复杂度。

(3) 充分性/完备性：接口必须提供足够的功能以满足客户的需求。简单性可能使接口过于简单以至于接口变得毫无用处。客户需要完成一些具有某种内在复杂性的任务时，接口却隐藏了它，所以就不能满足客户的需要，就不具有充分性。简单与充分/完备是一对矛盾，在它们之间的权衡是接口设计最基本的挑战之一。

(4) 通用性：一个设计良好的接口应该足够灵活，以满足不同客户的需求。也就是说它不应该只能解决某些特殊问题。应用范围越广，其通用性越强。

(5) 稳定性：不管接口函数的实现方法是否改变，其内部结构和原理是否有变化，接口函数的形式和功能必须保持不变。如果因为修改了函数的算法，功能和接口形式也发生了变化，那么使用这个接口的其他程序也要变化，就是不稳定的接口。

5.4.2　接口实现

函数作为一个模块不仅起到“分而治之”和代码重用的作用，**还具有非常重要的细节隐藏(信息隐藏)特征**，因为那些细节客户是不关心的，即接口的实现不是直接为客户服务的，客户的程序只要导入它即可。下面从接口或库设计者角度讨论一下接口实现的问题。接口的实现就是用真正的代码替换占位代码 pass，也是从整个接口的注释开始，在每个接口函数定义应该有相应的注释。注释有两方面的内容，一是函数的功能和参数的意义，二是函数功能实现的基本原理和方法，前者应该是为客户服务的，后者主要面向设计者或开发者。本节问题中的每个函数的定义比较简单，限于篇幅省略了注释的内容。完整代码参考前面的程序清单 5.10。

5.4.3　私有变量和私有函数

函数库接口中的内容不一定都是为客户服务的。如某一个数据对象可能只是为函数库内部的函数服务的，不希望客户访问，这种对象对应的变量可以认为是一个**私有变量**。函数

库中可能需要一些辅助的工具，使实现代码更清晰，这些辅助的工具函数也不是为客户提供的，它们是这个接口的**私有函数**。Python 中采用一种特别的方法来命名一个私有对象(变量或函数)。什么方法呢？它是把名字前面加特别的字符加以区分。这个特殊字符就是下画线“_”。Python 规定，加一个下画线字符为**保护型的**对象，加两个下画线为**私有的**东西，左右两侧都加两个下画线是**系统专用的**对象，也称为**魔法**变量或魔法方法。如：

```
_name, __name, __init__
```

在 Python 的函数库接口文件中，如果使用了这种变量，那么当客户的程序或者测试程序用 **from import 导入该函数库时**想引用它们的这些变量则是非法的，除非在客户的程序中把它们声明为 global。

例如，可以修改一下，程序清单 5.10，在其中增加一个加有下画线的变量：

```
_myname = "baobo"  #我的名字不希望别人随便访问
```

以及把 move 函数改为

```
def _move(x, y)     #这个函数是库函数接口内部使用的工具,不对外使用
```

这样如果在程序清单 5.11 中使用

```
from MyturtleInterface import *
```

导入我们的绘图接口库，就不能访问这两个带有下画线的成员了。除非在程序清单 5.11 中增加全局的声明

```
global  _myname
global  _move
```

但如果使用

```
import MyturtleInterface  as  me
```

则在私有变量所在的文件之外是可以访问的，如

```
print ( me._myname)
```

这里容易看出，这种私有的特征是相对于某个文件模块来说的，因此可以说这样的对象具有模块作用域。当在另一些文件模块中都添加了 global 声明之后，那个对象的作用范围便扩大到更大的范围，即整个项目，通常是一个 Package，可以称这种对象具有包作用域。

Python 有命名空间(name space，或者叫名称空间)的概念，**每个文件模块都确定了一个命名空间**，因此可以说一个对象的范围是在哪个命名空间内有效，这也就是为什么使用“.”点运算来访问文件模块内的变量和函数了，这和后面就要学习的对象和对象属性的关系也是一致的。

5.4.4 __name__属性

本节问题的求解程序有两个文件，一个是接口的实现文件，常称为模块，是将来被用户导入的模块，另一个是应用这个接口模块的文件，是应用程序的主程序，是位于顶层的模块，

这两个模块的差别是一个是**主动执行**，一个是**被动执行**。Python 使用一个内部变量__name__所引用的对象值来区分这两者，主动执行的模块__name__的值是字符串"__main__"，而被动执行的模块__name__的值是**模块的名字字符串**。为了阻止用户把被动导入的模块作为顶层执行程序，要在程序执行的时候检查__name__的值，给出相应的提示信息。这也是前面很多程序的基本结构。为此，接口实现模块 5.12 中添加了顶层执行语句：

```
if __name__ == "__main__":
    print("Please use me as an importing module! ")
```

这句话一般加在文件的末尾，实际只要保证它位于顶层，在哪都可以，当然不加也是可以的，只不过你要直接执行程序清单 5.12 将没有任何信息反馈，也没有任何结果，因为其中没有位于顶层的直接执行语句，即没有位于函数和类外部的可执行语句，import 除外。对于顶层文件模块，可以添加下面的判断语句：

```
if __name__ == "__main__":
    main()
```

其中 main()是自定义的主函数，程序将从调用 main()开始执行。

一个模块文件一般包含函数的定义，类的定义和全局变量等，下面是一个简化了的比较完整的、被动执行的模块的样子。

```
1   #模块 module.py, which will be imported in other modules.
2   import math
3   globalVar = 100
4   def other():
5       print("Ok,Very good!")
6   def func1():
7       print("Hello,what do you want? Please use it by the format:'module
8           name.object,such as other() '")
9   class Foo:                                    #第 6 章介绍类
10      def __init__(self,var1):
11       self.var1 = var1
12      def funcs(self):
13          return self.var1 * math.pi
14  if __name__ == '__main__':
15      print("please use me as module")
```

其中第 15 行的反馈信息可以更多，例如再增加：

```
"I have some global variables,functions or methods and Classes,you can import
me first then use some one by myname.varname or funcname of class"
```

程序中第 14 行的判断语句反馈这个模块只能被导入使用，如果直接作为顶层程序模块来运行，只能给出提示信息。

在实际问题的求解程序中，会有多个被动 import 执行的模块，但顶层执行的模块只有一个。Python 程序的基本框架如图 5.13 所示，其中 a.py 是顶层模块，b.py 和 c.py 是 import 执行的模块，b.py 和 c.py 之间可能也有互相 import，它们又都可能直接使用或

import 更底层的系统标准库模块，顶层的模块也可能直接使用或 import 标准库模块。除了标准库模块之外。还会有更多的第三方库可以 import，这也是 Python 的显著特征之一，注意图中没有画出。

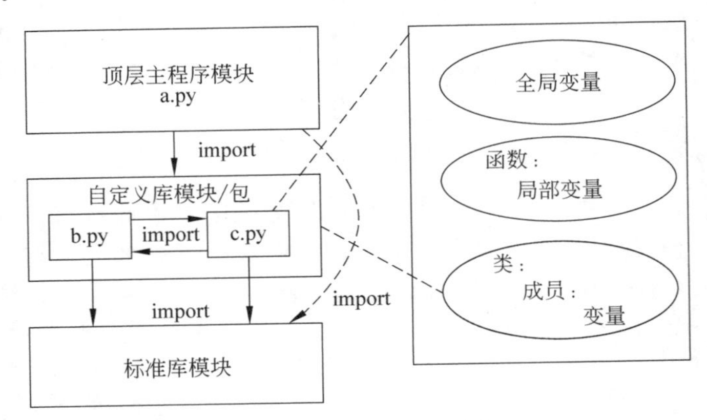

图 5.13　Python 程序结构

如果一个项目中，建立了更多的文件模块，就可以把它按照类别、层次做成 package 包，如下面 5.4.5 节中的 package foo。这可以借助 PyCharm 集成环境轻松构建而成。但建成之后导入到某个程序模块时，一般要使用完整的路径 import package.subpackage.function，不然可能会不被识别。

5.4.5　项目开发

用 Python 开发软件，进行项目开发时，会用到别人的各种模块，也会建立自己的模块库，其中会包含很多文件，注意在 Python 中，**每个源文件都叫模块**，或者是**模块对象**。这些模块都可以放在 package 层次结构中，每个 package 可以有若干层子 package，每个 package 中可以包含若干模块。也就是一个项目中的多文件模块是分门别类地、有层次地组织在一起，使项目结构保持简单。下面是一个目录结构的例子：项目名称是 Foo，Foo 目录下有 bin，foo，docs 等子目录，这属于这个项目的顶层目录。

```
Foo/
|--bin/                    #安装脚本 setup.py 安装的二进制脚本
|   |--foo
|
|--foo/
|   |--tests/              #测试版本
|   |   |--__init__.py     #设置__all__变量，以及初始化 package
|   |   |--test_main.py
|   |
|   |--__init__.py
|   |--main.py             #主程序
|
|--docs/                   #项目文档
|   |--conf.py             #配置脚本
```

```
|   |--abc.rst
|
|--setup.py                #安装脚本
|--requirements.txt        #软件安装需要的外部依赖包
|--README                  #项目说明文件
```

注意：其中__init__是每个 package(甚至子 package)中必不可少的脚本文件，在这个文件中可以利用**系统的__all__变量**(**魔法变量**)设置哪些对象要利用“from 模块名 import *”导入。即在 package 目录里的__init__文件中加入魔法变量 __all__ = [把希望用 from 模块/包名 import *语句导入的内容列在这个 list 中] 来控制 import 的内容。

更标准的目录结构请参考 http://stackoverflow.com/questions/193161/what-is-the-best-project-structure-for-a-Python-application。除此之外，有一些方案还给出了更加丰富的内容。如 LICENSE.txt、ChangeLog.txt 文件等，它们与开源软件有关，可以参考 https://jeffknupp.com/blog/2013/08/16/ open-sourcing-a-Python-project-the- right-way/。

小结

本章介绍了解决比较复杂的问题的“分而治之”策略，函数作为一个分治的、独立的单位，是结构化程序设计的主要部分之一，也是模块化的基础。本章详细介绍了函数定义的具体方法，以及函数调用的具体机制。此外，还介绍了函数程序设计中非常重要的测试驱动，通过测试才知道函数是否实现了预期的功能。函数调用允许递归调用，因此可以定义递归函数，从而可以用递归思想解决一些用迭代方法比较难解决的问题。Python 中的模块是函数的集合，对应一个.py 源文件。每个模块对应一个接口和实现。不难发现模块化编程带来的好处。当把一个比较大的问题合理地按照层次分解为若干函数模块之后，整个程序的结构就更加清晰了，而每个函数的具体操作细节被隐藏起来了(有时我们不太关心函数的具体实现细节，只关心它具有的功能和用法)，这样会降低程序的修改难度和维护费用，更加易于管理和维护。模块的另一特征就是可以重用，即**代码重用**。

你学到了什么

为了确保读者已经理解本章内容，请试着回答以下问题？如果在解答过程中遇到了困难，请回顾本章相关内容。

1. 什么是函数？为什么需要函数？Python 中的函数有什么特别之处？
2. 什么是函数调用？什么是位置参数？什么是关键字参数？
3. 什么是函数的默认参数？
4. 什么是函数测试？
5. 什么是 lambda 函数？
6. 什么是模块？什么是接口？
7. 什么是递归？它与迭代有什么不同？
8. 什么尾递归？

9. 什么是判断函数？
10. 什么是__name__变量？
11. 什么是模块的私有变量和私有函数？
12. Python中函数调用时参数是怎么传递的？
13. 变量的数据类型与存储类别有什么不同？
14. 问题的递归描述与迭代描述有什么不同？
15. 全局变量与局部变量有什么不同？
16. 自动变量与静态变量有什么不同？
17. 函数调用堆栈是怎么工作的？
18. __init__文件是干什么用的？__all__变量有什么用？

程序练习题

1. 求和函数

问题描述：

定义一个求和函数sum，它的功能是计算任意给定的正整数n以内（含该整数）的自然数之和，并测试。

输入样例：

```
100
```

输出样例：

```
5050
```

2. 阶乘计算函数

问题描述：

定义一个函数product，它的功能是计算任意给定的小于20的正整数n以内（含该整数）的自然数之积，并测试。

输入样例：

```
5
```

输出样例：

```
120
```

3. 温度转换模块

问题描述：

编写函数f2c及c2f，把华氏温度转化为摄氏温度及把摄氏度转换为华氏度，转换公式是C=(5/9)(F−32)，把这两个做一个模块，并测试。

输入样例 f2c：

```
41
```

输出样例 f2c：

```
5
```

输入样例 c2f：

```
5
```

输出样例 c2f：

```
41
```

4. 数字字符判断的函数

问题描述：

编写一个函数isDigit，判断输入的一个字符是否是数字字符，并测试。

输入样例：

```
1
```

输出样例：

```
1
```

5. 判断两个实数是否相等的函数

问题描述：

写一个函数 approximatelyEqual，判断 x，y 是否近似相等，是返回 1，否返回 0。这里近似相等的判断条件是 |x−y|/min(|x|,|y|)<eps，其中 min(|x|,|y|)是|x|与|y|的较小者，要求写一个求两个数的较小者的函数 min，然后在 approximatelyEqualeps 中调用 min 函数求|x|和|y|的较小值。eps 是控制 x,y 近似相等的精度，由用户运行时指定并通过参数传递给判断函数。

输入样例：

```
0.00002 0.00002001 0.001
```

输出样例：

```
1
```

6. 自定义的输出格式函数

问题描述：

定义一个函数 myFormat，当它被调用一次时就输出一个空格，但当它被调用 10 次时却输出一个回车换行，此函数无参数，无返回值。用打印 1 个 5 行 10 列的用 * 号组成的矩形图案测试之，即每打印一个 * 号调用一次 myFormat 函数，每行结尾的也调用但是输出的是回车换行。

输入样例：

无

输出样例：

```
* * * * * * * * * *
* * * * * * * * * *
* * * * * * * * * *
* * * * * * * * * *
* * * * * * * * * *
```

7. 牛顿法求一个数的平方根函数

问题描述：

17 世纪，牛顿提出了下面求一个数 x 的平方根的方法：

(1) 首先给出一个猜测结果 g，但猜测值必须小于或等于 x，可以直接使用 x 本身作为猜测值 g；

(2) 如果猜测值足够接近于正确结果，即 x 与 g×g 非常接近，则算法结束，g 就是最终的结果；

(3) 如果 g 不够精确，则用猜测值产生一个更佳的猜测值，具体方法是，用 g 和 x/g 的平均值作为新的猜测值。把新的猜测值作为 g，返回到(2)，重复这个过程。

例如：求 x=16 的平方根，令 g = 8，则新的 g

```
g  =(g+x/g)/2
```

是 5，重复上面这个计算，依次得到新的猜测值 4.1，4.001219512，4.00000018584。可以看出猜测值越来越接近准确结果 4。设误差精度是 0.000001，结果为 4.000000。写一个函数实现并测试。

输入样例：

```
16
```

输出样例：

```
4.000000
```

8. 计算两个整数的最大公约数

问题描述：

写一个函数，用欧几里得辗转相除法求两个整数的最大公约数，并测试。

输入样例：

```
4 6
```

输出样例：

```
2
```

9. 递归计算两个数的最大公约数函数

问题描述：

用递归函数实现求两个整数的最大公约数，并测试。

输入样例：

```
4 6
```

输出样例：

```
2
```

10. 递归计算正整数 n 的 k 次幂函数

问题描述：

用递归求一个正整数 n 的 k 次幂(k＞＝0)，并测试。

输入样例：

```
3 4
```

输出样例：

```
81
```

11. 用递归把一个整数转换为字符串

问题描述：

键盘输入任意一个整数，用递归的方法输出与它对应的字符串，为了看得清楚，输出的字符之间用空格隔开。

输入样例：

```
123
```

输出样例：

```
1 2 3
```

12. 获得系统的时间和日期

问题描述：

要求先用 time.time()获得当前系统的时间戳，即从 epoch 开始的秒数，然后再想办法得到对应的日期和时间。解决的方法有两种，一是直接使用其他 time 模块的函数，二是通过时间戳得到总秒数，逐个计算出对应的秒、分、时，再算出天、月、年。

计算样例：

```
stamptime :1591602214
2020年 6月 8日
15时 43分 34秒
```

13. 制作月历或年历

问题描述：

键盘输入年和月，输出这个月的月历。提示：方法 1：直接使用 Python 的 **calendar 模块**中的 calendar 函数产生。方法 2：可否自己实现月历的计算和输出，这个问题有点复杂，如果想挑战一下自己，可以采用**自顶向下逐步求精**的方法，将问题分解为若干子问题，给出子问题的层次结构，然后再自底向上逐个实现。

输入样例：

```
2020 6
```

输出样例：

```
     June 2020
Mo  Tu  We  Th  Fr  Sa  Su
 1   2   3   4   5   6   7
 8   9  10  11  12  13  14
15  16  17  18  19  20  21
22  23  24  25  26  27  28
29  30
```

项目设计

1. 一个功能比较丰富的学生成绩管理系统

问题描述：

建立一个功能比较丰富的学生成绩管理系统。要求使用多函数，多文件，建立工程，进行真正的模块化程序设计。

提示：可以先用若干个“树桩”(即每个函数的实现代码先用 pass 占位)，把整体框架搭起来，解释通过后，再考虑尽量把那些功能模块函数的细节实现。看看现在能实现到什么程度，即什么样的输入模块、修改模块、查询模块、统计模块、输出模块、报表模块。可能有些模块还难以实现，主要是数据如何存放还没有解决。就现在的能力，数据该如何存储，各个功能函数有没有参数？如果有该是什么样？如果没有各个模块如何共享数据等。

2. 绘制七段数码管数字

问题描述：

顾名思义，七段数码管是由7段数码管拼接而成的，如图5.14是这种风格的字体。

随机产生10个数字，用 turtle 模块按照七段数码管的样式绘制它们。

图 5.14　七段数码管风格的数字

提示：绘制时要按照一定的方向进行，如从 g 开始到→c→d→e 再到 f→a→b，每段都是线段，只是方向不同而已，可以事先归纳一下。例如，哪几个数字要绘制 g 管，不难看出是[2,3,4,5,6,8,9]，绘制到这个管时就是要判断当前数字在没在前面这个列表中，如果在，则绘制 g 管，否则不绘制。其他类似。你有没有觉得在这个绘制过程中要反复做什么？可否定义一个函数作为工具？需要定义几个函数？

实验指导

CHAPTER 第6章 客观对象描述——面向对象程序设计基础

学习目标：

- 理解对象的概念及其描述方法。
- 领会类的定义形式及重要意义。
- 能够使用面向对象的方法分析问题和解决问题。

什么是对象呢？大千世界，丰富多彩，每个客观存在的物体都是一个对象。用计算机解决问题就是要解决某类**对象**相关的问题，到现在为止，我们所能处理的数据对象有哪些？可以一一列举出来，无非就是一定范围内的整数对象、实数对象、字符串对象等。之所以能够处理这些对象，是因为 Python 解释器有内置的整型、布尔型、浮点型、字符串型等数据类型，还有复数(complex)对象，但种类屈指可数。读者自然会问，能不能把种类增多一些，如平面或空间中的点对象，日期时间对象，更广泛的如学生对象、职员对象等。能不能像内置的数据类型那样，定义我们感兴趣的对象类型，回答是肯定的。假如我们要解决的问题当中包含的对象有学生，我们就可以定义一个学生类型，进一步用这个自定义的学生类型去创建问题中涉及的学生对象，这就是面向对象程序设计中的类和对象。

Python 是面向对象的程序设计语言，它的一切皆为对象。本章通过解决下面 3 个问题讨论 Python 语言描述客观世界对象的方法，以及如何基于对象解决问题。

- 基于对象的学生成绩管理问题；
- 有理数的四则运算；
- 身体质量指数计算器。

6.1 学生成绩统计

问题描述：

设每个学生的信息有学号和姓名，某门课程有平时成绩、期中成绩和期末成绩。写一个程序，帮助某门课的教师统计班级学生的个人平均分和全班平均分。

输入输出样例：

```
How many students in your class? 2
```

```
id:1000000001
name:aaaaaaaaaa
dailyQuiz:66
midTermExam:77
finalTermExam:88
1000000001 aaaaaaaaaa     66     77     88
your average is  81.4
id:1000000002
name:bbbbbbbbbb
dailyQuiz:99
midTermExam:88
finalTermExam:66
1000000002 bbbbbbbbbb     99     88     66
your average is  77.0
The average of all 2 students is  79.20
```

问题分析：

每个学生相关的信息有学号、姓名和成绩，前几章处理这类问题的方法是把这些信息单独处理。实际上赋予学号、姓名和成绩等特征的学生是一个整体，是一个客观世界的对象，不仅如此，这类学生对象还应该具有一些特别的行为能力，如计算它们的平均值，输出他们的信息等。如果在程序中能够这样整体描述它们应该最符合人们的认知习惯。客观世界这样的学生对象不止一个，如果把所有这样的学生对象抽象为一个学生类型，就可以用抽象的概念类型去建立各个具体的学生对象了。本问题的求解采用这种与前几章截然不同的、面向对象的分析和设计方法。面向对象的分析常常使用 UML(Unified Modeling Language，统一建模语言)作为工具进行描述，其中最基本的是用类图描述类。在类图直观地把对象类包含的信息和行为能力表达出来。一个学生类 UML 类图如图 6.1 所示。

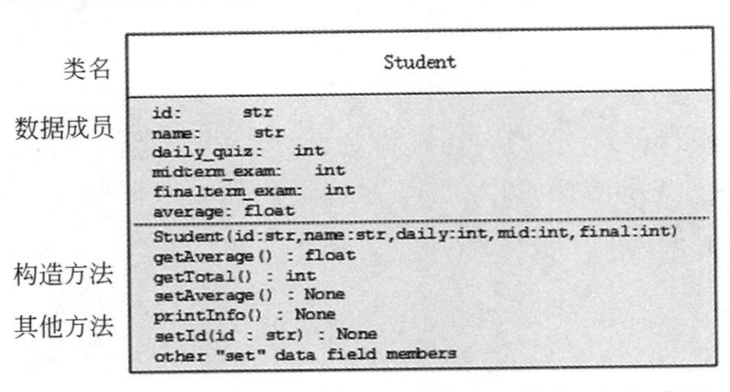

图 6.1 Student 类的 UML 类图

算法设计：

① 输入学生数 num；

② 总平均分 total = 0；

③ 循环 num 次：

a. 输入学生的信息，并用学生类创建这个学生对象；

b. 输出它的信息记录和平均值 average；

c. total += average;

④ 输出所有学生的平均成绩的平均值。

程序清单 6.1(Student 类定义)

```
1   #@File: Student.py
2   #@Software: PyCharm
3   class Student:
4       #Construt a student object
5       def __init__(self,id = " ", name = " ", daily_guiz = 0,\midterm_exam = 0,
    finalterm_exam = 0  ):
6           self.id = id
7           self.name = name
8           self.daily_quiz = daily_guiz
9           self.midterm_exam = midterm_exam
10          self.finalterm_exam = finalterm_exam
11          self.average = 0
12
13      def getAverage(self):
14          return self.average
15
16      def setAverage(self):
17          self.average = (self.daily_quiz  +self.midterm_exam ) * .20 +\
              self.finalterm_exam * .60
18
19      def getTotal(self):
20          return self.daily_quiz  +self.midterm_exam +self.finalterm_exam
21
22      def printStu(self):
23          print("%10s %10s %5d %5d %5d %5.1f" %\
24                (self.id, self.name, self.daily_quiz, self.midterm_exam, \
                   self.finalterm_exam, self.average))
25
26      def setId(self, id):
27          self.id = id
28
29      def setName(self, name):
30          self.name = name
31
32      def setDailyQuiz(self, daily_quiz):
33          self.daily_quiz = daily_quiz
34      def getDailyQuiz(self):             #其他数据成员的 get 方法省略了
  Return(self.daily_Quiz)
35      def setMidTermExam(self, midterm_exam):
36          self.midterm_exam = midterm_exam
37
```

```
38      def setFinalTermExam(self, finalterm_exam):
39          self.finalterm_exam = finalterm_exam
40
41  if __name__ == "__main__":
42      print("I am a Class, Please import me!")
```

问题求解的主程序如下。

程序清单 6.2

```
1   #@File: testStud.py
2   #@Software: PyCharm
3
4   from  Student import Student           #导入 Student 模块中的 Student 类
5
6   def main():
7       stuNums = eval(input("How many students in your class? "))
8       stu = Student()
9       total = 0
10      for i in range(stuNums):
11          stu.id = input("id:")
12          stu.name = input("name:")
13          stu.daily_quiz = eval(input("dailyQuiz:"))
14          stu.midterm_exam = eval(input("midTermExam:"))
15          stu.finalterm_exam = eval(input("finalTermExam:"))
16          stu.setAverage()
17          stu.printStu()
18          total += stu.getAverage()
19      print ( " The average of all % d students is % 6.2f" % \(stuNums, total/
    stuNums))
20
21  if __name__ == "__main__":
22    main()
```

6.1.1 客观对象的抽象

一个客观世界的对象应该怎么描述它呢？学生甲和学生乙到底有什么不同？平面上的点对象 A 和点对象 B 有什么不同？不难想象，刻画客观世界对象就是要描述它们所具有的一组共同的属性或状态，同类型的不同对象之所以不同，是因为它们彼此的属性值或状态不同而已。因此，如果能把所关心的对象的属性准确地描述出来，定义这种对象的类型、处理这种对象的数据也就不成问题了。例如对于学生对象类来说，教务管理部门比较关心学生的姓名、学号、平时成绩、期中成绩、期末成绩和总评成绩等属性。当然可能不同的部门所关心的学生对象类的属性信息有所不同。

对于客观世界的对象类，只用一组属性特征来表达它们还很不够。因为这仅仅表达了它们的外表，每一类客观世界的对象还应该有一组行为能力来刻画它们所具有的内在本质。例如，学生对象类和工人对象类的最大不同应该是前者具有学习能力，后者具有做工行为。

也就是说，客观世界的对象抽象为一个类，就是要从它的**属性特征**和**行为能力**两个方面进行抽象和封装。

6.1.2 定义对象类

Python中类的定义采用class语句，格式如下：

```
class 类名:
    初始化方法,初始化对象的属性特征
    若干方法定义,描述类对象的行为动作
```

定义一个类从class开始，然后是它的名字，通常首字符大写。接下来是采用缩进格式的类定义体。它包含两部分：一部分是表示类对象的属性，通常它们要在一个专门的函数 **__init__**()中定义，另一部分是表示类对象行为的一组函数。注意面向对象的程序设计中把类中的函数定义称为**方法(method)**，也称为**动作(action)**，而对象类的属性特征称为**数据域(data fields)，也叫数据成员/属性**，用**变量名**表示。例如，为平面上的矩形对象定义一个类如下：

```
class Rectangle:
    def __init__(self, width = 1, height = 1):          #初始化方法
        self.width = width                               #初始化数据
        self.height = height
    def getArea(self):                                   #计算面积方法
        return self.width * self.height
    def getPerimeter(self):                              #计算周长方法
        return (self.width +self.height) * 2
    def setWidth(self, w):                               #改变宽度方法
        self.width = w
    def setHeight(self, h):                              #改变高度方法
        self.height = h
```

在类定义中的方法至少要有一个参数self，位于第一个位置，这个参数的名字默认是self，可以改成其他的名字，其含义是代表对象自己，这个对象是将来用这个类实例化的。对象的数据域在类中写成self.width，self.height。对象的数据域成员要在特别的初始化方法__init__中初始化，初始化的值由参数width和height提供。如果没有提供width和height的实参值将使用默认值1，注意这里的参数类型是默认值参数。

请大家看看Student类中有几个数据域成员，都有什么动作方法。

6.1.3 创建对象：构造器

类是对象的抽象，可以看成是对象的模板。也可以认为又多了一个数据类型。有了类定义之后就可以用它**创建类的对象，也叫实例**。类的定义只有一个，用类创建的对象是具体的，可以有很多，各对象之间不同的是各自的数据特征不同。两个矩形类的对象，不同的是它们的宽和高，但其动作方法是一致的。两个学生对象不同的也是他们的属性特征。如何使用定义好的类创建一个具体的对象呢？只需调用的类的构造方法(constructor，也叫构造

器）。调用的时候提供必要的参数作为对象的数据特征值。有的同学可能会问构造方法在哪里？Rectangel 类和 Student 类的方法中也没有构造方法。**Python 规定每个类都有一个与类同名的隐含的构造方法**，它的参数与类的初始化方法__init__相同，但是不包括 self 参数。因此用 Rectangle 类创建一个宽是 5，高是 10 的矩形对象就是

```
>>>Rectangle(5, 10)
```

用类创建对象的一般形式就是

```
类名(参数)
```

由于 Rectangle 类的初始化参数均有默认值，所以也可以简单地创建一个具有默认大小的矩形，即

```
>>>Rectangle()
```

它的宽和高均为 1。

这样创建的矩形对象与整数对象、字符串对象一样，都可以用一个变量为其命名。例如

```
>>>r1 = Rectangle(5, 10)
```

变量 r1 就是该对象的标识符，即 r1 引用一个宽是 5 高是 10 的矩形对象。没有命名的对象一般称其为匿名对象。命名之后就可以称 r1 是矩形对象。就像如果 a = 2，a 是整型对象 2 一样。

很显然，构造函数创建对象时与初始化方法密切相关，其实是自动**调用了初始化方法__init__方法**，因此可以说是**类的初始化方法创建了对象**。

6.1.4 访问对象成员——点运算

用类创建了对象，并用一个变量指向（引用）它，就可以访问这个对象了。Python 语言规定类定义中的成员默认都是公有的，即客户用类创建对象之后，客户可以用点运算访问对象的公有成员，包括数据成员和方法。例如：

```
>>>r1 = Rectangle()                        #创建具有默认宽度和高度的 Rectangle 类的对象 r1
>>>r1.width = 10                           #设置/修改对象 r1 的宽度
>>>x = r1.width +r1.height                 #获得对象 r1 的宽度和高度，求得它们的和
>>>print( r1.width, r1.height)             #输出对象 r1 的宽度和高度
>>>print(r1.getArea(), r1.getPerimeter())  #输出对象 r1 的面积和周长
>>>r2 = Rectangle( 5, 20)                  #创建一个宽为 5 高为 10 的矩形对象 r2
>>>print( r2.height, r2.getArea())         #输出对象 r2 的面积和
```

可以看出类的成员需要创建对象才能被访问，不同的对象有不同的数据成员值，但它们有相同的方法，即每个对象都有同样的方法或动作。由于对象也叫实例，因此把类的公有成员称为**实例成员**，数据域称为**实例属性**，动作方法称为**实例方法**。下面这样的访问是错误的：

```
>>>Rectangle.width = 10
>>>Rectangle.height = 20
```

```
>>>print(Rectangle.width)
>>>print(Rectangle.getArea())
```

即默认的类成员是实例成员，必须创建具体的对象之后，它们的属性和方法才有意义。有没有什么属性和方法不需要创建对象就可以使用呢？有！这样的属性是**类属性**，这样的方法有**类方法**和**静态方法**，详见6.2.3节。

6.1.5　UML类图

UML是面向对象的软件建模工具。UML立足于对事物的实体、性质、关系、结构、状态和动态变化过程的全程描述和反映，从不同角度描述人们所观察到的软件视图。UML采用一组图形符号来描述软件模型，这些图形符号具有简单、直观和规范的特点。在软件开发的分析阶段可以使用类图对类进行描述。它是与具体的程序设计语言无关的。Student类的类图如图6.1所示。在类图中数据域和类封装的方法的形式通常为

数据域的名字:数据域的类型
方法名(参数:参数类型)返回类型

在数据域与方法之间用一条分隔线分开。

注意，在类图中方法的self参数不描述，初始化方法也不描述，要描述的是构造方法。有了UML类图之后，不仅程序员可以按照它实现对应的类，而且还是客户使用程序的文档，客户在使用这个类时，不关心它的实现细节，只关心怎么用它。

6.1.6　一点思考

类的封装性和抽象性是面向对象方法的主要特征。但是从上面的讨论发现，现在定义的矩形类以及学生类其封装性似乎不够安全，因为在客户创建一个对象之后，这个对象还可以被改变。而且这种改变直截了当，客户直接使用点运算访问了被封装起来的对象属性特征，而且修改了它，这好像与封装性的本意有点不符。封装性有数据隐藏的作用，是不希望客户随意更改对象的内部数据特征的。

另外，这种具有易改性的对象在Python中称为**可变(mutable)对象**，反之不允许修改的对象就称为**不可变(immutable)对象**。前面遇到的各种数字对象和字符串对象都是不可变对象，即一旦创建是不能改变的。**可变对象和不可变对象作为函数参数效果**是不一样的。下面的代码对其进行了简单的比较。

函数定义：

```
1   def func(r, n):
2       r.width += 100          #修改r.width的值,注意这里是更改,不是简单赋值
3       n = n +200              #更改n的值
```

测试代码：

```
4   r1 = Rectangle(5,10)        #r1是可变对象
5   number = 10                 #number是不可变对象
6   print(r1.width, number)
7   func(r1, number)
```

```
8   print(r1.width, number)
```

运行结果：

```
5 10
105 10
```

其中第 7 行调用函数 func，实参是矩形对象 r1 和整型对象 number，r1.width 的值在调用之前是 5，number 是 10，但是调用之后 r1.width 发生了改变，而 number 的值没变。

如何能让类的数据成员不被轻易改变呢，甚至不允许改变呢？可以对类定义成员做些改变，让它们变成私有成员，这样客户就没有资格直接更改它了。

6.2 有理数的四则运算

问题描述：

写一个程序，使其能够进行有理数的四则运算和大小比较。要求键盘输入任意两个有理数之后，计算并显示它们的四则运算的结果，并比较它们的大小。

输入输出样例：

```
Welcome to Rational Class!
2/3 2              #两个有理数对象
enter a rational number n/d:3/5
enter another rational number n/d:2/7
3/5 2/7            #显示输入的有理数
test +- * /
8/3 -4/3 4/3 1/3
test >>=<<===
True True True True False
test int float str convert
0 0.6666666666666666 2/3
test index
2 3
```

问题分析：

首先明确有理数的定义。有理数在形式上是一个分数，例如 1/3，2/5，10/4，其分母不能为 0，但分子可以为 0。每个整数 i 都可以写成有理数 i/1。有理数的分数最终结果应该是一个最简分数，即是通过最大公约数化简后的分数。有理数也可以有正负之分。有理数的小数形式往往是无限循环小数。这样的分数结构可不可以定义一个新的数据类型呢？如果能再赋以四则运算就解决这个问题了，回答是完全可以的。下面看看如何定义一个有理数类。这个类的数据成员应该有两个，即分子 numerator 和分母 denominator，这个分子分母需经过最大公约数化简。因此至少应该有 4 个方法分别实现加减乘除四则运算，如果再考虑有理数可以比较大小的话，还要增加各种比较运算，此外还应该有设置、读取、打印有理数的功能，还有一个工具函数求得两个整数的最大公约数用来化简分子和分母。完整的类结构可以用一个类图表达。如果把两个数据成员的有理数类 Rational 定义好之后，就又有了一个新的数据类型 Rational，利用 Rational 类就可以创建用户输入的两个有理数对应的 Rational 对象，然后使用 Rational 的方法进行各种运算了。

算法设计：

① 首先定义 Rational 类；

② 然后逐项功能进行测试。

程序清单 6.3（Rational 类）

```
1   #@File: Rational.py
2   #@Software: PyCharm
3
4   class Rational:
5       def __init__(self, numerator = 0, denominator = 1):
6           divisor = gcd(numerator, denominator)
7           self.__numerator = (1 if denominator >0 else -1) \
8                              * int(numerator / divisor)
9           self.__denominator = int(abs(denominator) / divisor)
10
11      #重载有理数的加法
12      def __add__(self, secondRational):
13          n = self.__numerator * secondRational[1] +\
14              self.__denominator * secondRational[0]
15          d = self.__denominator * secondRational[1]
16          return Rational(n, d)
17
18      #重载有理数的减法
19      def __sub__(self, secondRational):
20          n = self.__numerator * secondRational[1] -\
21              self.__denominator * secondRational[0]
22          d = self.__denominator * secondRational[1]
23          return Rational(n, d)
24
25      #重载有理数的乘法
26      def __mul__(self, secondRational):
27          n = self.__numerator * secondRational[0]
28          d = self.__denominator * secondRational[1]
29          return Rational(n, d)
30
31      #重载有理数的除法
32      def __truediv__(self, secondRational):
33          n = self.__numerator * secondRational[1]
34          d = self.__denominator * secondRational[0]
35          return Rational(n, d)
36
37      #把有理数转换为一个实数
38      def __float__(self):
```

```
39          return self.__numerator / self.__denominator
40
41      #把有理数转换为一个整数
42      def __int__(self):
43          return int(self.__float__())
44
45      #把有理数转换为一个字符串
46      def __str__(self):              #当使用 print(r)时,r 被转换为字符串
47          if self.__denominator == 1:
48              return str(self.__numerator)
49          else:
50              return str(self.__numerator) +"/" +str(self.__denominator)
51
52      def __lt__(self, secondRational):
53          return self.__cmp__(secondRational) <0
54
55      def __le__(self, secondRational):
56          return self.__cmp__(secondRational) <=0
57
58      def __gt__(self, secondRational):
59          return self.__cmp__(secondRational) >0
60
61      def __ge__(self, secondRational):
62          return self.__cmp__(secondRational) >=0
63
64      def __eq__(self, secondRational):
65          return self.__cmp__(secondRational) == 0
66
67      #比较两个有理数
68      def __cmp__(self, secondRational):
69          temp = self.__sub__(secondRational)
70          if temp[0] >0:
71              return 1
72          elif temp[0] <0:
73              return -1
74          else:
75              return 0
76
77      #重载下标索引运算,返回有理数的分子或分母
78      def __getitem__(self, index):
79          if index == 0:
80              return self.__numerator
81          else:
82              return self.__denominator
83
```

```
84  def gcd(n, d):                    #注意!它不是类的成员函数
85      ''' get bigest the common divisor'''
86      n1, n2 = abs(n), abs(d)
87      k, gcd = 1, 1
88      while k <=n1 and k <=n2:
89          if n1 %k == 0 and n2 %k == 0:
90              gcd = k
91          k += 1
92      return gcd
93
94  if __name__ == "__main__":
95      print("I am a Class, Please import me!")
96
```

程序清单 6.4(问题求解程序)

```
1   #@File: testRational.py
2   #@Software: PyCharm
3
4   from Rational import Rational
5
6   def main():
7       ''' test the Rational Class '''
8       print("Welcome to Rational Class!")
9       r1 = Rational(2, 3)
10      r2 = Rational(4, 2)
11      print(r1, r2)
12
13      rstring = input("enter a rational number n/d:")
14      n, d = rstring.split('/')       #用/分离字符串
15      n, d = map(int,(n, d))          #把(n,d)分别转换为整型数,即(int,int)
16      r3 = Rational(n, d)
17      rstring = input("enter another rational number n/d:")
18      n, d = rstring.split('/')       #用/分离字符串
19      n, d = map(int, (n, d))         #把(n,d)分别转换为整型数,即(int,int)
20      r4 = Rational(n, d)
21      print(r3, r4)
22      print("test +- * /")
23      print(r1 +r2, r1 -r2, r1 * r2, r1 / r2)
24      print("test >>=<<===")
25      print(r3>r4, r3>=r4, r1<r2, r1<=r2, r1==r2)
26      print("test int float str convert")
27      print(int(r1), float(r1), str(r1))
28      print("test index")
29      print(r1[0], r1[1])                  #使用下标运算打印有理数的分子和分母
30
```

```
31 if __name__ == "__main__":
32     main()
33
```

6.2.1 私有成员

6.1 节就类的封装性进行了讨论，好的封装机制应该对数据属性具有隐藏的效果。Python 支持一定程度上的数据私有化，具体做法是在变量命名时增加两个左下划线。例如把矩形类的宽和高定义为私有成员如下：

```
def __init__(self, width = 1, height = 1):
    self.__width = width
    self.__height = height
```

客户创建对象之后，不能采用点运算访问私有成员属性。如果尝试访问私有属性，将会产生异常：

```
>>>r1 = Rectangle(5,10)
>>>print(r1.__width)
Traceback (most recent call last):
  File "<stdin>", line 1, in <module>
AttributeError: 'r1' object has no attribute '__width'
```

直接访问私有成员是报错了，但是 Python 允许在测试阶段用间接的方法访问私有成员，采用下面的形式：

```
>>>print(r1._Rectangele__width)
```

即

对象名._类名+私有成员名

除了这种方法外，规范合理的做法是增加访问私有成员的公有方法。这种方法分为两类，一类是 set 开头的可以修改私有成员属性值的方法，另一类是 get 开头的获得私有成员属性值的访问。例如访问 Rectangle 类的私有成员的 **set 和 get 方法**如下：

```
def setWidth(self, w):
    self.__width = w
def setHeight(self, h):
    self.__height = h
def getWidth(self):
    return self.__width
def getHeight(self):
    return self.__height
```

对于类的方法来说，同样也可以采用像私有数据成员变量的命名方法，使其成为私有方法，这种私有成员方法一般来说是不希望客户使用的方法。

6.2.2 运算符重载

一个数据类型是由两部分组成的。一部分是对一类数据对象的集合的抽象，第二部分是对这个对象集合上存在的一组操作或者称运算的封装。如整数类型是整数对象的集合以及整数对象的一组操作算术四则运算、求余等。面向对象程序设计自定义的类与系统内置的类都是一样的，也可以为其定义各种各样的运算。类对象能进行某种运算是一种行为能力，一种动作，因此对应类中的一个方法。这种为运算符定义方法的机制叫作**运算符重载**。

Python 为运算符重载提供了一组特殊的方法，样子像类的初始化方法__init__，即方法名两侧各有两个下画线。注意，**这些系统内置的方法并不是私有的**，因为在它的右侧也有两个下画线。**对于非私有的成员，用户客户端是可以直接访问的**。例如加法运算的＋号重载方法是__add__，减法的-号对应的重载方法是__sub__等，常用的运算符重载方法如表 6.1 所示。

表 6.1 常用的运算符重载方法（魔法方法）

运算符	方法名	描述	运算符	方法名	描述
+	__add__	加法	>	__gt__	大于
-	__sub__	减法	>=	__ge__	大于或等于
*	__mul__	乘法	!=	__ne__	不等于
/	__truedive__	除法	[index]	__getitem__	下标
%	__mod__	求余	in	__contains__	成员测试
<	__lt__	小于	len	__len__	元素个数
<=	__le__	小于或等于	str	__str__	字符串
==	__eq__	等于	=	__setattr__	赋值

本节讨论的有理数类重载了表 6.1 中的算术运算、比较运算、下标和 str 运算。其中比较运算的实现中均调用了在类中自定义的方法__cmp__，使代码更加简洁。实际上__cmp__是 Python2.x 版本中的一个可重载的运算，但在 Python 3.x 以后被废弃了。

当一个类中重载了表中的运算之后，用户在客户端创建了对象之后即可使用了。设已经创建了一个有理数对象 r1 = Rational(3, 4)，要与另一个有理数对象 r2 = Rational(2, 6)进行算术运算、比较运算、赋值运算和下标运算，则可以像下面这样使用：

```
(1) r3 = r1 +r2          等同于   r3 = r1.__add__(r2)
(2) r2 >r1               等同于   r2.__gt__(r1)
(3) r3 = r1              等同于   r3.__setattr__(r1)
(4) r2[0]                等同于   r2.__getitem__( 0 )
```

等等。

对象的字符串形式输出是非常重要的运算。Python 允许用户**定制对象的字符串形式**。**定制的方法是重载**__str__ 和 __repr__运算，前者是被内置方法 str、print 和 format 调用的，后者是被内置方法 repr(它是 representation 的简写，返回对象的原生字符串)在 shell 直接输出对象时调用的。下面的例子创建了一个日期时间对象，由于在日期时间类中为对象的输出已经定义了这两种运算，所以在运行跟字符串有关的函数时就会按照已定制的格式输出日期和时间信息。

```
>>>import datetime as dt          #导入日期时间模块,起一个别名 dt
>>>today = dt.datetime.now()      #创建一个对象 today
>>>today                          #直接输出对象,不是用 print,调用__repr__
datetime.datetime(2020, 3, 1, 12, 45, 40, 18586)  #这种形式称为"offical"串
>>>str(today)                     #str 函数执行时把 today 转换成了__str__定制的格式的
                                  #字符串
'2020-03-01 12:45:40.018586'      #这是简单的,称为"informals"串
>>>print(today)
2020-03-01 12:45:40.018586
>>>repr(today)                    #repr 函数执行时把 today 转换成了__repr__运算定制的
                                  #格式的字符串
'datetime.datetime(2020, 3, 1, 12, 45, 40, 18586)'
>>>format(today)
'2020-03-01 12:45:40.018586'
```

再如要按照分数的形式使用 print 或 str 或 format 输出一个有理数，在 Ratianal 类中重载了 str 运算，规定了输出的格式是分数。当创建了一个有理数对象 r1 = Rational(3,4) 时，就可以直接使用 print 函数得到分数的结果了，例如：

```
>>>r1 = Rational(3, 4)            #创建一个有理数对象 r1
>>>print(r1)
3/4
```

在 Rational 类模块中还有一个特殊的函数 gcd，它不是类的成员函数，是类外部的为类服务的一个工具函数。用户在客户端也可以直接使用，正如 5.4 节的接口中的函数那样。

6.2.3 静态成员和类成员

在 6.1 节的问题求解时，我们讨论的 Student 类，数据成员属性是在类的初始化方法中声明的，这种属性是类的实例属性，每个类的对象都有自己的属性。面向对象的程序设计允许在类中定义与实例无关的属性，这种属性叫类属性，或者叫类成员，静态成员，因为不需要创建类的实例就可以直接使用类名访问它们，当然要假设它们不是私有的。要做到这一点，只需在类的方法之外、类的命名空间之内定义它们即可。注意这种与实例无关的类成员也可以被实例对象访问。

不仅数据成员有实例成员和类成员之分，类所封装的方法也有类方法和实例方法之分。通常由函数头和函数体构成的类中的普通公有方法都是实例方法，即创建了类的实例后，通过实例用成员访问运算符“.”调用它们。而不需要创建对象即可调用的方法有两种，一种是静态方法，另一种是类方法，前者要使用内置函数 staticmethod，如果一个方法的前面加上 @staticmethod 修饰，这个方法就是静态方法；而类方法则需要使用@classmethod 来修饰。不仅如此，静态方法的参数没有实例方法的第一个参数 self，类方法的第一个参数是 cls；类的实例也可以调用静态方法和类方法，二者的功能是类似的。下面看一个简单的实例。

程序清单 6.5

```
1  #@File: staticClass.py
2  #@Software: PyCharm
3  class A:
4      clsVar = 100                    #类成员
5      def foo(self,x):                #实例方法
6          print("instance method:%d"%x)
7      @staticmethod
8      def static_foo(x):              #静态方法
9          print("static method:%d"%x)
10
11     @classmethod
12     def class_foo(cls,x):           #类方法
13         print("class method:%d"%x)
14
15
16 print("class member:%d" %A.clsVar)
17 a1 = A()
18 print("instance class member:%d " %a1.clsVar)
19 a1.foo(100)
20 a1.static_foo(100)
21 a1.class_foo(100)
22 A.static_foo(100)
23 A.class_foo(100)
```

6.2.4　@property

Python 类封装的数据成员默认属性是公有的，虽然可以用含有前缀下画线的名字定义为私有数据成员，但是类实例/对象还是可以直接通过赋值语句修改它的值，不够安全。另一种方法是专门定义跟数据成员属性相关的一对函数 set 和 get，例如 6.1 节的学生类的数据成员的访问方法有 setDailyQuiz 和 getDailyQuiz，特别是在 set 方法中可以有条件的 set，从而滤掉那些非法的数据，这样从某种程度上提高了数据成员属性的安全性。但是不如直接用赋值语句那样简单，Python 提供了另一种更加全面的数据成员保护机制，即对数据成员属性用修饰器来修饰，例如如果学生类的 score 用修饰器@property 修饰，则其为只读，相当于 get 方法；如果用修饰器@score.setter 修饰 score 方法，则它就具有修改的权限，如果用修饰器@score.deleter 修饰 score，则它允许被删除。下面的程序清单 6.6～6.8 定义了一个学生类 Student，它包括 name 和 score 数据成员，各自采用了上述不同的方法访问 name 和 score 数据成员属性。

程序清单 6.6(实现版本 1)

```
1  #@File: property1.py
2  #@Software: PyCharm
3
```

```
4   class Student:
5       def __init__(self, name = '',score = 0):
6           self.name = name
7           self.score = score
8
9   def main():
10      s1 = Student("wang",65)
11      print("%s:%d"%(s1.name,s1.score))
12
13  main()
```

这是最简单的版本,创建和访问学生对象时没有任何限制。

程序清单 6.7(实现版本 2)

```
1   #@File: property2.py
2   #@Software: PyCharm
3
4   class Student:
5       def __init__(self, name = '',score = 0):
6           self.set_name(name)
7           self.set_score(score)
8
9       def get_name(self):
10          print("get name")
11          return self._name
12
13      def set_name(self, name):
14          print("set name")
15          if not isinstance(name, str):
16              raise TypeError("Expected a string")
17          self._name = name                    #数据成员私有化
18
19      def get_score(self):
20          print("get score")
21          return self.__score
22
23      def set_score(self,score):
24          print("set score")
25          if not isinstance(score, int):
26              raise TypeError("Expected a integer number")
27          elif score<0 or score>100:
28              raise ValueError("Must in range 0-100")
29          else:
30              self.__score = score         #数据成员私有化
31
32  def main():
```

```
33        s1 = Student("wang",65)
34        print("%s:%d"%(s1.get_name(),s1.get_score()))
35
36    main()
37
```

很容易发现这个版本的变化之处是数据成员私有化了，对数据成员的访问必须通过 set 和 get 进行，特别是在 set 时进行类型和值的检查，不符合条件的将引起相应的异常。还有一个重要的变化是客户端 main 中的代码必须进行修改，要用 get 方法访问数据成员才行。有没有办法不修改客户端访问对象的接口呢？有，使用 Python 提供的 Property 类为每个数据成员创建一个对象，其命名刚好与之前数据成员命名相同，只需在上面的代码第 31 行处插入下面的第 31 和第 32 行即可

```
31        name = property(get_name, set_name)        #创建一个 property 对象 name
32        score = property(get_score, set_score)     #创建一个 property 对象 score
```

这时的 main 与版本 1 的 main 就可以相同了，即

```
34    def main():
35        s1 = Student("wang",65)
36        print("%s:%d"%(s1.name,s1.score))
```

不过这里 s1.name 和 s1.score 在内部是通过 property 对象的 get_name 和 get_score 访问的。

如果一开始就想做成具有 property 属性对象的方案，可以直接采用下面的实现方案，即使用修饰器。

程序清单 6.8(实现版本 3)

```
1     #@File: property3.py
2     #@Software: PyCharm
3
4     class Student:
5         def __init__(self, name = '',score = 0):
6             self.name = name      #注意 self.name 调用 setter 修饰的 name
7             self.score = score    #同上
8         @property
9         def name(self):
10            print("get name")
11            return self._name     #不能用 self.name，不然会再次调用 name 方法出现递归
12
13        @name.setter
14        def name(self, name):
15            print("set name")
16            if not isinstance(name, str):
17                raise TypeError("Expected a string")
18            self._name = name
```

```
19
20    @property
21    def score(self):
22        print("get score")
23        return self.__score
24
25    @score.setter         #如果没有这里的 set,相当于写保护,甚至 init 初始化也不行了
26    def score(self,score):
27        print("set score")
28        if not isinstance(score, int):
29            raise TypeError("Expected a integer number")
31        elif score<0 or score>100:
32            raise ValueError("Must in range 0-100")
34        else:
35            self.__score = score
36
37    @score.deleter
38    def score(self):
39        del self.__score
40
41 def main():
42     s1 = Student("wang",65)
43     print("%s:%d"%(s1.name,s1.score))
44
45 main()
```

你喜欢使用版本 1 的修改版本 2 还是喜欢这里的版本 3 的方法呢?

6.2.5 析构器

与 Python 类创建对象时自动调用初始化方法(构造器)__init__类似,当一个对象的生命期结束时将**自动调用**一个方法__del__,在这个方法中可以释放资源,这个方法称为析构函数或析构器。如果用户定义的类中没定义它,Python 将提供默认的析构器。下面通过一个例子跟踪一下创建对象和释放对象的过程。

程序清单 6.9

```
1  #@File: initdel.py
2  #@Software: PyCharm
3  class Point:
4      pointNum = 0           #类成员或静态成员,需要使用类名访问,用于计数当前的实例数
5      def __init__(self, x=0, y=0):
6          print("init")
7          self.__x = x
8          self.__y = y
9          Point.pointNum += 1          #每创建一个实例,pointNum 加 1
10     def __del__(self):
```

```
11            print("del")
12            Point.pointNum -=1                  #每释放一个实例,pointNum减1
13
14    def main():
15        p1 = Point()
16        p2 = Point()
17        p3 = Point()
18        print(Point.pointNum)
19
20        for i in range(10):
21            p = Point()
22            print(Point.pointNum)
23
24    main()
25    print(Point.pointNum)
```

你能看出这个程序的运行结果吗？运行一下试试看。也可以显式地使用 del 语句删除对象的引用,这时会自动调用析构函数。例如,再增加下面几条语句：

```
26  del p1
27  del p2
28  del p3
```

6.3 身体质量指数计算器

问题描述：

设计一个具有图形界面的身体质量指数(BMI)计算器,当用户输入身高和体重后,计算器就会计算出它的 BMI 值,同时给出国内国际对该 BMI 值的评价建议。

BMI 的计算公式为

$$\text{BMI}=\text{体重(kg)}/\text{身高的平方}(\text{m}^2)$$

其国际国内参考值如表 6.2 所示。

表 6.2　BMI 指标分类

分　类	国际 BMI(kg/m^2)	国内 BMI(kg/m^2)
偏瘦	<18.5	<18.5
正常	18.5～25	18.5～24
偏胖	25～30	24～28
肥胖	≥30	≥28

输入样例：在图 6.2 的界面中的输入框输入

```
1.7
150
```

```
51.9
```

单击 ComputeBMI 按钮。

在界面中对应的标签处输出分类结果：

```
Too Fat
Too fat
```

问题分析：

这是一个简单的计算问题，大家很容易写出基于控制台（命令窗口）的求解方案。在程序运行时用户在控制台输入身高 h 和体重 w，程序中立即通过公式计算出相应的 BMI 值，然后根据给定的标准做出建议性的评价。但是本问题已明确要求设计一个图形界面（GUI），因此必须选择一个图形界面库。前面学过的 turtle 可以胜任 GUI 图形界面吗？答案是 No。turtle 只能在画布上绘制图形，不支持图形界面设计。图形界面是由各种各样的图形控件（小构件 widget）组成，如菜单、按钮、标签、输入框等。支持 GUI 的 Python 模块有很多，Python 本身内置了一个 GUI 模块 tkinter。本问题的 GUI 设计就采用 tkinter 进行设计。tkinter 中的每类控件都对应一个自己的类，只需使用控件类创建界面所需要的控件对象，并为控件添加适当的处理代码即可。设计结果如图 6.2 所示。

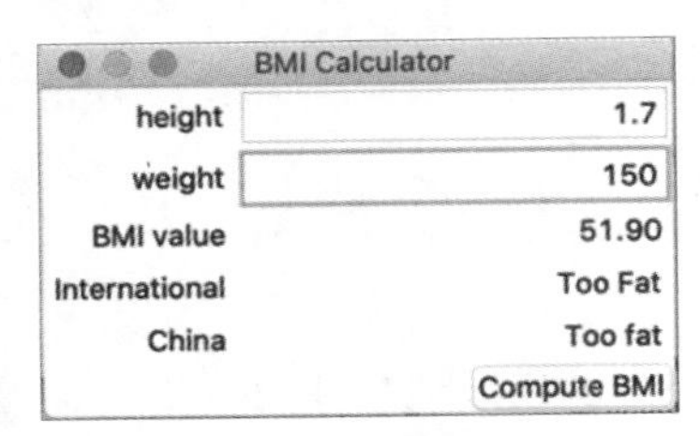

图 6.2　身体指数计算器

算法设计：

① 界面布局设计：界面构件分成两栏，左侧 5 个标签、右侧 2 个输入框、2 个标签和一个按钮。

② 添加各个构件，设置属性。

③ 实现计算按钮的 command 程序。

程序清单 6.10

```
1   #@File: BMICalculator.py
2   #@Software: PyCharm
4   import tkinter as tk
5   from tkinter.constants import *
6
7   class BMICalculator(tk.Frame):
8       def __init__(self, master=None):
9           super().__init__(master)
10          self.pack()
11          self.createWidgets()
12
13      def createWidgets(self):
14          #下面创建的小控件对象均为无名字的，它们直接使用了点运算进行了布局
15          tk.Label(self, text="height").grid(row=1, column=1, sticky=E)
16          tk.Label(self, text="weight").grid(row=2, column=1, sticky=E)
17          tk.Label(self, text="BMI value").grid(row=3, column=1, sticky=E)
```

```
18          tk.Label(self, text="International").\
                                  grid(row=4, column=1, sticky=E)
19          tk.Label(self, text="China").grid(row=5, column=1, sticky=E)
20
21          self.heightVar = tk.StringVar()   #定义与小控件关联的变量

22          tk.Entry(self, textvariable=self.heightVar,justify=RIGHT)\
23                      .grid(row=1, column=2) #call Entry constructor
24
25          self.weightVar = tk.StringVar()
26          tk.Entry(self, textvariable=self.weightVar,justify=RIGHT)\
27                      .grid(row=2, column=2)
28
29          self.BMIVar = tk.StringVar()
30          tk.Label(self, textvariable=self.BMIVar)\
31                      .grid(row=3, column=2, sticky=E)
32
33          self.WorldStdVar = tk.StringVar()
34          tk.Label(self, textvariable=self.WorldStdVar)\
35                      .grid(row=4, column=2, sticky=E)
36
37          self.ChinaStdVar = tk.StringVar()
38          tk.Label(self, textvariable=self.ChinaStdVar)\
39                      .grid(row=5, column=2, sticky=E)
40
41          tk.Button(self, text="Compute BMI", command=self.computeBMI)\
42                      .grid(row=6, column=2, sticky=E)
43
44      def computeBMI(self):
45          BMI = float(self.weightVar.get()) / float(self.heightVar.get())**2
46
47          self.BMIVar.set(format(BMI, '8.2f'))
48          print(self.heightVar)
49          if BMI <18.5:
50              self.WorldStdVar.set(format("Too Thin",'10s'))
51          elif BMI <25:
52              self.WorldStdVar.set("Normal")
53          elif BMI <30:
54              self.WorldStdVar.set("Little Fat")
55          else:
56              self.WorldStdVar.set("Too Fat")
57          if BMI <18.0:
58              self.ChinaStdVar.set(format("Too thin", '10s'))
59          elif BMI <24:
60              self.ChinaStdVar.set("Normal")
```

```
61          elif BMI <28:
62              self.ChinaStdVar.set("Little fat")
63          else:
64              self.ChinaStdVar.set("Too fat")
65
66  def main():
67      #root = tk.Tk()
68      #app = BMICalculator(master=root)
69      app = BMICalculator()
70      app.master.title("BMI Calculator")  #设置窗口的标题
71      app.mainloop()
72
73  main()
74
```

6.3.1 tkinter

tkinter (Tk interface 的简称)模块是一个使用 Tk GUI toolkit 的 Python 接口,其帮助文档位于 https://docs.Python.org/3/library/tkinter.html? highlight=tkinter#module-tkinter。Tk 本身并不是 Python 的组成部分,它是独立的 GUI 工具包(toolkit),它还有一个孪生兄弟,程序设计语言 Tcl(Tool command language),人们经常把它们两个组合在一起 Tcl/Tk,其官网为 https://tcl.tk/,注意它们两个是独立的。类 UNIX 操作系统默认安装就包括它们,如在 Max Os 终端窗口输入 tclsh 命令就进入了 Tcl 界面,输入 wish 命令就会进入 Tk 界面,感兴趣的同学可以研究一下。

现在让我们学习 Python tkinter,可以在命令行输入

```
Python -m tkinter
```

执行之后会打开一个 Tk 小窗口,然后在 File 菜单中单击 Run Widget Demo 就可以查看 tkinter 的非常丰富的演示程序。

任何一个 GUI 程序都是由小构件(Widget)组成,最顶层的小构件是默认的主窗口,也称为根窗口/root 窗口,它由 tkinter.Tk 类来创建。在主窗口上可以用小构件的几何管理器布局其他各种各样的小控件,如 Frame, Label, Entry, Text, Canvas, Button, Radiobutton, Checkbutton, Scale, Listbox, Scrollbar, OptionMenu, Spinbox, LabelFrame 和 PanedWindow,还有一个主窗口之外的顶级窗口小构件 Toplevel。任何一个 GUI 程序启动之后便进入一个事件循环,在整个运行过程是事件驱动的,直到退出程序为止。最简单的 GUI 程序像下面这样。

```
1  #@File: firstTk.py
2  import tkinter as tk
3  win = tk.Tk()                          #创建 GUI 主窗口
4  win.mainloop()                         #进入主循环等待处理事件,事件循环
```

这仅仅是一个空窗口,如果在 Python shell 中运行上述命令,导入库之后便可产生空白窗口。

真正的 GUI 要在主窗口中安排各种控件或小构件，例如下面简单的 Hello1 程序增加了一个标签控件和一个按钮控件，并为单击按钮产生的事件做出了响应，即打印“press ok!”。

程序清单 6.11-1

```
#@File: Hello1.py
1  import tkinter as tk
2  def pressOk():
3      print("press ok!")
4  win = tk.Tk()
5  la = tk.Label(win, text="Hello,Wecome to Tk!")
6  bu = tk.Button(win, text = "Click Me!", command = pressOk)
7  la.pack()
8  bu.pack()
9  win.mainloop()
```

直接把各种控件安排在主窗口不便于管理，tkinter 模块提供了一个 frame 控件作为中间层，它是位于主窗口之上，可以容纳其他的小构件的构件，当然也可以是另一个 frame。例如下面的 hello2 程序是把标签和控件布置在一个 frame 框架之内。

程序清单 6.11-2

```
1  #@File: Hello2.py
2  import tkinter
3  from tkinter.constants import *
4  tk = tkinter.Tk()
5  #在根窗口上再创建一个 frame,覆盖在根窗口上
6  frame = tkinter.Frame(tk, relief=RIDGE, borderwidth=2)
7  frame.pack(fill=BOTH,expand=1)
8  label = tkinter.Label(frame, text="Hello, World")
9  label.pack(fill=X, expand=1)
10 button = tkinter.Button(frame,text="Exit",command=tk.destroy)
11 button.pack(side=BOTTOM)
12 tk.mainloop()
```

运行程序清单 6.11-1 和 6.11-2，结果如图 6.3 所示。不难看出图 6.3(b)的 frame 具有 3D 效果，它是用属性 relief(浮雕)设定的，frame 的 relief 参数有 6 种可选的值，分别是 RAISED(凸起)，SUNKEN(凹陷)，FLAT(平)，RIDGE(脊)，GROOVE(凹槽)，SOLID(固体)。

(a)　　(b)

图 6.3　Frame 构建的 3D 效果

通常用户会基于 tkinter 的 Frame 类派生一个自己的控件类，这样更加清晰，请分析一

下下面的 hello3 程序。

程序清单 6.11-3

```
1   #@File: hello3.py
2   import tkinter as tk
3   class Hello(tk.Frame):
4       def __init__(self,master=None):
5           super().__init__(master)                        #调用 Frame 的初始化方法
6           self.master = master
7           self.pack()                                     #自身的安置
8           self.create_widgets()                           #再创建将要容纳的小构件
9       def create_widgets(self):
10          self.hi_there = tk.Button(self)                 #创建一个 Button
11          self.hi_there["text"] = "Hello World\n(click me)"  #设置属性
12          self.hi_there["command"] = self.say_hi
13          self.hi_there.pack(side="top")
14          self.quit = tk.Button(self, text="QUIT", fg="red",
15                                command=self.master.destroy)  #QUIT 按钮
16          self.quit.pack(side="Botton")
17      def say_hi(self):
18          print("hi there, everyone!")
19  def main():
20      root = tk.Tk()
21      app = Hello(master=root)
22      app.mainloop()
23
24  main()
```

本节的计算器的实现方法就是基于 tkinter 的 Frame 类派生了自己的 BMICalculator 类，是一种自定义的 Frame，它的 CreateWidgets 方法中创建了它所容纳的各种小构件。

6.3.2 小构件 Widget

tkinter 模块的提供了比较多的小构件，最常用的有如下几种。

（1）Label：显示文本或图像；

（2）Button：执行命令的按钮；

（3）Entry：文本输入域，文本框；

（4）Text：格式化文本显示，可以有内嵌的图片，多行显示；

（5）Frame：框架容器，包含其他小构件容器小构件；

（6）Menu：下拉菜单或弹出菜单；

（7）Canvas：绘图画布。

每个小构件都对应一个类，封装了很多属性特征和方法。每个小构件的构造器的第一个参数总是它的父容器的对象，接下来的参数包括前景色、背景色、字体、光标等。这些参数都是可选参数，这些参数的值可以用三种方法设置：

（1）当创建对象时通过关键字参数提供，例如：

```
okButton = Button(self, text = "Ok",bg = 'black', fg = "red")
```

（2）使用字典索引方式

```
okButton["fg"] = "blue"                    #注意索引关键字要用引号括起来
```

（3）使用 config 方法

```
okButton.config(fg = "red", bg = "black")
```

颜色的指定有两种方式，一种是使用色彩的名称（可参考 http://www.5tu.cn/colors/yansezhongwenming.html 或 https://htmlcolorcodes.com/color-names/），另一种是使用十六进制的＃RRGGBB 格式的字符串指定。例如：

```
okButton.config(fg = "#FFC0CB", bg = "#000000")  #粉红色和黑色
```

而指定字体的格式是（family，size，special），family 是字体的名称，size 是字体的大小，special 是字体的特征。例如

```
labelH['font']=('CourierNew',20,'bold italic')
```

这些小构件如何布置在一个容器中呢？使用几何管理器对小构件进行布局。Python 提供如下三种方法。

（1）网格管理器。

小构件使用网格管理器 grid 置于一个不可见的网格的某个位置，它有几种参数，一是 row，column，指定行列位置，也可以用 rowspan 和 columnspan 指定它所占的行列数（合并），以及 padx，pady 指定在控件外部填充水平或垂直方向的空间（外边距），ipadx 和 ipady 是小构件内部的填充空间（内边距），用 sticky 说明它在指定的单元格中停靠的方位：S、E、N、W、NW、NE、SW、SE 是东南西北的命名常量，不指定这个参数时是居中。如本节求解程序中的

```
tk.Label(self, text="China").grid(row=5, column=1, sticky=E)
```

把一个匿名的 Label 对象放在了 5 行 1 列，靠左侧的位置上。

（2）包管理器。

小构件可以使用包管理器方法 pack（打包、包装）把小构件从上到下依次地放置在容器中，这是默认的，即没有任何参数时所遵循的。可选的参数有停靠在哪个方向 side：left（从左到右），top，right 和 bottom；填充方式 X（水平方向），Y，both，none（不填充）；是否随主窗体的变化而变化 expand：True 或 1，False 或 0；设置外边距的 padx，pady 和内边距的 ipadx，ipady 等。

（3）位置管理器。

使用 place 方法，把小构件放在绝对的位置上，表示位置的参数是 x 和 y。例如

```
tk.Label(self, text="China").place(x=10, y=20)
```

把标签构件放置在（10，20）的位置上。

小构件的属性值常常需要动态变化，如 Label 的 text 属性，Entry 文本框中的值，Radiobutton 或 Checkbutton 的状态等。tkinter 允许使用控制变量与小构件联系起来，tkinter 提供了 4 种控制变量类型，创建方法如下：

var = BooleanVar()，默认值为 0；

var = StringVar()，默认值为空串；

var = IntVar()，　默认值为 0；

var = DoubleVar()，默认值为 0.0。

用 set 方法设置控制变量的值，用 get 方法返回控制变量的值。控制变量与小构件的可变属性关联起来，例如标签控件和文本输入控件的 textvariable 属性，RadioButton/CheckButton 的 variable 属性等。程序清单 6.12 把文本框控件 Entry 的 textvariable 属性与字符串控制变量 contents 关联起来。

程序清单 6.12

```
1   #@File:varcontrol.py
2   from tkinter import *
3
4   class App(Frame):                          #基于 Frame 创建(派生)一个 App Frame 类
5       def __init__(self, master=None):
6           super().__init__(master)
7           self.pack()
8           self.entrythingy = Entry()        #创建一个文本框
9           self.entrythingy.pack()           #置于 App 中
10          self.contents = StringVar()       #定义 contents,用于文本框数据的读写型
11          self.contents.set("this is a variable")  #设置文本框变量值
12          #用文本框变量填充文本框
                self.entrythingy["textvariable"] = self.contents
13          self.entrythingy.bind('<Key-Return>',
14              self.print_contents)          #给文本框的事件 Key-Return 绑定处理程序
15
16      def print_contents(self, event):
17          print("hi. contents of entry is now ---->",  #打印文本框的内容
18                self.contents.get())
19
```

另外请参考本节开始的程序清单 6.10，仔细分析其中控制变量的用法。

6.3.3 事件驱动

每个 GUI 界面的应用程序都是事件驱动的。典型的事件有单击了一下按钮、移动了一下鼠标或者按了一个键，特别是文本输入后的回车键等，当事件发生时就去执行一个事件处理函数或回调函数(callback)。这个回调函数一般来说是自己定义的，当然也可以调用系统内置的函数，如退出等。有两种方法指定事件处理函数，一是在小构件的 command 参数中指定，如本节求解程序的 ComputeBMI 按钮设置为

```
tk.Button(self, text="ComputeBMI", command=self.computeBMI)
```

再如 hello3.py 中的 hi_there 按钮的 command 参数设置为

```
self.hi_there["command"] = self.say_hi
```

这两个按钮的事件处理函数都是自定义的。Hello3.py 中的 quit 按钮的回调函数则是系统中已有的 destroy：

```
command=self.master.destroy
```

另一种方法是通过小构件的 bind 方法绑定回调函数，例如 6.3.2 节的程序清单 6.12 里文本输入框 entrythingy 的设置为

```
self.entrythingy.bind('<Key-Return>', self.print_contents)
```

这里给按回车键这个事件 Key-Return 绑定处理程序 print_contents 方法。

小结

本章开启了面向对象程序设计的大门，在程序设计的王国，客观世界的对象用类来抽象封装，类的实例就是对象。你学会怎么创建自己的类了吗？希望你已掌握了类的重要方法之一——初始化方法，以及如何用类创建实例的构造器（与类同名，具有初始化方法中包含的属性参数）。特别还有如何重载常用的运算符。本章的另一个内容是 GUI 设计，tkinter 模块中包含丰富的构件类，通过学习使用这些构件可以帮助读者理解面向对象程序设计的一些基本概念，另外 GUI 程序是事件驱动的。

你学到了什么

为了确保读者已经理解本章内容，请试着回答以下问题？如果在解答过程中遇到了困难，请回顾本章相关内容。

1. 客观世界的对象如何描述？
2. 什么是类？什么是对象或者实例？类和对象有什么关系？
3. 如何定义类？如何创建实例/对象？
4. 类的初始化方法和其他构造方法的第一个参数 self 指的是什么？
5. 什么是运算符重载？都有哪些可以重载的运算符？
6. 什么是对象的字符串形式输出？如何实现？
7. 什么是私有成员、静态成员、类成员（属性）和类方法？
8. 什么是实例属性、实例方法？
9. 析构器是干什么的，用什么方法实现？
10. 什么是@property？
11. 什么是 GUI？tkinter 模块中的小构件是什么？
12. 什么是 GUI 中的事件？都有哪些常用的事件，当事件发生时要驱动什么？
13. tkinter 中的小构件如何布局？
14. tkinter 构件属性如何设置？

15. tkinter 的控制变量有几种？都是什么类型？

16. tkinter 构件的属性如何与控制变量建立关联？

程序练习题

1. 定义一个圆形类

问题描述：

定义一个圆形类 Circle 表示圆形，它有一个数据成员：半径 radius，默认值为 1，有求周长 getPerimeter 和求面积 getArea 的方法。写一个 main 测试它。

测试样例：

```
>>>c1=Circle()                                  #创建一个半径为 1 的圆实例
>>>print(getPerimeter(),getArea() )             #输出周长和面积
>>>c1.radius=5
```

然后再输出对应的周长和面积。最后再创建一个半径为 15 的圆形对象，求它的周长和面积。

2. 设计一个一元二次方程类

问题描述：

定义一个一元二次方程类，它的数据成员是二次方程的 3 个系数 a，b，c，它有一个根的判别式函数 delta 实现 b * b－4 * a * c，还有两个根函数 root1，root2，分别实现。当 delta 大于或等于 0 时的两个实根；当 delta 等于 0 时，有一个实根；当 delta 小于 0 时，约定 root1 和 root2 均返回 0。

写一个测试函数，创建几个一元二次方程的对象，测试计算它们不相等的实根 root1 和 root2，以及相等的根，和没有实根。

3. 设计一个银行账号类

问题描述：

设计一个银行账号类 Account，它包括账号 id 和私有的账面余额 balance，一个取钱的方法 withdraw，一个存钱的方法 depoist，一个显示账户信息的方法 display。

写一个测试程序，测试这个类。

4. 设计一个贷款计算器

问题描述：

使用 tkinter 库模块，设计一个具有 GUI 界面的贷款计算器，如图 6.4 所示。构件布局分为两列，左侧是 5 个 Label 构件，显示年利率(Annual Interest Rate)，贷款年数(Number of Years)，贷款额(Loan Amount)，月还款额(Monthly Payment)，总计还款额(Total Payment)标签信息。右侧有三个 Entry 构件，用于用户输入年利率，贷款年数和贷款额。右侧下部是一个 Button 构件，单击它后，在它上面的两个 Label 构件显示月支付和总支付的计算结果。贷款计算公式为：月支付＝(贷款数 * 月利率)/(1－(1/(1＋月

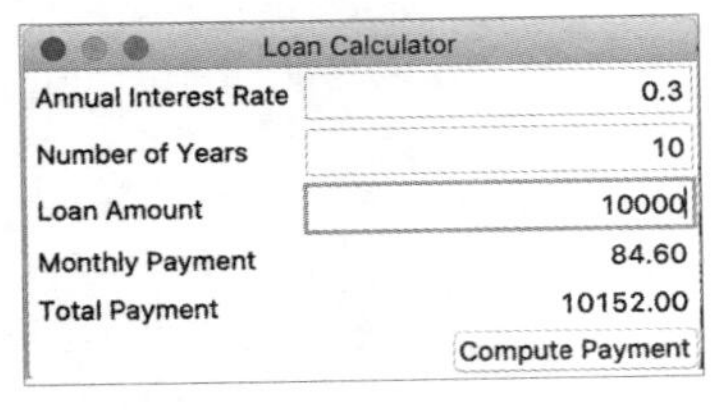

图 6.4 贷款计算器

利率)的(年数 * 12)次方))(可能有不同的计算方法)。总还款额=月支付 * 年数 * 12。

5. 设计一个温度转换器

问题描述:

设计一个GUI温度转换器,如图6.5所示。输入一个摄氏温度后,单击Convert按钮,计算的华氏温度通过标签显示在上面。转换公式 c=5 * (f-32)/9。

你可否制作一个既具有C到F的转换,又可以实现F到C的转换功能的温度转换器。

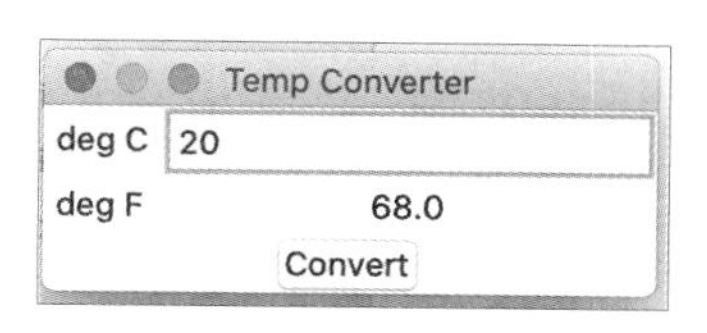

图 6.5　温度转换(c2f)

项目设计

定义一个复数类

问题描述:

定义一个复数类Complex表示复数,如2+3i,它有两个私有的数据成员:实部real和虚步imag,默认值是0,重载赋值运算用于创建复数的实例对象,重载加法、减法运算和求模(复数对应的点到原点的距离)运算方法,使得两个复数可以直接使用+和-进行加法和减法,用abs()方法求模;重载字符串输出方法,使得可以直接在Python解释环境下输出复数,以及使用print函数输出复数,它还应该有获得实部和虚部的功能。用UML类图表示这个类,写一个main测试所有的功能。

测试样例(仅仅是样例,需要用程序实现)

```
>>>c1=Complex(2,3)
>>>c2=1+2i
>>>c3=c1+c2
>>>c4=c1-c2
>>>print(c3, c3.real, c3.imag)
>>>abs(c3)
```

实验指导

CHAPTER 第 7 章

批量数据处理——序列程序设计

学习目标：

- 理解对象的序列存储的特点。
- 掌握列表类型的基本特征和使用方法。
- 理解列表作为函数参数的基本使用方法和主要特征。
- 理解并掌握交换排序和选择排序算法的基本思想。
- 理解线性查找和折半查找的基本算法。
- 掌握字符串类的各种常用方法。
- 了解 tkinter 的 Canvas 类和 Menu 类，理解鼠标事件。

至今为止，我们已经掌握了结构化程序设计的基本方法，已经能解决很多实际问题了，但是对有些问题的求解还是感到无能为力，如在学生成绩管理问题中，如果要求把全班学生成绩进行排序，用学过的方法就不好解决，你有办法吗？再例如，在一个成绩单中查询某个同学的成绩，你现在能查吗？有点不好解决，其主要原因是什么呢？这类问题跟学生成绩分组统计问题大不一样。分组统计问题在某一时刻要处理的数据只有一个，只需一个变量引用它就可以了，对它判断、求和、统计之后变量引用的数据对象就可以不用了，下一时刻就被新的数据对象覆盖了，或者说，变量引用的对象在变化。现在要对数据进行排序或查找，在进行之前，必须先把所有的数据(一般来说是比较多的数据)都组织起来，让它们在内存中驻留久一点，因为在对它们的排序/查找过程中，甚至是排序/查找之后，这些数据对象都需要在内存中存在，为其他操作服务。因此，问题的关键是**如何组织批量数据才能方便地对其访问，只有解决了这个问题，排序查找才能很好地进行**。本章就是要研究如何求解这类含有批量数据对象处理的应用问题，学习 list、tuple、str 类。

- 排序问题；
- 查找问题；
- 字符串问题；
- 在画布上绘制图形。

7.1 一组数据排序问题

问题描述：

教师在期末考试之后常常会把考试成绩进行排序(升序或降序)。请编写一个程序能够对给定的一组成绩数据进行升序或降序排序，排序的结果输出到屏幕上或重定向到一个文件中。

输入输出样例(降序)

```
5  #5个人的学号和成绩
id? 10001
score? 78
id? 10002
score? 89
id? 10003
score? 56
id? 10005
score? 90
id? 10005
score? 88
before sorting:
10001 78
10002 89
10003 56
10004 90
10005 88
---------------------------
after sorting:
10003 56
10001 78
10005 88
10002 89
10004 90
```

问题分析：

这类问题要处理的数据是多少，一般来说是不确定的。不同用户的班级学生数未必一样，上面的输入输出样例是让用户先输入人数，然后再输入要处理的数据。因为程序中一定是循环处理输入输出，所以也可以不输入人数，采用标记控制的循环，如果程序中需要人数，则由程序自己统计计算。当用户输入人数之后，接下来要考虑数据如何组织，如何引用的问题。回顾一下在求和、求平均值时是怎么存储成绩数据的？那时只需一个 grade 变量读用户输入的成绩，累加到另一个总分变量中，每读一个成绩都覆盖了前一个成绩，现在还只用一个变量去读成绩数据可以吗？显然不可以了。因为现在每个数据输入之后必须都要暂时存储起来，只有这样才能对它们从整体上进行排序。假设一个教学班级的人数是 60 名，如何存储这 60 个学生的成绩数据是解决这个问题的关键之一。有人可能很快有了办法，定义 60 个整型变量，每个变量引用一个成绩数据对象，就可以解决。那怎么定义这 60 个变量呢？难道是这样一组数据变量吗？

```
stuId1, stuId2, stuId3, …
stuGrade1, stuGrade2, stuGrade3, …
```

看上去这样定义很好，但这样定义是很难操作的，必须逐一写出 60 个变量的名字。这或许还可以做到，60 行就可以了，但如果问题的规模是 600 个，6000 个数据呢，就很难写出所有的变量名。即便能写出 600 个、6000 个变量，对它们进行排序也很难进行，因为名字中的 1,2,3,…,60，似乎很有规律，但是它们包含在互相独立的名字中，不太容易提取，它们仅仅起到区别名字的作用，不能表达这些变量之间的内在联系。这样命名的变量彼此是独立的，互相没有什么联系，因此在程序中对其管理起来比较困难。为了便于这类问题求解，Python 提供了可以把一批数据对象用一个类封装起来的机制，这种封装起来的类型可以体现一组数据的序列性、相邻性或者是有序性(注意这不是排序)，因此采用这种类型表示一组数据，在程序中可以利用这种相邻序列关系去引用它们，操作它们就比较方便了，特别便于程序用循环处理。

Python 中有几个类具有这样的特征，它们是列表类 list，元组类 tuple，字符串类等。这里用列表类 list 来解决本节的问题，即用两个具体的 list 类的变量，分别引用学号和成绩数据。Python 用方括号把一组数据对象括起来作为一个 list 类的对象。由于数据是一个一个输入到程序中的，所以这个 list 对象，也是从无到有，一点点变长的。因此可以用空列表初始化两个列表对象的变量，即：

```
stuId = []
stuGrade = []
```

列表对象的具体操作见 7.1.2～7.1.5 节。

接下来的问题就是如何把列表对象中的数据按值的大小排序了。排序是计算机科学中非常重要的话题，因为同样的数据可以有很多方法排序，有的实现很简单，有的实现很复杂，结果都是一样的，但是它们的效率会有很大不同。因此，解决这个问题的另一个关键所在就是用什么排序算法。这里使用两种方法，一是简单的交换排序，具体在 7.1.6 节介绍；二是 Python 内置的排序算法 sorted 函数，具体在 7.2.4 节介绍。一组数据如何存储、如何排序的方法确定了之后，就可以写出这个问题的求解算法了。

算法设计：

首先循环变量 i = 0，学号列表 stuId 和成绩列表 stuGrade 初始化为空。

① 输入学生数 stuNumber；

② 输入学号 id 和成绩 grade；

③ 如果 i >= stuNumber 则转到⑤，否则转到④；

④ 把 id 和 grade 添加到列表中，i 加 1，回到②；

⑤ 如果 stuNumber 为 0，转到⑨结束程序 否则继续；

⑥ 输出原始数据；

⑦ 用交换法排序；

⑧ 输出排序结果；

⑨ 结束。

程序清单 7.1(列表类版本)

```
1    #@File: oneList.py
2    #@Software: PyCharm
```

```
3  def main():
4      stuId = []                                   #创建一个空列表,作为学号列表
5      stuGrade = []                                #创建一个空列表,作为成绩列表
6      stuNumber = eval(input())
7      inputData(stuId, stuGrade, stuNumber)
8      print("before sorting:")
9      printInfo(stuId, stuGrade, stuNumber)
10     print("----------------------------")
11     print("after sorting:")
12     if stuNumber !=0:
13         #sortGrade(stuId, stuGrade, stuNumber)                  #交互排序
14         #printInfo(stuId, stuGrade, stuNumber)
15         PairList = sortBysorted(stuId, stuGrade, stuNumber)    #内置 sorted
16         resultList = list(PairList)
17         #print(resultPairList)
18         for i in range(stuNumber):
19             print(resultList[i][0], resultList[i][1])
20
21 def inputData(stuId,stuGrade, n):
22     for i in range(n):
23         id = input("id? ")
24         grade = eval(input("score? "))
25         #stuId += [id]                      #使用+运算添加列表元素
26         stuId.append(id)                    #使用 append 方法添加学号到学号列表中
27         stuGrade += [grade]                 #用加法把单个成绩列表链接到成绩列表中
28
29 def printInfo(stuId, stuGrade, n):
30     for i in range(n):
31         print(stuId[i],stuGrade[i])         #用下标访问列表元素
32
33 def sortGrade(id, grade, n):
34     """ using simple compare and swap to sort data """
35     for i in range(n-1):
36         for j in range(i+1,n):
37             if grade[j] >grade[i]:
38                 grade[i],grade[j] = grade[j],grade[i]  #交换
39                 id[i],id[j] = id[j],id[i]
40
41 def sortBysorted(id, grade, n):
42     """ use builtin function 'sorted'  """
43     zippedList = zip(id, grade)       #把两个 list 组合成一个 zip 类的对象,no list
44     result = sorted(zippedList, key = lambda x:x[1])  #以 zippedlist 中
   #的元组元素 x 的第 2 个元素 x[1]为排序关键字
45     return result
46
```

```
47 if __name__ == "__main__":
48     main()
49
```

上述方法中列表 id 和 score 是分开的，如果把它们做成一个键-值对，所有学生的键-值对放在一起就形成了一个字典，把上面算法中列表替换为字典，个别地方适当地修改一下就得到字典实现的算法，下面的代码是用字典实现的版本。

程序清单 7.2(用字典实现的版本)

```
1   #@File: oneDict.py
2   #@Software: PyCharm
3
4   def main():
5       stuDict = {}                               #创建一个空字典——存放键-值对
6       stuNumber = eval(input())
7       inputData(stuDict, stuNumber)
8       print("before sorting:")
9       printDict(stuDict)
10      print("----------------------------")
11      print("after sorting:")
12      if stuNumber !=0:
13          resutlList = sortGrade(stuDict)        #获得由元组(value,key)组成的列表
14          printTupleList(resutlList, stuNumber)
15          resultVlist = sortByValue(stuDict)
16          printTupleListV(resultVlist, stuNumber)
17
18  def inputData(stuDict, n):
19      for i in range(n):
20          id = input("id? ")
21          grade = eval(input("score? "))
22          stuDict[id] = grade
23
24  def printTupleList(stuList, n):
25      for i in range(n):
26          print(stuList[i][1], stuList[i][0])  #输出元组(value,key)的值
27
28  def printTupleListV(stuList, n):
29      for i in range(n):
30          print(stuList[i][0], stuList[i][1])  #输出元组(key,value)的值
31
32  def printDict(stuDict):                  #可以直接 print(stuDict),但是输出格式是默认的
33      for i in stuDict:                              #默认 i 就是 dict 的 key
34          print(i, stuDict[i])
35
36  def sortGrade(stuDict):
37      """ using zip and builted in func sorted() """
```

```
38      stuZ = zip(stuDict.values(), stuDict.keys())
39      stuZlist = list(stuZ)
40      stuS = sorted (stuZlist)                       #默认按照列表的第一个元素排序
41      return stuS                                    #返回元组列表
42
43  def sortByValue(stuDict):
44      """ use builtined sorted () and by key = value through lambda  """
45      result = sorted(stuDict.items(), key=lambda x: x[1])
                                       #dict.items()是一个元组列表,这里按照 value 排序
46      return result                                  #返回一个元组列表
47
48  if __name__ == "__main__":
49      main()
50
```

7.1.1　一维数组与列表 list

一维数组(1D-Array)是若干**类型相同的数据对象**依次**连续存储**在一起形成的一个数据**序列**,如图 7.1 所示。数组中的每个数据项称为**数组元素**(array element)。给数组起一个名字称为**数组名**。这样不同的数组元素可以通过数组名加一个大于或等于 0 的整数下标加以区别。一般称这个下标为**数组下标**(array subscript/index)。例如,学生成绩数据放在一起构成的成绩数组,命名为 grade,就有数组元素 grade[0],grade[1],grade[2]等,每个数组元素称为**下标变量**。一个数组中的所有数组元素在内存中是连续存储的,图 7.1 是成绩数组的内存映像。数组中的元素是连续存储的,实际上本节的问题并不关心一组数据的内部是如何存储的,我们在意的是它们彼此之间的相邻关系/序列关系怎么表示,**数组采用下标表示**。这种下标表示的机制有一个好处,可以通过下标快速访问到它所引用的对象。但由于数组使用之前必须明确数据的类型和数组的大小,然后创建一个静态的、有固定大小的数组。因此有一定的局限性。Python 没有直接提供数组类型,但它提供了一个**具有数组类型的序列特征的对象类,列表类 list**,大家可以用帮助查看 list 类的定义:

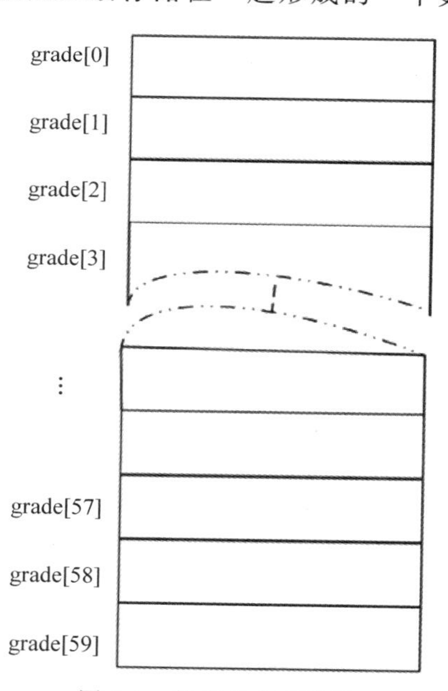

图 7.1　数组的内存映像

```
>>>help(list)
```

list 是序列类型,同样提供了下标访问机制,但它不限制元素的类型,不要求各个元素的类型相同,不限定元素的个数,其大小是可变的,而且元素的值也是可变的。显然用 list 类解决本节问题是非常合适的,当然还有更加灵活的扩展库可以选择,如后面要介绍的 **NumPy 扩展**模块,在那里会是真正的数组了。

Python 的序列类型比较丰富，除了 list 之外，还有 str，bytes，tuple 等，序列类型的序列性使得它们有一些共同的操作方法，如表 7.1 所示。list 类自身拥有的方法更加丰富，功能更加强大，使用更加灵活，本书将陆续展开讨论。

表 7.1　序列类型的常用操作

操　　作	实　　例	描　　述
in	x in s	x 在序列 s 中则返回 True
not in	x not in s	x 不在序列 s 中则返回 True
+	s1 + s2	连接两个序列
*	s * n, n * s	n 个序列 s 连接在一起
[]	s[i]	序列 s 的第 i 个元素(i 从 0 开始)
[:]	s[i:j]	序列 s 从下标 i 到 j−1 的序列
len	len(s)	序列 s 中元素的个数
min	min(s)	序列 s 中的最小值
max	max(s)	序列 s 中的最大值
sum	sum(s)	序列 s 的所有元素之和
for loop	for i in s	逐个访问序列 s 中的元素
<,>等	s1>s2	两个序列做比较

7.1.2　创建列表

Python 中建立一个新的列表序列有多种方法，下面通过 9 个方面来具体介绍。

1. 使用类的构造方法

Python 的列表是一个类，类的名字是 list，可以**用 list 类的构造方法**创建具体的列表对象，list 类的构造方法的参数多种多样，下面看几个例子。

```
>>>list1 = list()              #创建一个空列表,列表命名为 list1
>>>list2 = list("abc")         #创建一个字符串中的字符列表 list2,它的元素是 a,b,c
>>>list3 = list(range(10))     #创建一个 0 到 9 的数字列表 list3
```

如果查看一下它们，会看到每个列表的序列内容：

```
>>>list1
[]
>>>list2
['a', 'b', 'c']
>>>list3
[0, 1, 2, 3, 4, 5, 6, 7, 8, 9]
```

2. 使用[ ]

从上面的运行结果已经看到列表元素是用方括号括起来的，元素之间用逗号隔开。因

此，Python 允许**直接使用方括号创建列表**。**注意**：空列表没有元素。例如

```
>>>list1 = []
>>>list2 = [1, 2, 3]
>>>list3 = ["111", "bbb", 324, 'a', list2]     #列表元素类型任意
```

3. 使用 append

list 类有一个 **append 方法**可以在尾部添加列表元素。

```
>>>list2.append(4)
>>>list3.append("aaa")
```

程序清单 7.1 中第 31 行就是用这种方法添加列表元素的。

4. 使用加法运算

Python 的**序列类型的对象支持加法运算**，例如

```
>>>list4 = list2 +list3     #把两个列表序列连接到一起
>>>list2 += list2 + [4]
```

程序清单 6.1 中第 32 行就是用加法运算添加列表元素的，注意，添加的是具有一个元素的列表对象。

5. 使用乘法运算

序列类**对象还支持乘法运算**，把一个列表复制若干个后连接在一起，例如

```
>>>list2 * 3
[1, 2, 3, 1, 2, 3, 1, 2, 3]
```

再如

```
>>>[0] * 10
[0, 0, 0, 0, 0, 0, 0, 0, 0, 0]
>>>[[0] * 10] * 5
[[0, 0, 0, 0, 0, 0, 0, 0, 0, 0], [0, 0, 0, 0, 0, 0, 0, 0, 0, 0], [0, 0, 0, 0, 0, 0, 0, 0, 0,
0], [0, 0, 0, 0, 0, 0, 0, 0, 0, 0], [0, 0, 0, 0, 0, 0, 0, 0, 0, 0]]
```

6. 列表解析

Python 更强大的建立列表的方法是通过**理解(Comprehension)**某种产生列表的规则来建立，这种建立列表的方法叫作**列表推导或者列表解析。请看下面几个例子。**

```
>>>mylist1 =  [ i for i in range(10) ]
[0, 1, 2, 3, 4, 5, 6, 7, 8, 9]
```

列表 mylist1 中的元素 i 是由方括号中的 for 循环产生的，即 for 循环产生的元素 i 作为列表元素。它相当于逐个把 0～9 追加到一个空列表中的效果。

```
>>>mylist2 = [ i * i for i in range(10)]
[0, 1, 4, 9, 16, 25, 36, 49, 64, 81]
```

列表 mylist2 中的元素 i 是由方括号中的 for 循环产生的，但是 for 循环产生的元素 i 平方之后才作为列表的元素。

```
>>>mylist3 = [ x for x in mylist2 if x%3==0]
>>>mylist3
[0, 9, 36, 81]
```

在 mylist3 的解析表达式后面又多了一个条件判断，可以有选择地使用 for 循环产生的元素。

```
>>>mylist4 = [i *j  for i in range(3) for j in range(3)]
[0, 0, 0, 0, 1, 2, 0, 2, 4]
```

在列表 mylist4 中的元素是双循环的结果。

```
>>>mylist5 = [[1,3,4],[2,3,5]]
>>>[e for r in mylist5 for e in r]
[1, 3, 4, 2, 3, 5]
```

mylist5 是一个二维列表(7.2 节将详细介绍)，在列表解析中是一个双重循环，前一个循环对“大”元素操作，后一个循环在“大”元素中访问内部的元素。

可以看到列表解析提供了一种创建序列列表的简洁方式。实际上解析表达式还可以更丰富，还可以嵌套。一般来说，可以包括多层方括号，每个方括号中跟一个 for 子句构成的表达式，之后又可以跟 0 或多个 for 语句和 if 语句。

7. 生成器

列表解析法创建的列表是真的把整个列表产生了，也就是内存中建立了列表实例。因为计算机的内存是有限的，所以建立列表(实例)对象时会受到内存容量的限制。如百万级或更大的列表对象创建起来就有困难了。Python 允许用一个算法或一段程序推算列表对象的元素，通常是在循环的过程不断推算列表后边的元素。**内存中存储的是生成列表的算法，这种机制叫生成器**。创建生成器的方法有多种。最简单的方法就是直接把列表解析式的方括号改成小括号。例如：

```
>>>mylist=[x for x in range(100)]
>>>g = (x for x in range(100))  #创建了一个生成器对象
>>>g
<generator object <genexpr>at 0x103358f90>
>>>next(g)              #使用 next 函数获得生成器的当前值，它是从第一个元素开始的
0
>>>next(g)
1
>>>sum(g)               #生成器的当前值是 2，故 sum 函数从 2 开始累加
5049
>>>next(g)              #生成器已经计算到最后一个值，再继续生成则出现 StopIteration
Traceback (most recent call last):
  File "<stdin>", line 1, in <module>
StopIteration
```

还有一种方法是允许定义一个函数表达生成器的算法。如下面的函数是可以生成斐波那契数列的生成器。

```
def fibG( max ):
    n, a, b = 0, 0, 1
    while n <max :
        yield a     #这里替换成 print(a),fibG 就是普通的函数了
        a, b = b, a +b
        n += 1
    return "Done"
```

注意,这种生成器就是普通的斐波那契函数中把 print 或 return 替换成 yield,这样当调用 fibG 的时候 while 循环不断生成斐波那契数列里的数,而不是返回也不是输出。这种生成器也叫作带有 yield 语句的生成器。生成器是可迭代的对象,可以直接在循环中使用,例如:

```
def test_fibG():
    for i in fibG(5):  #生成器是可迭代的,并且就是一步步迭代计算下一个元素,所以生成器
                       #还是迭代器
        print(i, end = ' ')
test_fibG()
```

8. zip 组合

Python 提供了一个内置函数 zip,它可以把多个长度相等的列表组合成一个新的对象,程序清单 7.1 中的第 43 行把 id 列表和 grade 列表组合成一个 zip 类的对象。

```
43      zippedList = zip(id, grade)
```

组合的结果是两个列表对应元素的元组(小括号括起来的)构成的 zip 对象的元素,把 zip 对象再转换为 list 对象:

```
zippedList = list(zippedList)
```

就是一个列表了。看一个简单的例子:

```
>>>id = ["1111", "2222", "3333"]
>>>name = ["aaaa", "bbbb", "cccc"]
>>>stu=zip(id, name)
>>>type(stu)
<class 'zip'>
>>>list(stu)
[('1111', 'aaaa'), ('2222', 'bbbb'), ('3333', 'cccc')]
```

再看一个例子,设有一个距离列表 distances 和一个时间列表 mytimes,求距离列表中每个元素与时间列表中每个元素计算后的速度,可以有 3 种不同的实现方法,其中有两种方法使用了 zip 函数,具体代码如下:

```
1   distances = [130, 300, 200, 500, 770]
2   mytimes = [1.5, 2, 1.4, 3.2, 4.6]
3   speeds = [ ]
4   for i in range(len(distances)):                    #方法 1 使用列表索引
5       speeds += [ distances[i]/mytimes[i] ]
```

```
6  for v in speeds:
7      print(f'{v:.2f}')
8
9  speeds = [d/t for d,t in zip(distances, mytimes)]        #方法2生成一个列表
10 for v in speeds:
11     print(f'{v:.2f}')
12
13 for d, t in zip(distances, mytimes):                      #方法3直接访问zip
14     print("{:.2f}".format(d/t), end = ' ')
15 print()
```

用类似的方法不难实现两个列表对应元素的其他运算，如相加。

9. 拷贝

通常意义的拷贝是制作一个复制品，这在Python中称为**深拷贝**。Python规定对于不可变的数字对象来说不能深拷贝。对于列表对象可以进行深拷贝，但一定要逐个元素复制到一个新列表中。例如

```
>>>ls1 = [1, 3, 4, 2, 3, 5]
>>>ls2 = []
>>>for i in ls1:
...     ls2 += [i]
...
>>>ls2
[1, 3, 4, 2, 3, 5]
>>>ls2 is ls1
False
```

如果只是简单地对列表对象赋值进行，例如：

```
>>>ls2 = ls1
```

这仅仅又多了一个变量ls1，引用同一个ls1所引用的对象而已，这叫**浅拷贝**。为了方便用户使用，Python提供了一个内置模块copy，专门用于浅拷贝和深拷贝，使用接口为

```
import copy
x = copy.copy(y)            #对y浅拷贝
x = copy.deepcopy(y)        #对y深拷贝
```

思考题：设有列表mylist = [1,1,1]，请验证一下mylist的id，以及mylist[0]，mylist[1]，mylist[2]的id各是什么？如果列表是[2，'abc'，3.5]呢？

7.1.3 访问列表元素

列表是一个序列，可以用不同的方法访问它的元素。

1. 使用下标运算

列表元素可以用**下标运算**[]访问，设有列表对象mylist1，访问它的元素的一般形式如下：

```
mylist1[index]
```

其中，index称为下标，它是一个基于0的整数对象或整数变量引用的对象，允许是负数，也可以是各种表达式的整数结果。通常**第一个元素的下标为0**，依次增1访问列表中的其他变量。序列类型的对象可以用内置函数len求得它的长度。例如：

```
mylist1 =list(range(10))
i, s = 0, 0
while i <len(mylist1):
    s += mylist1[i]                  #下标是循环控制变量
    i += 1
print(s)
```

当Python使用**负整数下标时，下标−1对应列表末端的元素**，下标−2对应倒数第2个元素，依此类推。这个特点在不知道列表长度的时候也可以知道列表最末端的元素。例如：

```
>>>mylist1[-1]
9
```

下标可以是表达式，甚至可以很复杂，例如：

```
>>>temp=mylist1[0]                   #下标是整数
>>>For i in range(n):
>>>    mylist1{i]=mylist1[i+1]       #下标是算术表达式
>>>mylist
[0, 5, 0, 1, 2, 3, 4, 5, 0, 0]
>>>i = 5
>>>mylist[i if i>3 else -i]
3
>>>i=2
>>>mylist[i if i>3 else -i]
0
```

2. 可迭代对象

列表是一个可迭代(iterable)对象，即可以直接用for循环顺序访问所有元素。

```
for i in mylist1:
   s += i
```

注意，这里的i是mylist1这个对象中的元素，不是元素的下标。

我们经常需要在遍历一个元素的同时跟踪它的下标，为此，Python提供了一个内置**类型enumerate**，从字面上看是**枚举**的意思，这里仍然有这样的含义，即枚举一个可迭代对象，对每个元素返回一个(i,value)，其中，i是该元素的索引，value是该元素的值。下面举例看看它的用法。假设有一个列表mylist = [1, 3, 6, 5, 9]，下面的循环

```
>>>for i,v in enumerate(mylist):
…    print(i,v)
…    if i %2 == 0:
…        mylist[i] += 5
0 1
```

```
1 3
2 6
3 5
4 9
>>>mylist
[6, 3, 11, 5, 14]
```

不仅遍历了每个元素，同时还得到了它们的下标，并用下标控制了元素，这种机制很方便。

3. 切片

序列数据类型支持一种特别的运算，切片运算。它允许从列表中截取一部分，或抽出一个**子序列**。例如：

```
>>>mylist2
[0, 1, 4, 9, 16, 25, 36, 49, 64, 81]
>>>mylist2[2:5]          #从 mylist2 抽取下标范围在[2,5)内的元素
[4, 9, 16]
>>>mylist2[::2]          #从 mylist2 的下标为 0 开始，步长为 2，抽取一个子序列(开始和结
#束下标省略时默认是整个序列
[0, 4, 16, 36, 64]
>>>mylist2[::-2]         #从 mylist2 的下标-1 开始，间隔为-2，反向抽取一个子序列
[81, 49, 25, 9, 1]
```

列表对象的切片操作是指定下标的范围和步长进行抽取元素，结果形成一个新的 list 对象。

4. 替换列表元素

列表对象是可变的(mutable)，即允许修改对象的元素。而字符串 str 类创建的对象虽然也是序列，但它是 immutable，不可以变的。例如：

```
>>>mylist = [0] * 10            #创建具有 10 个 0 的列表
>>>mylist
[0, 0, 0, 0, 0, 0, 0, 0, 0, 0]
>>>mylist[1]=5                  #替换下标 1 的 0 为 5
>>>mylist[3:8]=[1,2,3,4,5]      #替换下标 3 到 8 的元素
>>>mylist
[0, 5, 0, 1, 2, 3, 4, 5, 0, 0
```

5. 列表的插入和删除

列表是可以插入和删除的，但其效率不高，因为列表的元素是连续存储的，要在某个位置插入或删除一个元素，其相邻的元素要进行移动，以腾出一个位置或填充那个位置。列表的插入方法是

```
insert(i,x)                      #将元素 x 插入到下标为 i 的位置
```

列表的删除方法是

```
remove(x)                        #删除列表中第一次出现的元素 x
```

还有

```
pop(i)或 pop()                    #删除下标为 i 的元素或最后一个元素并返回它
```

还有 count(x) 返回元素 x 在列表中的个数，index(x)返回元素 x 在列表中第一次出现的下标。下面给一个使用 list 的各种方法的比较综合的例子：

```
>>>mylist = list( range(10) )
>>>mylist
[0, 1, 2, 3, 4, 5, 6, 7, 8, 9]
>>>mylist.insert(5, 10)
>>>mylist
[0, 1, 2, 3, 4, 10, 5, 6, 7, 8, 9]
>>>mylist.remove(2)
>>>mylist
[0, 1, 3, 4, 10, 5, 6, 7, 8, 9]
>>>mylist.pop()                   #删除最后一个元素并返回它
9
>>>mylist.pop(5)                  #删除下标为 5 的元素
5
>>>mylist
[0, 1, 3, 4, 10, 6, 7, 8]
>>>mylist.append(3)               #追加一个元素 3
>>>mylist.count(3)                #数一下 3 的个数
2
>>>mylist.index(10)               #查一下第一个 10 的下标
4
>>>mylist.reverse()               #把列表元素逆置或者称倒序
>>>mylist
[3, 8, 7, 6, 10, 4, 3, 1, 0]
>>>mylist.sort()
>>>mylist
[0, 1, 3, 3, 4, 6, 7, 8, 10]
>>>mylist2 = [2, 4, 6, 8]
>>>mylist.extend(mylist2)         #把列表 mylist2 的所有元素追加到列表的后边
>>>mylist
[0, 1, 3, 3, 4, 6, 7, 8, 10, 2, 4, 6, 8]
```

6. 列表元素逆置

列表类 list 提供了逆置列表元素的方法 reverse，例如

```
>>>a = [1,2,3,4]
>>>a.reverse()
>>>a
[4, 3, 2, 1]
```

7.1.4 列表的输入输出

程序清单 7.1 中，每次输入一个学生的信息，**把输入的数据作为列表元素逐个追加到列表中**，这是比较符合实际的。请大家参考行 21 到 29 的 inputData 函数的实现代码。

输入数据时，如果能一次输入若干个逗号隔开或空格隔开的数据会更加方便，那怎么把它们形成一个列表呢？参考 7.3.3 节的字符串的运算(8)。

列表对象是一个序列，能直接输入一个由[ ]括起来的列表序列吗？早在第 2 章开始学习 input 函数的时候就知道，Python 的 input 函数把键盘输入的东西均作为一个字符串来对待，因此如果要一次性地输入一个列表对象的所有元素，在程序中也只是得到了一个字符串。

但是 Python 提供了一个功能强大的函数 eval，它可以把键盘输入的字符串根据字符串的内容转换为相应类型的对象。例如：

```
>>>mylist = eval(input())          #eval 能够识别输入的类型
[1,2,3,4,5]
>>>mylist
[1, 2, 3, 4, 5]
```

实际上使用这种方法还可以用键盘输入元组、字典、集合等对象的字符串。更有甚者，可以对它所有能解析的字符串都做处理，而不顾忌可能带来的后果。例如，eval 函数能够解析导入 os 模块，并执行操作系统的命令的字符串，例如：

```
>>>eval("__import__('os').system('whoami')")
chunbobao
```

甚至是查看文件目录，删除文件等命令。

```
>>>eval("__import__('os').system('ls')")             #Linux 系统文件目录查看
>>>eval("__import__('os').system('rm -rf /etc/*')")  #删除文件，此行不要模仿
```

所以说简单地使用 eval 存在巨大的安全隐患。当然有一些安全使用 eval 的方法，但是处理起来比较麻烦，这里就不讨论了。出于安全考虑，完全可以不用 eval，而改用 AST 模块中的 literal_eval。AST(Abstract Syntex Trees)是抽象语法树模块，其详细内容这里就不展开了，只注意该模块下的 literal_eval()函数，它会判断需要计算的内容计算后是不是合法的 Python 类型，如果是则进行运算，否则就不进行运算。上面的危险操作，如果换成了 ast.literal_eval()，都会拒绝执行，引起 ValueError 异常。

Python 的列表对象类已经重载了__str__和__repr__，因此，当使用跟字符串有关的函数时可以直接把 list 对象转换为字符串。例如：

```
>>>print(stuId, stuGrade)          #或者不用 print，直接对象输出
```

但是它输出的是两个独立的列表序列，而我们需要的是两个列表对象的元素一对一地纵向输出列表。因此，在 printInfo 函数中采用的是循环访问每个列表的元素进行输出，即程序清单 7.1 中的

```
29  def printInfo(stuId, stuGrade, n):
30      for i in range(n):
```

```
31          print(stuId[i],stuGrade[i])  #用下标访问列表元素
```

7.1.5 列表作为函数的参数

本节的排序问题，采用自顶向下、逐步求精的方法把问题划分成几个小的函数模块，数据输入的 inputData 函数，排序函数 sortGrade 和 sortBySorted，数据输出的 printInfo 函数。这样 main 函数就变得非常简洁了，在 main 中就是调用这些函数。这种方法有一个问题，就是这些函数都要用到数组 id 和 grade，而且是同一个 id 和 grade，怎么让它们共享 id 和 grade 这两个列表呢？用全局变量还是参数传递？前者应该尽量避免使用，比较好的方法是后者(为什么?)。我们选择的是参数传递，那么在调用函数前后实参会不会发生变化呢？inputData 函数的目的是让本来没有数据的空列表 id 和 grade，在函数调用之后建立好 id 和 grade 列表。printInfo 函数是要把建好的列表对象按照需要的格式输出到屏幕上。而排序算法也是把建好的列表对象进行排序，这有两种方式，是原地排序还是产生新的结果对象，前者是实参经排序之后被改变。输入函数和排序函数都希望改变实参对象，Python 能做到吗？回答是肯定的。**因为 list 对象是可变对象**，而函数的参数传递是**传引用**的，**实参和形参引用同一个对象**，因此在函数内对形参的改变就是对实参的改变。图 7.2 是这个过程的直观展示。

排序函数 sortBySorted 的排序结果没有通过参数传递获得，而是直接用 **return 返回了 list 对象**，这在 Python 中是允许的，甚至还可以返回多个对象，实际还是一个对象，**因为会自动打包成一个元组对象**，在 7.1.8 节进一步介绍。关于排序，可参考程序清单 7.1 第 41 行到第 45 行的代码。

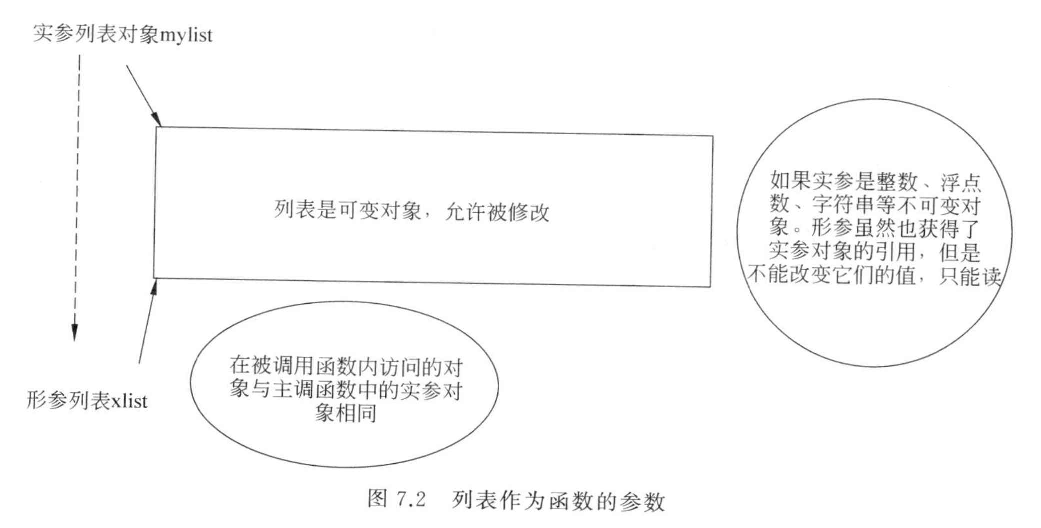

图 7.2 列表作为函数的参数

7.1.6 序列数据排序

序列数据的排序在实际问题中是常见的，因此 list 类包含了一个排序方法 sort，但它会覆盖原始 list 序列，也就是原地排序。例如：

```
>>>mylist=['b','a','c']
>>>mylist.sort()
```

```
>>>mylist
['a', 'b', 'c']
```

本节的排序问题可以直接用这个 sort 吗？不行，因为我们不仅要对成绩列表的序列数据排序，还要让对应的学号序列同步变化。因此，本节求解程序中采用了自定义的排序算法，排序的算法非常多，比较常见的有简单的交换排序、冒泡排序、选择排序、插入排序等。排序算法研究一直是计算机科学领域里的一个典型问题，至今已经积累了很多种比较成熟的方法，感兴趣的读者可以查阅相关资料。每种排序都可以用 Python 语言实现。本节先实现一个简单的交换法排序算法。

交换法降序（升序）的基本过程如下：假设有 list 对象 n 个元素要排序：

第一趟：把第一个数（下标为 0）依次和后面的数比较，如果后面的某数大于（小于）第一个数，则两个数交换，否则不交换，比较结束后，第一个数则是最大（最小）的数。

第二趟：把第二个数（下标为 1）依次和后面的数比较，如果后面的某数大于（小于）第二个数，则两个数交换，否则不交换，比较结束后，第二个数则是次大（次小）的数；

以此类推，第 n－1 趟：从剩下的两个数据（下标为 n－2 和 n－1）中找出较大（小）的数，并将它交换到下标 n－2 的位置。

交换法的基本思想就是在每趟排序过程中，发现比较大（比较小的）的元素就交换到那一趟最大（或小）值的位置。每趟可能交换多次。图 7.3 是对序列[55，89，90，77，66]交换排序的过程。程序清单 7.1 中第 33 行到第 39 行的函数 sortGrade 就是交换排序的实现。

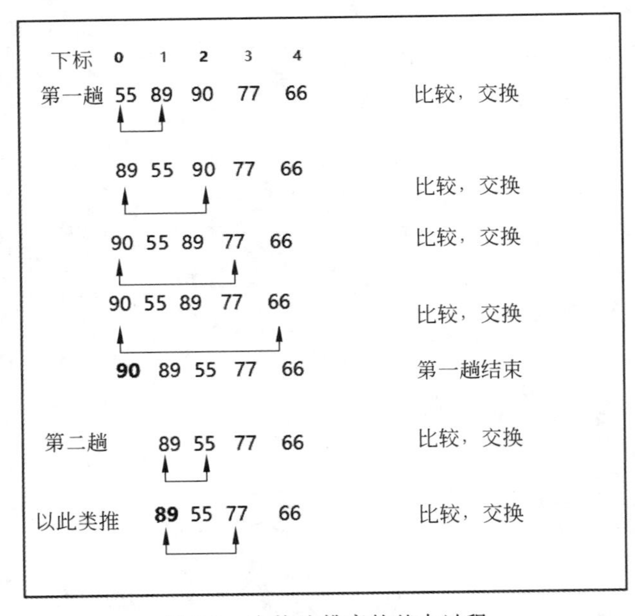

图 7.3 交换法排序的基本过程

不难看出，这种交换排序的过程中交换和比较的次数都是比较多的，当序列数据规模比较大的时候，就会出现效率问题。人们已经研究出各种效率不同的排序算法，如快速排序算法、归并算法等，它们都是优于交换排序的。Python 中除了列表类包含的 sort 方法之外，还提供了一个**内置的排序函数 sorted。list 类的 sort 方法和内置的 sorted 函数都是基于一种**

叫 Timsort 的算法实现的。Timsort 算法是美国的 Tim Peters 在 2002 年设计的，它是合并排序(merge sort)和插入排序(insertion sort)相结合的混合排序算法，效率比较高。sorted 函数与 sort 不同的是，它不破坏原始对象，排序的结果返回一个新的对象。例如

```
>>>mylist=[3, 2, 1, 3, 2, 4]
>>>sorted(mylist)
[1, 2, 2, 3, 3, 4]
>>>mylist
[3, 2, 1, 3, 2, 4]
```

实际上，list 的类的 sort 和内置的 sorted 两个函数的参数还包括两个默认参数 key 和 reverse，其一般形式如下：

```
list 对象.sort( key=None, reverse=False)
sorted(iterable 对象, key=None, reverse=False)
```

7.1.7 节讨论其中的 key 参数。如果对本节的学号列表和成绩列表进行适当组合，并设置适当的 key，即可使用 sort 和 sorted 函数了，参见程序清单 7.1 和 7.2。

7.1.7　函数作为函数的参数

第 5 章曾提到，Python 中的函数定义也是一个对象，可以认为函数名就是引用函数对象的变量，因此可以把函数名赋值给其他变量。例如：

```
>>>def add(a, b):          #add 是一个引用该函数对象的变量
...     return a +b
...
>>>add(10, 3)              #调用 add
13
>>>f = add                 #给 add 函数起个别名 f,变量 f 也可以引用 add 所引用的函数对象
>>>f(2, 3)                 #用 f 调用函数跟调用 add 相同
5
```

再如 Python 有个**内置求和函数 sum( )**，其参数是可迭代的对象：

```
>>>sum(range(101))
5050
>>>mysum = sum             #把函数名 sum 作为变量直接赋值给 mysum 变量
>>>mysum([1, 2, 3, 4, 5])
15
```

函数作为一个对象用变量引用，可以作为另一个函数的参数。列表 list 类的 sort 和内置的 sorted 函数的都有一个关键字参数 key，它可以引用某个函数以获得比较关键字，当排序的时候按照这个 key 进行排序。key 对应的比较关键字的设置可以采用 def 定义一个函数或用匿名的 lambda。程序清单 7.1 中的 sortBySorted 函数首先使用 zip 函数把 id 和 grade 列表的对应元素组成一对，例如：

```
("1111",85 )
```

这种数据对象称为元组，7.1.8 节介绍，所有这些元组对象都是 zip 对象的序列元素。然后对这个 zip 对象使用 sorted 函数，并在 sorted 中用 lambda 函数指定排序关键字是元组中的成绩。

```
result = sorted(zippedList, key = lambda x:x[1])   #以 zippedlist 中的元组元素 x 的
                                                   #成绩为排序关键字，即 x[1]
```

也就是 zip 对象中的元组序列按成绩排序。

也可以定义一个普通的 def 函数获得 zip 对象的序列中元组元素的排序关键字——成绩，函数定义如下：

```
def mykey( x ):
    return x[1]                                     #对于给定的元组返回它的成绩元素
result = sorted(zippedList, key = mykey)
```

这种函数作为函数的参数，称为**高阶函数**，这属于**函数式程序设计**。

Python **内置函数 map** 是一个典型的高阶函数的例子。例如：

```
>>>def f(x):
...     return x * x
...
>>>r = map(f, range(10))    #函数 f 作为参数作用于 range 的每个数字对象
>>>r
<map object at 0x108655df0>
>>>list(r)
[0, 1, 4, 9, 16, 25, 36, 49, 64, 81]
```

再如**模块 functools 中的 reduce 函数**是另一典型的高阶函数，看下面的例子：

```
>>>from functools import reduce
>>>def add(a, b):              #add 是一个引用该函数对象的变量
...     return a +b
>>>reduce(add, [1, 2, 3, 4, 5])
15
```

上面这个 reduce 函数把一个具有两个参数的函数 add 以累积的方式作用于一个可迭代的序列对象上，最终形成一个累积的结果。具体来说，就是用 add 函数先求 1 和 2 的和，然后用同样的 add 求刚刚得到的结果和下一个数的和，以此类推，直到求出所有元素的和。

7.1.8 元组

7.1.7 节提到的学号成绩对**元组**(tuple)，它是二元组。元组是用小括号括起来的、逗号分隔的数据元素列表，可以是 2 元组、3 元组等。元组对应 tuple 类。元组与列表都属于序列型的数据类型结构，tuple 与 list 不同的是，其对象是不可变的，即一个元组对象一旦创建，该对象的元素不能被改变，也不允许增加和删除元素。元组类具备序列类型的常用操作方法。下面看一些例子：

```
>>>numbersTuple = tuple(range(10))    #用 range 对象创建一个元组对象
```

```
>>>numbersTuple
(0, 1, 2, 3, 4, 5, 6, 7, 8, 9)
>>>nameChars=tuple("ChunboBao")          #默认分离字符串的字符为元组元素
>>>nameChars
('C', 'h', 'u', 'n', 'b', 'o', 'B', 'a', 'o')
>>>colors = tuple('red blue yellow'.split(' '))          #用空格分离句子中的单词
>>>colors
('red', 'blue', 'yellow')
>>>squareNumbers =tuple (x**2 for x in numbersTuple)          #使用解析式创建元组对象
>>>squareNumbers
(0, 1, 4, 9, 16, 25, 36, 49, 64, 81)
>>>squareNumbers[0] = 100          #修改元组的元素是错误的,会引起 TypeError 异常
Traceback (most recent call last):
  File "<stdin>", line 1, in <module>
TypeError: 'tuple' object does not support item assignment
>>>squareNumbers[::2]          #元组对象的切片
(0, 4, 16, 36, 64)
>>>print(3 in squareNumbers)          #判断整数对象 3 是否在元组序列中
False
>>>tuple(mylist)          #用列表创建元组
(0, 1, 3, 3, 4, 6, 7, 8, 10, 2, 4, 6, 8)
>>>tuple(["addds", "111", 45, 54, 65]) #用列表创建学生信息元组
('addds', '111', 45, 54, 65)
>>>for x in squareNumbers:
...     print(x, end = ' ')
0 1 4 9 16 25 36 49 64 81
>>>squareNumbers.sort()          #元组原地排序是错误的
Traceback (most recent call last):
  File "<stdin>", line 1, in <module>
AttributeError: 'tuple' object has no attribute 'sort'
>>>sorted(squareNumbers)          #元组序列排序后生成一个列表对象
[0, 1, 4, 9, 16, 25, 36, 49, 64, 81]
```

7.1.9　打包与解包

Python 有一个很方便的功能,就是可以把一组对象自动组合成一个序列类的对象,或者反过来把一个序列类的对象自动分解成若干个分离的对象,前者称为打包,后者称为解包。下面看一些例子:

```
>>>a=1, 2, 3, 4          #自动打包为一个元组,赋给 a
>>>a
(1, 2, 3, 4)
>>>x, y, z=(1, 2, 3)          #赋值的元组自动解包为 3 个分离的对象
>>>print(x, y, z)
1 2 3
```

再如

```
>>>def foo(a, b):
>>>     a, b = eval(input())
>>>     return a * a, b * b    #返回一个打包的结果

>>>a = None                    #a 初始化为 None 对象
>>>b = None
>>>x, y = foo(a, b)            #把 foo 返回的元组解包赋给 x,y
>>>print(x, y)
```

再如内置函数 divmod(a, b)返回一个由商 a//b 和余数 a%b 组成的元组：

```
>>>q, r = divmod(5, 3)
>>>q, r
(1, 2)
```

自动打包和解包结合起来就是同时分配技术，同时赋值，例如：

```
>>>a = 2
>>>b = 3
>>>a, b = b, a           #采用同时分配技术交换 a 和 b 引用的对象。即右侧是打包，左侧是解包
>>>a, b
(3, 2)
```

7.1.10 字典

本节问题涉及的数据是若干个学号和与其对应的成绩，学号和成绩之间是密切相关的，有一个学号就有一个成绩，这种对应关系通常称为映射。Python 专门为这种具有映射关系的数据对象提供了类，它就是字典(dict)。如果用字典类型的对象去描述本节的数据，用内置的排序函数 sorted 就非常方便，不必使用 zip 对象去组合两个列表对象。程序清单 7.2 是用字典类实现的版本。

字典是 Python 的一个非常重要的数据类型，它是由键值对构成的映射组成的**集合，它不是序列，没有顺序**。字典元素的键是不允许重复的，也称为是可 hash 的。字典是可变的对象类，即字典对象的元素可以动态添加和删除，字典的某个键对应的值可以被替换。特别注意，字典的元素是键值对，键值之间用冒号连接，键值对之间用逗号隔开，外面用大括号括起来。空字典是没有元素的。下面看几个例子。

1. 创建字典

```
>>>dict1 = { }                                                   #创建一个空字典
>>>dict2 = {"10001":89, "10002":78, "10003":99, "10004":65}
                                                                 #创建了具有 4 个键值对的字典
>>>dict2
{'10001': 89, '10002': 78, '10003': 99, '10004': 65}   #注意这里的'10001' 等是学生编号
```

也可以使用 dict 类的构造函数创建字典对象，例如

```
>>>dicta = dict(age = 20, name = "baobo", city="Fuzhou")            #用关键字参数
>>>dicta
{'age': 20, 'name': 'baobo', 'city': 'Fuzhou'}
>>>dictb = dict([('age', 20), ("name", "baobo"), ("city", "Fuzhou")])#用二元组列表
>>>dictb
{'age': 20, 'name': 'baobo', 'city': 'Fuzhou'}
```

2. 添加、替换和删除

字典类型虽然不是序列,没有下标,但是可以使用键进行索引,即用键作为下标获得键对应的值。例如,查看一下字典 dict2 中学号为 10003 的成绩:

```
>>>dict2['10003']
99
```

如果要查找字典中没有的元素,会引起一个异常 KeyError,例如:

```
>>>dict2[ '10006']
Traceback (most recent call last):
  File "<stdin>", line 1, in <module>
KeyError: '10006'
```

除此之外,Python 提供的 **in 运算和 not in 运算**可以用来检测一个元素是否在字典中,例如:

```
>>>'10002'  not in dict2
False
>>>'10002' in dict2
True
```

如果想要向字典中添加元素或替换某个键的值,也用这种方法,如添加学号'10005',成绩是 88 的键-值对,即

```
>>>dict2['10005'] = 88
>>>dict2
{'10001': 89, '10002': 78, '10003': 99, '10004': 65,'10005': 88}  #添加成功
```

因为字典的元素是无序的,所以添加的元素在字典的哪里是不一定的。如果要添加的键-值对的键已经在字典中,则会替换字典中该键的值。例如:

```
>>>dict2['10004'] = 77
>>>dict2
{'10001': 89, '10002': 78, '10003': 99, '10004': 77,'10005': 88}  #把 65 替换成了 77
```

程序清单 7.2 先建立了一个空字典,然后每输入一个学号成绩对,就把它添加到那个字典中:

```
0   id = input("id? ")
1   grade = eval(input("score? "))
2   stuDict[id] = grade
```

如果要在字典中删除某个元素，可以使用 pop 和 popitem 方法，例如：

```
>>>dict2.pop('1001')          #删除 key 为'1001'的键-值对，返回它的值
>>>dict2.pop('1006',0)        #删除 key 为'1006'的键-值对，如果该元素不存储则返回 0
                              #第 2 个参数 0 的形式可以多种多样，如 not exists 等字符串
>>>dict2.popitem()            #随机地删除某个键-值对，返回由该键值组成对元组
```

3. 遍历字典

字典虽然没有顺序，但可以按照 key 输出一个字典中的全部内容。如程序清单 7.2 中的第 32 行到第 34 行的输出语句：

```
32  def printDict(stuDict):          #可以直接 print(stuDict) 但是输出格式是默认的
33      for i in stuDict:            #默认 i 就是 dict 的 key
34          print(i, stuDict[i])
```

字典类提供了几个非常方便的方法供遍历使用，它们是 items、keys、values，下面通过实例看看它们的用法。

```
>>>dict2.items()                 #键-值对变成二元组，形成一个列表
dict_items([('10001', 89), ('10002', 78), ('10003', 99), ('10004', 65)])
>>>list(dict2.items())
[('10001', 89), ('10002', 78), ('10003', 99), ('10004', 65)]
>>>dict2.keys()                  #形成一个关键字列表
dict_keys(['10001', '10002', '10003', '10004'])
>>>list(dict2.keys())
['10001', '10002', '10003', '10004']
>>>list(dict2.values())          #形成一个值的列表
[89, 78, 99, 65]
```

程序清单 7.2 中的排序函数，使用了 items 方法，形成了学号成绩元组的列表。然后才能使用 sorted 函数进行排序。

7.1.11 可变长参数

前面讨论的各种自定义 def 函数的参数个数都是固定的，即在函数定义语句里已经明确参数的个数、位置或顺序。但有时函数定义时不知道将来用户调用的时候会有几个实参，Python 允许定义具有可变长度参数的函数，这样将来用户使用的时候，实参多少就不限了。有人可能会说，列表或元组函数的参数，或是字典作为函数的参数不就可以了吗？因为这种组合类型的对象所包含的元素个数是没有限制的。这个回答应该是正确的。这种解决办法从表现形式上来看，应该算固定参数，只不过参数传递的是列表对象，元组对象等。而可变长的参数是非组合在一起的，参数的个数是可变的。这种意义上的可变长参数的实参可能有下面的形式：如果函数的名字是 foo，位置参数是 a，b，c，可变长参数是 x，y，z，…则

```
>>>foo(a, b, c, x, y, z,…)
>>>foo(a, b, c, x=2, y=3, z =4,…)
```

第一种可变参数函数内部把 x，y，z …解释为一个元组(x，y，z，…)，元组大小由元素

多少确定。而第二种形式被解释为一个字典，即{ x: 2, y: 3, z: 4, …}，字典元素多少由实际问题确定。

第一种可变长参数用一个星号修饰，即：

```
>>>def foo(a, b, c, * x):        #这里是可变参数
```

第二种形式的可变长参数称为关键字参数，用两个星号修饰，例如：

```
>>>def foo(a, b, c, **x):        #这里是关键字参数
```

对于可变长参数的函数在调用时可以使用整个元组或字典的所有元素作为实参，这相当于把元组或字典解包后再作为可变长参数，如定义一个可变长参数的函数 sum，求参数的和。

```
1  def sum( * num ):                #可变参数 * num，接收传过来的多个参数，隐含着打包
2      ss = 0
3      for i in num:
4          ss += i
5      return ss
6  numbers = (1,2,3,4,5)
7  print( sum( * numbers ) )        #实参 numbers 是一个元组，传给形参时隐含着解包
```

对两个星的关键字参数也是一样。例如：

```
1  def foo(**kw):
2      for i in kw:
3          print(f'{i} : { kw[i]}')
4
5  foo( name='aaa', age =32, sex = 'man')
name : aaa
age : 32
sex : man
```

甚至普通的非可变参数，也可以使用序列解包获得，例如：

```
def func(a, b, c):
    return (a +b +c)

print(func( * (1,2,3)))        #用 * 号解包元组为单个的元素，作为实参
```

7.2　三门课程成绩按总分排序问题

问题描述：

假设某班某学期有3门考试课程，数学、英语和计算机，到期末的时候要按照三门课程成绩的**总分**进行排序。试写一个程序输入原始数据，求得每个人的三门课总分之后，按总分降序排序。

输入输出样例：

```
How many students in your class?
```

```
5
id? 1000
Please enter your grade: 1 Math, 2 Computer, 3 English
1:78
2:56
3:45
id? 2000
Please enter your grade: 1 Math, 2 Computer, 3 English
1:89
2:77
3:90
id? 3000
Please enter your grade: 1 Math, 2 Computer, 3 English
1:77
2:55
3:66
id? 4000
Please enter your grade: 1 Math, 2 Computer, 3 English
1:33
2:54
3:45
id? 5000
Please enter your grade: 1 Math, 2 Computer, 3 English
1:66
2:44
3:66
Sorting before:
1000 78 56 45 179
2000 89 77 90 256
3000 77 55 66 198
4000 33 54 45 132
5000 66 44 66 176
----------------------------
After sorting:
2000 89 77 90 256
3000 77 55 66 198
1000 78 56 45 179
5000 66 44 66 176
4000 33 54 45 132
```

问题分析：

在这个问题中，每个同学的信息包括学号，3 门课程的成绩，还有总分。与 7.1 节的问题有什么不同呢？用一维列表可以求解吗？需要几个一维列表？这些问题不难回答。如果定义一个一维序号列表，3 个一维成绩列表，一个一维总分列表，修改一下程序清单 7.1 中各个函数的参数个数即可。如，对于 inputData 函数来说可以定义成：

```
def inputData(stuId, stuMath, stuComputer, stuEnglis,  stuNumber, total)
```

其中 total 是每个人的成绩之和。对于 selectSort 和 printInfo 函数来说也是一样。这样完全可以解决本节的问题,但是参数过多,如果能把其中三门课的成绩列表合并到一起会更好,为此需要定义成绩的**二维列表**。一个若干行 3 列的二维列表就可以把 3 门课的成绩合并在一起(**也可以把学号、三门课的成绩和每个人的总分这 5 个数据组合成一个二维列表**)。Python 的列表类 list 不仅可以表达一维序列,还可以实现二维序列。这样 inputData 函数或其他函数的参数就变成一个一维序号列表、一个二维成绩列表、一个一维总分列表。

三门课程的成绩按总分排序仍然可以用 7.1.6 节的交换法实现,但是不难发现交换法在每一趟的比较中可能有多次交换,交换的次数越多,算法的效率越低。实际上,每趟找出剩余元素的最大值后交换一次就够了,这种改进的算法就是本节要介绍的**选择排序**。

数据的存储方法和排序方法确定之后,整个问题的求解算法就清楚了。

算法设计:

① 输入人数 stuNumber。

② 输入原始数据:序号和三门课成绩,求得总分//调用输入函数。

③ 输出原始数据//调用输出函数。

④ 用选择法排序//调用选择排序函数。

⑤ 输出排序结果//调用输出函数。

⑥ 结束。

程序清单 7.3

```
1   #@File: twodList.py
2   #@Software: pycharm
3
4   def main():
5       print("how many students in your class?")
6       stunumber = eval(input())
7       stuid = [' ' for _ in range(stunumber)]       #1*stunumber
8       #stugrade = [[0 for _ in range(3)] for _ in range(stunumber)]  #2D
9       stugrade = []
10      stutotal = [ 0 for _ in range(stunumber)]    #1*stunumber
11
12      #inputdata(stuid, stugrade, stunumber, stutotal)
13      inputdata2(stuid, stugrade, stunumber, stutotal)
14      print("sorting before:")
15      printinfo(stuid, stugrade, stunumber, stutotal)
16      print("----------------------------")
17      selectsort(stuid, stugrade, stunumber, stutotal)
18      print("after sorting:")
19      printinfo(stuid, stugrade, stunumber, stutotal)
20
21  def inputdata2(stuid,stugrade, n, total):
22      for i in range(n):
23          stuid[i] = input("id? ")
24          mgrade, egrade, cgrade = \
```

```
                    eval(input("enter the grades for 3 courses"))
25          row = [mgrade, egrade, cgrade]
26          stugrade.append(row)
27          total[i] = mgrade +egrade +cgrade
28
29  def inputdata(stuid,stugrade, n, total):
30      for i in range(n):
31          stuid[i] = input("id? ")
32          print("please enter your grade: 1 math, 2 computer, 3 english")
33          for j in range(3):
34              stugrade[i][j] = eval(input("%d:"%(j+1)))
35              total[i] += stugrade[i][j]
36
37  def printinfo(stuid, stugrade, n, total):
38      for i in range(n):
39          print(stuid[i],stugrade[i][0], stugrade[i][1], \
                stugrade[i][2], total[i])
40
41  def selectsort(id, grade, n, total):
42      """ using selction algorithms to sort data """
43      for i in range(n-1):
44          k = i                  #设 k 记录本趟元素最大值的下标,k 初值为第一个元素的下标
45          for j in range(i+1,n):
46              if total[k] <total[j]:
47                  k = j          #修改 k 的值为新发现的最大值元素的下标
48          if k!=i:               #把最大值交换到本趟最大值的位置处
49              for s in range(3):
50                  grade[i][s],grade[k][s] = grade[k][s],grade[i][s]
51              total[k],total[i] = total[i],total[k]
52              id[i],id[k] = id[k],id[i]   #交换对应的 id
53
54  if __name__ == "__main__":
55      main()
56
```

7.2.1　二维数组与列表

一维列表存储的是一维序列类型的数据,用一个下标来访问它的元素。而 3 门课程的"成绩单"是一个具有 3 列若干行的二维表格状数据,表格中的每个数据都需要用两个下标来确定,即**行下标和列下标**。假设二维成绩 grade 是 60 行 3 列,那么访问第 10 个同学的 3 门课程成绩就是:

```
grade[9][0], grade[9][1], grade[9][2]
```

如果用**二维数组**存储 grade,行下标和列下标均从 0 开始。由于内存是一个线性编址的空间,所以不管数据在逻辑上是几行几列,存储到内存中都是一列。一般是把它们按行优先

连续地存储到内存中，图 7.4 是数组名为 a 的 2 行 3 列的二维数组，但也可以认为它是 2 行一列的一维数组，即第一行看成一个整体命名为 a[0]，它是一个元素，只不过这个元素自身又是一个由 3 个元素构成的一维数组。同样，第 2 行整体看成是一个元素，命名为 a[1]，它自身也是一维数组。因此，可以说**二维数组是一维数组构成的一维数组**。

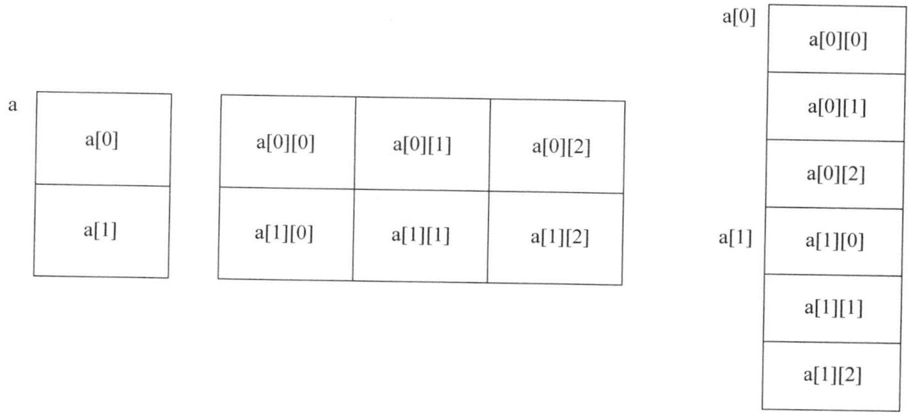

a

a[0]
a[1]

a[0][0]	a[0][1]	a[0][2]
a[1][0]	a[1][1]	a[1][2]

a[0]	a[0][0]
	a[0][1]
	a[0][2]
a[1]	a[1][0]
	a[1][1]
	a[1][2]

图 7.4　二维数组的逻辑形式和内存映像

同样，本节的问题求解并不在意内存是如何存储的，在意的是用双下标访问二维序列中的数据。而 Python 中的列表类是一个序列类型，它不限制元素的类型，因此可以**用列表的列表表达二维序列**。对于本节问题中成绩数据，可以创建一个 list 对象 stuGrade，让它有 60 个元素，但每个元素又是具有 3 门课成绩数据的 list 对象，这样就可以存储 3 门课程 60 个元素的成绩数据了。程序清单 7.3 中第 13 行用列表解析法创建了一个具有 stuNumber 个列表元素的列表，每个列表元素包含 3 个成绩数据，即

```
stuGrade = [[0 for _ in range(3)] for _ in range(stuNumber)]
```

这里是双层列表解析，内层是 3 个 0 组成的列表对象，这个列表对象作为外层列表解析的元素，重复 stuNumber 次，其中 for 循环的变量是下画线，**它是一个循环占位符**，写什么无关紧要，因为不使用这个循环变量。

7.2.2　创建二维列表

对于 stuGrade 列表来说，除了 7.2.1 节的列表解析方法之外，还有下面的方法。

1. 从空表开始

先定义一个外层空列表 stuGrade，然后再定义一个内层列表 row，其包含某个同学的各科成绩，最后再把列表 row 添加到 stuGrade 里。重复这个过程，整个二维列表就形成了。代码如下：

```
stuGrade = [ ]
for i in range(n):
    mGrade, eGrade, cGrade = eval(input("Enter the grades for 3 courses"))
    row = [mGrade, eGrade, cGrade]
    stuGrade.append(row)
```

每一个 row 列表，可以先从空列表 row 开始，然后把成绩逐个添加进来，即

```
stuGrade = [ ]
for i in range(n):
    stuGrade.append([])
    For j in [0, 1, 2]:
        courseGrade = eval(input("Enter grade:"))
        stuGrade[i].append(courseGrade)    #stuGrade[i]是内部的列表
```

2. 默认的初始化值列表

如果知道学生人数和课程数量，可以一次性地开辟一个所需的列表空间，它的元素具有默认值。例如：

```
stuGrade = [[0] * 3] * stuNumber
```

这个二维列表元素的初始值都为 0。[0] * 3 会把 **3** 个[**0**]**连接到一起**，使列表扩大为[0，0，0]，然后以它为元素再扩大 stuNumber 倍，假设只有两个同学 3 门课的成绩，这种列表的列表就是

```
[ [ 0, 0, 0], [ 0, 0, 0]]
```

这个列表就是 2 行 3 列的二维列表。还可以**用随机数初始化列表**，可以自己尝试一下。

7.2.3 二维列表元素的引用

因为二维列表的元素是由两个下标确定的，因此，要用双重循环遍历它的所有元素。

1. 输出二维列表

列表对象可以直接用 print 函数输出，但是格式不是二维表格的样子。例如：

```
>>>a = [[1, 2, 3], [4, 5, 6]]
>>>print(a)
[[1, 2, 3], [4, 5, 6]]
```

要输出一个二维阵列的样子，必须用双重循环访问每一个元素，按照自己设定的格式输出。例如下面的输出函数采用的是双下标访问二维列表的元素：

```
def printList(mylist):
    for i in range(len(mylist)):          #i 是下标
        for j in range(len(mylist[i])):   #j 是下标
            print(mylist[i][j], end=' ')
        print()                           #输出一个换行
```

似乎用下面的风格更有 Python 的味道：

```
def printList(mylist):
    for row in mylist:                    #按行元素迭代
        for elem in row:                  #按行中的列元素迭代
            print(elem, end=' ')
        print()                           #回车换行
```

在这样的代码中隐藏了下标。

2. 二维列表元素的计算

列表中的元素常常要参与各种各样的运算，这时也要像输出一样遍历列表的元素，如求列表元素的最大值、最小值、元素个数和求和等。Python 内置函数提供了 sum、max、min 函数，但是它们仅支持一维可迭代对象的计算，内置函数 len 计算也是针对一维而言，例如

```
>>>a = [[1, 2, 3], [3, 4, 5]]
>>>sum(a)
Traceback (most recent call last):
  File "<stdin>", line 1, in <module>
TypeError: unsupported operand type(s) for +: 'int' and 'list'
```

因此要对二维列表的双下标元素进行计算就要自己实现。例如下面的求和函数：

```
def sum(mylist):
    s = 0
    for row in mylist:                      #按行元素循环
        for elem in row:                    #按列元素循环
            s += elem                       #累加
    return s
```

或者：

```
def sumall(mylist):
    s = 0
    for ro in range(len(mylist)):           #关于行下标的循环
        for co in range(len(mylist[ro])):   #关于列下标的循环
            s += matrix[ro][co]             #使用下标
    return s
```

7.2.4　二维列表的排序

1. 使用 list 的 sort 方法和内置的 sorted 函数

列表对象调用 sort 方法或者内置函数 sorted 即可对其进行排序。二维列表也是如此，但默认它是按照每个内层列表的第一个元素进行排序的，如果第一个元素相同，则按照第二个元素排序，以此类推。当然，我们可以通过它们的第 2 个参数 key 指定排序关键字。本节的问题分析中指出，含有学号、3 门课的成绩和总成绩的学生信息可以作为一个学生信息列表，全班的成绩单则对应于一个以学生信息为元素的二维列表。这样就可以用这个二维列表中的学生信息中的总分为 key 调用 sort 方法或者调用内置的 sorted 函数进行排序了。下面是这种实现的完整代码：

程序清单 7.4

```
0   #@File: twoDListSort.py
1   def main():
2       studGrade = []
3       print("How many students in your class? ")
```

```
4        stuNumber = eval(input())
5        inputData(studGrade, stuNumber)
6        print("Sorting before:")
7        printStu(studGrade)
8        sortedStu = sortStu(studGrade)
9        print("Sorting after:")
10       printStu(sortedStu)
11
12   def inputData(stuGrade, n):
13       for i in range(n):
14           stuGrade.append([])
15           print("Enter Stu Info by id, Math, English, Computer:")
16           for j in range(4):
17               stuField = eval(input())
18               stuGrade[i].append(stuField)      #stuGrade[i]是内部的列表
19           stuGrade[i].append(0)                 #total 初始化为 0
20           for k in range(1,4):                  #累加 3 门课成绩给 total
21               stuGrade[i][4] += stuGrade[i][k]
22
23   def sortStu(mylist):
24       result = sorted(mylist, key = lambda x : x[4])
25       return result
26
27   def printStu(mylist):
28       for row in mylist:
29           for elem in row:
30               print(elem, end = ' ')
31           print()
32
33   if __name__ == "__main__":
34       main()
```

2. 自定义选择排序

本节的排序问题是针对二维列表的列表元素的总分元素进行的。刚刚介绍了内置的 sorted 函数。接下来介绍选择排序(selection sorting)实现方法。在 7.1.6 节实现了简单的交换排序算法,知道交换排序每趟可能交换多次。选择排序的提出是为了减少交换的次数,是对交换排序的改进。其基本思想如下。

假设有 n 个数据要进行降序(或升序)排序:

第一趟:通过 n－1 次的比较,从 n 个数中找出最大(或小)数的下标。然后通过下标找到相应的元素即最大(或小)数,并将它交换到第 1 个位置。这样最大(或小)的数被安置在第 1 个元素位置上。

第二趟:再通过 n－2 次的比较,从剩余的 n－1 个数中找出次大(或小)数的下标,并将次大(或小)数交换到第 2 个位置上。

重复上述过程,经过 n－1 趟之后,排序结束。

选择排序的特点是每次在剩余的元素中选出最大(或小)的数,然后把那个数与相应位置的元素交换。

【例 7.1】 选择排序举例。

以一维列表 a[5]= {55, 89, 90, 77, 66}为例,观察一下选择法的基本过程,如图 7.5 所示。第一趟,在 5 个元素中找一个最大值,最终放到下标 i=0 的位置。先假设第一个元素最大,用 k 记住最大元素的下标,即 k=0。在比较的过程中,会修改 k,发现 k=2 的元素更大。k 总是记录着当前趟最大元素的下标。第一趟比较结束时,k 不等于 i,因此要交换下标为 2 的元素与下标为 0 的元素。第二趟,i=1,k=1 开始,在第二趟比较结束时,k 的值没有变,因此本趟不需要交换。类似地做第三趟、第四趟。详细实现见程序清单 7.3 第 46 行到第 57 行的函数 selectSort 的代码。

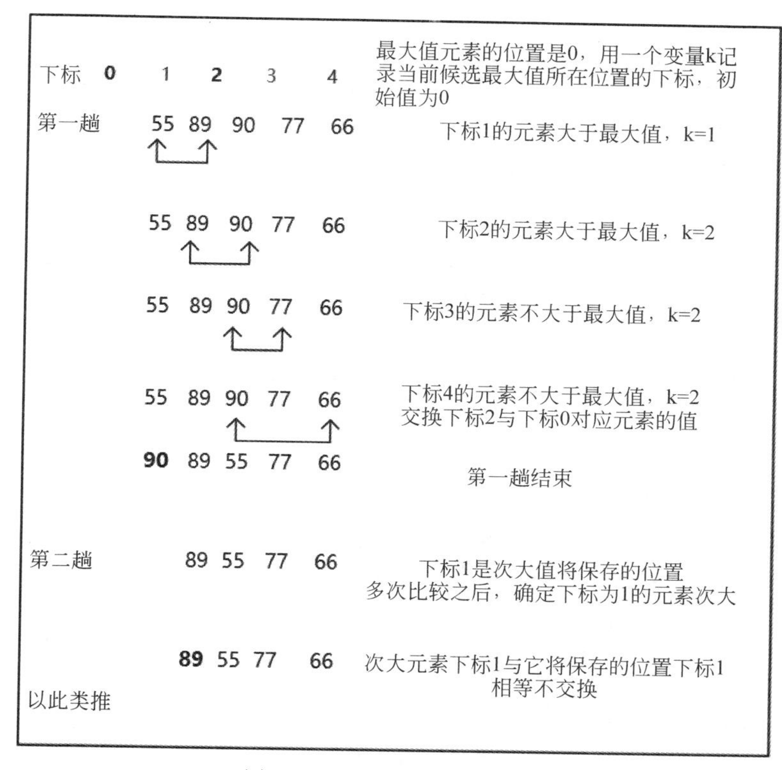

图 7.5 选择排序的基本过程

3. 随意打乱列表元素

列表对象的元素有时需要随机打乱,对于一维列表来说可以直接使用 random 类的 shuffle 方法,例如:

```
>>>import random
>>>a = [1, 2, 3, 4, 5]
>>>random.shuffle(a)
>>>a
[4, 3, 1, 5, 2]
```

如果用同样的方法作用于二维列表，它只能对其中子列表的顺序随机化。为了让所有的双下标元素随机化，可以先随机化两个下标序列，再进行对应位置的元素互换达到打乱元素的目的。具体实现如下：

```
import random as r
def shuffle2DList(mylist):
    for row in range(len(mylist)):
        for col in range(len(mylist[row])):
            rowNew = r.randint(0,len(mylist)-1)
            colNew = r.randint(0,len(mylist[row])-1)
            mylist[row][col], mylist[rowNew][colNew] = \
                    mylist[rowNew][colNew],mylist[row][col]
```

7.2.5 二维列表作为函数的参数

本节的排序问题，仍然采用自顶向下、逐步求精的方法把问题划分成几个函数，数据输入的 inputData 函数，排序函数 sortGrade 或 selectSort，数据输出的 printInfo 函数。这样 main 函数就变得非常简洁了。main 的作用就是初始化必要的二维列表。

```
stuId = [' ' for _ in range(stuNumber)]                          #1*stuNumber
stuGrade = [[0 for _ in range(3)] for _ in range(stuNumber)]     #2D
stuTotal = [ 0 for _ in range(stuNumber)]
```

或者把它们合起来统一到一个 stuNumber 行 5 列的二维列表中。再或者从空列表开始：

```
stuGrade = []
```

接下来就是调用 inputData、sortGrade 和 printInfo 这些函数，它们都需要一维列表或者二维列表作为函数的参数，其中 inputData 调用之后，列表对象就有了真正的数据。而 sortGrade 函数不仅需要列表参数，还会产生排序后的列表对象返回给 main，而 printInfo 函数是输出列表参数引用的列表对象。

思考，如果把学生数据存储到元组中，元组作为上面 3 个函数的参数可以吗？

7.3 查找成绩问题

问题描述：

写一个程序，键盘输入学生人数，然后输入每个人的学号、平时成绩、期中成绩、期末成绩，同时按照平时 20%、期中 20%、期末 60%的比例计算每个人的总评成绩。输入结束之后整体显示包含总评分的成绩单。**注意**，输入学号时要求能验证用户输入的学号是否符合学号格式，假设学号是 10 位数字，前 2 位是年级，然后是 2 位学院编号，接下来的 2 位是专业编码，2 位班级编号，最后 2 位表示学生编号。请在输入学号后验证学生是否是 18 级，05 或 10 学院，01、02 或 03 专业，01～05 班的学生，正确方可继续操作。

输入输出样例：

```
How many students in your class?>?3
```

```
id:>? 1810020132
name:>? aaaaaaaaa
dailyQuiz:>? 54
midTermExam:>? 56
finalTermExam:>? 76
id:>? 1805020322
name:>? bbbbbbbbbb
dailyQuiz:>? 78
midTermExam:>? 89
finalTermExam:>? 88
id:>? 1805030233
name:>? cccccccccc
dailyQuiz:>? 65
midTermExam:>? 77
finalTermExam:>? 98
1810020132  aaaaaaaaa    54    56    76   67.6
1805020322 bbbbbbbbbb    78    89    88   86.2
1805030233 cccccccccc    65    77    98   87.2
Enter a student Id for LinearSearch, '000' for breaking: >? 1813343454
sorry, not valid, please try again!
Enter a student Id for LinearSearch, '000' for breaking: >? 1810020132
ok
1810020132  aaaaaaaaa    54    56    76   67.6
Enter a student Id for LinearSearch, '000' for breaking: >? 000
Linear Search is Ok!
Let's do BinarySearch
First sorted the student list as follows:
1805020322 bbbbbbbbbb    78    89    88   86.2
1805030233 cccccccccc    65    77    98   87.2
1810020132  aaaaaaaaa    54    56    76   67.6
Enter a student Id, please '000' for breaking:>? 18050302333
sorry, not valid, please try again!
Enter a student Id, please '000' for breaking:>? 1805030233
ok
1805030233 cccccccccc    65    77    98   87.2
Enter a student Id, please '000' for breaking:>? 000
Ok, you have finished the job!
```

问题分析：

本节的问题是在已知的数据记录中查找感兴趣的数据，一般来说是按照某个字段查找相关的记录。这同排序一样，它是计算机科学里另一个比较经典的问题。已知的数据一般包括很多数据，甚至是海量数据，因此查找到感兴趣的信息需要考虑效率问题。解决这样的问题，同样也要先解决数据如何组织、如何存储的问题。我们仍然用列表 list 数据类型。

大家可以回顾一下 7.2 节的学生信息是怎么存储的，现在学号字段是字符串，成绩字段是数值，仍然可以模仿 7.2 节的方法，把全班学生的学号信息用一个字符串列表 stuId 来表示，全班学生的成绩信息用一个二维列表 stuGrade 来表示。每个人的数据虽然分散在两个不同的列表中，它们可以用下标统一起来。同一个下标对应的信息放在一起就构成了一个学生的完整信息记录。在列表中查找数据只要确定数据的下标即可，因为根据下标很容易找到列表中对应的数据。

不难发现，如果**采用面向对象的类，把学生信息抽象为一个学生类**，如第 6 章定义的 Student 类那样，然后**建立一个学生对象列表**，问题处理起来应该更加简洁。因此本节用学生对象列表来存储数据。

查找算法与原始数据是否有序有关。查找的过程就是一个比较的过程，如果数据无序，那只好从头到尾逐个比较了，这种查找称为**线性查找（顺序查找）**。如果数据已经在某种意义下有序了，就可以比较快速地查找表中的数据对象，如**折半查找**，这种方法是先取中点位置的元素看看是不是，如果不是可以立即使问题规模减半，在剩下的一半中继续查找。

关于列表元素进行排序的算法已经介绍了简单的交换排序，选择排序了。本节采用 **Python 内置的排序算法 sorted** 对学生对象列表排序。

无论是线性查找还是折半查找都离不开数据的比较，即判断是否相等，对于数值型的数据前面已经遇到多次。本节的问题是对学生对象的学号进行比较，它是字符串，Python 的字符串类 str 包含各种字符串的操作，用起来比较方便。关于字符串和字符早在 3.4 节就应用过，但当时只是针对解决字符型成绩问题展开的，主要讨论字符型对象的问题。本节要正式地讨论字符串类 str 的一些问题。

本节问题中的信息查询之前要求进行身份认证，这也是一个字符串的问题，身份认证信息具有一定的固定格式，通常用所谓的正则表达式表达非常方便。Python 提供了正则表达式模块，支持正则表达式的匹配运算。因此我们采用正则表达式来验证用户身份。

本问题的求解采用两种方案，一种是针对无序的数据对象的顺序查找，另一种是针对有序数据的折半查找。

算法设计 1（线性查找函数）：

① 输入要查找的 keyId。

② 把 keyId 逐个与学生列表中学生对象的学号比较，如果相等则找到了，输出结果。

③ 否则输出没有发现。

算法设计 2（折半查找函数）：

① 输入要查找的 keyId。

② 确定要查找的范围 low＝0，high＝stuNumber－1。

③ 计算中点 mid＝(low＋high)/ 2。

④ 如果中点位置学生对象的学号与 keyId 相等则找到了，输出结果。

⑤ 否则如果 keyId＞中点对象的学号，修改 high＝mid－1。

⑥ 否则修改 low＝mid＋1。

⑦ 重复③～⑥，直到 low＞high 为止。

⑧ 如果没有要找的 keyId，则输出没发现。

程序清单 7.5

```
1   #@File: searchStudList.py
2   #@Software: PyCharm
3
4   from  Student import Student
5   stuList = []

6   def main1():
7       stuNums = eval(input("How many students in your class?"))
8       inputData(stuList, stuNums)
9       printStu(stuList)
10      while True:
11          keyId = input("Enter a student Id for LinearSearch, \
                             '000' for breaking: ")
12          if keyId == '000':
13              break
14          linearSearch(stuList, keyId)
15      print("Linear Search is Ok!")
16  def main2()
17      print("Let's do BinarySearch")
18      print("First sorted the student list as follows:")
19      sortedStu = sortStu(stuList)
20      printStu(sortedStu)
21
22      while True:
23          keyId = input("Enter a student Id, please '000' for breaking:")
24          if keyId == '000':
25              break
26          binarySearch(stuList,stuNums, keyId)
27
28      print("Ok, you have finished the job!")
29
30  def inputData(stuList, n):
31      for i in range(n):
32          stu = Student()
33          stu.id = input("id:")              #字符串数据成员
34          stu.name = input("name:")          #字符串数据成员
35          stu.daily_quiz = eval(input("dailyQuiz:"))
36          stu.midterm_exam = eval(input("midTermExam:"))
37          stu.finalterm_exam = eval(input("finalTermExam:"))
38          stu.setAverage()
39          #stu.printStu()
40          stuList += [stu]                   #学生对象组成的列表
```

```
41
42 def sortStu(stuList):
43     sortedList = sorted(stuList, key = lambda stu : stu.id)
44     return sortedList
45
46 def linearSearch(stulist,keyId):
47     for stu in stulist:                          #遍历学生对象列表
48         if stu.id == keyId:                      #字符串比较
49             stu.printStu()
50             return
51     print("No found!")
52
53 def binarySearch(stuList, n, keyId):
54     low = 0
55     high = n -1
56
57     while low <=high:
58         mid = (low +high)//2                     #注意整除
59         if keyId <stuList[mid].id:               #字符串比较
60             high = mid -1
61         elif keyId >stuList[mid].id:
62             low = mid +1
63         else:
64             stuList[mid].printStu()
65             return
66     print("No found!")
67
68 def  printStu(stuList):
69     for stu in stuList:
70         stu.printStu()
71
72 if __name__ == "__main__":
73     main()
74
```

7.3.1 学生对象列表

列表对象的元素类型是没有限制的。学生类封装了学生的属性特征和行为特征。学生类的对象是表达了客观世界中的学生个体。用学生对象建立一个列表,对学生信息管理非常方便。例如本节问题涉及的对学生对象的排序,在已知的学生列表中查找某个学生的信息等。

要建立一个学生对象列表,可以从空列表开始,然后每创建一个学生对象就把它加入到列表中。

```
>>>stuList = [ ]
```

创建学生对象：

```
>>>stu = Student()
>>>stu.id = input("id:")
>>>#call validCheck to check whether id is valid
>>>stu.name = input("name:")
>>>stu.daily_quiz = eval(input("dailyQuiz:"))
>>>stu.midterm_exam = eval(input("midTermExam:"))
>>>stu.finalterm_exam = eval(input("finalTermExam:"))
>>>stu.setAverage()    #计算总评成绩
```

把学生对象加入到列表中：

```
>>>stuList += [stu]
```

重复上面的步骤，把所有的学生对象加入到 stuList 列表中。

学生对象列表与 7.2 节二维学生列表都能把学生的数据属性特征组合起来，形成一个整体，不同的是学生对象还具有一定的行为能力，如计算总评和输出学生自己的信息等。另外，学生对象列表是一维的列表，维数降低了，操作起来会更容易。例如，输出学生信息列表只需短短的两行：

```
68  def  printStu(stuList):
69      for stu in stuList:
70          stu.printStu()                    #调用了学生对象自身的信息输出能力
```

学生对象按学号排序也非常简单：

```
42  def sortStu(stuList):
        #注意用 lambda 函数指定排序关键字的方法
43      sortedList = sorted(stuList, key = lambda stu : stu.id)
44      return sortedList
```

7.3.2　字符串类型

我们已经多次讨论字符串的话题，从第一个 hello 程序，到字符成绩的输入，再到格式化输出，各种各样的实际问题求解，往往都少不了字符和字符序列。掌握字符和字符串的用法非常重要。这里再次讨论字符串，是从面向对象的层次，比较深入地研究一下字符串数据类型。str 是 Python 内置的标准类型之一，它封装了很多方法，重载了很多运算符，下面从几个方面讨论一下 str 类。

首先讨论一下字符串类的构造方法 str()（内部自动调用__init__）。创建字符串对象是它的基本功能，例如：

```
>>>s1 = str()              #生成一个空字符串
>>>s2 = str("Hello")       #生成字符串'hello'
```

实际上，常常使用它的简化语法形式，即直接用引号把字符串值括起来：

```
>>>myName = "ChunboBao"
>>>myId = '052354520'
```

一般 str()用来把其他类型的对象转换为字符串对象。

```
>>>str(23243)              #把十进制数字转换为字符串
'23243'
>>>str(0x43)               #把十六进制数字转换为十进制字符串
'67'
>>>str(0b010010)           #把二进制数字转换为十进制字符串
'18'
>>>str(34.54)              #把浮点数转换为十进制字符串
'34.54'
```

注意：Python 字符串对象同 int 和 float 一样，是不可变的对象，也就是一旦创建就不许修改。Python 规定相同内容的字符串在内存中只有一个对象，例如：

```
>>>a = "hello"
>>>b = "hello"
```

变量 a 和变量 b 引用同一个对象'hello'，即 a 和 b 的 id 相同，这可以用 is 运算是否为真检测。

```
>>>a is b
True
```

还可以用它们的 id 检验一下：

```
>>>id(a)
4566923120
>>>id(b)
4566923120
```

读者可以验证 bool 类型的对象也具有这样的特征。但对于浮点型、复数型、列表、元组、字典等类型都不具有这样的特征。注意，对于字符串对象的复制运算和连接运算产生的两个相同的对象，在内存中也只保留一个。但是对字符串对象的引用使用复制运算和连接运算产生的相同字符串，在内存中却是不同的对象，例如：

```
>>>a = 'hello'+'world'
>>>b = 'hello'+'world'
>>>a is b
True
>>>a = 'hello' * 2
>>>b = 'hello' * 2
>>>a is b
True
```

```
>>>a = 'hello'
>>>b = 'world!'
>>>c = a +b
>>>d = a +b
>>>c is d
False
```

但：

```
>>>a = 'hello'
>>>x = a * 2
>>>y = a * 2
>>>c = a * 2
>>>d = a * 2
>>>c is d
False
```

7.3.3 字符串的运算

由于字符串是一种序列类型，因此它具有序列类型的基本操作方法，参见 7.1.1 节。

设有 s="Hello"：

(1) **字符串迭代运算**。

```
for i in s: print(i)            #输出每个字符，注意代码应该写两行
```

(2) **字符串下标运算**([])。

```
print(s[0],s[-1])               #输出首尾元素
```

(3) **字符串复制运算**(*)。

```
print(2 * s)或print( s*2),      #输出"HelloHello"
```

(4) **字符串连接运算**(+)。

```
print(s + "world!")             #输出"Hello world!"
```

(5) **字符串比较运算**。

```
print(s>"Good!")                #字符串比较是从首字符开始按照 ASCII 码比较
```

(6) **字符串判断运算**(in 和 not in)。如

```
print('s' in s)                 #结果为 False
```

(7) **删除字符串的首尾空格(strip)**。

正如 3.4.2 节讨论的那样，当使用 sys.stdin.readline 从键盘读入一行字符串时结尾包括一个不需要的回车符，用 strip 或 rstrip 方法就可以把它删除。例如：

```
>>>s1 = sys.stdin.readline().strip()   #也可以指定某个首尾字符 strip('\n')
>>>s2 =sys.stdin.readline().rstrip()
```

还有一个 lstrip，它们默认是删除首尾的空白字符：空格，\t，\n，\r 等。

(8) **字符串按照指定字符分离(split)**。

当一个字符串比较长时，可以按照指定字符进行分离，返回分离后的字符串列表。例如：

```
>>>s = 'one,two,three,four,five'
>>>s.split(',')
['one', 'two', 'three', 'four', 'five']
>>>s.split(',',2)                       #从左数起，分离两次
['one', 'two', 'three,four,five']
```

(9) **把列表元素用指定字符连接起来返回字符串(join)。**

例如：

```
>>>ls = ["Hello"," World!"]
>>>''.join(ls)                    #用空格字符把 ls 中的字符串连接起来
>>>words=['one', 'two', 'three', 'four', 'five']
>>>','.join(words)                #用逗号把列表中的字符串连接成一个字符串
'one,two,three,four,five'
```

(10) **字符串测试(is)。**

有时要测试字符串是大写字符还是小写字符，是数字字符还是字母字符，str 类包含下面一些方法：

```
>>>s = "hhh123"
>>>s.isalnum()                    #是字母字符和数字字符的混合吗
True
>>>s.isalpha()                    #只含字母字符吗
False
>>>s.isdigit()                    #只含数字字符吗
False
>>>s.isidentifier()               #是 Python 的合法标识符吗
True
>>>s.islower()                    #是小写字符组成的吗
True
>>>s.isupper()                    #是大写字符组成的吗
False
>>>s.isspace()                    #只含空格字符吗
False
```

(11) **字符串搜索(find)。**

在一个已知的字符串中查找某个子串有下面几个方法：

```
>>>s = "Hello,Welcome to Python!"
>>>s.endswith('n!')               #是否以'n!'结尾
True
>>>s.startswith("He")             #是否以'He'结尾
True
>>>s.rfind('o')                   #最后一个子串'o'所在的下标
21
>>>s.find('o')                    #第一个子串'o'所在的下标
4
>>>s.count('o')                   #子串的个数
4
```

(12) **字符串复制并转换。**

在字符串的复制过程中对字符进行转换的方法有：

```
>>>s = 'hello'
```

```
>>>s.capitalize()
'Hello'
>>>s.upper()
'HELLO'
>>>s = 'Hello'
>>>s.swapcase()
'hELLO'
>>>s.replace('ll','gg')
'Heggo'
>>>s="good,better,best"
>>>s.title()
'Good,Better,Best'
```

7.3.4 字符串常量

常常需要用到大写或小写的 26 个英文字符，十进制、十六进制、八进制的数字字符，以及所有的可打印字符等。当然，我们可以自己定义相应的字符串，但是比较麻烦。Python 的扩展库 string 专门为这些特殊的字符序列常量提供了支持，注意 string 与 str 是不同的。下面列出这些特别的字符串常量：

```
>>>import string
>>>string.ascii_letters
'abcdefghijklmnopqrstuvwxyzABCDEFGHIJKLMNOPQRSTUVWXYZ'
>>>string.ascii_lowercase
'abcdefghijklmnopqrstuvwxyz'
>>>string.ascii_uppercase
'ABCDEFGHIJKLMNOPQRSTUVWXYZ'
>>>string.digits
'0123456789'
>>>string.hexdigits
'0123456789abcdefABCDEF'
>>>string.whitespace
' \t\n\r\x0b\x0c'
>>>string.punctuation
'!"#$%&\'()*+,-./:;<=>?@[\\]^_`{|}~'
>>>string.printable
'0123456789abcdefghijklmnopqrstuvwxyzABCDEFGHIJKLMNOPQRSTUVWXYZ!"#$%&\'()*+,
-./:;<=>?@[\\]^_`{|}~\t\n\r\x0b\x0c'
```

7.3.5 正则表达式及其应用

在访问某个网站时，常常被要求先注册，输入手机号码、邮箱地址、身份证号码或学生证号码。当你不按照正常格式输入时，如应该是 10 位数字只输入了 9 位，丢掉了邮箱的标志字符@，电话号码的前两位不存在，等等，就会被告知输入无效，要求重新输入。网站是怎么知道你的输入格式不正确的呢？很显然，它是有个标准格式跟你的输入对比，那个标准格式该怎么设置呢？本节的查找问题要求用户输入的学号符合指定的学号范围，在程序中就要有一个检查学号是否正确的标准或模式。这些都属于字符串匹配问题，用户输入的字符串如果能被程序中指定的模式匹配成功，用户的输入就能通过。正则表达式是设置字符串模式的典型工具。本节查找问题中的学号匹配模式可以写成：

```
'^18(05|10)0[1-3]0[1-5]\d{2}$'
```

再如验证身份证号(15 位或 18 位数字)的模式可以写成：

```
"(^\d{15}$)|(^\d{18}$)|(^\d{17}(\d|X|x)$)"
```

验证 Email 地址的模式可以写成

```
"^\w+([-+.]\w+)*@\w+([-.]\w+)*\.\w+([-.]\w+)*$"
```

这样是不是非常难看懂呢？但可以看出它是由若干个字符或特别的字符组成的字符串。它是匹配所有具有某种相似特征的字符串的一种模式。这种能够匹配字符串的模式就是非常著名的**正则表达式**。正则表达式通常简称为 RE(Regular Expression)，或者 REs，RegExr。假设已经有了这样的正则表达式，先不管它们是怎么设计出来的。程序中怎么用它来匹配用户的输入是否正确呢？Python 有一个标准模块 re 专门支持正则表达式。只须导入 re 模块，使用其中提供的方法即可很容易地判断用户输入的字符串是否匹配给定的正则表达式。下面是本节问题的学号匹配 Python 代码：

```
>>>import re
>>>regularE ='^18(05|10)0[1-3]0[1-5]\d{2}$'
>>>p=re.compile(regularE)
>>>m=p.match("1805020322")
>>>m
<re.Match object; span=(0, 10), match='1805020322'>
>>>if m :
...     print("match found", m.group())
... else:
...     print("No match")
...
match found 1805020322
```

其中，re 模块中的 compile 方法把正则表达式字符串生成一个 re 模块的模式(Pattern)类的对象。然后模式对象 p 调用它的 match 方法匹配给定的字符串，匹配的结果是一个匹配对象，如果没有匹配成功，m 则是 None，因此可以用 m 判断是否匹配成功。m 对象包括如下几个方法。

goupe( )：返回匹配的正则表达式；

start( )：返回匹配的开始位置；

end( )：返回匹配的结束位置；

span( )：返回匹配的开始和结束构成的元组。

下面该到揭开正则表达式面纱的时候了。我们通过一些例子逐渐展开。

(1) 任何一个普通的字符串都可以称为正则表达式，只不过它只能匹配它自身。

还有一些特殊字符，它们和自身并不匹配，但会和一些特别的东西匹配，或者通过某种方式影响到正则表达式的其他部分，这样的字符称为元字符，这些字符包括：

```
. ^ $\w \s \d \b * +? { } [ ] \ ( )
```

在后面的例子中会陆续看到。为了理解正则表达式的规则和效果，读者可以使用在线工具进行学习、构造和测试，这里推荐一个工具，其官方网址为 https://regexr.com/。

(2) **验证字符串是数字组成的** regexr = '[0-9]+'。

正则表达式用**方括号**[ ]指定一个字符集，匹配这个字符集当中某一个字符，**0～9** 表示 10 个十进制数字字符，**+号**表示前面的字符集中的字符**重复一次以上**，因此会匹配任意长度的数字字符串。重复一次以上也可以写成{**1,** }。大括号里给出重复次数的范围。如'[0-9]{1,3}'将匹配任何 1 位、2 位、3 位的数字字符。

(3) **验证字符串是否是英文字符组成的** regexr ='[a-zA-Z]+'。

这个正则表达式的字符集是 26 个大小写英文字符，会匹配任意长度的英文字符串。

(4) **验证字符串是由中国汉字组成的**正则表达式 regexr = '[\u4e00-\u9fa5]+'。

中国汉字的 Unicode 编码的范围是从\u4e00 开始到\u9fa5。

(5) **验证一串数字是中国合法的手机号**的正则表达式如下：

```
regexr =
r"""(
^(13[0-9]                       #手机号的前 2 位 13 开始的
|14[5|7]                        #145 或 147 开始的
|15[0|1|2|3|4|5|6|7|8|9]        #15 开始的
|18[0|1|2|3|5|6|7|8|9])         #18 开始的
\d{8}$                          #后 8 位是任何数字,{8}是重复 8 次
)"""
```

可以把一个字符串用三双引号括起来并在前面加上 r(r 为 raw 的编写，是原生的意思)即 r"""(正则表达式)"""，这样允许把一个比较长的正则表达式写成多行，每一行还可以写注释。用小括号括起来的是一个整体，相当于普通表达式中的小括号的作用。**符号**|表示**或者**的意思，^表示它后面给出的模式从字符串的开始匹配，而 $ 则从字符串的结尾匹配。通常用这两个符号界定匹配字符串的起点和终点。反斜杠\是转义字符，**\d** 代表十进制数字，与[0-9]作用相同。这样用三双引号分行书写的正则表达式，在调用 compile 编译时要多一个参数 re.VERBOSE，即

```
p = re.compile(regexr, re.VERBOSE)
```

(6) 验证一串数字是中国身份证号的正则表达式为

```
"(^\d{15}$)|(^\d{18}$)|(^\d{17}(\d|X|x)$)"
```

这个表达式由逻辑或运算符"|"连起来的三个不同类型的身份证号描述，即 15 位数字、18 位数字和 17 位数字加 x 或 X 结尾的。

(7) **验证邮箱地址**。

```
"^\w+([-+.]\w+)*@\w+([-.]\w+)*\.\w+([-.]\w+)*$"
```

邮箱地址最突出的符号是@,在它之前是用户名,之后是邮箱服务器的地址。符号\w表示任何字母、数字或下画线。元字符 * 与+类似,不过它是重复 0 次以上,例如([-+.]\w+) * 允许 0 次以上由-或+或.开始的字母、数字、下画线组成的字符串。还有元字符问号? 也表示重复,它表示前面的字符重复 0 次或 1 次,即相当于{0, 1},例如[0-9]? 则最多匹配一个数字字符。

(8) **验证 C 类 IP 地址的正则表达式。**

因为 C 类 IP 地址介于 192.0.1.1~223.255.255,254,所以它的正则表达式由通过圆点分隔的 4 个字节组成,第 1 个字节是 192~223,第 2 个字节是 0~255,第 3 个字节是 1~255,第 4 个字节是 1~254。例如 1~255 的正则表达式为:

```
(1\d{2}|2[0-4]\d|25[0-5]|[1-9]\d|[1-9])
```

类似的可以写出其他几个范围的表达式,两个字节之间用\.连起来即可。

(9) **匹配英文单词或句子的正则表达式为**

```
\b([a-zA-Z]+['"\s]) * [a-zA-Z]+(\b|\,|\.|\?)
```

这里\b 表示单词的开始或结束,\s 表示空白符。

正则表达式还有很多元字符,这里就不一一列举了。

7.3.6 线性查找

本节的学生对象数据包括学生 id 和成绩数据。每个学生的信息包含多个数据成员,对这样的数据排序和查找,首先要确定**按照哪个成员排序查找**。那个成员字段通常称为**关键字段(key field)**,关键字段最好是没有重复值的字段,学号字段是最佳选择。原始学生数据是按照点名册的先后顺序存入的,他们的学号是否有序未知,可能有序也可能无序。

对于无序的数据进行查找,**线性查找**是简单有效的查找方法,具体方法参考本节的算法设计 1。设要查找的学号是 keyId,则线性查找是从第一个学生的学号开始,逐个与要查找的学号 keyId 进行比较,如果 keyId 与某个学生的 id 相等,就找到了,调用学生对象的 printInfo 方法打印该学生的信息记录。在这个查找过程中关心的是学生对象列表的**下标值**,找到了要找的信息下标 i 是 i=0 到 stuNum-1 之间的某个值。如果没有找到,就没有这个范围的下标对应。我们在程序清单 7.4 中的把这个查找过程定义为一个函数,

```
def linearSearch(stulist,keyId):
```

在 main 中调用这个函数即可。

7.3.7 折半查找

不难发现,如果在 M 个数据中线性查找,平均比较次数应该是(M+1)/2,因为最少的比较次数是 1,即第一个数据就是要找的数据,最多比较次数是 M,即最后那个数据才是要找的数据。设想一下,如果给定的数据列表元素已经有序(升序或降序)了,查找某个数据还一定要按顺序逐个比较吗? 例如全班 60 个学生的成绩单已经按照学生 id 从小到大排好,现在要查找学号尾号是 30 的学生成绩,最容易想到的是直接查看第 30 个学号是不是。如果不是,看看是大于 30 还是小于 30。若小于 30,则学号为 30 的学生肯定在后 30 个里,否

则肯定在前30个里，依此类推，这样每次去掉一半，范围逐渐缩小，很快就会找到要找的学生。如果最后剩下一个元素的时候还不是的话，就肯定知道要查找的元素不存在了。这种查找方法叫**折半查找**也叫**二分查找**。图7.6是二分查找法的示意图，图中每个方格代表已排序对象的引用。

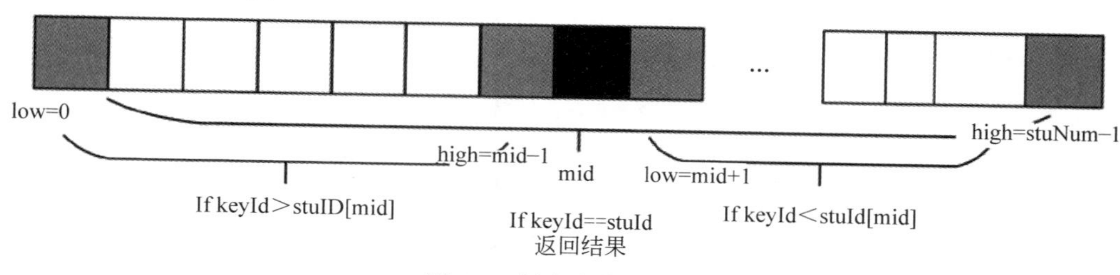

图7.6 折半查找示意图

设学生对象列表stuList已经按关键字stuId的降序排序(参考本节的算法设计2)，那么查找学号keyId对应的学生，二分查找步骤如下：

① 根据列表stuList的下标范围[low=0，high= stuNum−1]，求中点mid。
② 如果keyId ==stuList.id[mid]则已经找到，返回mid，否则。
③ 如果keyId > stuList.id[mid]，则修改high = mid−1，转到(1)；否则。
④ 修改low=mid+1，转向①。

如果把折半查找的过程定义为一个函数，则函数的头为

```
def binarySearch(stuList, n, keyId):
```

binarySearch的完整的实现参见程序清单7.5中第59行到第72行的代码。这个函数使用的前提是stuList是有序列表，所以在main中先调用了sortStu，把学生对象按关键字stuId进行排序。

Python针对一个有序列表的二分查找和插入元素后仍然有序问题，内置了一个bisect模块。该模块有6个函数，即bisect、bisect_right、bisect-left和insort、insort_right、insort_left。实际上就是4个函数，因为bisect与bisect_right相同，insort和insort_right相同。例如：

```
>>>import bisect
>>>mylist = [1, 3, 6, 7, 9]
>>>bisect.bisect(mylist, 5)  #查找5应该插入的位置
2
>>>bisect.insort(mylist, 5)  #把5插入到下标为2的位置
>>>mylist
[1, 3, 5, 6, 7, 9]
```

7.4 在画布上绘制图形

问题描述：

建立一个图形窗口，并包含一个画布，使得单击鼠标并移动时，在经过的地方留下移动

的痕迹，即形成小圆圈组成的曲线；当右击鼠标时弹出一个菜单，其中包含绘制矩形、椭圆、直线和清空画布的菜单按钮。

输入输出样例：

单击鼠标并移动，输出移动痕迹曲线。
右击鼠标弹出菜单，选择后绘制相应的几何图形。

运行结果如图 7.7 所示。

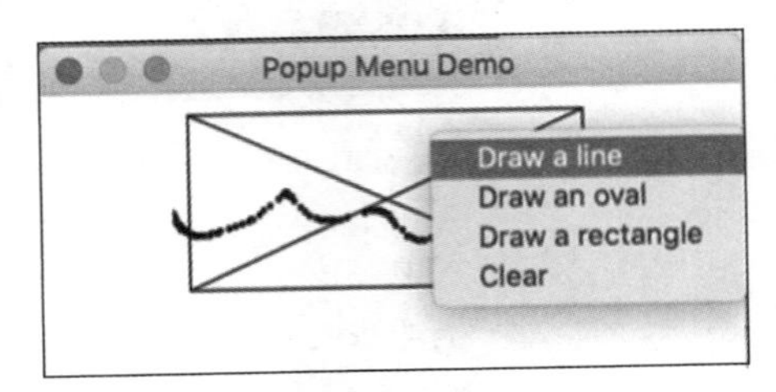

图 7.7 在画布上绘制图形和 popup 菜单

问题分析：

绘制图形的画布，是 tkinter 模块的一个类 Canvas，它包含多个绘制几何图形的方法。tkinter 的事件对象可以捕捉到鼠标的轨迹，并且可以绑定鼠标事件的回调函数，做出相应的处理。tkinter 模块还有 Menu 类，提供主菜单和弹出式菜单的支持，同样 Menu 菜单的命令项可以绑定相应的处理程序。

算法设计：

① 界面设计：在主窗口中创建一个 Canvas。

② 右击鼠标弹出菜单设计：包含几个 draw 菜单项，并绑定对应的处理程序。

③ 单击鼠标并移动绑定绘制自由曲线。

程序清单 7.6

```
1   #@File: popupmenu.py
2   #@Software: PyCharm
3   import tkinter as tk
4   from tkinter import ttk
5   from tkinter import Menu
6
7   class PopupMenuDemo:
8       def __init__(self):
9           window = tk.Tk()                              #创建一个窗口
10          window.title("Popup Menu Demo")               #设置窗口的标题
11
12          #Create a popup menu
13          self.menu = Menu(window, tearoff=0)
14          self.menu.add_command(label="Draw a line",
15                                command=self.displayLine)
16          self.menu.add_command(label="Draw an oval",
17                                command=self.displayOval)
```

```
18            self.menu.add_command(label="Draw a rectangle",
19                                  command=self.displayRect)
20            self.menu.add_command(label="Clear",
21                                  command=self.clearCanvas)
22
23            #Place canvas in window
24            self.canvas = tk.Canvas(window, width=200,
25                                  height=100, bg="white")
26            self.canvas.pack()
27
28            #Bind popup to canvas
29            self.canvas.bind("<Button-2>", self.popup)
30            self.canvas.bind("<B1-Motion>", self.paint)
31
32            window.mainloop()                    #进入窗口的事件循环
33
34        #Display a rectangle
35        def displayRect(self):
36            self.canvas.create_rectangle(10, 10, 190, 90, tags="rect")
37
38        def paint(self, event):
39            Python_green = "#476042"
40            x1, y1 = (event.x -1), (event.y -1)
41            x2, y2 = (event.x +1), (event.y +1)
42            self.canvas.create_oval(x1, y1, x2, y2, fill=Python_green)
43
44        #Display an oval
45        def displayOval(self):
46            self.canvas.create_oval(10, 10, 190, 90, tags="oval")
47            self.canvas.create_text(30,30,\
                  text="slkdhfklsdhfh",tags = "textstr")
48
49        #Display a line
50        def displayLine(self):
51            self.canvas.create_line(10, 10, 190, 90, tags="line")
52            self.canvas.create_line(10, 90, 190, 10, tags="line")
53
54        #Clear drawings
55        def clearCanvas(self):
56            self.canvas.delete("rect", "oval", "line","textstr")
57
58        def popup(self, event):
59            self.menu.post(event.x_root, event.y_root)
60
61
```

```
62  PopupMenuDemo()                                   #创建 GUI
```

7.4.1 画布

tkinter 模块的 Canvas 类提供了一个矩形绘图的区域，这个区域上有一个默认左上角为原点(0,0)的坐标系统，x 轴的正向朝右，y 轴的正向朝下。该类封装了在画布里绘制线段、矩形、圆弧、圆、椭圆、多边形、文字等几何对象，以及显示图像的各种方法。例如：

```
self.canvas.create_oval(10, 10, 190, 90, tags="oval")
```

其中 tags 是这个图形的标记或者称标识，在其他语句中可以使用 tags 访问这个图形，例如

```
self.canvas.delete("rect", "oval", "line", "ovals", "point")
```

删除了几个标记所代表的图形。

如果要在画布中显示图像则需要先使用 PhotoImage 类，创建一个图像对象。tkinter 可以直接接受的图像格式是 GIF 格式，如果是其他格式需使用转换工具先把它们转换为 GIF 格式。例如，要在画布上显示中国国旗，先创建

```
cimage = PhotoImage(file = "China.gif")
```

再使用

```
canvas.create_image(100,50, image=cimage)
```

整个 Canvas 作为一个小构件也要 pack 或 grid 到适当的位置。

7.4.2 鼠标事件

GUI 程序是事件驱动的，没有事件发生，程序就什么也不会做。常用的事件如表 7.2 所示。

表 7.2 常用事件及属性

事　件	描　述
<Bi-Motion>	单击鼠标且移动时发生
<Button-i>	Button-1、2、3 操作鼠标左键、滚轮、右键时发生
<ButtonReleased-i>	释放鼠标左键时发生
<Double-Button-i>	双击鼠标时发生
<Enter>	鼠标进入小构件时发生
<Key>	单击一个键时发生
<Leave>	鼠标离开小构件时发生
<Return>	按回车键时发生，可以将任意键和一个事件绑定
<Shift-A>	按 Shift-A 时发生，可将 Alt、Shift、Control 和其他键组合
<Triple-Button-i>	三次单击鼠标左键时发生

续表

事　件	描　述
char	从键盘输入的和按键事件相关的字符
keycode	从键盘输入的和按键事件相关的键代码
keysym	从键盘输入的和按键事件相关的键符号
num	按键数字(1,2,3),表明按下的是哪个键
widget	触发这个事件的小构件对象
x 和 y	当前鼠标在小构件中以像素为单位的位置
x_root 和 y_root	当前鼠标相对于屏幕左上角的以像素为单位的位置

与事件绑定的处理函数的参数通常是 event,处理函数根据参数 event 的属性做适当的动作。本节问题求解方案中使用了右击鼠标,弹出一个弹出式菜单,并把这个事件 bind 到 Canvas 上,即

```
self.canvas.bind("<Button-3>", self.popup)
```

同时还要为其配置响应事件的处理函数 popup。

```
def popup(self, event):
        self.menu.post(event.x_root, event.y_root)
```

这个方法的功能是获取鼠标的位置,弹出菜单。本节的程序中还用到了单击鼠标并移动的事件及其响应方法,即

```
self.canvas.bind("<B1-Motion>", self.paint)
```

其中,paint 方法在鼠标的当前位置绘制一个填充的椭圆。

7.4.3　菜单

Python tkinter 的 Menu 类可以创建主菜单、弹出菜单和工具栏。请看下面的程序清单 7.7。

程序清单 7.7

```
0   #@File menu.py
1   import tkinter as tk
2   window = tk.Tk()
3
4   labelStr = tk.StringVar()
5   tk.Label(window, text="-----Hello----").pack()
6   dispLabel = tk.Label(window,text="Welcome to Operation!", \
                        textvariable=labelStr)
7   dispLabel.pack()
8
9   menubar = tk.Menu(window)                          #创建一个顶级菜单
10
```

```
11 def add():                                      #菜单命令处理函数
12     labelStr.set("adding now!")
13
14 def subtract():
15     labelStr.set("substracting now!")
16
17 def multiply():
18     labelStr.set("multiplying now!")
19
20 def divide():
21     labelStr.set("dividing now!")
22
23 #创建一个下拉菜单,把它加入到主菜单中
24 operationMenu = tk.Menu(menubar, tearoff=0)    #在 menubar 上创建一个菜单
25 menubar.add_cascade(label="Operation", menu=operationMenu) #增加下拉菜单
26 #添加菜单命令,指定 callback
27 operationMenu.add_command(label="Add", command=add)
28 operationMenu.add_command(label="Subtract", command=subtract)
29 operationMenu.add_separator()
30 operationMenu.add_command(label="Multiply", command=multiply)
31 operationMenu.add_command(label="Divide", command=divide)
32
33 #另一个下拉菜单
34 quitMenu = tk.Menu(menubar, tearoff=0)
35 menubar.add_cascade(label="Quit", menu=quitMenu)
36 quitMenu.add_command(label="Quit", command=window.destroy)
37
38 #显示菜单
39 window.config(menu=menubar)
40
41 window.mainloop()
```

运行结果如图 7.8 所示。

本节问题的求解程序中给出了创建弹出菜单的例子，请自己回看前面的代码。

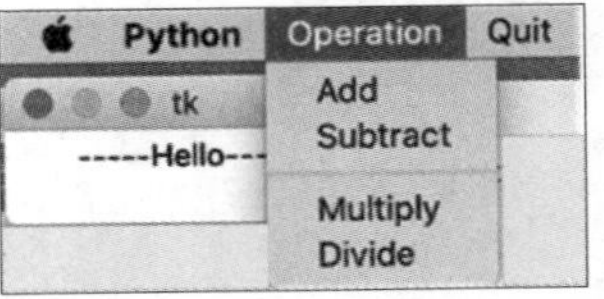

图 7.8　使用 Menu 类建立的主菜单

小结

本章排序和查找问题的学习，介绍了 Python 中非常重要的序列类数据类型 list，tuple 和用途非常广泛的映射数据类型 dict，前者用来实现可以按照下标进行索引的一维序列、二维序列，后者表现数据的键-值对。还详细讨论了字符串类型 str 的重要特征和正则表达式的特殊功能。同时有意把自定义的对象类用于列表，建立了自定义对象列表。还进一步讨论了 tkinter 的绘图功能。

你学到了什么

为了确保读者已经理解本章内容，请试着回答以下问题？如果在解答过程中遇到了困难，请回顾本章相关内容。

1. 什么是数组？什么是列表？二者相同吗？
2. 如何创建一个列表？怎么访问列表的元素？
3. 能直接用键盘输入一个列表吗？
4. 能直接输出一个列表吗？
5. 列表对象作为函数的参数有什么特殊之处？
6. 序列类的对象有哪些典型的操作方法？
7. sort 和 sorted 有什么异同？
8. 常见的查找算法是什么？
9. 元组和列表有什么不同？如何创建元组？
10. 元组的解包与打包用在哪里？
11. 字典有什么特殊之处？有什么用？
12. 二维列表怎么创建？二维列表元素怎么引用？
13. 二维列表与一维列表的关系是怎样的？
14. 什么是字符串？字符串有哪些常用的方法？
15. 字符串与列表的关系是什么？
16. 什么是正则表达式？
17. tkinter 的 Canvas 构件有什么属性和方法？
18. 鼠标事件有哪些？
19. 菜单有几种？具体怎么实现？

程序练习题

1. 一组数据逆序

问题描述：

写一个程序，使它能把一组整数逆序输出。

输入样例：

```
4 5 2 6 3 8 9 0 1 7
```

输出样例：

```
7 1 0 9 8 3 6 2 5 4
```

2. 求一组数据的最大值

问题描述：

写一个程序，使它能求出一组整数的最大值，并给出是第几个整数最大。

输入样例：

```
4 5 2 6 3 8 9 0 1 7 CtrlL-Z 或 Ctrl-D
```

输出样例：

```
9 6
```

3. 一组数据的逆序函数

问题描述：

写一个函数 reverseArray，它能把一组整数逆序。

输入样例：

```
4 5 2 6 3 8 9 0 1 7
^Z
```

输出样例：

```
7 1 0 9 8 3 6 2 5 4
```

4. 一组数据的最大值函数

问题描述：

写一个函数 maxArray，使它能求出一组整数的最大整值。

输入样例：

```
4 5 2 6 3 8 9 0 1 7
^Z
```

输出样例：

```
9
```

5. 向一组数据首插入一个数据

问题描述：

设有 10 个整数已经存储在一个列表中，如 [2,5, 7, 8, 9, 11, 22, 24, 3, 1]，编写一个程序，使得当从键盘输入一个整数时，能把它插入到列表的第一个位置，原有的数据向后移动。

输入样例：

```
6
```

输出样例：

```
6 2 5 7 8 9 11 22 24 3 1
```

6. 插入排序

问题描述：

有 10 个整数已经有序地放在一个列表中，假设它们是[2, 5, 7, 8, 9, 11, 22, 24, 30, 80]，编写一个程序，要求把一个新的数据插入到适当的位置使其仍然有序。

输入样例：

```
10
```

输出样例：

```
2 5 7 8 9 10 11 22 24 30 80
```

7. 比赛评分

问题描述：

一次歌咏比赛有 10 个评委，每个评委给每个歌手打分，分值是 1 到 10 分，写一个程序，按照去掉一个最高分和最低分，剩余 8 个再求平均的方法，计算歌手的比赛成绩。

输入样例：

```
4 3 6 8 9 5 8 7 8 7
```

输出样例：

```
6.625
```

8. 递归倒置一个字符串

问题描述：

写一个递归函数，实现一个字符串倒置，即把字符串的字符顺序颠倒过来。

输入样例：

```
Hello
```

输出样例：

```
olleH
```

9. 统计单词数

问题描述：

输入一行英文句子，输入回车结束，假设各单词之间的分隔符是空格或逗号，写一个程序统计其中有多少个单词。

输入样例：

```
hello welcome to fuzhou
```

输出样例：

```
4
```

10. 单词排序

问题描述：

写一个函数，能把一个单词表按字典序排序，单词表从键盘输入，通过参数传递给该函数，排序的结果再通过参数带回。

输入样例：

```
monday tuesday wednesday thurday friday saturday sunday
```

输出样例：

```
friday monday saturday sunday thurday tuesday Wednesday
```

11. 杨辉三角

问题描述：

写一个函数 void yhTriangle(yhlist, levels)，实现建立杨辉三角形列表的功能，其中 levels 是三角形的层数，输入一个层数，调用 yhTriangle 之后，通过参数 yhlist 获得杨辉三角形，注意输出格式为：第一列的宽度是 1，其他各列的宽度为 5，结尾行换行。

输入样例：

```
3
```

输出样例：

```
1
1    1
1    2    1
```

12. 矩阵加法

问题描述：

设有两个 n×n 阶整数矩阵。写一个函数 addMatrix(a, b, c, size)，实现两个矩阵的加法，其中 size 为 n，再写一个函数 inputMatrix(a, size)用于输入一个矩阵，一个函数 printMatrix(a, size)用于输出一个矩阵，利用 inputMatrix 获得键盘输入的原始矩阵，用 printMatrix 输出求和结果。

输入样例(第一行是 size)：

```
3
1 2 3
4 5 6
2 3 5
1 1 1
2 2 2
3 3 3
```

输出样例：

```
2 3 4
6 7 8
5 6 8
```

13. 把一个字符串的字符之间插入一个空格

问题描述:

写一个函数,把一个字符串的字符之间插入一个空格。

输入样例:

```
hello
```

输出样例:

```
9
h e l l o
```

14. 字符串连接函数

问题描述:

写一个函数,把两个字符串 str1 和 str2 连接起来,形成一个新的字符串 str,要求 str1 在 str 的首,str2 在 str 的尾,不破坏原始字符串。

输入样例:

```
Hello
World!
```

输出样例:

```
HelloWorld!
```

15. 统计词频

问题描述:

键盘输入若干单词构成的列表,试统计每个单词出现的次数。

输入样例:

```
Hello, you, are, welcome, welcome,
to, Python, you, are, Python
```

输出样例:

```
Hello: 1
you 2
are 2
welcome 2
to 1
Python 2
```

16. 建立注册窗口

问题描述:

设计一个 GUI 界面,包括两个 Entry 构件,用于输入账号和密码,其中,账号是邮箱地址,密码是包括数字、字母和特殊字符的字符串,至少 8 位。还包含一个按钮用于确认。在界面的底部有一个信息显示 Label 构件,单击按钮之后,如果账号和密码格式正确,则显示注册成功,否则显示抱歉信息,提示密码或账号无效。允许注册多个用户,注册成功之后使 Entry 构件清空,再次输入其他用户信息。提示,可以用正则表达式进行验证,每成功注册一个账号之后,要把它添加到对应的列表中。

输入样例:

```
26865614@qq.com
!abc1234
```

输出样例:

```
Okay!
```

输入样例:

```
26865614
abcd1234
```

输出样例:

```
Sorry, Name or Passwd not right!
```

17. 小动画

问题描述：

设计一个 GUI 界面，其中包含一块画布，先在画布中绘制一个字符串，然后单击一下鼠标，字符串开始向右移动，当移动到右侧消失之后，会从左侧窗口进入，循环动画，当再次单击鼠标时暂停。

项目设计

时钟显示与动画

问题描述：

首先使用 datetime 或者 time 模块获得当前系统的时间（时分秒），然后设计一个 GUI 界面绘制一个时钟，包含一个圆，并且在 3、6、9、12 点位置有数字显示和时针、分针、秒针的显示，在圆的下部外边缘附近显示数字时钟的时钟值，这是静态的，如图 7.9 所示。

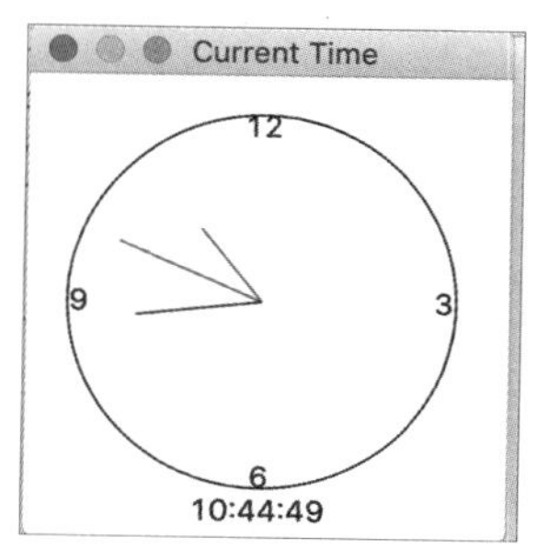

图 7.9　时钟

然后再考虑如何让指针动起来，即随着时间的变化改变时针、分针、秒针的位置，让数字时钟的值也随之变化。tkinter 的 Canvas 构件具有删除（delete）和刷新（update）方法，动画的过程就是不停地删除和重画的过程。

实验指导

CHAPTER 第8章

代码重用——面向对象程序设计进阶

学习目标：

- 理解面向对象程序设计的代码重用机制和重要意义。
- 掌握类的继承设计方法。
- 理解面向对象程序设计的继承性和多态性。
- 理解对象的链式存储实现方法。
- 掌握集合数据类型。

在第6章，我们已经讨论了客观对象描述的基本方法。任何一类客观世界的对象都可以抽象为一个类，即创建一个抽象数据类型，封装对象类的属性特征和行为方法。这一特征是面向对象的封装性。有了抽象的数据类型之后，就可以用它创建实际要解决的问题中所涉及的各个具体的对象，并且使用类所封装的各种方法进行各种操作，以达到解决问题的目的。但是当一个问题比较复杂的时候，往往会涉及若干个不同的对象类，这些不同的对象类之间有没有关系呢？答案是显然的。例如，我们要开发一个学生管理系统，这个问题涉及哪些对象类型呢？首先是学生对象类，然后是课程类、教师类等。解决学生管理问题，不仅要描述清楚各自的类特征，还要把它们之间的关系体现出来。本章讨论如何把类与类的关系表达出来，进一步讨论面向对象的程序设计的另外两个特征：继承性和多态性。

通过下面3个问题展开讨论：

- 课程管理问题；
- 几何图形计算；
- 一个文本编辑器。

8.1 课程管理

问题描述：

本学期开设的课程有7门，它们是数学、英语阅读、英语写作、计算机导论、程序设计、马克思主义、网球，分别用0,1,2,3,4,5,6表示，每门课有一个开始日期，例如2020.3.1。在开始上课前学生要选课，教务部门要统计每门课程的选修人数和名单。写一个程序模拟这个过程。

输入输出样例：

```
Your name? aaa
What is your selection for Courses 0 ~6:3
Your name? bbb
What is your selection for Courses 0 ~6:2
Your name? ccc
What is your selection for Courses 0 ~6:3
Your name? ddd
What is your selection for Courses 0 ~6:4
Your name? eee
What is your selection for Courses 0 ~6:3
Your name? aaa
What is your selection for Courses 0 ~6:3
Your name? bbb
What is your selection for Courses 0 ~6:6
Your name? eee
What is your selection for Courses 0 ~6:4
Your name? kkk
What is your selection for Courses 0 ~6:3
Your name? mmm
What is your selection for Courses 0 ~6:5
EnglishReading:
0 selected EnglishReading
------------------------------
EnglishWriting:
0 selected EnglishWriting
------------------------------
Mathmatics:'bbb'
1   selected Mathmatics
------------------------------
ComputerProgramming:'eee'  'kkk'  'ccc'  'aaa'
4   selected ComputerProgramming
------------------------------
ComputerIntroducton:'eee'  'ddd'
2   selected ComputerIntroducton
------------------------------
Maxism:'mmm'
1   selected Maxism
------------------------------
Tennis:'bbb'
1   selected Tennis
------------------------------
```

问题分析：

课程管理的核心是识别课程管理中涉及的对象类。第一个类就是跟课程有关的**课程**

类。首先分析课程类应该包含的数据成员和方法。课程必须有课程名，或者课程 id，其次是课程内容描述，适合的专业和年级，课程的学分，课程开始的日期，选修课程的学生等。这里关于选课的学生可以另外建立一个**选课学生类**，而在选课学生类中至少应该包括姓名或学号、选课情况等。开课日期是一个**日期类**的对象，Python 有一个标准模块 datetime（还有 time 和 calendar 模块）里包含日期类。因此，运用面向对象的程序设计的代码重用特征，就可以用已有的选课学生类和日期类的对象类型来描述这个课程类，**课程类的属性特征描述是通过其他的对象类型组合而成**。不仅如此，课程类的选课学生对象属性可能是多个学生，这多个学生的集合可以是列表对象，也可以是元组。由于这里我们不太关心选课学生彼此怎么样，只关心学生是否选课了，而且同一门课只能选一次，因此可以采用 Python 提供的集合 set 数据类型来表达。

再仔细分析一下选课的学生类自身的建立问题，它除了姓名和 id 之外，"选课情况"属性可以用一个课程类的对象列表来表达。实际上它所包含的每个数据属性都是由其他的对象类型描述的，姓名和学号均是 str 类型。

通过上面的分析，就可以定义课程类和学生类。接下来考虑如何进行管理的问题。本问题的课程对象仅仅给出了 7 门课程，实际可能是几十门，上百门，常见的课程管理包括增、删、改、查。用什么方法存储这些课程对象呢？把所有的课程对象放在一个 list 列表中是没有问题的，但是 list 是顺序存储的，插入和删除运算会有很多不必要的移动。如果管理问题涉及更多的插入和删除，应该考虑另一种存储方式——链表来存储课程对象，即把每个对象看成一个链接结点彼此链接起来。本问题的求解给出两种方案，列表实现和链表实现，具体算法设计如下。

算法设计：

① 建立一个课程类（选课学生属性默认是空集）。

② 导入学生类和日期时间类。

③ 建立课程列表或链表循环：7 门课逐个添加到课程列表中或链接到课程链表上。

④ 学生选课循环：每个选课的同学需加入到课程的选课学生集合中。

程序清单 8.1

```
1   '''
2       选课的学生类:stuCourse.py
3   '''
4   class StuCourse(object):
5       def __init__(self, name):
6           self.name = name
7           self.courseNum = 0
8           self.coursList= []
9
10      def addCourse(self,course):
11          self.coursList.append(course)
12          self.courseNum += 1
13
14      def __eq__(self, other):
```

```
15        if isinstance(other, self.__class__):
16            return self.__dict__ == other.__dict__
17        else:
18            return False
19        #if self.name == other.name :
20        #    return True
21    def __hash__(self):
22        return hash(self.name)
23
24    def display(self):
25        print(self.name, end = ':')
26        for i in self.coursList:
27            print(i, end=' ')
28
29    def __str__(self):          #定制对象的字符串形式
30        #return '(%s : %s)' %(self.name, self.courseNum)
31        return f'{self.name!r}' #!r calls repr(),还有!s:str(),!a :ascii()
32
33    __repr__ = __str__          #定制对象的 shell 的直接输出的字符串形式
34                                #不然会输出<__main__.类名 object at 地址>样的信息
```

程序清单 8.2

```
1  '''
2    学生选的课程类: courseStu.py
3  '''
4  from stuCourse import StuCourse
5  from datetime import date
6  class Course:
7      def __init__(self,name):
8          self.coursName = name
9          self.students = set()          #调用 set 函数确保是 stuCourse 集合
10         self.counter = 0
11         elf.beginDate = date(2020,3,1)
12
13     def addStudent(self,student):
14         st = StuCourse(student)        #两个学生对象相等?
15         #self.students.add(st.name)   #这是不正确的写法
16         self.students.add(st)          #这保证了是学生对象集合
17         self.counter = len(self.students)
18
19     def display(self):
20         print(self.coursName, end = ':')
21         for e in self.students:
22             print(e, end = ' ')
23         print()
```

```
24          print(f'{self.counter} selected {self.coursName} ')
25
26      def getBeginDates(self):
27          return self.beginDate
28
29      def __str__(self):                    #定制对象的字符串形式
30          return '(%s %s)' %(self.coursName, self.students.pop())
31
32      __repr__ = __str__                    #定制对象 shell 直接输出的字符串形式
```

程序清单 8.3(问题求解的列表版本)

```
1   #@File: testCourse.py
2   #@Software: PyCharm
3
4   from coursStu import  Course
5   from stuCourse import StuCourse
6
7   def main():
8       courseList = ['EnglishReading', 'EnglishWriting', 'Mathmatics',
9   \     'ComputerProgramming','ComputerIntroducton','Maxism','Tennis']
10      CourseList = []
11      for i in courseList:
12          C1 = Course(i)
13          CourseList.append(C1)
14
15      for j in range(10):
16          stuName = input("Your name? ")
17          selectC = eval(input("What is your selection for Courses 0 ~6:"))
18          CourseList[selectC].addStudent(stuName)
19
20      for i in CourseList:
21          i.display()                       #请查看它的定义,注意它的输出内容和格式
22
23  if __name__ == "__main__":
24      main()
```

程序清单 8.4(单链表类)

```
1   #@File: singleLinkedList.py
2   #@Software: PyCharm
3
4   class SingleLinkList(object):
5       """单链表"""
6
7       class Node(object):                   #嵌套类
8           """结点"""
```

```
9           __slots__ = 'elem','next'
10          def __init__(self, elem=' '):
11              self.elem = elem
12              self.next = None            #初始设置下一结点为空
13
14          def getelem(self):
15              return self.elem
16
17          def setelem(self, newone):
18              self.elem = newone
19
20          def __eq__(self, other):
21              if isinstance(other, self.__class__):
22                  return self.__dict__ == other.__dict__
23              else:
24                  return False
25
26          def __hash__(self):
27              return hash(self.elem)
28
29          def __str__(self):              #定制对象的字符串形式
30              #return '(%s : %s)' %(self.name, self.courseNum)
31              return f'{self.elem!r}'     #print stuCourse 时只显示姓名
32
33          __repr__ = __str__              #定制对象的 shell 直接输出的字符串形式
34
35      def __init__(self, node=None):
36          '''initializer of the SingleLinkedList class'''
37          self.__head = node
38          #self.__size = 0
39
40      def gethead(self):
41          return self.__head
42
43      def is_empty(self):
44          '''链表是否为空'''
45          return self.__head == None
46
47      def length(self):
48          '''链表长度'''
49          #cur 游标,用来移动遍历结点
50          cur = self.__head
51          #count 记录数量
52          count = 0
53          while cur !=None:
```

```
54            count += 1
55            cur = cur.next
56        return count
57
58    def travel(self):                    #按照 name 遍历
59        '''遍历整个列表'''
60        cur = self.__head
61        print("head->", end='')
62        while cur !=None:
63            print(f'{cur.elem}', "->", end=' ')
64            cur = cur.next
65        print("None")
66
67    def travelCourseStudents(self):  #按照 students 遍历
68        '''遍历整个列表'''
69        cur = self.__head
70        print("head->", end='')
71        while cur !=None:
72  #print(f'{cur.elem.coursName: }{cur.elem.students}', "->", end=' ')
73            cur.elem.display()
74            cur = cur.next
75        print("None")
76
77    def add(self, item):
78        '''链表头部添加元素'''
79        node = self.Node(item)
80        node.next = self.__head
81        self.__head = node
82
83    def append(self, item):
84        '''链表尾部添加元素'''
85        node = self.Node(item)
86        #由于特殊情况当链表为空时没有 next,所以在前面要做个判断
87        if self.is_empty():
88            self.__head = node
89        else:
90            cur = self.__head
91            while cur.next !=None:
92                cur = cur.next
93            cur.next = node
94
95    def insert(self, pos, item):
96        '''指定位置添加元素'''
97        if pos <=0:
98            #如果 pos 位置在 0 或者以前,那么都当作头插法来做
```

```
99                self.add(item)
100           elif pos >self.length() -1:
101               #如果 pos 位置比原链表长,那么都当作尾插法来做
102               self.append(item)
103           else:
104               per = self.__head
105               count = 0
106               while count <pos -1:
107                   count += 1
108                   per = per.next
109               #当循环退出后,pre 指向 pos-1 位置
110               node = Node(item)
111               node.next = per.next
112               per.next = node
113
114       def remove(self, item):
115           '''删除结点'''
116           cur = self.__head
117           pre = None
118           while cur !=None:
119               if cur.elem == item:
120                   #先判断该结点是不是头结点
121                   if cur == self.__head:
122                       self.__head = cur.next
123                   else:
124                       pre.next = cur.next
125                   break
126               else:
127                   pre = cur
128                   cur = cur.next
129
130       def items(self):
131           """遍历链表,产生链表的 elems 序列"""
132           #获取 head 指针
133           cur = self.__head
134           #循环遍历
135           while cur is not None:
136               #返回生成器
137               yield cur.elem                #生成序列的 elem
138               #指针下移
139               cur = cur.next
140           return "Done"
141
142       def find(self, item):
143           return item in self.items()
```

```
144     #找结点的 elem 是否在链表中,这里要用到==
145     def search(self, item):
146         '''查找结点是否存在'''
147         cur = self.__head
148         while cur is not None:
149             if cur.elem is item:
150                 return True
151             else:
152                 cur = cur.next
153         return False
154
155     def getNode(self, item):
156         '''查找结点, 返回结点的引用'''
157         cur = self.__head
158         #print("item:", item)
159         while cur !=None:
160             if cur.elem.coursName == item.coursName:
161                 #print("aaa:", cur)
162                 return cur
163             else:
164                 #print("next:",cur)
165                 cur = cur.next
166
167         return None
```

程序清单 8.5(问题求解的单链表版本)

```
1   #@File: courseLinkedList.py
2
3   from courseStu import   *
4   from stuCourse import StuCourse
5   from singleLinkedList2 import *
6
7   def main():
8       courseList = ['EnglishReading', 'EnglishWriting', 'Mathmatics', \
    'ComputerProgramming', 'ComputerIntroduction', 'Maxism', 'Tennis']
9
10      CourseLinkedList = SingleLinkList()  #空链表
11      #建立的链表是前插,所以逆序了
12      for i in courseList:
13          ci = Course(i)
14          #print(ci)
15          CourseLinkedList.add(ci)            #逐个结点链接到链表的头部 学生要选的课
16
17      for j in range(5):
18          stuName = input("Your name? ")
```

```
19          selectC = eval(input("What is your selection for Courses 0 ~6:"))
20          cs = Course(courseList[selectC])
             #获得 selectC 对应的链表结点 selectCourse
21          selectCourse = CourseLinkedList.getNode(cs)
22          #if selectCourse :                    #它是一个结点
23          #    print("ddd:", selectCourse.elem.coursName)
24          selectCourse.elem.addStudent(stuName)
                #为选中课的学生列表加入这个学生的姓名
25      CourseLinkedList.travelCourseStudents()
26
27  if __name__ == "__main__":
28      main()
```

8.1.1　代码复用机制——组合

在第 5 章,我们讨论了程序设计的基本思想,把具有某种功能的代码封装成一个函数之后,这个函数就可以反复使用了。函数是结构化程序设计的代码复用机制,但它的数据与代码相互分离,使用起来有一定的局限性。在面向对象的程序设计中,把对象的数据属性和行为方法封装到一起之后,产生了一种新的对象类型,再使用这种新的类型描述/表达另外一个需要定义的类型的数据属性。**这种复用机制就是组合**。本节问题中学生选课的课程类和选课的学生类均采用了这种机制。这种机制实际上体现了对象类之间的内在联系——**关联**,学生类和课程类之间是一种多对多的关系,一个学生可以选多门课程,反之,一门课程也可以有多名学生选择。再如课程类和日期类之间是一对一的关系,每门课程的开课日期是固定的。

大家不难发现,**这种组合代码复用机制是一种包含关系**。可以说课程类的对象**有(has a)或者说包含**一个学生类的对象、日期类的对象等。

8.1.2　集合数据类型

在本节问题的解决方案中,课程类的选课学生属性为集合类型。集合 set 与列表 list 类似,它们都是可以存储一组元素的数据类型,与列表不同的是,集合中的元素是不重复的,每个元素是唯一的,而且是不考虑顺序的,不能使用下标运算。集合中包含的对象元素的这种特征称为可哈希运算。普通的集合类型 set 的对象是可变的。还有一个不可变的集合类型 frozenset

集合的元素也是用大括号{}括起来的。但空集要用构造函数产生,即 set()。一个集合对象可以直接用列表、元组、字符串等创建,下面看几个例子。

```
>>>s1 = set([1,3,3,4,5])          #从列表元素产生集合对象,注意重复的列表元素只取一个
>>>s1
{1, 3, 4, 5}
>>>s2 = set((1,2,3,4))            #从元组的元素产生集合对象
>>>s2
{1, 2, 3, 4}
>>>s3 = {'a','b','c','add'}       #直接把集合元素列在{}中
```

```
>>>s3
{'add', 'c', 'b', 'a'}
>>>s4 = set([x for x in range(10)])  #从列表解析式得到元素的集合
>>>s4
{0, 1, 2, 3, 4, 5, 6, 7, 8, 9}
>>>s5=set('hello')                  #把字符串转换为字符集合
>>>s5
{'o', 'e', 'l', 'h'}
>>>s6 = {"hello",3443,54.65}        #集合的元素类型可以不同
>>>s6
{3443, 'hello', 54.65}
```

也可以把元素逐个添加到一个集合中，或从集合中删除某个元素，例如：

```
>>>s1.add(10)                       #给集合 s1 添加一个元素，这说明集合对象是可变的
>>>s1
{1, 3, 4, 5, 10}
>>>s1.pop()                         #从集合中删除某个元素，并返回这个元素
1
>>>s1
{3, 4, 5, 10}
>>>s1.remove(5)                     #从集合中删除元素 5
>>>s1
{4, 10}
```

集合数据类型当然支持数学上的集合运算，集合的并(union)、差(difference)、交(intersection)、对称差(symmetric-difference)，例如：

```
>>>s1.intersection(s2)
{4}
```

Python 还有一个**不可变集合类型** frozenset：

```
>>>s = frozenset("HelloWorld")
>>>s
frozenset({'r', 'd', 'W', 'l', 'o', 'H', 'e'})
>>>s.pop()                          #不可变集合不可以 pop
Traceback (most recent call last):
  File "<stdin>", line 1, in <module>
AttributeError: 'frozenset' object has no attribute 'pop'
```

8.1.3　可 hash 对象

Python 中，数据类型 set、frozenset 和 dict，都要求键值 key 是可 hash 的，因为只有这样才能保证 key 的唯一性。内置变量__hash__会返回一个 int 值，用来唯一标记这个对象。当用户自定义类时，如果没有重载__eq__和__hash__函数，那么 class 会继承默认的__eq__和__hash__函数。如下：

```
>>>class Vertex:
>>>    def __init__(self, vid):
>>>        self.vid  =  vid
>>>v1, v2, v3 =Vertex(1), Vertex(2), Vertex(3)
>>>s1 = set([v1,v2,v3])
>>>print(s1)
{<__main__.Vertex object at 0x1060fc1f0>, <__main__.Vertex object at 0x10618be50>,
<__main__.Vertex object at 0x10618bc10>}
```

虽然 Vertex 类没有实现__eq__和__hash__，但把元素加入 set 中时也不会报错，因为继承了默认的__eq__和__hash__函数。但如果重复地加某个 v1，也会加到 s1 中，这样就不符合 set 元素的唯一性了。因此上述 Vertex 类对象 v 构成的集合不是可哈希的。**可哈希的集合(hashed collections)必须是重载了运算__eq__和__hash__的类对象构成的集合**。这两个方法可以作一个比喻：把哈希集合看成很多个桶，但每个桶里面只能放一个球。__hash__函数的作用就是找到桶的位置，确定是几号桶。__eq__函数的作用就是当桶里面已经有一个球了，要判断这两个球是否相等(equal)，如果相等，那么后来的球就不应该放进这个桶了，哈希集合则维持现状。因此，还要在上面的 Vertex 类中增加下面两个方法：

```
def __eq__(self, other):
    if isinstance(other, self.__class__):
        return self.__dict__ == other.__dict__
    else:
        return False
def __hash__(self):
    return hash(self.vid)
```

Python 提供了一个内置函数 hash，用于返回可哈希对象的 hash 值，如果一个对象不可哈希，如字典对象，将产生异常 TypeError: unhashable type: dict。使用 hash 函数容易检测到可变的内置类型都是不能哈希的，道理是很简单的，可变的对象不能唯一对应一块内存空间，所以不能哈希。

8.1.4 对象的链式存储

对象的链式存储的关键是结点 Node 如何定义，怎么才能让一个结点指向另一个和自己同类型的结点呢？它应该由两部分组成，一是它自身，二是要包含一个可以引用其他对象的变量(像是指针)。把这两个部分封装成一个 Node 类型即可表达链表的结点，典型的 Node 类的定义如下：

```
class _Node(object):                #嵌套类
    """轻型的链表结点"""
    __slots__ = 'elem','next'       #避免使用辅助的字典实例,限制添加其他属性
    def __init__(self, elem):
        self.elem = elem            #结点自身的对象
        self.next = None            #引用其他结点的变量(指针),初始为空
```

这种含有引用自身对象的类可以称为**自引用类型**。对于本节问题的课程对象来说，课

程结点的定义中应该用课程对象初始化，同时还有一个引用其他课程对象的成员 next，它的初始引用为 None。如果要把它与其他课程对象链接起来，只需把它的 next 成员的值修改为那个结点对象的名字即可，如图 8.1 所示。

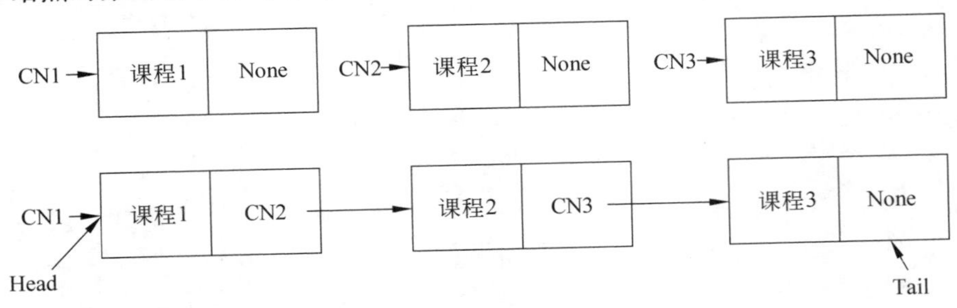

图 8.1　结点和链表

链表的第一个结点可以称为头结点（Head），最后一个结点称为尾结点（Tail），注意尾结点的 next 成员要为 None，参见图 8.1。如果 Head=None 则链表为空。创建一个链表往往从空表开始。链表的头非常重要，因为访问一个单向链表只能从 Head 开始，逐个访问各个结点，所以没有了头便失去了整个链表。

链表存储与列表存储有什么不同？最明显的特征有下面几点：

(1) 链表上各个结点之间是借助 next 引用联系在一起的。而列表的元素之间彼此相邻，借助下标进行访问。

(2) 链表上各个结点独立存在于内存中，它们可能不是连续的。如果要在链表上查找某个结点**必须从链表的头开始逐个通过 next 引用查找**，不能像列表那样用下标直接定位。

(3) 如果要在某个结点前或后**插入**一个新结点，找到位置后只需修改相关的 next 引用，无须做任何移动，如图 8.2 所示。图中设链表上有相邻的结点 Node CN1，CN2，如果要在结点 CN1 和 CN2 之间插入一个已经准备好的结点 CN4，在找到结点 CN1，CN2 之后，只需做如下两步即可。

```
(1) cn4.next=cn1.next
(2) cn1.next=cn4
```

(4) 如果要**删除**某个结点，找到位置后只需修改相关的 next 引用值，无须做任何移动，如图 8.3 所示。设链表上有相邻的结点 Node N1，N2，N3，如果要删除结点 N2，只需令

```
(1) cn1.next=cn1.next.next
(2) 释放结点 CN2
```

从上面的分析可以看出，用链表存储数据的好处是有利于做插入和删除操作。它的另一个优点是如果结点的个数事先未知，可以动态生成一个结点，插入到链表的指定位置或追加到链表的末尾，也可以根据需要，动态地删除不需要的结点。这样的链表就是**动态链表**。一个链表，如果它的结点不是根据需要动态产生的，它就是**静态链表**，即静态链表上的结点事先都已经确定，在程序中逐个建好之后，以固定的方式链接起来。它不需要动态地开辟新

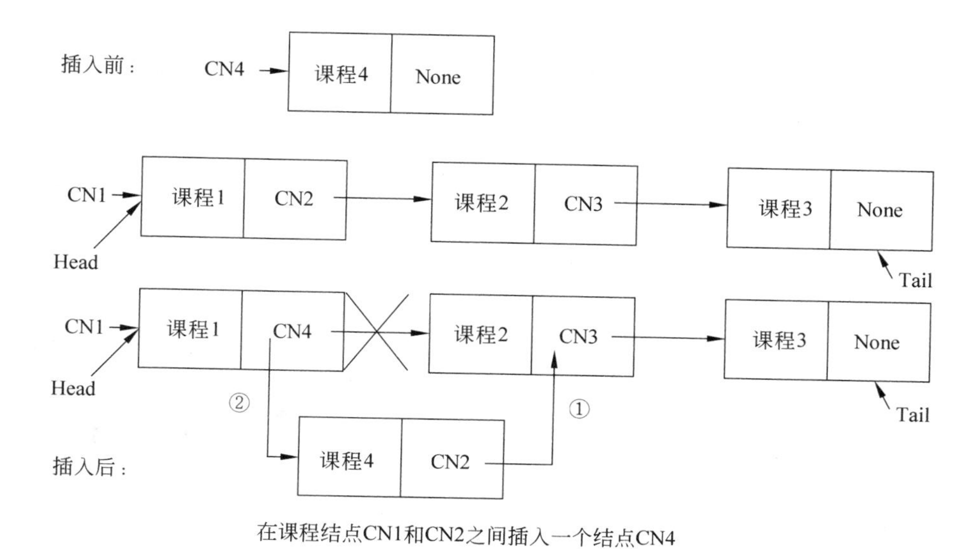

在课程结点CN1和CN2之间插入一个结点CN4

图 8.2　链表插入结点

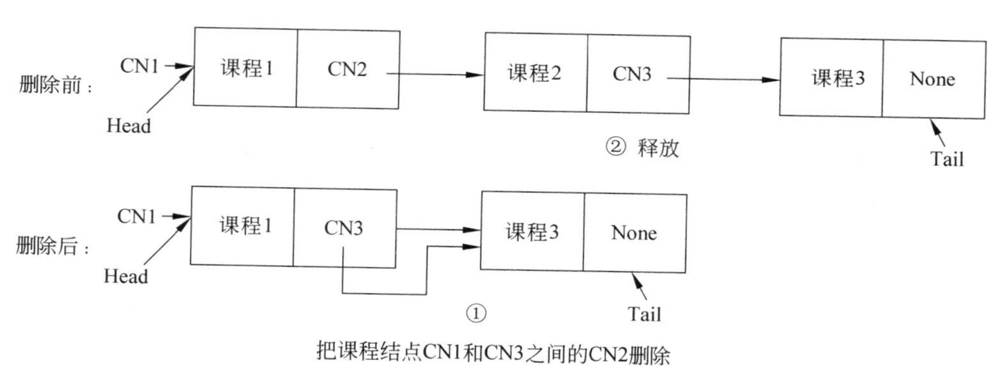

把课程结点CN1和CN3之间的CN2删除

图 8.3　链表删除结点

结点，插入到链表中，也不用在运行时删除结点和回收结点的存储空间。

8.1.5　类的嵌套与轻量级类

在 Python 中，类的定义是可以嵌套的，即在一个类的定义中，内嵌另一个类的定义。如本节问题的链式存储实现就是在单链表的定义中内嵌了一个结点 Node 的类定义，这相当于把它的使用范围限制在了外层类的命名空间中。

Python 中每个类在创建一个实例时都有一个字典产生，其中包含所有数据成员的值，可以用**内置的__dict__变量**查看。如下面的 Point 类。

```
1  class Point:
2      def __init__(self, x, y):
3          self.__x = x
4          self.__y = y
5  p1 = Point(5,10)
6  p2 = Point(2,3)
```

```
7   print(p1.__dict__)
8   print(p2.__dict__)
```

运行结果：

```
{'_Point__x': 5, '_Point__y': 10}
{'_Point__x': 2, '_Point__y': 3}
```

不仅每个实例有一个对应的字典，还允许使用内置的 setattr 函数为其添加其他属性成员，如

```
>>>setattr(p1,'z',0)      #还有 getattr,delattr,hasattr 等
```

一个轻量级的类会禁止解释器产生每个实例的字典，也不允许添加实例对象的成员属性，这就是所谓“轻量级”的含义。为此只需把类添加一个类属性__slots__，并初始化为实例属性即可。例如：

```
1   class Point:
2       __slots__ = '__x', '__y'
3       def __init__(self, x, y):
4           self.__x = x
5           self.__y = y
```

8.2 具有层次结构的规则几何图形

问题描述：

规则的几何图形有很多种类，有 2D 图形，3D 图形等。如果只考虑 2D 图形，也有不同的考虑方式，如彩色几何图形，灰度几何图形，线框几何图形等。在每种考虑的前提下，如何去抽象它们呢？就是要从该类规则的几何图形所具有的共性开始抽象，然后可以再添加一些有代表性的特征把它的抽象范围变小，就会产生不同层次的几何图形。简单起见，我们只讨论参照某个点的线框几何图形（其他的会出现在程序练习题里），这类几何图形都与某个点有关，即有一个特殊点在内的规则线框几何图形。这类图形共有的性质就是有一个点，在这个基础上进一步增加一些属性使抽象的范围变小，如圆形、矩形等，因为圆形有圆心，矩形有起点等。请先定义一个 Point 类，它有两个数据成员属性 x，y，默认值均为 0，表示点的坐标；然后再利用 Point 类派生一个圆类 Circle（在 Point 类的基础上增加一个半径属性，默认圆心为原点）和一个矩形类 Rectangle（在 Point 类的基础上增加宽和高，默认左上角为原点）。每个图形类都有一个用于显示对象信息的方法，设置 x，y 的值方法，修改默认值（0，0）的方法以及计算面积的方法等。写一个测试程序，创建不同的几何对象（点，圆，矩形）实例，可以修改默认的起点坐标，输出相应的对象信息。

输入输出样例：

```
x,y?:2,3
the point (2,3)
the point (2,3), area:0.00
```

```
r?:5
The circle center:the point (0,0) , the circle radius:5
The circle center:the point (0,0) , the circle radius:5, area:78.54
r,x,y?:5,2,3
The circle center:the point (2,3) , the circle radius:5
The circle center:the point (2,3) , the circle radius:5, area:78.54
w,h?:10,5
The rectangle left corner:the point (0,0)
  the rectangle w and h :10,5
The rectangle left corner:the point (0,0)
  the rectangle w and h :10,5, area:50.00
w,h,x,y?:10,5,3,3
The rectangle left corner:the point (3,3)
  the rectangle w and h :10,5
The rectangle left corner:the point (3,3)
  the rectangle w and h :10,5, area:50.00
```

问题分析：

这个问题涉及三个类，按照第 6 章讨论的类定义方法，分别定义它们应该是很容易的事情。但是这里不仅要考虑它们各自的属性和方法，更重要的是要注意它们之间所具有的关系。例如，如果一个几何图形是圆，是以某个点为圆心的圆，它也一定是以那个点为参照的几何图形类的对象，同样，如果一个几何图形是矩形，它也一定是以矩形的左上角为参照的几何图形类的对象。再如水果类，如果有一个对象是苹果类的对象，它也一定是水果类的对象，一个对象是香蕉类，它也一定是水果类的对象。即抽象范围较小的那个类的对象，一定包含那个较小范围的、更抽象范围的类的对象。从更抽象的类（父类）可以派生出新类（子类），这样，子类的建立不用完全从 0 开始，这是代码重用的另一种手段——面向对象的继承机制。本问题的求解方法，就是先定义一个点类 Point，它抽象了所有包含一个点的几何图形，然后再派生出圆形类、矩形类，如果继续在矩形类的基础上派生新类，可以有正方形类。

算法设计：

① 先定义一个点类 Point，用它作为含一个特殊点在内的规则线框几何图形的父类。因为这类图形共有的性质就是有一个点。

② 然后用 Point 类派生一个 Circle 类和一个 Rectangle 类。

③ 创建每个类的实例，测试类的方法和继承性、多态性。

程序清单 8.6

```
1   #@File: geometry.py
2   #@Software: PyCharm
3
4   import math
5
6   class Point(object):                #所有的类默认都派生自 object 类，可以省略 object
7       '''
```

```
8       point class: point(x,y)
9       '''
10      def __init__(self,x=0, y=0):
11          self.x = x
12          self.y = y
13
14      def setx(self, x):
15          self.x = x
16
17      def sety(self, y):
18          self.y = y
19
20      def __str__(self):
21          return f'the point ({self.x},{self.y})'
22
23      def getArea(self):
24          return 0
25
26  class Circle(Point):
27      '''
28      the circle class, point(x,y). radius r
29      '''
30      def __init__(self,r, x=0, y=0):
31          super().__init__(x,y)   #super 调用不需要使用 self
32          self.r = r
33
34      def setA(self,x, y):          #设置 circle 的 point
35          self.x = x
36          self.y = y
37
38      def __str__(self):
39          return f'The circle center:{super().__str__()},
                the circle radius:{self.r}'
40
41      def getArea(self):
42          return math.pi * self.r ** 2
43
44
45  class Rectangle(Point):
46      '''
47      the rectangle class: point(x,y), width w, height h
48      '''
49      def __init__(self, w, h, x=0, y=0):
50          super().__init__(x, y)  #super 调用不需要使用 self
51          self.width = w
```

```
52          self.height = h
53          self.x = x
54          self.y = y
55
56      def __str__(self):
57          return f'The rectangle left corner:{super().__str__()} \
58          \n the rectangle w and h :{self.width},{self.height}'
59
60      def getArea(self):
61          return self.width * self.height
62
63  class Foo:
64      def __str__(self):
65          return "I am a foo!"
66
67      def getArea(self):
68          return 100
69
70  def displayG(g):                        #体现多态性
71      print(f'{g.__str__()}, area:{g.getArea():.2f}')
72
73  def main():
74      x,y = eval(input("x,y?:"))
75      p1=Point(x,y)
76      print(p1)                           #调用__str__
77      displayG(p1)
78
79      r = eval(input("r?:"))
80      c1 = Circle(r)                      #使用默认的 point
81      print(c1)
82      displayG(c1)
83
84      r, x, y = eval(input("r,x,y?:"))
85      c2 = Circle(r, x, y)                #不使用默认的 point
86      print(c2)
87      displayG(c2)
88
89      w, h = eval(input("w,h?:"))
90      r1 = Rectangle(w, h)                #使用默认的 point
91      print(r1)
92      displayG(r1)
93
94      w, h, x, y = eval(input("w,h,x,y?:"))
95      r2 = Rectangle(w, h, x, y)          #使用非默认的 point
96      print(r2)
```

```
97      displayG(r2)
98
99      f = Foo()                              #Foo类与Point类没有关系,但它也有同样的行为方法
100     displayG(f)
101
102
103 if __name__ == '__main__':
104     main()
105
```

注意：上述代码可以拆分成多个文件，把每个类定义放在一个独立的模块中，也可以把几个类定义放在一起。这时要在测试模块中导入类定义模块。

8.2.1 代码重用机制——继承

8.1 节我们讨论了 Python 的代码重用机制——组合，它体现的是对象类之间的包含关系。在现实世界中存在着大量的**对象类之间具有层次关系**。例如动物类(什么叫动物？动物有什么特征和行为?)，这个“类”的定义范畴很庞大，涵盖所有的动物种类，很抽象。如果说是哺乳动物，就具体了一点，是在动物的基础上，扩展了一些属性和行为，是比较特定的类。如果说是牛，那就更加具体，更加特定，是在哺乳动物的特征和行为基础上又扩展了一些属性和行为。还可以再进一步地缩小范围，这样从抽象到具体，从少量共有的特性和行为，逐渐扩展，这些逐渐扩展的类存在着一种层次关系，动物→哺乳动物→牛等。这种层次关系在面向对象的程序设计中就是派生或继承。位于顶层的可以叫基类，或父类，位于低层的类是父类派生而来的子类，或者说**子类派生于**或者说**继承**了某个父类。在 Python 中，从父类派生子类的格式如下：

```
class 派生类名(父类名):
    派生类的成员(各种方法和成员属性)
```

其中父类的名字如果省略了，默认父类是内置的 object，也就是说 object 类是所有类的父类。

本节的规则的几何图形类层次是 Point→Circle 和 Rectangle。Point 类分别派生或扩展成 Circle 类和 Rectangle 类，或者反过来说，Circle 类和 Rectangle 类继承了 Point 类的属性和行为。从类的派生定义可以看出：

(1) 父类和子类不是简单的包含关系，子类对象并不是父类对象的子集，因为它们的属性和行为不同；

(2) 子类继承父类符合“is a”模型，一个子类的对象是一(is - a)个父类对象，但是未必具有 is-a 关系的对象都适合用继承建模。例如一个正方形是一个矩形，正方形是在长方形的基础上扩展而来不太恰当，因为正方形没有宽和高的属性，它只有边长的属性；

(3) 派生类既然是父类的扩展，就应该具有父类的属性和行为，对于行为而言，子类可以直接使用父类的方法。这体现了代码重用机制。

Python 支持多重继承，就像孩子既继承父亲的特征，又继承母亲的特征那样，具体格式为

```
class 派生类名(父类 1,父类 2):
```

派生类的成员(各种方法和成员属性)

对于继承，特别是多重继承来说，必须要知道解析顺序 MRO(multi-derived resolution order)，例如某个对象是多重继承的对象，要访问它的某个属性或方法，首先会在当前类中搜索，然后在直接基类中查找，直接基类按照声明的先后查找，如果没有找到，再到直接基类的基类查找，以此类推。这个解析顺序可以通过内置变量 __mro__ 获得，顺序的最后一定是 object 类，因为所有的对象都是 object 类的实例。

8.2.2　覆盖方法

在 6.2 节我们讨论了运算符重载，当定义一个类的时候，希望该类的对象具有某种运算(系统内置了多种运算方法)能力时要做的一件事情。本节的问题中定义了 Point 类、Circle 类和 Rectangle 类，为了让它们支持通过 print 函数显示对象的相关信息字符串，每个类都重载了__str___方法。但是 Circle 类是从 Point 类派生而来，它的对象会继承 Point 类的特征，当然也会继承 Point 类的__str__方法。也就是说，在 Circle 中不管定不定义__str__方法，它的对象都会有一个父类的__str__方法。但是派生类 Circle 的对象信息显然与父类的不同了，因此在派生类 Circle 中要重新定义__str__方法，使得它能真正反映 Circle 对象的信息，这就是**覆盖方法**，即在派生类中重新定义父类已有的同名方法。实际上，Circle 类的__init__的方法也是覆盖方法，它覆盖了父类的初始化方法，getArea 方法也是一样。在覆盖方法中可以用 super() 调用父类的同名方法，例如：

```
super().__init__(x,y)
```

和

```
return f'The circle center:{super().__str__()},the circle radius: { self.r}'
```

注意：如果子类的方法在父类中是私有的，即使它们的名字相同，也不是覆盖关系，它们是完全独立的，也就是私有方法是不能覆盖的。

8.2.3　多态性和动态绑定

在本节问题的求解程序中，测试模块中定义了一个函数 displayG，它有一个参数 g：

```
70  def displayG(g):      #多态性,g的类型可以是 Point,Circle 和 Rectangle
71      print(f'{g.__str__()}, area:{g.getArea():.2f}')
```

我们希望该函数能够输出 Point 类、Circle 类及 Python 对象对应的信息。实际上，在这个函数中调用了在三个类中都有的覆盖方法__str__和 getArea。前面我们已经分析了，面向对象的继承性体现了对象之间的 **is-a** 关系，一个子类的对象，也是父类的对象，因此，一个函数的参数如果可以传递父类对象，子类对象作为实参当然也可以，因为子类对象也是父类对象。如果函数 displayG(g)可以接受 Point 类对象作为实参，也就可以接受 Circle 对象的实参，这就是多态性(凡是可以使用基类/父类对象的地方都可以使用子类的对象)。然而，各自的对象类所具有的覆盖方法具体表现有所不同，函数会根据实参的类型自动调用该实参对象的方法，这种机制称为动态绑定。只要是由 Point 类派生出来的类的对象，都使用同样的接口 displayG 显示相关信息，即

```
>>>displayG(对象名)
```

前提是，这个派生类的覆盖方法__str__和 getArea 必须正确有效，否则将引起异常。**甚至可以是跟父类没关系的任何类型**，都可以使用同样的接口 displayG 显示相关信息，前提是只要它有__str__和 getArea 方法，例如程序清单 8.6 中的 Foo 类，它具有同样的方法__str__和 getArea，所以

```
>>>f = foo()
>>>displayG(f)
I am a foo!, area:100.00
```

这就是所谓的鸭子类型特征，鸭子会"叫"，会"走"，其他类型只要像鸭子即可，也就是只要具有会"叫"、会"走"的行为，不管是什么类型，怎么"叫"，怎么"走"，都可以称为鸭子，都可以使用同样的函数接口。

这种多态性，在 Python 中无处不在，可以说体现得淋漓尽致。例如，Python 有多个序列类型，list，tuple，str 等，实际上还可以再造一个像序列的类型，只需为类型实现体现序列特征（有人称为协议）的基本方法__len__和__getitem__就可以让类型的对象像序列，这样就可以使用下标，使用序列的典型操作了，如表 7.1 所示。读者可以自己尝试一下吧。

8.2.4 抽象基类

一般的类定义都是可以创建实例的。有时需要只规定一组方法或特性的接口（方法的名字、功能、参数形式等），不给出具体实现它们的代码，真正实现由它的派生类完成，这样的类就是抽象基类，这种机制是很有用的。抽象基类的方法称为抽象方法，它必须由抽象基类abc(abstract base class)模块的 abstractmethod 来修饰，声明为抽象方法。在抽象基类中还必须包含 abc 模块中的元类(metaclass)abc.ABCMeta。所谓的元类是创建类的类，Python 中的类也是对象，内置的元类还有 type，这里就不展开了。下面看一个定义抽象基类的例子。

程序清单 8.7

```
1   #@File: abc.py
2   #@Software: PyCharm
3
4   import abc
5   class myAbc(object):
6       __metaclass__ = abc.ABCMeta
7
8       @abc.abstractmethod
9       def inputData(self, input):
10          """ get data from input """
11          return
12      @abc.abstractmethod
13      def outputData(self,output):
14          """output data to output"""
15          return
```

```
16
17 class myAbcImplemention(myAbc):
18     def inputData(self, input):
19         return "inok"
20
21     def outputData(self,output):
22         return 'outOk'
23
24 def main():
25     m1 = myAbcImplemention()
26     print(m1.inputData("hh"))
27     print(m1.outputData("ww"))
28
29 main()
```

也可以在抽象基类中实现某个方法，在其派生类中通过 super 调用或者覆盖。

8.3　一个文本编辑器

问题描述：

建立一个图形界面的文本编辑器，使其可以输入文本、保存文档、打开文档、设置字体和颜色、进行复制和粘贴等。

输入输出样例：

无输入

输出图形界面如图 8.4 所示。

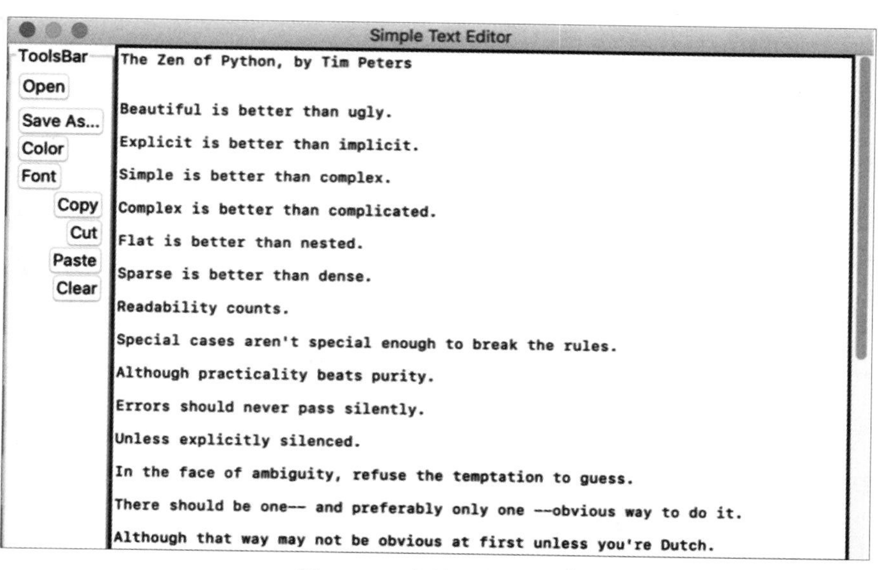

图 8.4　一个简单的编辑器

问题分析

本节的问题是建立一个简单的文本编辑器，它有一些基本的文件打开、文件保存、字体设置和颜色选择功能，还有简单的编辑功能，并提供编辑区域。如何实现呢？首先应该进行界面布局设计。整个界面要体现两个部分，一是功能选择区，二是编辑区。前者的实现方法有几种选择，如可以做成菜单式，主菜单包括 file 和 edit 等下拉菜单，在每个下拉菜单中包含各个基本功能命令，tkinter 提供了 Menu 类可以进行这样的菜单设计。还可以做成按钮式，即在一个工具栏上设置若干功能按钮。为了简单起见，本求解方案选择了按钮式。文本编辑区要用什么构件呢？tkinter 提供了一个 Text 类，它允许多行编辑输入，可以进行复制、粘贴等，可以作为编辑区的构件。因此，整个窗口布局分为两部分：功能按钮区和编辑区。其次是每个功能的实现问题。tkinter 模块提供了标准对话框类，其中包括打开文件和保存文件方法，可以实现文件的打开和保存。tkinter 提供类颜色选择类，可以用于文本颜色的设置，关于字体选择，tkinter 的默认发行版本没有对应的选择器。在 PyPi 上可以找到一个简单的字体选择器模块 tkfontchooser，但似乎不是很好用，读者可以尝试一下。本求解方案中只是在程序中给编辑构件指定了固定的字体。

算法设计：

① 窗口布局采用左右分布，按钮工具栏+文本构件。

② 分别添加各个功能按钮，并实现它们对应的 command 函数。

程序清单 8.8

```
1   #@File: textEditor.py
2   #@Software: PyCharm
3   import tkinter as tk
4   from tkinter.filedialog import askopenfilename, asksaveasfilename
5   from tkinter.colorchooser import askcolor
6   import tkinter.font as tf
7
8   def open_file():
9       """Open a file for editing."""
10      filepath = askopenfilename(
11          filetypes=[("Text Files", "*.txt"), ("All Files", "*.*")]
12      )
13      if not filepath:
14          return
15      txt_edit.delete(1.0, tk.END)
16      with open(filepath, "r") as input_file:
17          text = input_file.read()
18          txt_edit.insert(tk.END, text)
19      window.title(f"Simple Text Editor -{filepath}")
20
21  def save_file():
22      """Save the current file as a new file."""
23      filepath = asksaveasfilename(
24          defaultextension="txt",
```

```
25            filetypes=[("Text Files", "*.txt"), ("All Files", "*.*")],
26        )
27        if not filepath:
28            return
29        with open(filepath, "w") as output_file:
30            text = txt_edit.get(1.0, tk.END)
31            output_file.write(text)
32        window.title(f"Simple Text Editor -{filepath}")
33
34    def choose_color():
35        mycolor = askcolor()
36        txt_edit.config(fg = mycolor[1])
37
38    def set_font():
39        myfont = ('CourierNew',20,'bold italic')
40        #txt_edit.config(font = myfont)
41        txt_edit["font"] = myfont
42
43    def text_copy():
44        data = txt_edit.get(tk.SEL_FIRST,tk.SEL_LAST)
45        txt_edit.clipboard_clear()
46        txt_edit.clipboard_append(data)
47
48    def text_cut():
49        data = txt_edit.get(tk.SEL_FIRST, tk.SEL_LAST)
50        txt_edit.delete(tk.SEL_FIRST, tk.SEL_LAST)
51        txt_edit.clipboard_clear()
52        txt_edit.clipboard_append()
53
55    def text_paste():
56        txt_edit.insert(tk.INSERT, txt_edit.clipboard_get())
57
58    def text_clear():
59        txt_edit.delete('1.0',tk.END)
60
61    window = tk.Tk()            #注意 window 和 txt_edit 在上面的函数中使用
62    window.title("Simple Text Editor")
63    window.rowconfigure(0, minsize=400, weight=1)
64    window.columnconfigure(1, minsize=400, weight=1)
65
66    sc = tk.Scrollbar(window)
67
68    txt_edit = tk.Text(window)
69    sc.config(command = txt_edit.yview())
70    txt_edit.config(yscrollcommand = sc.set)
```

```
71
72  fr_buttons = tk.LabelFrame(window, text='ToolsBar', \relief=tk.RAISED, bd=2)
73
74  btn_copy = tk.Button(fr_buttons, text="Copy", command=text_copy)
75  btn_cut = tk.Button(fr_buttons, text = "Cut", command = text_cut)
76  btn_paste = tk.Button(fr_buttons, text = "Paste", command = text_paste)
77  btn_clear = tk.Button(fr_buttons, text="Clear", command=text_clear)
78  btn_copy.grid(row=5, column=0, sticky="e", padx=5)
79  btn_cut.grid(row=6, column=0, sticky="e", padx=5)
80  btn_paste.grid(row=7, column=0, sticky="e", padx=5)
81  btn_clear.grid(row=8, column=0, sticky="e", padx=5)
82
83  btn_open = tk.Button(fr_buttons, text="Open", command=open_file)
84  btn_color = tk.Button(fr_buttons, text = "Color", command = choose_color)
85  btn_font = tk.Button(fr_buttons, text = "Font", command = set_font)
86  btn_save = tk.Button(fr_buttons, text="Save As...", command=save_file)
87  btn_open.grid(row=0, column=0, sticky="w", padx=5, pady=5)
89  btn_save.grid(row=1, column=0, sticky="w", padx=5)
90  btn_color.grid(row=2, column=0, sticky="w", padx=5)
91  btn_font.grid(row=3, column=0, sticky="w", padx=5)
92
93  fr_buttons.grid(row=0, column=0, sticky="ns")
94
95  txt_edit.grid(row=0, column=1, sticky="nsew")
96  sc.grid( row=0, column = 2, sticky = "ns")
97
98  window.mainloop()
```

8.3.1 对话框

GUI 界面除了一个主窗口外，常常伴有各种各样的对话框出现，典型的有 open 文件对话框、save 文件对话框、选择颜色对话框等。每种对话框都等待用户去响应，做选择。这些对话框是 Python tkinter 模块提供的标准对话框，只需导入相应的模块，使用其中的函数方法即可。本节的求解程序用到了两种标准对话框，用于文件操作和颜色选择。程序中首先导入了它们：

```
4   from tkinter.filedialog import askopenfilename, asksaveasfilename
5   from tkinter.colorchooser import askcolor
```

然后提供必要的参数，如打开文件对话框：

```
10  filepath = askopenfilename(
11      filetypes=[("Text Files", "*.txt"), ("All Files", "*.*")]
12  )
```

返回了选中的文件路径。而

```
mycolor = askcolor()
```

返回了选中的颜色元组，包含两种格式，样式如下：

```
((114.4453125, 101.39453125, 255.99609375), '#7265ff')
```

前者是十进制的 RGB 值,后者是十六进制的字符串。

tkinter 的标准对话框分为下面几类:

(1) 通用消息对话框 messagebox,其中又细分为显示类的 showerror、showinfo 等函数和提问类的 askyesno、askokcancel 等。

(2) 简单对话框 simpledialog,其中又细分为 askstring、askint、askfloat 等。

(3) 文件对话框 filedialog,其中又细分为 askopenfile、asksaveasfile 等多个函数。

(4) 颜色选择对话框 choosecolor。

虽然这些标准对话框已经很丰富了,但是大多数复杂的应用程序需要更复杂的对话框,需要自定义跟问题要求密切相关的对话框,如学生成绩输入对话框,输入学生信息。查询信息对话框显示更加丰富的信息等。这种自定义的对话框窗口与创建应用程序主窗口基本上没有区别,只是使用 Toplevel 组件作为顶层窗口,在其中填入必要的输入字段、按钮和其他组件,添加各种事件处理函数等。

8.3.2 小构件 Text

本节的编辑器的主区域是用 Text 构件创建的。Text(多行文本框)类用于显示和编辑多行文本,甚至还可以用来显示网页链接、图片、HTML 页面等。它含有丰富的方法,如 insert、delete、clipboard_clear、clipboard_append 等。本节的求解程序中充分使用了这些方法实现 Text 区域的字符串的编辑功能。下面的例子使用 insert 方法,结合指定插入位置的 INSERT 或 END 属性来实现文本的插入。

```
from tkinter import *
window = Tk()
text = Text(window ,width=13,height=4,fg='white',bg = 'black')
text.insert(INSERT,'I like')                    #INSERT 表示在光标位置插入
text.insert(END,' Python')                      #END 表示在末尾处插入
text.insert(END,' very much.\n')                #插入之后换行
text.insert(END, "欲穷千里目,\n 更上一层楼。\n")
text.pack()
window.mainloop()
```

本节求解程序还给 Text 绑定了一个 ScrollBar,使其编辑器看起来更美观一些。

```
sc = tk.Scrollbar(window)
txt_edit = tk.Text(window)
sc.config(command = txt_edit.yview())      #给 scrollbar 添加 text 的 scrollbar 命令
txt_edit.config(yscrollcommand = sc.set)   #设置 text 的 scrollbar
```

小结

本章在第 6 章的基础上,进一步讨论了面向对象的继承性和多态性,比较系统地介绍了面向对象的代码重用机制组合和继承。讨论了集合数据类型的重要特征,以及对象的链式

存储方式的实现，可哈希对象，轻量级对象等概念。在 tkinter 方面，继续介绍了对话框和 Text 构件，使界面更加丰富。

你学到了什么

为了确保读者已经理解本节内容，请试着回答以下问题？如果在解答过程中遇到了困难，请回顾本节相关内容。

1. 什么是代码重用？面向对象代码重用机制有几种？
2. 对象的包含关系(has-a)怎么实现？对象的层次关系(is-a)怎么实现？
3. 如何定义轻量级类？它有什么特征？
4. 类的定义可以嵌套吗？函数呢？
5. 面向对象程序的三大特征是什么？
6. 派生类继承了父类什么？又扩展了什么？可以覆盖什么？
7. 什么是多态性？
8. 什么是抽象基类？它有什么用？
9. 什么是集合类型？集合类型与字典类型、列表类型相比有什么不同？
10. 什么是可哈希？
11. 如何实现链式存储？
12. 什么是 tkinter 的对话框？
13. tkinter 的小构件 Text 与 Entry 有什么区别？

程序练习题

1. 学校人员类

问题描述：

建立一个具有层次结构的学校人员类，顶层为比较抽象的人员类 Person，包括姓名、年龄属性，由 Person 派生出来的学生类 Student(增加学号属性)和员工类 Employee(增加工号属性)，以及由员工类派生的教师类 Faculty(增加教师职称)和行政管理人员类 Staff(增加行政岗位)。每个类都有一个不一样的__str__函数，用于 print 显示对象字符串信息。本问题涉及的类具有三个层次，最顶层是人员类，第二层是学生类和员工类，第三层是教师类和行政人员类，写一个 printPerson 函数，接受每个 Person 派生类的对象，输出对象信息，在 main 中测试。

2. 几何图形类

问题描述：

修改 8.2 节的基类 Point 为 Geometry，它包含两个属性：一个是 color，默认值为 green；另一个是 fill，表示是否填充，默认值为 True。用 Geometry 再派生一个 Circle 类和 Rectangle 类，Circle 类继承 Geometry 的属性和方法，增加圆心坐标和半径，同样地，Rectangle 类增加左上角坐标和宽度及高度。每个类都有__str__方法和 getArea(求面积)和 getPerimeter(求周长)，另外定义一个函数 calculator，接受 Geometry 及其派生类的对象，得到对象信息（包括属性、面积和周长）后输出它们，在 main 中测试。

3. Myint 类

问题描述：

定义一个类继承于 int 类型，并实现一个特殊功能：当传入的参数是字符串时，返回该字符串所有字符的 ASCII 码之和，例如 Myint("Hello")返回字符'H'、'e'、'l'、'l'、'o'的 ASCII 码之和。提示：用 ord 函数获得字符的 ASCII 码。

4. Mystr 类

问题描述：

定义一个单词类 Word 继承于 str 类，重写 Word 类的比较操作符，使得当两个 Word 对象比较时根据它们的长度判断大小。如果传入的字符串含有空格，则只取第一个空格前的字符串，例如 Word("Hello World")，实际接受的字符串只有"hello"。

5. 翻硬币

问题描述：

由 tkinter 模块的 Label 类派生一个名为 Coin 的类，用于显示硬币，硬币的正面显示 H 字符，反面显示 T 字符，在该类的初始化方法中，将<Button-1>事件与翻硬币的方法绑定。设计一个含有 3 行 3 列，9 个硬币的界面，初始状态均为正面向上，测试此 Coin 类。

项目设计

1. 工资管理

问题描述：

学校人力资源部门要对员工 employee 进行工资管理，试给程序练习题 1 中的员工类添加相应的属性（如课时数、出勤天数）和工资计算方法。不同的员工有不同的计算规则，每个员工有一个岗位/职称基本工资，不妨设教师岗位对应职称的工资为教授 10000 元，副教授 8000 元，讲师 5000 元，助教 3000 元。行政岗位的工资与教师相同，行政岗位包括校长、处长、科长、科员。另外再增加一个附加工资，教师按照课时数乘以课时费计算，假设课时费教授为 100 元，副教授为 80 元，讲师为 50 元，助教为 20 元。行政人员的附加工资按照出勤天数乘以每天的补助费 40 元。写一个程序先建立一个员工列表，然后统计出勤和上课情况，计算它们的工资，最后打印工资清单。

2. Tic-Tac-Toe 游戏

问题描述：

定义一个 Cell 类继承于 tkinter 的 Label 类，用于显示一个标志并能对鼠标单击事件进行响应。它包含一个标记数据属性，有 3 个可能的取值：' '、'X'、'O'，用于标志该 Cell 类的对象对应的位置是否被占用，' '表示没有被占用，其他两个表示已被占用且有对应的标记，三个标记分别对应一个 gif 文件：empty.gif、x.gif、o.gif，它们分别是空白，叉和圈图像，可以在本教材配套的资源中获得，或者自己制作，也可以网上寻找。

使用这个自定义的 Cell 类，实现井字游戏，也叫作 Tic-Tac-Toe 游戏，游戏界面如图 8.5 所示，游戏规则是两个玩家（例如一人和计算机）各自使用叉 Cell 或圈 Cell，依次单击 3×3 井字网格中的可用 Cell，并将该单元 Cell 变成玩家对应的 Cell 标记。当一位玩家将 3 个自己的标志放在同一行或列或对角线时游戏结束，该玩家获胜。

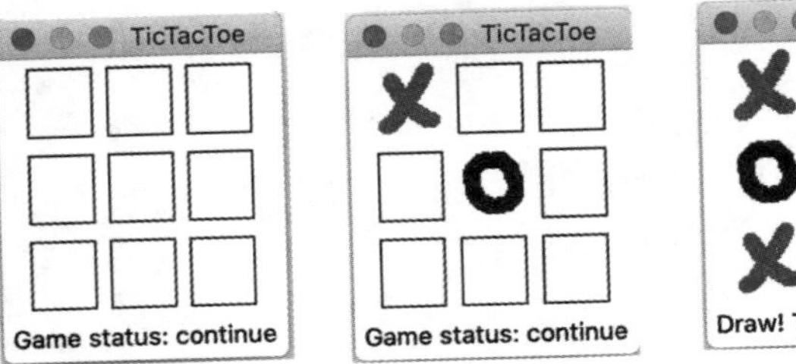

图 8.5　井字游戏的界面

实验指导

CHAPTER 第 9 章

对象的持久存储——文件 I/O 程序设计

学习目标：

- 理解文件的概念。
- 掌握文件操作的基本过程。
- 理解文件内部的位置指针。
- 掌握文本文件的读写方法。
- 掌握二进制文件的读写方法。

到现在为止，我们所写的程序，不管是原始数据，还是中间计算结果或最终计算结果，在程序运行结束后就都无影无踪了。这是为什么呢？回想一下，原始数据输入之后存储到哪里了？无论是各种基本的数字对象，还是顺序存储的字符串、列表、元组对象，或者链式存储的链表对象，无序存储的字典和集合，它们都是在内存中的某个地方，内存中的数据在程序退出后，就没办法控制它们了，因为它们所占的内存空间已经被释放。特别是当计算机关机后，内存中的数据更是荡然无存了。一台计算机不可能永远不关机，一个运行的程序不可能永远不退出。怎么样才能保证程序运行结束后或系统关机后数据不丢失呢？怎么样让数据持久地存储起来呢？这必须借助于**外存**，把数据以文件的形式存储到外存中。不论是原始数据还是中间结果或最终结果都可以保存到文件中。反过来也可以从文件中读出已存储的数据供各种计算服务。本章要讨论的就是与文件操作相关的程序设计。本章要解决的问题如下：

- 文件复制。
- 把学生成绩记录存储到文件中。
- 建立一个数据库。

9.1 给一个源程序文件做备份

问题描述：

写一个程序给源程序文件做一个备份。

输入样例 1（相对路径）：

```
Source file: test.c
```

```
Result file: test.c.bak
```

输入样例 2(在命令行输入或在配置文件中设置参数):

```
python copy.py test.c test.bak
```

输出样例:

```
Ok! copy done!
```

问题分析:

文件复制是给原始文件制作一个备份,就是要把原始文件中的数据读出来,写到另一个文件中,这个过程是典型的 I/O 操作,即 Input/Output。原始文件中的数据是不能直接读入目标文件的,而是要通过内存进行过渡的,不仅如此,在内存和外存之间还有一个缓冲区提供服务。熟悉 DOS 操作系统的人都知道 DOS 有个 copy 命令,本节的问题就是要实现一个与 DOS 的 copy 命令功能类似的程序,即

```
copy test.c test.bak
```

但因为 Python 是直接对源文件解释执行的,所以在命令行输入的命令变成

```
python copy.py test.c test.bak
```

输入样例 2 就是针对这种功能的。输入样例 1 是程序运行后再由用户输入源文件名和结果文件名。

copy 一个文件怎么读写呢? 文件比较小的时候,可以一次性读到内存,再写到另一个文件中。但当文件比较大的时候,就做不到了。比较可行的方法是一行一行地读写,或每次读写若干字节的信息。此题选择逐行读写。

算法设计:

① 先确定原始文件名和结果文件名。

② 打开文件。

③ 逐行读写,即读一行,写一行。

④ 文件关闭。

程序清单 9.1

```
1   #@File:copy.py
2   import sys
3   def main():
4       source = sys.argv[1]                    #获得命令行参数,针对样例 1
5       result = sys.argv[2]
6         #source = input("Source file:")       #从键盘输入,获得文件名
7       #result = input("Result file:")        #针对样例 2
8       infile = open( source, 'r')
9       outfile = open( result, 'w')
10      for line in infile:
11          outfile.write(line)
13      infile.close()
```

```
14      outfile.close()
15
16  if __name__ == '__main__':
17      main()
```

9.1.1 文件与目录

一般文件是指存储在**外存储器**(硬盘、磁带、光盘、闪盘)上的某类数据信息的集合体,如一个源程序代码文件,一个应用程序软件文件,一个音乐文件,一段视频文件,某班级的学生成绩数据文件等。外存储器的硬件结构是比较复杂的,以普通硬盘为例,它有柱面、扇区、磁道,如果要我们自己实现把数据文件存储到外存储器上应该是比较复杂的。实际上,要访问外存储器上的数据现在是比较容易的,为什么呢?因为根本不用管那些具体访问的细节,只需知道文件的名字就可以通过操作系统来操作文件了,如复制、删除、移动,甚至是编辑、修改等。操作系统有一个重要的组成部分——文件管理模块,封装了外存各种介质的特性,只需指明要把数据保存成什么格式的,用什么文件名,操作系统就会在外存上寻找一个最佳位置,把数据按照格式写进去;反之,如果要从外存储器上读出数据,也只需告诉它数据的文件名,操作系统就会到外存储器上找到该文件所在的位置,把数据读出来。

要访问一个文件,必须知道它在外存储器哪里存储,叫什么名字,这个位置是逻辑上的,即不是物理位置。操作系统通常逻辑上把文件放在一个树状目录结构中,如图9.1所示。在Linux或Mac OS下可以安装一个tree软件,安装之后,在终端窗口输入tree命令即可递归地显示当前目录的层次结构。Python内置模块os下也有一个方法listdir,可以查看指定目录下的子目录和文件名,例如os.listdir(路径),读者可以尝试一下此方法。

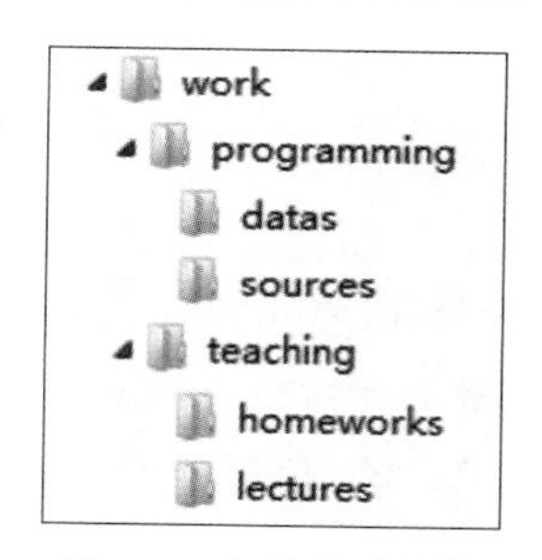

图9.1 文件目录结构

一个文件的完整描述要用**路径**来说明它在哪个目录下,这个路径有相对和绝对之分。绝对路径从根开始描述,如test.py的**绝对路径**描述是D:\programming\sources\test. py。如果在test. py中访问data子目录中的stuscore.dat数据文件,用绝对路径表示就是D:\programming\data\stuscore. dat。绝对路径使用起来不太方便,人们常常使用**相对路径**。假设现在已经进入到sources目录,这时称sources为**当前目录**,当前目录用**点"."**表示,它的上一级目录是programming,上一级目录用**两个点".."**表示,注意是相对当前目录而言。在test.py所在的目录访问data子目录中的stuscore.dat可以用相对路径..\data\stuscore.dat表示,这是相对于sources目录而言的。如果stuscore.dat与test.c都在同一个目录中,用相对路径表示就是.\stuscore.dat或者stuscore.dat。注意,路径描述要作为字符串来使用,而路径描述中的**反斜杠**(Windows操作系统是反斜杠)是特殊字符,是转义序列的开始,因此必须在反斜杠之前再加一个反斜杆使其成为普通的字符才行,即

```
open("C:\\work\\programming\\source\\test.py","r"))
```

而在Linux系统里,路径中的斜杠是正向的,且所有的文件和目录都位于一个根目录

下。例如 Python3.8 解释器的引用路径是

```
/usr/local/bin/Python3.8
```

这里的 Python3.8 只是一个符号链接，它的真正安装路径在

```
../../../Library /Frameworks /Python.framework/Versions/3.8/bin/Python3.8
```

你读懂这个路径的含义了吗？它是相对于某个当前目录的上三级目录中的子目标。另外，正斜杠在字符串中是不需要转义的。注意，这里的路径例子是基于 Linux 或者 Mac OS 系统的。

9.1.2 文件格式

数据存储为文件是有格式的，**不同内容的数据往往有不同的格式**。一般来说，一个源程序文件是可以在一个编辑器中打开看到的，能看到的文件是一个**字符序列**，称为**文本格式**，实际上文本文件存储的就是每个字符的 ASCII 码或 Unicode 编码。例如，存储的数据是学生成绩单，成绩值 100，存储的就是'1'、'0'、'0'这三个字符的 ASCII 码，即 0x313030。除了这种方式存储之外，更常用的是**二进制格式**存储，它是把 100 作为一个整数转化为对应的二进制编码 0x64 存储起来，二进制格式存储的数据用编辑器打开是看不到它的真实面目的，显示的是“乱码”，不能看到 0x313030。二进制文件有很多类型，如图片文件、声音文件，普通的字符和数值数据也可以是二进制文件。

Python 的 I/O 模块为处理各种文件 I/O 提供了便利。Python 有三种类型的 I/O，**文本 I/O、二进制 I/O 与原生的(Raw)I/O，它们对应三个不同的类 io.TextIOBase、io.BufferedIOBase 和 RawIOBase，它们都是继承了 io.IOBase 类**。

Python 的 I/O 是通过打开文件，创建**文件对象**，也叫**流**(即把文件都看成是**字节流**)或者**类文件对象(file-like object)进行的**。不管哪种类型的 I/O 都可以把它的文件对象做成是**只读的、只写的**或者**读写的**，还可以通过移动一个内部的**文件指针**对其进行随机访问，有时只允许顺序访问(如 socket 或 pipe)。注意，每种流对象都是对类型特别在意的。例如，二进制流企图写一个字符串 str 对象将引起 TypeError 异常，同样一个文本流要写一个字节 bytes(二进制序列)对象也是一样，即文本流只能读写字符串 str 对象，因为只有这样才能在编辑器查看到字节流经过编码转换后的字符。二进制流只能读写 bytes 类型的字节流。**bytes 类型的对象是字节串，二进制字节序列，有点像字符串，但它每个字节没有对应的编码**。

9.1.3 文件操作的一般步骤

文件操作的一般步骤如下：

(1) 用 open 按指定的模式打开文件，即创建一个文件对象或者流对象。

(2) 通过文件对象对文件进行输入输出(I/O)操作，也称读写(read/write)操作。

(3) 关闭(close)文件对象或关闭文件。

所谓的打开文件就是用内置函数 open 创建一个文件对象，open 函数的一般形式如下：

```
open(file, mode='r', buffering=-1, encoding=None, errors=None, newline=None,
```

```
closefd=True, opener=None)
```

这个函数返回一个文件对象，同时有一个文件的**内部指针**指向文件流的开始处。

(1) 其中只有第一个参数 file 是必须的位置参数，它是要打开的文件名字符串，可以是文件的绝对路径，也可以是相对路径。file 参数也可以是一个 Python os 模块的 open 函数返回的文件描述符(是一个整数)，例如：

```
>>>import os                                #os 模块提供了访问操作系统各项功能的便利的接口
>>>fp1 = os.open("aaa.txt", os.O_RDONLY)    #fp1 称为文件描述符
```

(2) mode 参数是文件的打开模式，默认值是'r' 模式，即以文本模式打开一个可以读取数据的文件。其他的打开模式如表 9.1 所示。

表 9.1 文件的打开模式

mode 字符	含 义
'r'	为读取数据打开文件(默认的)
'w'	为写入数据打开文件，如果文件已经存在会先截断文件的内容，即清空
'x'	为写入数据打开文件，如果文件已经存在会出现异常 FileExistsError
'a'	为写入数据打开文件，如果文件已经存在，将文件内部指针指向文件末尾
'b'	二进制模式
't'	文本模式(默认)
'+'	为更新数据打开文件，可读可写

注：几种模式字符可以组合使用，如 rb，wb+等。

(3) buffering 参数是一个关于缓冲策略的整数，取 0 表示让 buffering 为 off 的状态，只有二进制模式才可以使用；取 1 表示选择行缓冲，只有文本模式才可以使用；当取大于 1 的整数时表示缓冲块的大小。当没有 buffering 参数时默认的缓冲策略如下：

① 对于二进制文件，以固定大小的块作为缓冲区，块的大小跟设备有关。

② 对于交互的终端文本文件按照行缓冲，其他文本文件的缓冲块的大小与二进制文件的相同。所谓的缓冲区是指外存和内存之间的一块特殊的存储空间。

(4) encoding 参数是用于编码和解码的编码名。只能用于文本模式。默认的编码是平台相关的，即 locale.getpreferredencoding()所返回的，如 UTF-8。

(5) errors 参数是一个字符串，给出如何处理编码、解码出现的错误，不能用于二进制模式。有一些标准的字符串，如 'strict'，'ignore'，'surrogateescape'，'xmlcharrefreplace'，'namereplace'等，这些处理方法这里不再赘述。

(6) **newline** 参数只能用于文本模式，用来说明回车符，可以是' '，'\n'，'\r'，'\r\n'。

(7) closefd 参数默认是 True。当设置为 False 并且 open 的是一个文件描述符，不是文件名时，这个文件被关闭，文件描述符不被关闭。

(8) 最后一个参数 opener 默认是 None，可以指定一个函数作为打开文件者，但该函数必须返回一个文件描述符。

文件打开之后，创建了文件对象，在对文件操作结束后，要关闭文件，以释放文件对象。

文件关闭很简单，只需调用文件对象的 close 方法。例如：

```
>>>infile = open( source, 'r')
>>>outfile = open( result, 'w')
```

以只读的方式打开了源文件，创建了一个文件对象 infile，以只写的方式打开了结果文本文件，创建了 outfile 文件对象，接下来在程序中使用文件对象对两个文件进行了读写，具体读写方法 9.1.4 节介绍。

```
>>>infile.close()                          #读写之后通过文件对象关闭文件
>>>outfile.close()
```

Python 的文本流也可以完全在内存中建立。

```
f = io.StringIO("some initial text data")           #这与 open 类似
```

内存中的文本流 f 同样拥有上面那些方法可以使用，读者可自行尝试一下。

9.1.4 文本文件基本读写方法

在对文件进行读写之前，首先用 9.1.3 节介绍的内置函数 open 创建一个文本流 f，即

```
f = open('myfile.txt', 'r+', encoding = 'utf-8')
```

文本文件对象 f 可以使用下面几种常用的方法。

(1) **read(size=-1)**

把整个流作为一个字符串，从中至多读出 size 个字符并且返回，size 为负数或 None 则读到流末尾 EOF 处，即读出整个字符串。

(2) **readline(size=-1)**

读到 newline 处或 EOF 处，返回一个字符串。如果流内部指针已经位于 EOF，则返回一个空串。如果指定了 size，则至多读出 size 个字符。

(3) **seek(offset, whence=SEEK_SET)**

改变流内部指针的位置到给定的 offset 处，seek 的行为依赖于 whence 参数，该参数的默认值是 SEEK_SET，即 0(流的开始处)。offset 必须是 TextIOBase.tell()能返回的数或 0. whence 的值可以为 SEEK_CUR，即 1(当前位置)，或者 SEEK_END，即 2，文件的末尾。

(4) **tell()**

返回当前流内部指针的位置。

(5) **write(s)**

把字符串 s 写入流对象中，返回写入的字符数。

可以看到文本流能读写的是 str 对象，在这个读写过程中存在一个编码和解码过程，还有一个回车换行符的确认问题。读写字符串的过程中，在文本流中有一个**位置指针**指向当前可读写的字符位置。刚打开文件时，该指针指向第一个字符。当读完所有的字符之后，指针指向流的末尾，即 EOF 处。每次可以读写几个字符甚至是所有字符，还可以以回车符作为标记读写一行。Python 的文件流对象是可迭代对象，支持 for 循环，提供按行迭代的循环

机制。本节复制问题的程序中

```
for line in infile:                          #从 infile 读一行
    outfile.write(line)                      #写到 outfile
```

与下面的 while 循环是等价的。

```
while True:
    line = infile.readline()
    if line == '':
        break
    outfile.write(line)
```

9.1.5　上下文管理器

上下文管理器是一种重载了__enter__() 和__exit__()的类的对象。文件对象就是典型的上下文管理器,也可以自定义上下文管理器。上下文管理器的使用方法如下:

```
with 上下文管理器  as  别名
    具体要执行的代码段
```

当 with 语句开始时自动调用上下文管理器的__enter__函数,当程序离开 with 语句的作用范围之后会自动调用__exit__() 函数。上下文管理器在这两个特别的函数中为 with 语句的代码块做了一些辅助性的工作,如文件对象这个上下文管理器中隐含着打开文件时是否成功的异常捕捉和处理,文件对象的关闭,还原到 with 语句开始之前的上下文环境等。因此使用上下文管理器代码更加安全简洁。例如:

```
>>>with open("aaa.txt", "r") as f:
...     for line in f:
...         print(line)
```

9.1.6　命令行参数

所谓命令行就是指命令窗口输入的命令。一个程序或软件做好之后就是一个可执行的文件,在命令窗口中输入可执行文件的名字再回车就是启动可执行文件,实际就是在执行一条命令。Python 是解释型语言,直接解释执行的是源程序,在 1.8 节曾经介绍 Python 解释执行源程序的命令行是

```
Python hello.py 回车
```

实际上,对于 Windows 10 OS 的命令窗口来说,可以直接在命令窗口输入 Python 源程序的名字,回车运行,而对于 Mac OS 或 Linux OS 终端来说,稍稍复杂一点。如果要在终端窗口直接执行 Python 源程序,需要在程序的首行加一行 Python 解释器的说明语句,告诉操作系统解释器在哪。如:

```
#!/usr/local/bin/Python3.8
```

不仅如此,还要修改要执行的程序文件的权限,例如 hello.py,它的默认权限是读写,没

有被执行的权限,因此要添加执行权限,即在终端窗口输入下面的命令:

```
chmod +x hello.py  回车
```

然后再输入

```
./hello.py 回车                                    #./是当前目录
```

即可运行 hello.py 程序。

程序或软件在命令行执行的时候,后面还可以跟一些参数选项,例如 DOS 命令,Linux 命令都有比较丰富的参数可供选择。同样 Python 程序在解释执行的时候也可以有命令行参数。例如本节的 copy 程序在运行的时候指定要复制的文件名和结果文件名,命令如下:

```
copy.py source.txt result.txt  回车
```

其中 source.txt 和 result.txt 就是两个命令行参数。

如果要在 PyCharm 集成环境中模拟命令行参数运行的效果,需在主菜单 run 的下拉菜单中执行 Edit Configuration 命令,这时会弹出一个对话框,在参数文本框中添加参数即可。

程序中如何获取命令行参数呢? 需要借助 Python 内置模块 sys 来实现。sys 模块有一个命令行参数列表 argv,程序运行时命令行参数就被添加到 argv 列表中了,argv[0]为源程序名,argv[1]对应第一个参数,以此类推。

9.2 把数据保存到文件中

问题描述:

写一个程序能够把从键盘输入的学生成绩进行简单的总评计算后写到某个文件中,也能从已知的数据文件中,加载学生成绩进行简单的总评计算,再写到文件中。假设学生成绩数据包括学号,姓名,平时成绩,期中成绩和期末成绩。

输入样例:

```
How many students?:
3
please input stu info:
num:11111111111
name:aaaaaaaaaaa
dailyGrade:66
midGrade:77
endGrade:88
num:22222222222
name:bbbbbbbbbbb
dailyGrade:77
midGrade:66
endGrade:99
num:33333333333
name:ccccccccccc
```

```
dailyGrade:98
midGrade:78
endGrade:68
```

输出样例：

```
aaaaaaaaaaa  11111111111  66  77  88  80.3
bbbbbbbbbbb  22222222222  77  66  99  84.7
Ccccccccccc  33333333333  98  78  68  77.0
average is 80.7
```

问题分析：

前面几章在讨论学生成绩问题时，学生成绩数据从键盘输入之后都保存到若干个列表（学号，成绩，总评）或一个学生成绩对象列表中，或者建立一个学生成绩对象链表。不管是列表还是链表，都只是临时保存数据，不能持久存储。怎么才能把输入的数据持久保存呢？当然是要保存到文件中。直接用记事本软件录入成绩，保存到一个文件中不就能持久保存了吗？是的，完全正确。但是数据持久保存不是唯一目的，还要能对数据进行处理。可能有人会说，用Excel软件或记事本把成绩录入之后，也可以打开修改，Excel甚至还可以排序、分类统计等，这是正确的。但实际上是在使用别人已经做好的软件录入成绩保存文件或者进行其他操作。本节的任务是不借助其他软件，自己用Python语言实现具有成绩录入、保存，还具有重新(加载)打开并进行各种操作功能的程序。

学生成绩数据同源程序备份不太一样，因为学生成绩数据有比较整齐的格式，可以用一个学生成绩对象表示，其属性包括不同类型的数据成员。要进行读写的数据不再是单一的字符串，还有整型数据、浮点型数据等。每个学生的数据可以作为一个记录来看待(实际内部还是字节流)，而且这个记录是有格式的。这种有格式的数据可以按文本文件读写。但有时不希望别人直接看到数据，就要用二进制方式存储，即通过程序建立一个二进制格式的学生成绩文件。二进制文件是以数据的二进制表示存储的，一个学生成绩记录占用多少字节的内存单元就读写多少字节的数据。因此本问题的求解可以归结为：

- 文本文件的格式化读写；
- 二进制文件按字节读写。

下面的算法设计1假设学生的成绩数据事先已经录入到文件stugrade1.txt或csv。算法设计2假设原始数据没有事先录入到文件中，程序运行的时候先进行原始数据录入，保存到文件中，然后再读出来进行计算，再把含有总评的学生数据写到另一个文件中，然后再次读入含总评的数据，显示到屏幕上。

算法设计1(文本文件读写)：

① 以读的方式打开文件stugrade1.txt，以写的方式打开文件stugrade2.txt。

② 从stugrade1.txt中加载学生成绩数据，存储到一个二维列表中，这一步用一个函数实现readFromFile，调用printGrade函数显示成绩数据。

③ 调用函数calAv计算每个学生的总评和所有学生总评的平均值。

④ 再把含总评的成绩数据保存到stugrade2.txt中，这一步用一个函数实现writeToFile。

程序清单 9.2

```
1  #@File: textfileIO.py
2  #@Software: PyCharm
3
4  def main():
5      stuGrade = []
6      linN = readFromFile(stuGrade)
7      printGrade(stuGrade,linN)
8      tave = calAv(stuGrade,linN)
9      writeToFile(stuGrade,tave)
10
11 def writeToFile(sg):
12     outfile = open("stugrade2.txt", "w")
13     for i in range(len(sg)):
14         linestr = ' '.join(sg[i]) +'\n'
15         outfile.write(linestr)
16     outfile.close()
17
18 def calAv(sg,ln):
19     tavetotal = 0
20     for i in range(ln):
21         total = 0
22         for j in range(2,5):
23             total += int(sg[i][j])
24         av = round(total/3,2)
25         tavetotal += av
26         sg[i].append(str(av))
27     tave = round(tavetotal/ln, 2)
28     return tave
29
30 def printGrade(sg,ln):
31     for i in range(ln):
32         linS = ''
33         for j in sg[i]:
34             linS += f'{j}   '
35         print(linS)
36
37 def readFromFile(grade):
38     infile = open("stugrade1.txt", "r")
39     lineN = 0
40     for line in infile:
41         lineN += 1
42         linelist = line.strip().split()          #先删除尾回车符,再分离
```

```
43            grade.append(linelist)
44        infile.close()
45        return lineN
46
47  if __name__ == '__main__':
48      main()
49
```

算法设计 2(二进制文件读写)：

① 输入学生成绩对象数据到列表中。

② 计算每个学生的总评。

③ 把学生成绩数据保存到 stugrade.dat 文件。

④ 再从文件读入学生成绩数据。

⑤ 查看学生成绩数据。

⑥ 计算所有同学的总评平均值,输出结果。

程序清单 9.3

```
1   #@File: binaryIO.py
2   #@Software: PyCharm
3   import pickle
4
5   class Student(object):
6       def __init__(self, name, sno, daily, mid, ends, ave = 0.0):
7           self.name = name
8           self.sno = sno
9           self.daily = daily
10          self.mid = mid
11          self.ends = ends
12          self.ave = ave
13
14      def getave(self):
15          return self.ave
16
17      def setAve(self):
18          self.ave = (self.daily +self.mid) * .2 +self.ends * .6
19
20      def __str__(self):
21          return f'{self.name} {self.sno} {self.daily}\
22                          {self.mid} {self.ends} {self.ave:.2f}'
23
24  def main():
25
26      stulist=[]
27      sn = int(input("How many students? "))
```

```
28      print("Please input stu info:")
29      for i in range(sn):
30          id = input("num:")
31          na = input("name:")
32          dg = eval(input("dailyGrade:"))
33          mid = eval(input("midGrade:"))
34          end = eval(input("endGrade:"))
35
36          stu = Student(na,id,dg,mid,end)
37          stu.setAve()
38          stulist.append(stu)
39
40      with open('../ch10/stugrade.dat', 'wb') as f:
41          pickle.dump(stulist, f)
42
43      with open('../ch10/stugrade.dat', 'rb') as f:
44          v=pickle.load(f)
45
46      total = 0
47      for i in v:                          #学生对象序列
48          total += i.getave()
49          print(i)
50
51      print(f'{total/sn:.2f}')             #总评的平均值
52
53  if __name__ == '__main__':
54      main()
```

9.2.1 格式化文本文件读写

在前面的程序设计中，每个题目都有输出，而且是带有格式的输出，实际上，无论输出的是字符串还是数值，最终都是输出按照某种格式的字符序列。我们介绍过%串，format 格式化串和 f-串，不管是哪种字符串，都可以写入到文本流中。例如：

程序清单 9.4

```
1   #@File: formatedTextIo.py
2   #@Software: PyCharm
3   def writeio():
4       ofile = open("myfile.txt", "w")
5       name = "baobo"
6       s1, s2, s3 = 88, 99, 77.5
7       av = (s1 +s2 +s3) / 3
8       fstring = f'{name}, {s1}, {s2}, {s3}, {av:.2f}'  #组合成了一个字符串
9       print(fstring)
```

```
10      ofile.write(fstring)
11      ofile.close()
12
13  def readio():
14      ifile = open("myfile.txt", "r")
15      for line in ifile:
16          print(line, end='')          #line 是字符串,要访问每个数据项,必须对其分离
17
18      ifile.close()
19
20  def main():
21      writeio()
22      readio()
23
24  main()
```

程序清单9.2中是把字符串列表用空格连成了一个字符串,即

```
14          linestr = ' '.join(sg[i]) +'\n'
```

上述方法可以写入任意格式的字符串。实际问题中,逗号或制表符隔开的数据组成二维表格数据就是电子表格和数据库中广泛采用的**CSV格式**,即逗号分隔值(Comma-Separated Values,有时也称为字符分隔值,因为分隔字符也可以不是逗号)。CSV格式的文件以纯文本形式存储表格数据(数字和文本)。**纯文本**意味着该文件是一个字符序列,不含必须像二进制数字那样被解读的数据。CSV文件由任意数目的记录组成,记录间以某种换行符分隔;每条记录由字段组成,字段间的分隔符是其他字符或字符串,最常见的是逗号或制表符。通常,所有记录都有完全相同的字段序列。通常使用记事本软件或者Excel软件产生。Python内置了一个标准模块csv,用于CSV格式的文件的读写,导入csv模块后,即可使用它的**reader,writer方法**,具体用法请参考下面这个简单的例子。

程序清单9.5

```
1   #@File: csvtest.py
2   #@Software: PyCharm
3   import csv
4   def writecsv():
5       content = [['1','aaa','55','67','77'],        #注意,所有的数据都是字符串
6                  ['2','bbb','56','89','87'],
7                  ['3','ccc','78','99','33'],
8                  ['4','ddd','44','34','54']]
9       f = open("stuscores.csv", 'w') #newline='')
10      writer = csv.writer(f)                        #创建一个 writer 对象
11      for line in content:
12          writer.writerow(line)
13      f.close()
14  def readcsv():
15      with open("stuscores.csv", 'r') as f:
```

```
16          reader = csv.reader(f)                  #创建一个 reader 对象
17          rows = [r for r in reader]              #以行为单位读出
18      for item in rows:
19          print(item)
20
21  writecsv()
22  readcsv()
```

实际上借助列表还可以更简单。只需把 CSV 格式的数据的每一行读到一个 list 对象中,然后使用 **split 方法**把列表元素用逗号分离。反之,对于一个一维列表数据,只需把它的元素通过 **join 方法**用逗号连接起来形成 CSV 格式的字符串,即可写入一个 CSV 文件中,参考普通文本格式的程序清单 9.2。

下面的程序清单 9.6 是具体实现代码。

程序清单 9.6

```
1   #@File: list2CSV.py
2   #@Software: PyCharm
3
4   def list2csv():
5       mylist = ["baobo", '88', '99', '77']       #注意列表中的数字串,不是数值
6       mycsvstring = ",".join(mylist)+"\n"        #注意字符串的 join 方法的用法
7       ofile = open("mycsvlist.csv", "a+")
8       ofile.write(mycsvstring)
9       ofile.close()
10
12      ifile = open("mycsvlist.csv", "r")
13      for line in ifile:
14          mycsvlist = []
15          #line = ifile.readline()
16          line = line.replace('\n', '')
17          mycsvlist += line.split(',')           #注意字符串的 split 方法的用法
19          sum, num = 0, 0
20          for i in range(1,len(mycsvlist)):      #注意把第一个字段略过
21              sum += int(mycsvlist[i])           #每个数字串转换为整数
22              num += 1
23          av = sum/num
24          print(sum, av)
23          print(mycsvlist)
24
25  list2csv()
```

9.2.2 JSON 格式

CSV 格式的文本数据是一维的行组成的二维数据,局限于表格型的数据。现实世界中,特别是万维网中存在着更加复杂的数据,可称为高维数据。键值对是高维数据的特征,

例如，学生信息数据可以以姓名、性别、年龄等作为键与具体的值形成键-值对，教师、员工等都有类似的组成，学生、教师、员工本身又作为更高层次的键，例如：

```
<student>
    <name>zhang </name>
    <sex>man </sex>
    <age>20 </age>
    </student>
```

这样组织的数据体现了层次结构，上面这种风格的多维数据的表达是 XML(Extensible Markup Language)格式，它是互联网数据传输的标准格式。JSON(JavaScript Object Notation)格式是轻量级的表达高维数据的格式，易于阅读和理解。具体样子如下：

```
"student": [  {"name" : "zhangsan", "sex": "male",  "age": "20"},
              {"name": "susan", "sex": "female" , "age": "19"},
              {"name": "jack", "sex": "male", "age":"21"} ]
```

JSON 格式的特征为数据保存为键-值对，用逗号分隔，花括号表示键值对组成的对象，方括号表示键值对组成的对象列表。

Python 提供了 json 模块支持 JSON 格式的数据文件读写。json 模块提供的主要方法有：

(1) json.dumps(obj, sort_keys=False, indent = None　# 将 Python 对象转换为 JSON 格式，编码。

(2) json.loads(string) # 将 JSON 格式的字符串转换为 Python 数据对象，解码。

(3) json.dump(obj, fp, sort_keys=False, indent=None)　# 输出到文件中。

(4) json.load(fp)　# 从文件读入。

```
>>>import json
>>>stu = {"name":"zhang", "sex":"male", "age":"20"}
>>>s1 = json.dumps(stu)
>>>s2 = json.dumps(stu, sort_keys = True, indent = 4)
>>>print(s1)
{"name": "zhang", "sex": "male", "age": "20"}
>>>print(s2)
{
    "age": "20",
    "name": "zhang",
    "sex": "male"
}
>>>stu2 = json.loads(s1)
>>>print(stu2)
{'name': 'zhang', 'sex': 'male', 'age': '20'}
```

9.2.3　二进制文件读写

二进制 I/O 流也称为**缓冲型 I/O 流**。用 open 函数以 b 模式打开一个文件，则创建一个二进制流文件对象，例如：

```
f = open("myfile.jpg", "rb")
```

二进制流对象 f 的读写方法如下：

（1）**read(size=-1)**。

read 方法读至多 size 个字节序列的数据并返回。如果省略了参数或为负，则读出所有的数据并返回，如果流指针已经到达 EOF，则返回一个空对象。如果参数是正数，并且非交互的 shell，读出指定字节数的数据。

（2）**write(b)**。

write 方法写入给定的“类字节”的对象 b，返回写入的字节数。

Python 中类字节（bytes-like object）的对象类包 bytes，bytearray，array.array 等。Python 的整数类提供了两个方法可以进行整数类型和 bytes 类型的转换，to_bytes()和 from_bytes()。例如：

```
(1024).to_bytes(2,  byteorder='big')
```

该语句把整数 1024 转换为 2 个字节的 bytes，字节顺序'big'的意思是高位在左，可选'little'。再如：

```
ccc = f.read(2)                                      #ccc 从文件对象读到 2 个字节的序列
Print(int.from_bytes(ccc,byteorder='big') )          #把 ccc 转换为响应的整数
```

完整的例子如下。

程序清单 9.7

```
1   #@File: bytes.py
2   #@Software: PyCharm
3
4   x = (1024).to_bytes(2, byteorder='big')
5   y = (1024).to_bytes(10, byteorder='big')
6   z=(-1024).to_bytes(10, byteorder='big', signed=True)
7   z = (105).to_bytes(2, byteorder='big')
8   xx = 1000   #下面计算 xx 的 bit 位数,+7 调整,除 8 求得字节数
9   xr = xx.to_bytes((xx.bit_length() +7) // 8, byteorder='little')
10  k=len(xr)
11  print("k=",k)
12  f = open("aaa.dat", "wb")                   #打开二进制文件,写入数据
13  s = "hello"
14  sb = str.encode(s)                          #把字符串转换为字节序列
15  f.write(sb)                                 #写入字节序列
16  f.write(b'233434\n')                        #直接写入字节序列,b 串为字节序列
17  f.write(x)                                  #写入 1024 的字节序列
18  f.write(z)                                  #写入 105 的字节序列
19  f.close()
20
```

```
21  f = open("aaa.dat", "rb")                          #打开二进制文件读数据
22  aaa = f.read(5)                                    #读出 5 个 byte
23  aaas = str(aaa,encoding='utf-8')                   #把字节序列转换为字符串
24  print("aaa", aaas)
25  bbb = f.read(7)                                    #读出 7 个字节
26  bbbs = bytes.decode(bbb)                           #将其解码
27  print("bbb", bbbs)
28  ccc = f.read(2)                                    #再读 2 个字节
29  print(int.from_bytes(ccc,byteorder='big'))         #将其转换为整数,输出
30  ddd = f.read(2)
31  print(int.from_bytes(ddd,byteorder='big'))
```

从第 13 行和第 16 行可以看出，字符串转换为 bytes 比较容易，一是直接用 b 串，二是用编码方法 encode。第 23 行和第 26 行把字节序列解码为字符串，一是用了 str 解码，二是用 decode 解码。

同文本流可以在内存中建立类似，Python 也可以在内存中建立二进制流。

```
f =io.BytesIO(b"some initial binary data: \x00\x01")
```

9.2.4　pickle 序列化

从 9.2.3 节可以看出，简单的整数和字符数据的二进制流的读写需要烦琐的转换过程，很难想象读写其他复杂的对象，如列表、元组、字典以及自定义的对象类字节化的过程。对本节的学生成绩数据可以通过字典对象，或者自定义的学生对象表达，要用二进制流存储这样的对象数据显然是比较困难的。但是 Python 提供了标准模块 pickle，它可以直接把各种对象数据按 bytes 序列化，写到文件中；反之，当从文件读出字节序列后，也很容易反序列，即把 bytes 序列化数据还原为普通的对象数据。

pickle 模块实现了用于对 Python 对象结构进行序列化和反序列化的二进制协议。它与 JSON 格式都是序列化，但二者有很大不同。pickle 模块序列化和反序列化的过程分别叫作 pickling 和 unpickling：

- pickling 是将 Python 对象转换为字节流的过程；
- unpickling 是将字节流二进制文件或字节对象转换回 Python 对象的过程.

而 JSON 是一种文本序列化格式(它输出的是 unicode 文件，大多数时候会被编码为 utf-8)。可见 JOSN 是人们可以读懂的数据格式，而 pickle 却无法读懂；JSON 是与特定的编程语言或系统无关的，且它在 Python 生态系统之外被广泛使用，而 pickle 使用的数据格式是特定于 Python 的。

pickle 模块提供的几个序列化/反序列化的函数与 json 模块基本一致：

(1) 将指定的 Python 对象通过 pickle 序列化作为 bytes 对象返回：

```
dumps(obj, protocol=None, *, fix_imports=True)
注意不是写入文件
```

(2) 将通过 pickle 序列化后得到的字节对象进行反序列化，转换为 Python 对象并返回：

```
loads(bytes_object, *, fix_imports=True, encoding="ASCII", errors="strict")
```

(3) 将指定的 Python 对象通过 pickle 序列化后写入打开的文件对象中等。

```
dump(obj, file, protocol=None, *, fix_imports=True)
```

(4) 从打开的文件对象中读取 pickled 对象表现形式并返回通过 pickle 反序列化后得到的 Python 对象：

```
load(file, *, fix_imports=True, encoding="ASCII", errors="strict")
```

说明：上面这几个方法参数中，* 号后面的参数都是 Python 3.x 新增的。下面的程序是一个简单的例子。

程序清单 9.8

```
0   #@File:pickleTest.py
1   import pickle
2   var_a = {'a':'str', 'c': True, 'e': 10, 'b': 11.1,\
                          'd': None, 'f': [1, 2, 3]    , 'g':(4, 5, 6)}
3   var_b = pickle.dumps(var_a)
4   print(var_b)
5   var_c = pickle.loads(var_b)
6   print(var_c)
7   var_a = {'a':'str', 'c': True, 'e': 10, 'b': 11.1, \
                          'd': None, 'f': [1, 2, 3]    , 'g':(4, 5, 6)}
8   with open('pickle.dat', 'wb') as f:
9       pickle.dump(var_a, f)
10  with open('pickle.dat', 'rb') as f:
11      var_b = pickle.load(f)
12  print(var_b)
```

pickle 模块可以直接对自定义数据类型进行序列化/反序列化操作，无须编写额外的处理函数或类，可参考程序清单 9.3。

9.2.5 struct 序列化

了解 C 语言的人，一定会知道 struct 是 C 语言中的结构体。结构体像类一样可以描述客观世界的对象，但它与 Python 的 class 相比，仅仅能封装对象的数据属性。例如学生结构体可以定义成：

```
struct student
{
    char * name;
    char * id;
    int daily;
    int middle;
    int end;
    float average;
```

```
}
```

然后，就可以用 struct student 作为一种新的类型去描述具体的学生对象。Python 中的 struct 模块提供了在 Python 对象值与 C struct 间的转化。stuct 模块提供了很简单的接口函数。

pack 方法把 Python 的对象值按字节打包，形成一个二进制字节序列(应该是与对应的 C struct 数据的二进制形式一致)，具体格式是：

```
struct.pack("格式串",对象值表)
```

其功能是把给定的一组数据值表按照“格式串”规定的格式打包。其中的“格式串”是比较丰富的，表 9.2 是 struct 模块的 pack 函数中的格式字符。在格式串中还可以规定字节序列的字节顺序(特别是高字节的数据)，这一点非常重要，如网络通信的数据流与字节顺序密切相关，表 9.3 是常用的字节顺序。

表 9.2　struct.pack 的格式字符表

格式	C 类型	Python 类型	标准字节数
x	pad byte	no value	
c	char	bytes of length 1	1
b	signed char	integer	1
B	unsigned char	integer	1
?	_Bool	bool	1
h	short	integer	2
H	unsigned short	integer	2
i	int	integer	4
I	unsigned int	integer	4
l	long	integer	4
L	unsigned long	integer	4
q	long long	integer	8
Q	unsigned long long	integer	8
n	ssize_t	integer	
N	size_t	integer	
e	-6	float	2
f	float	float	4
d	double	float	8
s	char[]	bytes	
p	char[]	bytes	
P	void *	integer	

表 9.3 struct 字节序列的字节顺序表

字符	字节序	大小	对齐方式
@	原生的(由 OS 确定)	原生的	原生的
=	原生的	标准	无
<	小端	标准	无
>	大端	标准	无
!	网络(= 大端)	标准	无

下面看一个例子：一个学生成绩记录的二进制读写，具体代码见程序清单 9.9。

程序清单 9.9

```
1  #@File:structTest.py
2  import struct
3
4  name = "aaaaa"
5  id = '11111'
6  daily = 99
7  midle = 88
8  end = 95
9  av = (daily +midle +end) / 3
10
11 packedNums=struct.pack('iiif', daily, midle, end, av)  #数字型数据打包
12
13 with open("score.dat", "wb") as f:
14     f.write(name.encode()+id.encode())          #字符型数据可以直接编码为 bytes
15     f.write(packedNums)
16
17 with open("score.dat", "rb") as f:
18     namestr = f.read(5)
19     idstr = f.read(5)
20     numberstr = f.read(16)
21
22 numbers = struct.unpack('iiif',numberstr)     #解包
23 a,b,c,d = numbers
24 print(a,b,c,d)
25 myname = namestr.decode()
26 myid = idstr.decode()
27 print(myname, myid)
```

9.3 建立一个数据库

问题描述：

建立一个数据库作为教学管理的数据持久性存储，它由学生信息、课程信息、教师信息

等组成，通过这个数据库可以知道学生的选课情况和教师的教课情况以及学生所选课程的成绩情况。数据库建好后给出下面的查询实现：

(1) 查询所有的学生学号、学生姓名、选修的课程名称和成绩，并按学号排序。

(2) 查询选修“大学语文”课程的学生学号、姓名、成绩和任课教师。

问题分析：

前两节涉及的数据持久性存储是借助文件系统的文件来完成的。文件系统是操作系统的一个主要功能之一。文件系统中的文件，是通过文件名访问的。一个应用程序涉及的文件一般是它自己独享的，也就是文件具有面向应用程序的特征，不独立。例如学生管理和教务管理都有学生信息，在两个不同的系统中会各自建立自己的文件，二者的数据有很大的冗余。因此，现在一般公司/企业的应用系统中数据持久存储都不只是用单一的文件，而是使用数据独立性强、共享程度高、易于操作和管理、安全程度高的数据库。例如学校管理系统有学生管理、教务管理、财务管理等子系统，整个学校可以建立一个与应用独立的数据库供所有的子系统共享。本问题的任务就是建立一个可以共享的数据库。先不考虑如何应用，纯粹从客观数据实体自身的特征和彼此的联系来考虑。具体的应用模块按照自己的需要从数据库中获取数据。

数据库也是存储在硬盘上，也对应文件，但可能是多个文件，但这种文件不是通过操作系统能够直接访问的，而是要通过在操作系统之上的数据库管理系统(DBMS)来建立和操纵。数据管理系统是一类软件，有大型的、轻量级的、图形的、空间的，有C/S客户服务器结构的，有分布式的，有关系型的还有非关系型的，内容非常丰富。最常用的应该是关系型DBMS，而且一般都是C/S结构的，也就是要有一个服务器，数据库是在服务器上，如比较流行的开源数据库管理系统MySQL。随着互联网的快速发展，特别是移动应用的需要，轻量级的、无须服务器支持的单文件数据库系统越来越受欢迎，如SQLite就是这类的DBMS。本节问题的求解就选择使用SQLite平台建立一个数据库。而且Python内置了sqlite3模块，这样在Python程序中就可以访问(建立和操作)SQLite数据库。

关系数据库是由若干张二维表组成的，每个二维表描述一个具体的实体。本节的学生管理数据库涉及的实体有学生、教师、课程，还有学生选课的成绩和开课的教师两个实体，具体描述如下：

学生(学号，姓名，性别，出生日期，身高，专业，家庭住址)；

教师(工号，姓名，性别，雇佣开始日期，职称，所在系)；

课程(课程号，课程名称，学分，课程分类)；

成绩(学号，课程号，成绩，工号)；

开课教师(课程号，工号)。

每个实体对应的二维表也叫关系，二维表的每一行是由若干字段组成的记录，对应具体的对象。每个字段代表对象的一个属性，一般一个二维关系表有一个能够唯一标识它所在记录的字段，这样的字段称为主关键字，也称主键，即两个记录的主键值不能重复。显然，实体与实体之间可能存在某种关系，学生与成绩是一对多的关系，教师与课程也是一对多的关系。利用表之间的关系和SQL语句即可实现问题描述中的两种查询。具体见下面的算法设计与实现。

算法设计：基于Python的sqlite3

① 建立 SQLite 数据库(与数据库建立连接)。

② 使用 SQL 命令创建数据库表,并插入测试数据。

③ 使用 SQL 命令建立查询,得到查询结果。

程序清单 9.10

```
1   #@File:sqlitetest.py
2   import sqlite3
3   db = sqlite3.connect(r"./tms.db")                      #连接数据库,即打开数据库
4   cur = db.cursor();                                     #创建一个游标
5   cur.execute('DROP TABLE IF EXISTS student')            #删除表,避免重复创建
6   cur.execute('DROP TABLE IF EXISTS teacher')
7   cur.execute('DROP TABLE IF EXISTS course')
8   cur.execute('DROP TABLE IF EXISTS tcourse')
9   cur.execute('DROP TABLE IF EXISTS sgrade')
10
11  sqlst='''create table student(                         #定义创建表的 SQL 命令字符串
12           id int primary key,
13           name  not null,
14           sex not null,
15           height integer,
16           birthday text not null,
17           major not null,
18           address text
19       )'''
20  sqlte = '''create table teacher(
21           id integer primary key,
22           name not null,
23           sex not null,
24           hiredate date,
25           title not null,
26           faculty not null
27        )'''
28  sqlco=''' create table course(
29           id int primary key,
30           name not null,
31           credit not null,
32           ctype not null
33          )'''
34  sqltc='''create table tcourse(
35              courseId not null,
36              teacherId not null
37        )'''
38  sqlsg=''' create table sgrade(
39          sid not null,
40          cid not null,
```

```
41          cgrade float not null,
42          tid not null
43        )'''
44
45  db.execute(sqlst)                          #创建表,也可以用 cur.execute(sqlst)
46  db.execute(sqlte)
47  db.execute(sqlco)
48  db.execute(sqlsg)
49  db.execute(sqltc)
50  #向学生表中插入数据
51  cur.execute('''insert into student values(1, 'aaaaa','man',
52              170,'2000-05-01','math','aksjkljsdkljfsdl')''')
53  cur.execute('''insert into student values(2, 'bbbbb','man',
54              170,'2000-08-01','math','bbbbbbbbbbbbbbbb')''')
55  cur.execute('''insert into student values(3, 'ccccc','woman',
56              160,'2001-06-01','english','gggggggggggg')''')
57  cur.execute('''insert into student values(4, 'ddddd','man',
58              170,'2002-07-01','computer','d4dddddddddddd')''')
59  cur.execute('''insert into student values(5, 'eeeee','woman',
60              165,'2000-06-01','computer','ffffffffffffff')''')
61
62  cur.execute('select * from student')       #查看学生表的记录
63  stulist = cur.fetchall()                   #所有记录组成一个元组列表
64
65  for i in stulist:                          #输出表中记录
66      print(i)
67  #定义教师数据记录的元组组成的列表
68  teachers = [(1,'t11111','m','1995-02-01','professor','computer'),
69         (2,'t22222','w','1985-02-01','associate professor','computer'),
70         (3,'t33333','m','1975-02-01','lecturer','computer'),
71         (4,'t44444','w','1965-02-01','associate professor','computer'),
72         (5,'t55555','m','1975-02-01','assistant professor','computer')]
73  #定义一次插入多条记录的 SQL 字符串,?是占位符
74  teachersSql = '''insert into teacher values(?,?,?,?,?,?)'''
75  #课程数据记录元组列表
76  courses = [(1,'data structure',3,'professional '),
77             (2,'Python programming',3,'elementary'),
78             (3,'English speaking',2, 'socialist'),
79             (4,'Chinese writing',2,'socialist'),
80             (5,'operating system',4,'professional')]
81
82  coursSql = '''insert into course values(?,?,?,?)'''
83  #学生选课的成绩元组列表
84  sgrades = [(1,1,90.0,2),(1,2,85.5,4),(2,1,78.9,2),
            (3,5,67.5,2),(5,3,88.2,5),(1,3,60.0,5),(4,3,85.5,5),
```

```
                (3,1,78.9,2),(3,2,67.5,4),(5,2,88.2,4)]
85
86  sgradeSql = '''insert into sgrade values(?,?,?,?)'''
87  #教师教课的表
88  tcourses = [(2,1),(2,3),(2,5),(4,2),(5,3)]
89  tcourseSql ='''insert into tcourse values(?,?)'''
90
91  cur.executemany(teachersSql, teachers)          #插入多条教师记录
92  cur.execute('select * from teacher')
93  tealist = cur.fetchall()
94
95  for i in tealist:                               #浏览数据
96      print(i)
97
98  cur.executemany(coursSql, courses)              #插入多条课程记录
99  cur.execute('select * from course')
100 colist = cur.fetchall()
101 for i in colist:
102     print(i)
103
104 cur.executemany(sgradeSql, sgrades)             #插入多条成绩记录
105 cur.execute('select * from sgrade')
106 sglist = cur.fetchall()
107 for i in sglist:
108     print(i)
109
110 cur.executemany(tcourseSql, tcourses)           #插入多条教师教课记录
111 cur.execute('select * from tcourse')
112 tclist = cur.fetchall()
113 for i in tclist:
114     print(i)
115
116 """
117 query1:查询所有的学生学号、学生姓名、选修的课程名称和成绩,并按学号排序
118 """
119 cur.execute('''
            select student.id, student.name, course.name, sgrade.cgrade
120         from student, course, sgrade
121         where course.id = sgrade.cid and student.id = sgrade.sid
122         order by  student.id''')
123 qurey1list = cur.fetchall()
124 for i in qurey1list:
125     print(i)
126
127 """
```

```
128 query2:查询选修"Python programming"课程的学生学号、姓名、成绩和任课教师
129 """
130 cur.execute('''
              select student.id, student.name,sgrade.cgrade, teacher.name
131         from teacher inner join (course inner join (student inner join sgrade
132                        on student.id = sgrade.sid)
133                        on course.id = sgrade.cid)
134                        on teacher.id =sgrade.tid
135         where course.name = 'Python programming'
136         ''')
137
138 qurey2list = cur.fetchall()
139 for i in qurey2list:
140     print(i)
141
142 cur.close()
143 db.commit()                                  #事务提交
144 db.close()
```

运行结果(依次是学生表、教师表、课程表、成绩表、教师课表的原始数据):

```
(1, 'aaaaa', 'man', 170, '2000-05-01', 'math', 'aksjkljsdkljfsdl')
(2, 'bbbbb', 'man', 170, '2000-08-01', 'math', 'bbbbbbbbbbbbbbbb')
(3, 'ccccc', 'woman', 160, '2001-06-01', 'english', 'gggggggggggg')
(4, 'ddddd', 'man', 170, '2002-07-01', 'computer', 'd4dddddddddddd')
(5, 'eeeee', 'woman', 165, '2000-06-01', 'computer', 'fffffffffffff')
(1, 't11111', 'm', '1995-02-01', 'professor', 'computer')
(2, 't22222', 'w', '1985-02-01', 'associate professor', 'computer')
(3, 't33333', 'm', '1975-02-01', 'lecturer', 'computer')
(4, 't44444', 'w', '1965-02-01', 'associate professor', 'computer')
(5, 't55555', 'm', '1975-02-01', 'assistant professor', 'computer')
(1, 'data structure', 3, 'professional ')
(2, 'Python programming', 3, 'elementary')
(3, 'English speaking', 2, 'socialist')
(4, 'Chinese writing', 2, 'socialist')
(5, 'operating system', 4, 'professional')
(1, 1, 90.0, 2)
(1, 2, 85.5, 4)
(2, 1, 78.9, 2)
(3, 5, 67.5, 2)
(5, 3, 88.2, 5)
(1, 3, 60.0, 5)
(4, 3, 85.5, 5)
(3, 1, 78.9, 2)
(3, 2, 67.5, 4)
(5, 2, 88.2, 4)
```

```
(2, 1)
(2, 3)
(2, 5)
(4, 2)
(5, 3)
(1, 'aaaaa', 'data structure', 90.0)          #查询 1 的结果
(1, 'aaaaa', 'Python programming', 85.5)
(1, 'aaaaa', 'English speaking', 60.0)
(2, 'bbbbb', 'data structure', 78.9)
(3, 'ccccc', 'operating system', 67.5)
(3, 'ccccc', 'data structure', 78.9)
(3, 'ccccc', 'Python programming', 67.5)
(4, 'ddddd', 'English speaking', 85.5)
(5, 'eeeee', 'English speaking', 88.2)
(5, 'eeeee', 'Python programming', 88.2)
(1, 'aaaaa', 85.5, 't44444')                  #查询 2 的结果
(3, 'ccccc', 67.5, 't44444')
(5, 'eeeee', 88.2, 't44444')
```

9.3.1 关系数据库和 SQL 语句

数据库从逻辑上来分有关系型的和非关系型的。所谓的关系型就是用二维表格表达的数据，每行是一条记录，每条记录由若干个字段组成，一条条记录彼此相邻。这在 SQLite 中叫 schema 模式，就是记录结构。一个数据库可能包含多张这样的表，关系数据库的表用主键(一个字段或多个字段的组合)刻画数据的唯一性，即用主键区分不同的记录，表与之间的联系通过外键建立起来，并且表之间要维护数据的参照完整性，即不同表之间的关联字段保持一致。表之间的联系可以是一对一，一对多和多对多。

SQL 是结构化查询语言的简称，它是操作关系数据库的标准工具。SQL 由两部分组成：一是数据定义语言 DDL，用于创建和修改数据库框架结构的命令；二是数据操作语言 DML，用于操作数据库的内容。常用命令如下：

(1) 创建表。

```
sqlite>CREATE TABLE test(id text, name text, age integer, grade float);
```

其中 CREATE TABLE 是命令名，test 是表的名字，括号里是表所含的若干字段的定义，一般由字段名和字段类型，以及一些约束条件组成。SQL 命令大小写不敏感。

(2) 插入数据。

```
sqlite>INSERT INTO "test" VALUES("1824350566", "AAAAAAA". 20, 66.6);
```

一次插入一条记录，VALUES 的结构必须与表 test 的结构相同。

(3) 读取数据。

```
sqlite>SELECT * FROM test;
```

显示 test 表中的所有记录。* 是指所有字段。SELECT 语句使用非常灵活，还可以有

WHERE 子句,可以有条件查询所需要的字段内容。

```
ORDER BY 子句,按照给定字段排序
INNER JOIN ... ON ... ,子句,按照给定的条件连接左右两个有联系的数据表
```

还有其他的子句,这里省略了。

(4) 修改数据。

```
sqlite>ALTER TABLE "test" ADD COLUMN sex text;
```

修改表 test 的记录结构,增加一个性别字段 sex

(5) 更新数据。

```
sqlite>UPDATE test set grade=100 WHERE name="AAAAAAAA"
```

有条件地修改成绩字段为 100。

SQL 语句还有很多丰富的内容,读者可以参考 https://www.w3school.com.cn/sql/。

9.3.2　SQLite 数据库管理系统

SQLite 是一个 C 语言库,具官方首页(https://www.sqlite.org/index.html)介绍,它实现了一个既小又快、自包含的、高可靠性的、全特征的 SQL 数据库引擎,是当今世界上应用最广泛的数据库引擎,所有的移动电话和很多计算机系统都内置了它,而且它还与无数人们日常使用的应用程序绑定。它的文件格式是稳定的、跨平台的,而且是向后兼容的。它是完全独立的一个软件。SQLite1.0 发布于 2000 年 8 月,当前最新版本是 SQLite3.31.1。它的 dll 库只有几百千字节(1KB=1024B)的大小,甚至包含一个专门的命令行界面的 DBMS 才只有 1.74MB(Windows 版)。读者可以到官网上免费下载不同环境的版本,因为它是具有公共领域(public domain,没有专属权利人,可以免费使用的世界公有文化遗产)版权的软件产品。SQLite 数据库管理系统是单文件系统,不需要服务器。

SQLite 下载安装之后,可以在命令行启动它。例如,在 Linux 系统的终端窗口输入下面的命令:

```
sqlite3 test.db 回车
```

便进入 SQLite 提示符,同时创建了数据库文件 test.db:

```
(base) chunbobao@baobosirs-MacBook-Pro mytextbook %sqlite3 test.db
SQLite version 3.31.1 2020-01-27 19:55:54
Enter ".help" for usage hints.
sqlite>
```

这时在等待用户输入 SQL 命令或者 sqlite 命令,注意刚刚创建的 test.db 是空的,因此需要使用创建表的 SQL 命令 create table 建立数据库中所包含的表,然后还要使用插入值的 SQL 命令 insert into values 插入表中的记录,接着可以运行其他各种 SQL 命令如 Select 命令在表中查询需要的记录。如果事先已经创建了 test.db 文件,再次输入上述命令,则是打开已有的数据库文件。注意,除了 SQL 命令之外,sqlite3 的命令都是点开始的常用的有:

```
sqlite>.tables              #列出所有的表名
```

```
teacher  test
sqlite>.schema          #给出完整创建表的命令,显示字段的定义
CREATE TABLE test(id text, name text, age integer);
CREATE TABLE teacher(id text, name text);
sqlite>.help            #列出所有的 sqlite 命令帮助
sqlite>.quit            #退出 sqlite
```

在 PyCharm 集成环境中可以直接使用 sqlite,安装一个 Databases 插件就可以了。打开 PyCharm→Settings→Plugins,在搜索栏搜索 Database Navigator,之后单击 Install 按钮,这时将下载并安装这个插件。插件安装后,在主菜单里会出现 DB Navigator 菜单,选择 DB Navigator→Settings 命令。再选择 Connections→＋ 添加 SLQite 数据库,在 Database Files 窗口中单击文件搜索按钮添加安装的 sqlite.db 文件,然后可以单击下方的测试按钮,测试连接是否成功。当成功连接 sqlite 数据库之后,就会在主菜单上出现 DB Navigator 菜单,从中运行 Database Browser,这时在左侧项目管理部分出现了当前连接的数据库的管理界面,右侧编辑窗口成为 SQL 命令输入和运行的可编辑窗口,在其中输入 SQL 脚本,用分号结尾的 SQL 命令,每个命令的左侧会有一个运行的三角按钮,单击即可执行该命令。限于篇幅这里不再截图说明。

9.3.3 sqlite3 模块

Python3 内置了一个唯一的数据库管理接口模块 sqlite3。该模块提供了连接数据库和操作数据库的接口,如连接数据库的 connect 对象,用 SQL 命令操作数据库的游标 cursor 对象等,具体应用步骤如下:

在导入 sqlite3 模块之后,首先要建立数据库的连接(相当于打开数据库),如

```
>>>db = sqlite3.connect("tms.db")
```

然后为数据库创建一个浮标,

```
>>>cur = db.cursor();
```

用浮标可以调用 exectue 或 executemany 方法执行各种 SQL 命令。Python 执行 SQL 命令的方法是把按照 SQL 命令格式创建一个字符串,然后传给 execute 方法。第一个先要执行的 SQL 命令是判断数据库表是否存在,如果存在则删除它,因为下面有创建这个表的执行命令脚本,如果不删除则会引发异常。

```
>>>cur.execute('DROP TABLE IF EXISTS student')
```

接下来就是创建表,即执行 SQL 的 CREATE TABLE 命令,确定表结构。本节问题涉及的数据库表有 5 个:学生表、教师表、课程表、成绩表和教师开课表,分别定义好这些表结构并创建它,例如:

```
>>>sqlco='''create table course(id int primary key, name not null, credit not
null,ctype not null)'''
>>>db.execute(sqlco)     #或者
>>>cur.execute(sqlco)
```

下一步就是往表中插入数据。插入数据可以逐个记录执行插入命令，也可以一次插入多条记录。例如插入多条记录使用下面的方法，

```
>>>sgradeSql = '''insert into sgrade                #注意三引号的用法
               values(?,?,?,?)'''                   #注意命令字符串中的字段值用?占位
>>>courses = [(1,'data structure',3,'professional '),  #注意是元组列表
              (2,'Python programming',3,'elementary'),
              (3,'English speaking',2, 'socialist'),
              (4,'Chinese writing',2,'socialist'),
              (5,'operating system',4,'professional')]
>>>cur.executemany(sgradeSql, sgrades)              #执行多条插入命令,隐藏着循环操作
```

最后执行查询命令：

```
>>>cur.execute('select * from sgrade')              #执行 select 命令
>>>sglist = cur.fetchall()                          #取得查询结果,元组列表
```

遍历元组列表：

```
>>>for i in sglist:
>>>    print(i)
```

本节问题要求建好数据库之后做两个查询，这两个查询的结果字段是分布在多个表中，因此是多表查询，因此查询的命令比较复杂。例如

```
SELECT * FROM student INNER JOIN sgrade ON student.id = sgrade.sid
```

也可以这样写：

```
SELECT * FROM student, sgrade WHERE student.id = sgrade.sid
```

另外不得不提的是，SQLite 数据库表的数据可以直接从 Excel 文件或 CSV 文本文件导入。假设本节的学生表的数据事先已录入到 Excel 表中，可以先把它另存为 CSV 格式的文件，然后使用 Python 的 csv 模块读入数据，得到数据记录的元组列表，参考 9.2.1 节，然后采用插入多条记录的 executemany 方法把它们插入到学生表中。具体代码略，读者可以把它作为一个作业自行练习一下。

小结

本章从程序的数据（原始数据、运行结果）持久存储的角度引出了文件的概念。Python 语言的文件为字节流。对文件的操作就是对字节流的操作，包括打开、关闭和读写操作。文件的打开方式或者读写方式是有格式的，一种是文本格式，另一种是二进制格式。文本格式的数据把数据转换成对应的 ASCII 字符进行读写，而二进制格式是数据的二进制表示直接读写，没有转换的过程。对于文本格式，Python 语言可以通过格式化字符串、CSV 格式等方式实现。JSON 提供了格式化读写操作，Python 通过扩展模块 pickle、struct 实现二进制格式读写。

本章还讨论了 Python 数据库数据的持久存储的方法，讨论了关系数据库的概念、SQL

语言、SQLite 数据库管理系统,以及 Python sqlite3 模块。

你学到了什么

为了确保读者已经理解本节内容,请试着回答以下问题。如果在解答过程中遇到了困难,请回顾本节相关内容。

1. 什么是文件? 文件的绝对路径和相对路径有什么不同?
2. Python 语言文件有什么特点?
3. Python 语言中的文本文件和二进制文件有什么不同?
4. Python 语言文件操作的基本步骤如何?
5. Python 语言格式化读写文件的函数是什么?
6. Python 语言块读写文件的函数是什么?
7. Python 语言的文件缓冲机制起什么作用?
8. 标准输入流和标准输出流是指什么?
9. 文件的二进制读写以什么为单位?
10. 文件的文本格式读写的是什么?

程序练习题

注意:由于 ACM OnlineJudge 不支持文件操作,所以本章的题目——数据的文件输入与输出不能在线评测,但是可以采用输入输出重定向。作业仍然要通过网络在线提交。

1. 文件版的平面上点之间的距离

问题描述:

给定平面上的若干个点,设最多不超过 10 个点,求出各个点之间的距离。每个点用一对整数坐标表示,限定坐标在[0, 0]~[10,10]内,如果输入数据超出范围则提示"out of range,try again!",输出点与点之间的距离。要求输入输出均使用文本格式的文件。

输入样例:

```
4
2 3
1 7
4 6
9 3
```

输出样例:

```
0.0 4.1 3.6 7.0
4.1 0.0 3.2 8.9
3.6 3.2 0.0 5.8
7.0 8.9 5.8 0.0
```

2. 文件版的最大最小值

问题描述：

写一个程序，可以求任意一组整数的最大值和最小值。是多少个整数求最大、最小值，在程序运行时由用户动态确定，这里由文件中的第一行确定，第一行有一个数是整数的个数。接下来若干行具体的整数，可以每行 5 个或 10 个整数，每个整数之间一个空格。文件格式采用文本格式。

输入样例：

```
10
1 2 3 4 5 6 7 8 9 3
```

输出样例：

```
9 1
```

3. 文件版的求学生成绩平均值

问题描述：

某教师承担了某个班的教学工作，在一次测试之后，教师通常要把学生的成绩录入到计算机中保存起来，然后计算他所教的班级的学生该课程的平均成绩值。试给教师写一个程序完成这样的工作。建议采用 CSV 格式建立文件，使用 csv 模块进行读写。

输入样例：

```
65 65 65
```

输出样例：

```
3 65.0
```

4. 使用 pickle 模块进行二进制文件的 I/O

问题描述：

教师在每个学期期末的时候都要录入相关课程的成绩单，并进行相关的统计，成绩单的格式是一行一个学生的成绩，包括平时成绩、期中成绩、期末成绩、总评成绩。总评成绩是通过平时成绩、期中成绩、期末成绩按一定的百分比加权平均的结果，如平时 20%，期中 30%，期末 50%。写一个程序建立某门课程成绩的二进制文件，学生人数不限。另外，再实现把该二进制文件加载到内存，打印包含全班平时成绩、期中成绩、期末成绩、总评成绩的平均值的成绩单。

输入样例：

```
input grades please: Ctrl-Z or Ctrl-D to finish
77 88 99
66 88 65
89 66 90
```

输出样例：

```
1  77     88     99     91.3
2  66     88     65     72.1
3  89     66     90     82.6
   77.3   80.7   84.7   82.0
```

5. 使用 struct 模块对学生成绩结构进行读写

问题描述：

写一个函数 save 把学生成绩对象数据保存为一个文件 data5.dat，再写另一个函数 load 加载已经保存在某一文件中的学生成绩对象数据并测试。

输入样例：

```
input grades please: Ctrl-Z to finish
aaaaaaaaa 001 78 56 66
bbbbbbbbb 002 89 78 76
ccccccccc 003 99 88 90
ddddddddd 004 99 77 93 ^Z
```

输出样例：

```
aaaaaaaaa 001 78 56 66 65.4
bbbbbbbbb 002 89 78 76 79.2
ccccccccc 003 99 88 90 91.2
ddddddddd 004 99 77 93 89.4
```

6. 自制英文学习词典

问题描述：

设计一个界面，包括两个 Entry 构件，一个输入英文单词，另一个输入该单词的词意（可以是英文，也可以是中文），还有一个 add 按钮，单击 add 之后单词加入到词典文件中。要求词典中已经加入的单词就不在加入了，这时可以弹出信息框，报告单词已经存在。当加入的是一个新词，也弹出信息框，反馈添加成功。

项目设计

1. 统计文件中的字符数

问题描述：

统计文件中的字符个数。可以分两种情况处理。

(1) 指定的英文文件，如 helloworld.py。

(2) 从网页中获得的英文文件。可以使用 Python 内置的模块 urllib.request 中的 urlopen 直接打开一个网站，这就是简单的网络爬虫，例如：

```
import urllib.request as ur
infile = ur.urlopen("http://www.baidu.com")
htmlstr = infile.read()
```

接下来再从 htmlstr 获得字符信息。如果有需要还可以获得其他信息。

(3) 这个问题可以扩展为统计文件中的单词数，这又分中文和英文，对于英文相对比较容易，如果所有的单词直接都是空格隔开的，只需使用 split 按空格分割成列表，然后再统计单词。为此可以把所有的非字母字符先替换为空格。如果是中文文章，怎么分词呢？这个问题比较复杂，可以使用 jieba 模块（需要单独安装）的 cut 函数进行中文分词。同样得到单词列表之后再进行统计。

2. 具有 GUI 界面的通讯录 addressBook

问题描述：

设计一个 GUI，用于显示或输入通讯录对象 address，该对象包含姓名、电话、专业、年级、班级、QQ、Wechat、家庭住址等属性信息，在界面中除了一些标签 Label 和输入框 Entry 之外，还有一个按钮 add，它用于把当前的输入信息形成一个对象 address，写到对应的 address.dat 文件中。此外还有翻页按钮，如 next、previous、first、last 等。

实验指导

CHAPTER 第 10 章

数据分析与可视化——数组程序设计

学习目标：

- 了解数据分析和数据可视化的概念及重要意义。
- 理解 NumPy 模块和 Pandas 模块的基本计算特征。
- 了解数据可视化模块 matplotlib 的基本用法。

数据分析是大数据时代非常热门的话题之一，它是指用适当的统计分析方法对收集来的大量数据进行分析，为提取有用信息和形成有用的结论而对数据加以详细研究和概括总结的过程。数据分析一般经历"数据需求分析、数据获取、数据预处理、分析建模、数据展示与应用"的基本流程。大数据之所以广泛应用于各行各业，主要原因是人们通过数据分析的手段能够从中发现和挖掘出用于指导管理和决策的有用信息，特别是随着人工智能、物联网和互联网的发展，数据分析的方法也越来越强大。本章的目的是通过几个比较典型的问题，初步介绍一下数据分析与可视化的基本内容。更加深入的内容，还需要在后续课程中进一步学习，本章讨论下面几个问题。

- 速度计算问题。
- 鸢尾花统计问题。
- 运动员信息分析。
- 文本数据分析。

10.1 速度计算问题

问题描述：

假设有一个全民健身的走步活动，有 20 人参加，每个人报告了他所走的距离和所用的时间，写一个程序计算每个人走步的速度，并绘制出它们所走的距离、时间和速度的折线图，以及直方图，加以比较，如图 10.1 所示。20 人走的距离和所用的时间可以采用随机方法产生。

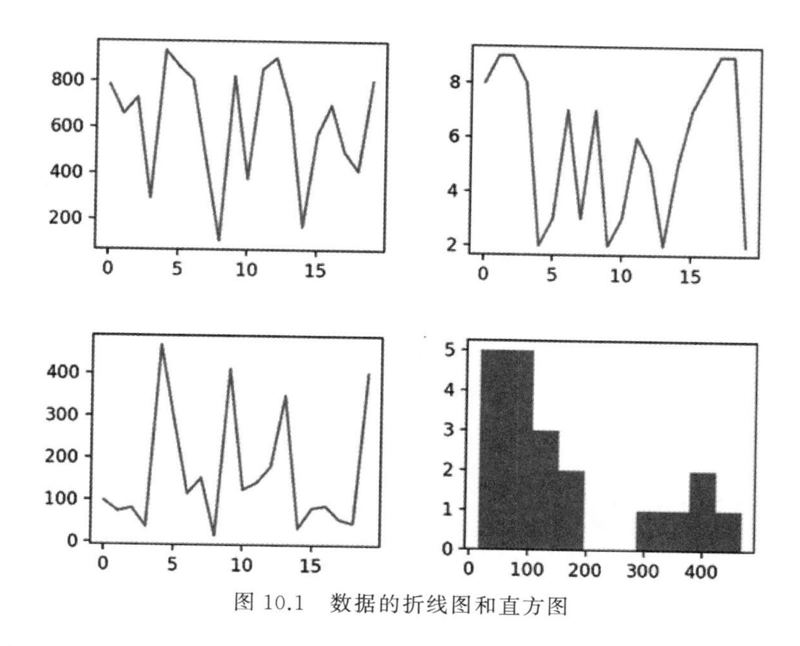

图10.1 数据的折线图和直方图

输入样例：

```
[784 659 729 292 935 863 807 459 109 823 377 854 904 699 170 572 700 496
414 805]                                                  #随机产生的距离
[8 9 9 8 2 3 7 3 7 2 3 6 5 2 5 7 8 9 9 2]                  #随机产生的时间
```

输出样例：

```
[ 98.     73.22  81.     36.5   467.5  287.67 115.29 153.    15.57 411.5
125.67 142.33 180.8   349.5   34.     81.71  87.5   55.11  46.    402.5 ]
```

问题分析：

这个问题直接用Python求解不难，用一个循环产生若干个随机整数，形成两个列表表示的一维序列dis和times，再用一个循环，用两个列表元素计算速度，形成一个速度列表，这两个循环可以合并，这是最容易想到的方法。还可以采用列表推导式/解析式更加简捷地得到速度列表。具体实现如下。

程序清单10.1

```
1   #@File: velocity.py
2   #@Software: PyCharm
3
4   import random
5   random.seed(0)
6
7   sampleNumber = 20
8   dis = []
9   times = []
10  for i in range(sampleNumber):
```

```
11        dis.append(random.randint(100,1000))
12        times.append(random.randint(2,10))
13
14    print(dis)
15    print(times)
16
17    vs = []
18    for i in range(sampleNumber):
19        vs.append(round(dis[i]/times[i],2))
20
21    print(vs)
22
23    #vs2 =[round(d/t,2) for (d,t) in zip(dis,times)]      #采用列表推导式
24    vs2 =[round(d/t,2) for d,t in zip(dis,times)]          #采用列表推导式
25
26    print(vs2)
27
```

直接用 Python 实现的特点是,需要对列表元素逐个进行重复运算,比较麻烦。本节要处理的是一维序列的数据计算问题,序列的元素都是同类型的,这是数据分析中最常见的数据类型之一。Python 的扩展库 NumPy 是专门针对数组计算的数值计算库,这个库的主要数据类型就是数组,注意不是列表,使用 NumPy 库,而且使用 NumPy 计算数组不需要循环。最后使用 matplotlib 库绘制原始数据时间、距离和计算结果速度的折线图,以及速度的直方图,绘图结果如图 10.1 所示。具体实现见程序清单 10.2。

算法设计:

① 导入 NumPy 库。

② 使用 NumPy 库产生两个随机数数组。

③ 使用 NumPy 的通用运算直接得到速度。

④ 导入 matplotlib 库绘制原始数据和计算结果的图形。

程序清单 10.2

```
1    #@File: velocityNumpPlot.py
2    #@Software: PyCharm
3    import random
4    sampleNumber = 20
5    import numpy as np
6    import matplotlib.pylab as plt
7    np.random.seed(0)
8    dis = np.random.randint(100,1000,sampleNumber)    #产生多个随机数组成的数组对象
9    times = np.random.randint(2,10,sampleNumber)
10   print(dis)
11   print(times)
12
13   va = dis/times                          #这里的数组运算,自动到元素级
```

```
14 plt.subplot(2,2,1)
15 plt.plot(dis)                    #在第一个子图窗口绘制距离折线图
16 plt.subplot(2,2,2)
17 plt.plot(times)                  #在第二个子图窗口绘制时间折线图
18 plt.subplot(2,2,3)
19 plt.plot(va)                     #在第三个子图窗口绘制速度折线图
20 plt.subplot(2,2,4)
21 plt.hist(va)                     #在第 4r 个子图窗口绘制速度直方图(不同速度值的频率)
22 plt.show()
```

10.1.1 NumPy 库

NumPy(Numerical Python)是 Python 的一种开源的数值计算扩展库,它是 2005 年发行的。这种工具可用来存储和处理大型一维(向量)和二维数组(矩阵),它比直接用 Python 的列表或嵌套列表表示要高效得多,并且针对数组运算提供了大量的数学函数库,极大地简化了向量和矩阵的处理过程,为数据分析、机器学习和科学计算等带来了极大的便利。

NumPy 提供了一个 N 维数组类型 ndarray,它描述了相同类型的 items 的集合,并且它存储数据的时候,相邻数据元素的地址也是连续的,而 Python 列表中的元素类型可以是任意的,每个列表元素都是对象的引用,所以它只能通过寻址方式找到下一个元素,图 10.2 给出了数组和列表的不同存储方式,显然,Python 的列表比 NumPy 的数组效率要低。此外,NumPy 的 ndarray 的连续存储方式还可以使其省掉循环语句,代码使用方面比 Python 的 list 简单得多。NumPy 还内置了并行运算功能,当系统有多个 CPU 时,做某种计算时,会自动并行计算。NumPy 的底层是使用 C 语言编写的,在数组中直接存储数组元素对象,而不是存储对象指针,所以其运算效率远高于纯 Python 代码。

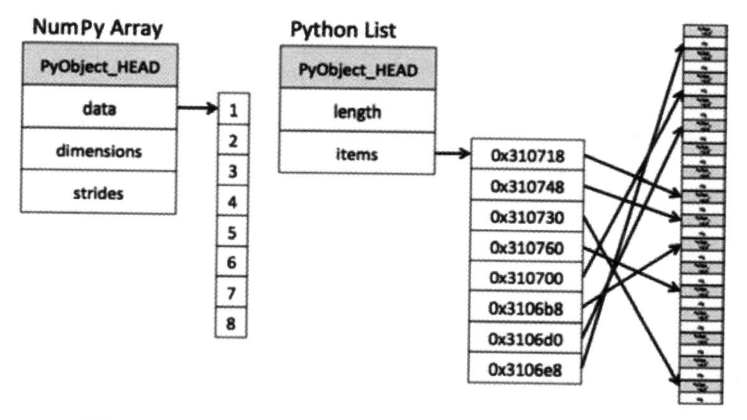

图 10.2 Python 列表和 NumPy 数组的内存映像的不同

下面举几个例子,让大家感受一下。首先是创建数组非常便捷,使用 array 函数可以直接把列表和元组转换为 numpy.ndarray 类型。

```
>>>import numpy as np
>>>d1=[1,2,3,4]
```

```
>>>a1=np.array(d1)            #或者直接 array([1,2,3,4])
>>>a1
array([1, 3, 3])
>>>print(a1)                  #print 输出的形式也是列表
[1,2,3,4]
>>>type(a1)                   #但类型已不是列表
<class 'numpy.ndarray'>
```

还有一个类似 range 的函数 arange,可以指定起始值、终值和步长,例如:

```
>>>warray=np.arange(0,1,0.2)
>>>print(warray)
[0.  0.2 0.4 0.6 0.8]
```

利用 linspace 函数创建等差数列的数组:

```
>>>np.linspace(0,1,5)
array([0.  , 0.25, 0.5 , 0.75, 1.  ])
```

利用 logspace 创建等比数列的数组:

```
>>>np.logspace(0,1,5)
array([ 1.        ,  1.77827941,  3.16227766,  5.62341325, 10.        ])
```

生成随机整数数组:

```
>>>np.random.randint(100,200,size = (2,4)) #2 行 4 列的
array([[114, 133, 142, 142],
       [194, 168, 106, 182]])
```

生成[0,1]之间的随机小数的数组:

```
>>>np.random.rand(4,2)        #四行二列的
array([[0.76360558, 0.84300972],
       [0.63178801, 0.19421816],
       [0.24864138, 0.01798585],
       [0.8226529 , 0.39511637]])
```

等等。

数组元素的访问离不开索引和切片,这与列表的操作类似,这里就不举例了。本节问题所应用的**最重要的特征就是数组之间的很多运算到元素级**,如算术四则运算、关系运算、条件运算等。这里限于篇幅就不展开了。

10.1.2 matplotlib 库

matplotlib 是 Python 的绘图库。它可与 NumPy 一起使用,可以绘制多种形式的图形,包括线图、直方图、饼图、散点图等,图形质量满足出版要求,是数据可视化的重要工具。matplotlib 中应用最广的是 matplotlib.pyplot 模块。Pyplot 提供了一套和 MATLAB(MATLAB 是美国 MathWorks 公司出品的商业数学软件)类似的绘图 API,使得 matplotlib 的机制更像 MATLAB。我们只需要调用 Pyplot 模块所提供的函数就可以实现

快速绘图并设置图表的各个细节。pyplot 导入的惯例如下：

```
>>>import matplotlib.pyplot as plt
```

图 10.1 中包含了 4 张子图，分别用 subplot(2,2,?)来激活子图，? 处分别为 1,2,3,4。在每张子图上绘制折线图时，x 轴的值可以用默认的 y 值的编号。图中子图 1,2,3 均省略了 x 轴的值。直方图是给定序列中某个值的频率图，如速度直方图，0 到 100 之间的最多，即大多数人的速度都在这个范围内，而 200 到 300 之间的几乎没有。绘制折线图使用的是 plot 函数，而直方图用的是 hist 函数，还有其他的图形绘制函数，这里就不展开了。

10.2　鸢尾花数据统计

问题描述：

鸢尾花(Iris)是单子叶百合目花卉，鸢尾花数据集是在机器学习领域里非常著名的数据集。数据中的两类鸢尾花记录结果是在加拿大加斯帕半岛上，于同一天的同一个时间段，使用相同的测量仪器，在相同的牧场上由同一个人测量出来的。这是一份有着 70 年历史的数据，详细数据集可以在 UCI 数据库中找到。鸢尾花数据集共收集了三类鸢尾花，即 Setosa 鸢尾花、Versicolour 鸢尾花和 Virginica 鸢尾花，每一类鸢尾花收集了 50 条样本记录，共计 150 条。数据集包括 4 个属性，分别为花萼(花冠外面的绿色被叶)的长、花萼的宽、花瓣的长和花瓣的宽。这里对这个数据集做一个初步的探索性(或者叫描述性)统计分析，即给出某个属性的平均值、方差、最大值、最小值等，并使用折线图、直方图、散点图直观地认识这些数据。

输入样例：

加载鸢尾花的 CSV 格式的文件

输出样例(如图 10.3 所示)：

花瓣长度的折线图，并在左上角标有平均值和标准差
花瓣长度的折线图和直方图
花萼的宽和长的散点图

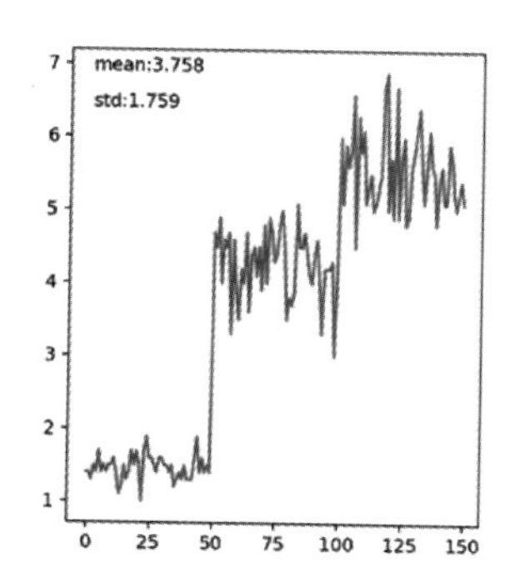

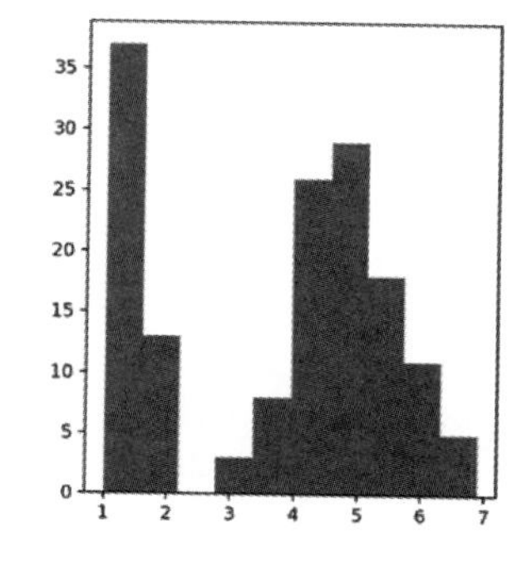
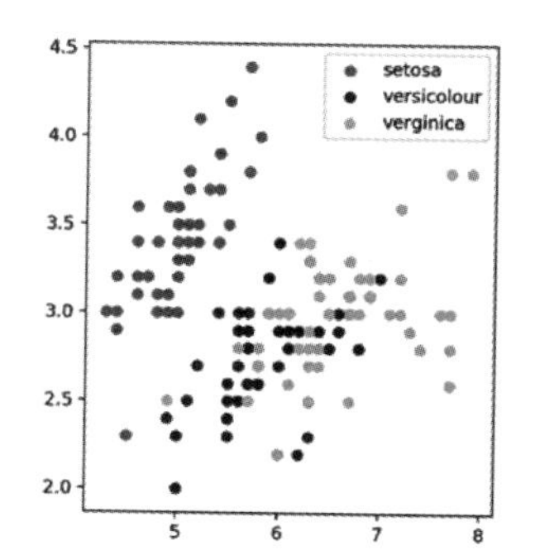

图 10.3　鸢尾花花瓣长度折线图、直方图及花萼宽和长的散点图

问题分析：

本问题的数据来源于 CSV 格式的文件，因此首先导入 csv 模块，用 csv.reader 读入。由

于表格的首行是列名，首列是编号，所以要把它们去掉。首先跳过第一行，然后把每一行都加到一个列表中，然后再次遍历列表去掉第一列，同时把每一行变成一个元组，形成一个元组列表，因为只有元组才可以应用自定义的、每列有一个名字的结构类型。接下来就是自定义一个类型，用 NumPy 中的 dtype 按照数据列的内容定义列名为 Sepal.Length、Sepal.Width、Petal.Length、Petal.Width、Species 的结构数据类型 datatype。然后才可以方便地按列取出数据，当然还可以有其他方法，分离每列的数据，读者可以尝试其他方法。接下来就可以以列名为键，以每列的数据为键值取出各列数据了。按照问题的要求，先取出了 Petal.Length，求出了它的均值、方差，并绘制折线图和直方图。然后取出花萼的宽度和长度，绘制散点图。

算法设计：

① 加载数据，去掉首行和首列。

② 以每行构成的元组为元素构造列表。

③ 把每列的键作为结构类型的成员定义新类型。

④ 用键访问它的值——每列的数据。

⑤ 进行统计计算。

⑥ 绘制图形。

程序清单 10.3

```
1   #@File: basicDataAnalysis.py
2   #@Software: PyCharm
3
4   import  numpy as np
5   import csv
6   import matplotlib.pyplot as plt
7
8   iris_data = []
9   with open("iris.csv") as csvfile:
10      csv_reader = csv.reader(csvfile)
11      birth_header = next(csv_reader)                #跳过第一行每一列的标题
12      for row in csv_reader:
13          iris_data.append(row)
14  iris_list = []                                     #元组列表
15  for row in iris_data:
16      iris_list.append(tuple(row[1:]))               #去掉第一列的编号,从第二列开始
17  datatype = np.dtype([("Sepal.Length", np.str_, 40),
18                       ("Sepal.Width", np.str_, 40),
19                       ("Petal.Length",np.str_, 40),
20                       ("Petal.Width", np.str_, 40),
21                       ("Species",np.str_, 40)])
22  iris_data = np.array(iris_list,dtype = datatype)  #创建数组
23  #取出 Petallength 一列,并把字符串转换为 float
24  PetalLength =iris_data["Petal.Length"].astype(float)
25  print(PetalLength)
```

```
26 np.sort(PetalLength)                                    #排序
27 res = np.unique(PetalLength)                            #去重,可以看出长度的变化
28 print(res)
29 #利用 NumPy 统计分析:求出和、累积和、均值、标准差、方差、最小值、最大值
30 print(np.sum(PetalLength),np.mean(PetalLength), '\n',
31       np.var(PetalLength),np.std(PetalLength), '\n',
32       np.min(PetalLength),np.max(PetalLength))
33 #可视化结果
34 plt.subplot(1, 2, 1)
35 plt.plot(PetalLength)                                   #折线图
36 mstr='mean:' +str(round(np.mean(PetalLength),3))
37 stdstr='std:'+str(round(np.std(PetalLength),3))
38 plt.text(1,np.max(PetalLength),mstr)
39 plt.text(1,np.max(PetalLength)-0.5,stdstr)
40
41 plt.subplot(1, 2, 2)
42 plt.hist(PetalLength)                                   #直方图
43
44 plt.show()
```

10.2.1　NumPy 的自定义类型和类型转换

NumPy 中最重要的特点就是它的 ndarray 对象。在 NumPy 中,创建的同类型数据的一维、二维、多维数组都是 ndarray 对象,ndarray 对象的属性有表示维度的 ndim,表示每个维度上数组的大小的元组 shape,表示数组元素总个数的 size,表示数组元素类型的 dtype,还有数组中每个元素的字节大小 itemsize 等。能作为数组元素类型的 dtype 很多,如表 10.1 所示。

表 10.1　常见的 NumPy 内置的 dypte 数据类型

类　型	说　明
bool_	布尔型数据类型(True 或者 False)
int_	默认的整数类型(类似于 C 语言中的 long,Int32 或 Int64)
intc	与 C 的 int 类型一样,一般是 Int32 或 Int64
intp	用于索引的整数类型(类似于 C 的 ssize_t,一般情况下仍然是 Int32 或 Int64)
int8	字节(−128～127)
int16	整数(−32768～32767)
int32	整数(−2147483648～2147483647)
int64	整数(−9223372036854775808～9223372036854775807)
uint8	无符号整数(0～255)
uint16	无符号整数(0～65535)

续表

类　型	说　明
uint32	无符号整数(0～4294967295)
uint64	无符号整数(0～18446744073709551615)
float_	float64 类型的简写
float16	半精度浮点数,包括 1 个符号位,5 个指数位,10 个尾数位
float32	单精度浮点数,包括 1 个符号位,8 个指数位,23 个尾数位
float64	双精度浮点数,包括 1 个符号位,11 个指数位,52 个尾数位
complex_	complex128 类型的简写,即 128 位复数
complex64	复数,表示双 32 位浮点数(实数部分和虚数部分)
complex128	复数,表示双 64 位浮点数(实数部分和虚数部分)

每种数据类型都有一个特征码,如表 10.2 所示。

表 10.2　内置 NumPy 类型的特征码

特征码	对 应 类 型	特征码	对 应 类 型
b	布尔型	M	datetime(日期时间)
i	(有符号) 整型	O	(Python) 对象
u	无符号整型	S, a	(byte-)字符串
f	浮点型	U	Unicode
c	复数浮点型	V	原始数据 (void)
m	timedelta(时间间隔)		

数据类型对象 dtype 用来描述与数组对应的内存区域是如何使用的,具体表现在下面几个方面:

① 数据的类型(整数、浮点数或者 Python 对象);

② 数据的大小(例如,整数使用多少个字节存储);

③ 数据的字节顺序(小端法或大端法);

④ 在结构化类型的情况下,字段的名称、每个字段的数据类型和每个字段所取的内存块的部分;

⑤ 如果数据类型是子数组,则描述它的形状和数据类型。

dtype 实际上是数据类型对象类,表 10.1 中列出的都是它的实例。我们可以利用它创建自己的数据类型对象。例如:

```
>>>dt=np.dtype('int32')   #使用内置类型名,创建了一个数据类型实例 dt
>>>dt
dtype('int32')
dtype('S10')
```

```
>>>dt = np.dtype('>i4')    #使用特征码,加字节数,字节序,4 字节的整数,大端存储
>>>dt
dtype('>i4')
```

下面是自定义的结构类型 student，它包含 3 个字段，name 字段是 20 字节的字符，age 是 1 字节的整型，marks 是 4 字节的浮点型：

```
>>>student = np.dtype([('name','S20'), ('age', 'i1'), ('marks', 'f4')])
>>>student
dtype([('name', 'S20'), ('age', 'i1'), ('marks', '<f4')])
```

创建两个学生组成的数组：

```
>>>a = np.array([('abc', 21, 50),('xyz', 18, 75)], dtype = student) >>>print(a)
[(b'abc', 21, 50.) (b'xyz', 18, 75.)]
```

一个数据类型可以通过 astype 方法转换为其他类型，如把数字字符串转换为 float：

```
PetalLength =iris_data["Petal.Length"].astype(float)
```

10.2.2 NumPy 支持的描述性统计

描述性统计是最基本的统计，它包括求最大值、最小值、均值、方差等，NumPy 支持的常用的描述性统计函数如表 10.3 所示。

表 10.3　NumPy 常用的统计函数

函　数	说　明
sum	计算数组中的和
mean	计算数组中的均值
var	计算数组中的方差
std	计算数组中的标准差
max	计算数组中的最大值
min	计算数组中的最小值
argmax	返回数组中最大元素的索引
argmin	返回数组中最小元素的索引
cumsum	计算数组中所有元素的累计和
cumprod	计算数组中所有元素的累计积

例如：

```
>>>a = np.random.randint(100,200,size = (4,4))
>>>a
array([[102, 107, 130, 149],
       [100, 129, 135, 108],
       [120, 198, 186, 139],
```

```
        [189, 101, 148, 125]])
>>>a.max(axis=1)          #每行的最大值
array([149, 135, 198, 189])
>>>a.min(axis=0)          #每列的最小值
array([100, 101, 130, 108])
>>>a.mean(axis=1)         #每行的均值
array([122.  , 118.  , 160.75, 140.75])
```

10.3 运动员信息分析

问题描述：

有一份国家运动员的基本信息表，其中包括各个比赛项目的男女运动员。现在要求对这份信息表做下面的几项统计分析：首先从表格中把篮球队员分出来，然后再按姓名划分为两组。

(1) 统计男女篮球运动员各自平均年龄、平均身高和平均体重；

(2) 统计男篮运动员的年龄、身高和体重的极差；

(3) 统计篮球运动员的体质指数(BMI 值)，并可视化，绘制出折线图和直方图，如图 10.4 所示。

输入样例：

```
从文件 mysports.csv 读入数据
```

输出样例：

```
平均值
女    28.000000   189.600000   77.900000
男    25.272727   205.090909   97.727273

极差
年龄(岁)           9
身高(cm)           40
体重(kg)           36
编号               BMI
0                  23.190497
2                  21.604938
16                 22.750000
23                 23.299800
28                 23.057726
35                 21.038790
42                 21.701389
48                 21.925926
54                 22.343516
73                 21.380993
101                19.840759
```

```
102            21.329640
106            25.770399
116            20.811655
124            24.019565
155            24.906875
161            21.208408
175            20.174563
176            24.029220
177            22.498174
178            24.963018
```

问题分析：

本问题还是 CSV 格式的数据，因此完全可以按照 10.2 节的解决方案来解决。但是 NumPy 处理二维表格数据时还是有一定的局限性，为了用列名访问列的数据，我们定义了具有结构特点的数据类型，还是比较麻烦的。由于这类二维表格数据的处理非常普遍，所以出现了 Pandas 扩展模块，它提供了非常便捷的行索引和列索引方式，特别提供了简洁的分组函数和聚合计算函数。所以本问题采用 Pandas 模块进行求解。Pandas 还提供了其他非常方便的功能，在本方案中有所展现。更多的内容请大家进一步查看官方文档或其他参考书。图 10.4 是男篮运动员的身体健康指数折线图和直方图。

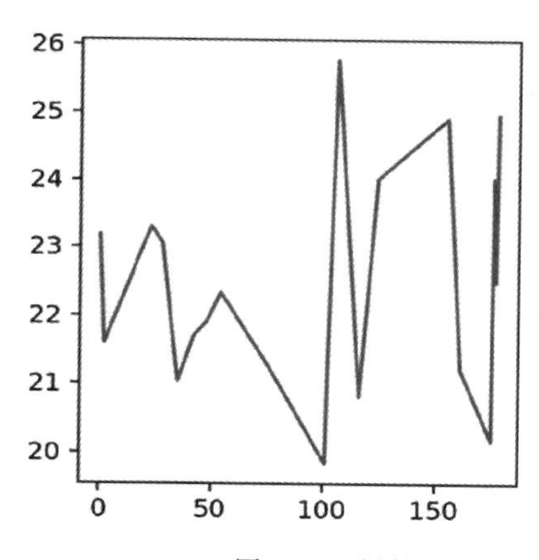

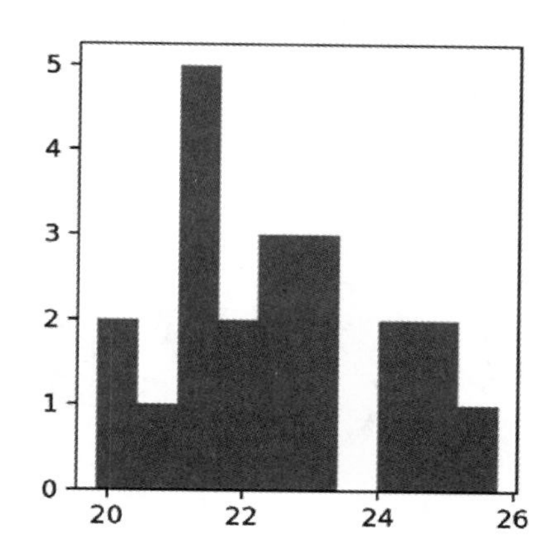

图 10.4　男篮运动员的身体健康指数折线图和直方图

算法设计：

① 用 Pandas 从文件中加载原始的 CSV 格式的数据，得到一个 DataFrame 对象。
② 使用 Pandas 的分组方法按“项目”进行分组，注意分组对象的组名为键。
③ 把分组对象按组名定义字典，从中提取出“篮球”运动员信息。
④ 再对篮球队员按性别分组，求得男女队员的年龄、身高、体重的平均值。
⑤ 再从性别分组中取出男篮队员信息。
⑥ 统计男篮队员的年龄、身高、体重的极差。
⑦ 最后计算所有篮球队员的 BMI 指数。

程序清单 10.4

```
1   #@File: basketBallAnalysis.py
2   #@Software: PyCharm
3
4   import numpy
5   import pandas as pd
6   import matplotlib.pyplot as plt
7
8   f1 = open('mysports.csv')
9   df = pd.read_csv(f1)
10
11  data_group = df.groupby('项目')                    #按项目分组
12  df_basketball = dict([x for x in data_group])['篮球']   #取出篮球队员信息
13
14  groupby_sex = df_basketball.groupby('性别')  #再按性别分组
15  print(groupby_sex.mean())                     #男蓝和女蓝队员的平均值,针对数值列
16
17  baseketball_male = dict([x for x in groupby_sex])['男']   #把男队员信息取出
18
19  def range_data_group(arr):                    #自定义一个求极差的函数
20      return arr.max()-arr.min()
21  #使用聚合方法 agg 把自定义函数作用于分组数据上,求男篮队员的年龄、身高、体重的极差
22  print(baseketball_male.agg({'年龄(岁)':range_data_group,
23                              '身高(cm)':range_data_group,
24                              '体重(kg)':range_data_group}))
25
26  df_basketball['体质指数'] = 0
27  #定义计算 BMI 值的函数
28  def outer(num):                               #对数据 num 所在的行,求 sum_bmi
29      def ath_bmi(sum_bmi):
30          weight = df_basketball['体重(kg)']    #获得体重列
31          height = df_basketball['身高(cm)']    #获得身高列
32          sum_bmi =  weight / (height/100)**2  #注意这里是对应元素按行计算
33          return num + sum_bmi                  #逐个元素相加,即 0+计算的结果
34      return ath_bmi
35

36  all_bmi = df_basketball['体质指数']
37  #把闭包的内嵌函数施加到体质指数一列
38  df_basketball['体质指数'] =
    df_basketball.apply(outer(all_bmi))
39

40  print(df_basketball['体质指数'])
41
```

```
42 plt.subplot(1,2,1)
43 plt.plot(df_basketball['体质指数'])                    #绘制体质指数折线图
44 plt.subplot(1,2,2)
45 plt.hist(df_basketball['体质指数'])                    #绘制体质指数直方图
46 plt.show()
47
```

10.3.1 Pandas

Pandas 是 Python 的一个数据分析包，最初由 AQR Capital Management 于 2008 年 4 月开发，并于 2009 年底开源出来，目前由专注于 Python 数据包开发的 PyData 开发团队继续开发和维护，属于 PyData 项目的一部分。Pandas 最初被作为金融数据分析工具而开发出来，因此，Pandas 为时间序列分析提供了很好的支持。Pandas 的名称来自面板数据(panel data)和 python 数据分析(data analysis)，其中 panel data 是经济学中关于多维数据集的一个术语，在 Pandas 中除了基本的 Series 和 DataFrame 类型之外，也提供了 Panel 类型。

Pandas 是基于 NumPy 的一种工具，该工具是为了解决数据分析任务而创建的。Pandas 提供了能快速便捷地处理大型数据集的函数和方法，它是使 Python 成为强大而高效的数据分析环境的重要因素之一。

Pandas 的数据类型有 3 个，Series(一维的单列数据)，DataFrame(二维的多列数据)和 Panel(三维的数据)。与二维表格数据对应的就是 DataFrame 类型。每个 DataFrame 可以有行索引，又有列索引，它的每一列是一个列名做键，列元素做值的键值对。所以整个 DataFrame 可以看成一个字典。因此，对它的操作十分便捷。

Pandas 的分组 groupby、应用 apply 或聚合 aggregate、联合 combine 是典型数据分析动作，如图 10.5 所示。

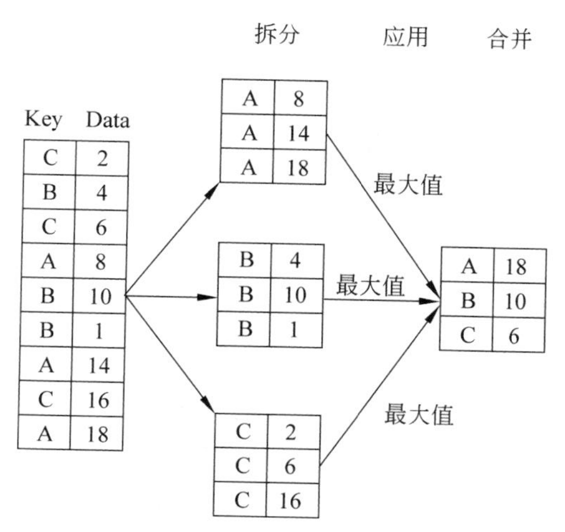

图 10.5　Pandas 分组(拆分)-聚合(应用)-合并

本节问题的求解先对运动员数据按照“项目”这个 key 列进行了分组，把相同项目的运动员划分到一个组中。如果想查看分组的结果，可以用一个循环遍历每个分组，因为它是由项目名称和改组数据的键值对组成的元组序列，例如程序清单 10.4 中的第 11 行得到的分组对象 data_group 就是可迭代的元组序列。

Pandas 中的聚合就是要把某个函数作用于分组的元素上，例如 mean(均值)、sum、max、min、median(中位数)、std(标准差)、var(方差)等，或者使用 describe(列出一组描述性常用统计的结果)，如程序清单 10.4 中的第 15 行使用了 mean。也可以自己定义需要的函数，这时就要借助 agg 函数把自定义的函数传给分组元素。如程序清单 10.4 中的第 19 和第 20 行定义了求某列极差的函数 range_data_group，把它作为函数的参数传给 agg 函数，见第 22 行的代码。对于自定义的函数，也可以类似地通过 apply 函数把一个函数作用于分组对象上，作用的方向默认按行的方向逐列进行，也可以按列逐行进行。本节的问题中求运动员的健康指数 BMI，就是每行的身高和体重按公式进行计算，这个对应计算在自定义函数中体现出来了。再看一个小例子：

```
1   #@File: applyrow.py
2   #@Software: PyCharm
3   import pandas as pd
4   a=range(5)
5   b=range(5,10)
6   c=range(10,15)
7   data=pd.DataFrame([a,b,c]).T              #转置
8   data.columns=["a","b","c"]                #设置列标签
9   print(data)
10  data["x1"]=data[["a","b"]].apply(lambda x:x["a"]+x["b"],axis=1)
11  print(data)
```

这里的 lambda 函数要和 axis＝1 结合才能体现每行的元素计算。

10.3.2 闭包

在程序清单 10.4 的第 28 行到第 34 行，有一个非常不一样的函数，它是嵌套定义的，即函数定义中还有另一个函数定义。这到底是干什么呢？先问一个问题，函数跟数据(对象)之间怎么关联(共享，绑定)起来，有几种方式？有一种方式是把数据定义在函数的外部，做成全局变量，见下面的程序清单 10.5。

程序清单 10.5

```
1   #@File: closureTest.py
2   #@Software: PyCharm
3
4   ''' method 1 :global variable and a function '''
5   mylist = [1,2,3]                          #全局变量
6   def make_average1(new_value):
7       mylist.append(new_value)
8       total = sum(mylist)
9       average = total / len(mylist)
10      return average
11  av = make_average1(4)                     #调用函数，在函数内引用全局变量
```

```
12 print("1:",av)
13 print(mylist)                          #全局变量,不够安全,可以轻易访问(修改,显示)
```

怎么让它更加安全一点,面向对象一点?你可能想到定义一个类,数据成员和函数封装到一起,这是很好的选择。但是只有一个函数封装成一个类,有点大材小用的感觉。Python 允许函数定义嵌套,满足一定条件的嵌套定义的函数——闭包,就可以实现像封装成类的效果那样,继续上面的代码:

```
14
15 '''method 2 :closure and free variables'''
16
17 def make_average():                  #闭包函数的外层
18     mylist2 = [1,2,3]                #自由变量——对于内嵌函数而言
19     def aver(new_value):             #内嵌的函数
20         mylist2.append(new_value)
21         total = sum(mylist2)         #注意在内嵌函数中要引用外层函数中的变量值
22         average = total / len(mylist2)
23         return average
24     return aver                      #注意这里返回一个函数,内嵌函数的名字
25 avg=make_average()
26 av2 = avg(4)                         #还可以反复使用,计算其他值与闭包中的值的平均值
27 print("2:",av2)
28 #print( mylist2 )                   #这里不能访问闭包中的自由变量了
```

注意一下第 25 行的调用语句,当调用返回时,按照通常的函数调用的规则,到第 26 行时,函数 make_average 函数中的变量 mylist2 的生命期已经结束,或者说已经离开它的作用域,就释放掉了。但现在不然,第 26 行的 av2 使用了 avg,avg 是内嵌的函数 aver,发现这时 mylist2 依然存在,这就是妙处所在,因为通过上面这种函数嵌套定义形式,已经把变量 mylist2 与函数 aver 绑定在一起了。这样的效果就是这种嵌套定义的函数所具有的特殊作用——**把数据对象与函数对象关联在一起**。这项技术在 Python 中称为**闭包**,它必须遵守下面的规则:

① 一个闭包(外部函数)必须有一个内嵌的函数;

② 内嵌的函数必须应用一个外部函数中定义的值;

③ 外部函数必须把内嵌函数作为返回值返回。

可以检查一下上面定义的 make_average 函数是否符合这 3 条规则。注意本节问题中计算体质指数使用了闭包作为 apply 函数的参数,由于闭包返回的是内嵌函数,因此实际作为参数的是绑定了数据列表 all_bmi 的内嵌函数。再看一个例子,打印信息函数 printer 与外部的数据对象相结合,请看下面的程序。

程序清单 10.6

```
1 #@File: nestedFuncs.py
2 #@Software: PyCharm
3
4 def print_msg(msg):
```

```
5       """ the outer function """
6       def printer():
7           """ the nested function"""
8           print("Welcome to",msg)
9       return printer
10
11  f = print_msg("China!")                  #f 得到的是 printer
12
13  f()
14  f()
15  f()
```

运行结果：

```
Welcome to China!
Welcome to China!
Welcome to China!
```

按照常规，第 11 行调用 print_msg 函数结束时，形参 msg 的生命就已经结束，但是第 13～15 行的调用 f 即调用 printer，仍然能够输出 msg 引用的实参 China。请检查一下 print_msg 函数是不是闭包。

从上面两个例子可以看出，闭包起到一种数据隐藏的作用，相当于一个较轻量级的类，这更符合面向对象的解决方案。请仔细体会一下，在下面的例子中的闭包 do_times_of 有没有类的效果。

程序清单 10.7

```
1   #@File: closureClass.py
2   #@Software: PyCharm
3
4   def do_times_of(n):
5       def multiplier(x):
6           return x * n
7       return multiplier
8   times10 = do_times_of(10)
9   times5 = do_times_of(5)
10
11  print(times10(10))
12  print(times10(3))
13  print(times5(10))
```

第 8 和第 9 行分别创建了闭包的引用，相当于类的实例，第 11～13 行使用该实例进行计算。

Python 提供了内置的变量__closure__，如果定义的嵌套函数是闭包，__closure__就会返回一个元组 cell，这个元组的 cell__contents 就是闭包中的数据对象，例如：

```
>>>print(avg.__closure__[0].cell_contents)
```

```
[1,2,3]
```

现在能理解本节问题求解程序中的闭包的作用了吗？当然也可以完全不用它，就用普通的函数，也可以实现同样的功能，不同的是数据与函数的关系不同。

10.3.3　函数修饰器

Python 中一切皆为对象，函数也不例外，函数是可调用对象。任何实现了__call__()方法的对象都是可调用对象。既然如此，闭包中包含的对象是否可以是函数对象，或者特殊情况下，函数作为闭包的参数，然后再返回一个函数。在这个过程中，作为参数的函数对象可能被内嵌对象改变，Python 把这样的闭包称为**函数修饰器**(Decorator)。请看下面的例子。

程序清单 10.8

```
1   #@File: funcclosure.py
2   #@Software: PyCharm
3
4   def make_pretty(func):
5       print("be decorating")
6
7       def inner():
8           print("im got decorated")
9           func()
10
11      print("decorated")
12      return inner
13
14  def ordin():
15      print("im ordinary")
16
17  ordin = make_pretty(ordin)
18
19  ordin()
```

其中的 make_pretty 是闭包吗？第 17 行调用它之后 ordin 函数被 decorated。Python 中提供了一种机制——装饰器@，替代第 14～18 行的代码，即

```
14  @make_pretty
15  def ordin():
16      print("im ordinary")
```

一个函数也可以被修饰多次，见程序清单 10.9。

程序清单 10.9

```
1   #@File: decorator.py
2   #@Software: PyCharm
3
4   def w1(func):
```

```
5       print("decorating 1")
6       def inner():
7           print("1111111")
8           func()
9       return inner
10
11  def w2(func):
12      print("decorating 2")
13      def inner():
14          print("2222222")
15          func()
16      return inner
17
18  @w1
19  @w2
20  def f1():
21      print("---f1---")
22  #经过两次装饰的 f1
23  f1()
```

运行结果：

```
decorating 2
decorating 1
1111111
2222222
---f1---
```

函数修饰器是对现有函数的升级改造，装饰，添加一些功能，例如：

```
>>>def divide(a,b):
.......    return a/b
```

这个 divide 函数不管 b 的值是什么，都去做除法运算。可以写一个修饰器使其具有判断 b 是否等于 0，等于 0 时给出警告信息，不做除法运算。实现代码如程序清单 10.10。

程序清单 10.10

```
1   #@File: divideDecorator.py
2   #@Software: PyCharm
3
4   def smart_divide(func):
5       def inner(a,b):
6           print(f'I am going to divide {a} and {b}')
7           if b == 0:
8               print('Oops, Cannot be divided!')
9               return
10          return func(a,b) #or func(a,b)
11      return inner
```

```
12
13 @smart_divide
14 def divide(a,b):
15     return a/b
16
17 print(divide(3,2))
18
19 divide(3,0)
```

10.4　文本数据分析

问题描述：

文本数据是指普通的英文或中文的文章，一个典型的文本数据分析是从给定文本文件分离出所有的单词，然后按照词频以及一定的条件分离出一部分词，做出一个词云图，词频高的词，给以视觉上的突出效果，即其大小、位置、颜色等都有所不同。这里仅仅考虑从中英文混合的文本数据中的英文单词的词云图。

输入样例：

读入原始文本文件 aijob.txt(关于人工智能工作岗位的招聘材料)

输出样例：

词云图片，如图 10.6 所示。

图 10.6　词云图

问题分析：

解决这类问题的关键是如何分词，在第 9 章的项目设计题中探讨过分词的问题。中文文本的分词是比较困难的，涉及很多分词的方法，它是自然语言理解中的热门研究话题。英文分词可以用 NLTK 库，也可以用 jieba 库，后者更适用于中文分词。第二个问题就是要挑出符合某种条件的词，对于本问题中的英文单词，可以用正则表达式过滤出来。最后就是生成词云，绘制出来。生成词云有一个专门的 wordcloud 模块，配置相关的资源后，即可生成词云图，再用 matplotlib 显示图片的函数绘制出来。

算法设计：

① 读取文本文件。

② 用 jieba 模块分词。

③ 利用正则表达式选出英文单词或中文单词。

④ 生成词云对象,利用图片遮罩形状和改变颜色。

⑤ 使用 matplotlib 来显示图片。

程序清单 10.11

```
1   #@File: EnglishWordcloudtest.py
2   #@Software: PyCharm
3   import jieba
4   import re
5   from wordcloud import WordCloud
6   import matplotlib.pyplot as plt
7
8   #1 加载文本文件
9   text=''
10  with open('./aijob.txt','r') as f:
11      text=f.read()
12      f.close()
13
14  #2 分词
15  words = jieba.cut(text)
16
17  #3 正则表达式抽取符合条件的词
18  pattern = re.compile(r'^[a-zA-Z0-1]+$')
19  words = [w for w in words if pattern.match(w)]
20  cuted = ' '.join(words)
21  #print(cuted[:500])
22
23  #4 词云配置和生成
24  fontpath='SourceHanSerifCN-Regular.otf'
25  wc = WordCloud(font_path=fontpath,                #设置字体
26                 background_color="white",          #背景颜色
27                 max_words=1000,                    #词云显示的最大词数
28                 max_font_size=100,                 #字体最大值
29                 min_font_size=5,                   #字体最小值
30                 random_state=42,                   #随机数
31                 collocations=False,                #避免重复单词
                   #mask=aimask,                       #造型遮盖
32                 width=1600,height=1200,margin=2, #图像宽高,字间距,需要配合下
                       #面的 plt.figure(dpi=xx)放缩才有效
33                 )
34  wc.generate(cuted)
35
36  #5 绘制词云图
37  plt.figure(dpi=100)                               #通过这里可以放大或缩小
```

```
38 plt.imshow(wc, interpolation='catrom',vmax=1000)
39 plt.axis("off")                              #隐藏坐标
```

10.4.1 jieba

jieba是中文分词模块，大家可以到 https://github.com/fxsjy/jieba 查看它的所有资料。它支持以下四种分词模式：

- 精确模式。试图将句子最精确地切开，适合文本分析。
- 全模式。把句子中所有的可以成词的词语都扫描出来，速度非常快，但是不能解决歧义。
- 搜索引擎模式。在精确模式的基础上，对长词再次切分，提高召回率，适合用于搜索引擎分词。
- paddle模式（支持jieba v0.40及以上版本）。利用PaddlePaddle深度学习框架，训练序列标注（双向GRU）网络模型实现分词。同时支持词性标注。使用paddle模式需安装paddlepaddle-tiny，还支持繁体分词和自定义词典。

jieba有几个分词函数：jieba.cut、jieba.lcut、jieba.cut_for_search及jieba.lcut_for_search，详细的使用方法见github的jieba网站。本节问题求解使用了jieba.cut方法，它可以接受四个输入参数：需要分词的字符串（精确模式）；cut_all参数用来控制是否采用全模式；HMM参数用来控制是否使用HMM模型；use_paddle参数用来控制是否使用paddle模式下的分词模式。paddle模式采用延迟加载方式，通过enable_paddle接口安装paddlepaddle-tiny，并且import相关代码。jieba.cut简单的使用方式只需给第一个参数即可，即使用精确模式。

jieba分词的基本原理是利用一个中文词库，将待分词内容与分词词库进行比对，通过特别的算法找到最大概率的词组。

10.4.2 Wordcloud

Wordcloud是Python的一个扩展库，称为词云，也叫文字云，是根据文本中的词频，对内容进行可视化汇总的模块，其官网是 https://pypi.org/project/wordcloud/。绘制词云图片依赖于NumPy、matplotlib和正则表达式模块re，本问题中只用了这三个模块。如果要使用造型遮盖图像，或者做图像数据的相关处理还要用到PIL模块或opencv模块。使用Wordcloud就是要创建一个WordCloud对象，它有丰富的参数可以设置，如表10.4所示。

表10.4 WordCloud类的初始化参数

属性名	示例	说明
background_color	background_color='white'	指定背景色
width	width=600	图像宽度
height	height=400	图像高度
margin	margin=20	词与词之间的边距
scale	scale=0.5	缩放比例

续表

属 性 名	示 例	说 明
prefer_horizontal	prefer_horizontal=0.9	水平方向上频率
min_font_size	min_font_size=10	最小字体的大小
max_font_size	max_font_size=20	最大字体的大小
font_step	font_step=2	字体步幅
stopwords	stopwords=set('dog')	设置要过滤的词
mode	mode='RGB'	设置显色模式
relative_scaling	relative_scaling=1	词频与字体大小关联性
color_func	color_func=None	生成新颜色的函数
regexp	regexp=None	默认单词是以空格分隔
width	regexp=None	默认 400 单位像素
collocations	collocations=False	是否包含两个词的搭配
colormap	colormap=None	给所有单词随机分配颜色
random_state	random_state=1	为每个单词返回一个 PIL 颜色
font_path	font_path='./TiTi-1.ttf'	指定字体
mask	mask=None	指定背景图

下面是使用 mask 属性的实例：

```
from PIL import Image
aimask=np.array(Image.open("./ai-mask.png"))
在程序清单 10.11 中第 31 行下面添加 mask=aimask       #造型遮盖
```

如果在分词时不用正则表达式，则可以得到中英文混合的词云图。

小结

本章讨论了 NumPy 模块的同类型数据构成的数组及其简洁的运算特征，以及 Pandas 模块的包含横向和纵向索引的二维表格型数据类型 DataFrame。相比较而言，Pandas 更适合处理各种表格数据，采用字典的操作方式很容易从一个 DataFrame 中获得与列名对应的数据，DataFrame 的分组应用聚合模式对于数据分析很有意义。本章还介绍了数据可视化模块 matplotlib。另外针对文本数据分析可视化，讨论了词云模块 wordcloud 的用法。相信读者经过这几个问题的讨论，对数据分析与可视化的兴趣更浓了，希望大家在继续的学习中更加努力。

你学到了什么

为了确保读者已经理解本节内容，请试着回答以下问题？如果在解答过程中遇到了困难，请回顾本节相关内容。

1. 什么是数据分析？什么是数据可视化？数据分析的基本流程是什么？
2. NumPy 的数组对象有什么特征？NumPy 支持什么统计函数？
3. Pandas 的 DataFrame 类有什么特征？
4. 如何用 matplotlib 绘图？
5. 什么是闭包？什么是函数修饰器？
6. 文本数据分析的词云表达的是什么？
7. jieba 模块主要功能是什么？
8. WordCloud 对象有哪些属性？

程序练习题

1. 像 10.2 节讨论的那样，试用 Pandas 模块对鸢尾花数据做同样的统计分析并用 matplotlib 绘图。

2. 通过网络爬虫或者其他方法获取关于疫情防控相关的文本，然后使用 jieba 进行分词，生成词云图片，绘制出结果。

项目实战

1. 研究数据可视化模块 seaborn(需要另外安装的)，结合鸢尾花数据集和运动员信息数据集绘制一些图形，与 matplotlib 绘制的图形做比较。你会发现 seaborn 绘制的图形更好。

2. 在数据分析处理领域中除了数值数据、文本数据之外，还有一类是图像数据，每一幅图像数据都是由像素构成的二维数组，但要注意每个像素有 RGB 三个值。请大家尝试一下图像数据处理的内容，首先要安装图像处理模块，如 PIL 或 opencv，后者功能更强大，有时还需要 scipy，scikit-learn(简称 sklearn)等模块使用其中的智能处理的算法。图像处理的基本操作有去噪、平滑、锐化、各种转换等，其基本原理要参考数字图像处理相关的教材和著作。图像处理的经典数据集有很多，著名的数据集之一是 lena.jpg，图 10.7 是一个图像处理的示例。

图 10.7　图像处理加噪、去噪示范图

实验指导

后记——Python 之禅

你喜欢上 Python 程序设计了吗？你体会到程序设计的秘诀了吗？Python 内置了一个特殊的模块叫作 this，只要导入这个模块就会显示 Python 社区的主要贡献者之一，美国软件工程师 Tim Peters 写的一段给每个程序设计者的话：

The Zen of Python, by Tim Peters

Beautiful is better than ugly.
Explicit is better than implicit.
Simple is better than complex.
Complex is better than complicated.
Flat is better than nested.
Sparse is better than dense.
Readability counts.
Special cases aren't special enough to break the rules.
Although practicality beats purity.
Errors should never pass silently.
Unless explicitly silenced.
In the face of ambiguity, refuse the temptation to guess.
There should be one—and preferably only one --obvious way to do it.
Although that way may not be obvious at first unless you're Dutch.
Now is better than never.
Although never is often better than * right * now.
If the implementation is hard to explain, it's a bad idea.
If the implementation is easy to explain, it may be a good idea.
Namespaces are one honking great idea—let's do more of those!

参考译文：

Python 之禅

优美胜于丑陋(Python 以编写优美的代码为目标)。
明了胜于晦涩(优美的代码应当是明了的，命名规范，风格相似)。
简洁胜于复杂(优美的代码应当是简洁的，不要有复杂的内部实现)。
复杂胜于凌乱(如果复杂不可避免，那代码间也不能有难懂的关系，要保持接口简洁)。
扁平胜于嵌套(优美的代码应当是扁平的，不能有太多的嵌套)。
间隔胜于紧凑(优美的代码有适当的间隔，不要奢望一行代码解决问题)。

可读性很重要(优美的代码是可读的)。

即便假借特例的实用性之名,也不可违背这些规则(这些规则至高无上)。

不要包容所有错误,除非你确定需要这样做(精准地捕获异常,不写 except：pass 风格的代码)。

当存在多种可能,不要尝试去猜测。

而是尽量找一种,最好是唯一一种明显的解决方案(如果不确定,就用穷举法)。

虽然这并不容易,因为你不是 Python 之父(这里的 Dutch 是指 Guido)。

做也许好过不做,但不假思索就动手还不如不做(动手之前要细思量)。

如果你无法向人描述你的方案,那肯定不是一个好方案;反之亦然(方案测评标准)。

命名空间是一种绝妙的理念,我们应当多加利用(倡导与号召)。

更有趣的是,这段话还以另一种形式向你展示：

Ornhgvshy vf orggre guna htyl.
Rkcyvpvg vf orggre guna vzcyvpvg.
Fvzcyr vf orggre guna pbzcyrk.
Pbzcyrk vf orggre guna pbzcyvpngrq.
Syng vf orggre guna arfgrq.
Fcnefr vf orggre guna qrafr.
Ernqnovyvgl pbhagf.
Fcrpvny pnfrf nera’g fcrpvny rabhtu gb oernx gur ehyrf.
Nygubhtu cenpgvpnyvgl orngf chevgl.
Reebef fubhyq arire cnff fvyragyl.
Hayrff rkcyvpvgyl fvyraprq.
Va gur snpr bs nzovthvgl, ershfr gur grzcgngvba gb thrff.
Gurer fubhyq or bar—naq cersrenoyl bayl bar—boivbhf jnl gb qb vg.
Nygubhtu gung jnl znl abg or boivbhf ng svefg hayrff lbh’er Qhgpu.
Abj vf orggre guna arire.
Nygubhtu arire vf bsgra orggre guna *evtug* abj.
Vs gur vzcyrzragngvba vf uneq gb rkcynva, vg’f n onq vqrn.
Vs gur vzcyrzragngvba vf rnfl gb rkcynva, vg znl or n tbbq vqrn.
Anzrfcnprf ner bar ubaxvat terng vqrn—yrg’f qb zber bs gubfr!"""

你能看懂吗？肯定是一头雾水了！但你只需在这后面加上简短的 Python 代码,注意这段代码既包含字典,又有元组,还有列表,就可以看到它的真面目了！

```
d = {}
for c in (65, 97):
    for i in range(26):
        d[chr(i+c)] = chr((i+13) %26 +c)
print("".join([d.get(c, c) for c in s]))
```

实际上这是凯撒密码的一种扩展，其中存在着这样的对应关系：

```
ABCDEFGHIJKLMNOPQRSTUVWXYZabcdefghijklmnopqrstuvwxyz
↓↓↓↓↓↓↓↓↓↓↓↓↓↓↓↓↓↓↓↓↓↓↓↓↓↓↓↓↓↓↓↓↓↓↓↓↓↓↓↓↓↓↓↓↓↓↓↓↓↓↓↓
NOPQRSTUVWXYZABCDEFGHIJKLMnopqrstuvwxyzabcdefghijklm
```

APPENDIXES 附录 A

Python 快速参考

标准输入与输出
```
s = input()
s = input( "Please enter a string" )
a, b = eval( Input( "Enter 2 numbers, seperated by ',' " ) )
print("Hello")
print(s)
print(a, b, end = ' ')
print("Hi!", s)
```

算术运算：加+、减-、乘*、除/、整除//、求余%、乘方**
关系运算：大于>、大于或等于>=、小于<、小于或等于<=、等于==、不等于!=
逻辑运算：逻辑与 and 、逻辑或 or 、逻辑非 not
赋值运算：=
算术运算和赋值运算复合：+=、-=、*=、/=、//=、**=、%=
同步赋值：a, b = b, a #交换a和b的引用对象
条件运算：表达式1 if 判断条件 else 表达式2

选择程序结构
```
单分支：
if 判断条件：
    语句块
双分支
If 判断条件：
    语句块1
else：
    语句块2
多分支：
If 判断条件：
    语句块1
elif 判断条件2：
    语句块2
elif 判断条件3：
    语句块3
...
else:
    语句块n
```

循环程序结构
```
while 循环条件：
    语句块

for 序列元素e in sequence：
    语句块
```
sequence：字符串、列表、元组，或者由range函数产生
```
for 文件记录行line in file：
    语句块
for 字典的key in dictionary：
    语句块
```

定义函数
```
def fname(a, b):
    语句块
```
函数调用
fname(x, y) 或 fname(b=x, a=y)

定义函数
```
def fname(a=1, b=2):
    语句块
```
函数调用
fname() 或fname(x) 或fname(x,y)

定义函数
```
def fname(a, b, c, *x):
    语句块
```
函数调用
fname(x, y, z, tupleName）或者
fname(x, y, z, t1,t2,t3,...)
其中tl是元组元素

定义函数
```
def fname(a, b, c, **x):
    语句块
```
fname(x, y, z, key1=val1,key2=val2,...)
其中{key1:val1, key2:val2,...}组成字典

字符串格式化

C语言风格的格式化
```
"%3d, %6.2f" %(2, 43.456)
```

format 串
```
"{0:3d} , {2:6.2f}".format(2, 43.456)
```

f-string
```
f"{2:3d}, {43.455:6.2f}"
```

定义类
```
class ClassName( object ):
    def __init__( self, a, b):
        self._x = a
        self.y = b
    def method1(self):
        语句块
    def getX(self):
        return self._x
    运算符重载方法
    覆盖父类方法
```

创建类的实例/对象
```
obj = ClassName(2,3)
```
调用对象的方法
```
obj.method1()
obj.getX()
```

使用模块moduleA中的函数foo
```
import moduleA
moduleA.foo()
import moduleA as ma
ma.foo()
from moduleA import *
foo()
from moduleA import foo
foo()
```

文件操作
```
file = open(fileName, "r" | "w" | "rb" | "wb")
file.read(size=-1)
file.readline(size=-1)
file.readlines(hint=-1)
file.write(s)
file.writelines(lines)
file.seek(offset,whence = SEEK_SET)
file.tell()
file.close()
```

上下文管理器
```
with open(fileName, openMode) as file:
    语句块
```

异常处理
```
try:
    语句块
except 异常类型1:
    异常处理
...
except 异常类型n:
    异常处理
except:
    异常处理
else:
    else处理
finally:
    finally处理
```

序列类型的通用操作
x In s
x not in s
s1 + s2
s * n, n * s
s[i]
s[i:j]
len(s)
min(s)
max(s)
s.count(x)
s.index(x)

列表常用方法
mylist.append(x)
mylist.count(x)
mylist.index(x)
mylist.insert(index, x)
mylist.remove(x)
mylist.reverse()
mylist.sort()
random.shuffle(mylist)

字符串常用方法
s.Lower()
s.upper()
s.islower()
s.isupper()
s.isdigit()
s.startwith(str)
s.endwith(str)
s.find(str)
s.count(str)
s.strip()
s.split()
s.split(str)

集合常用方法
s1 | s2　#并
s1 & s2　#交
s1 – s2　#差
s1 ^ s2　#对称差
s1.add(x)
s1.remove(x)
s1.issubset(s2)
s1.issuperset(s2)
len(s1)
min(s1)
max(s1)
sum(s1)

字典常用方法
key in mydict
key not in mydict
mydict[key]
mydict[key] = value
mydict.keys()
mydict.values()
mydict.items()
del mydict[key]
len(mydict)
for x in mydict

random库常用函数
Import random as rd
rd.seed(a=None)
rd.randint(a, b) #[a,b]
rd.randrange(start, stop, step)
rd.random() #[0,1)
rd.uniform(a, b) #[a,b) or [a,b]
rd.shuffle(sequence)
rd.sample(population, k)
rd.getrandbits(k) #k bits
rd.setstate(state)
rd.getstate()

常用Python内置函数
abs(x)
chr(x) #ASCII->Char
id(x)
max(x1,x2,....)
min(x1,x2,.....)
map(f, sequence)
enumerate(seq, start)
range(stop)
range(star, stop[, step])
eval(x)
ord(x) #char->ASCII
pow(a, b)
round(x)
round(x, n)
sorted(x)

math库常用函数
import math
math.pi
math.e
math.fabs(x)
math.sqrt(x)
math.factorial(x)
math.gcd(x, y)
math.ceil(x)
math.floor(x)
math.sin(radians)
math.degrees(radians)
math.radians(x)
math.log(x)
math.log2(x)
math.log10(x)
math.exp(x)
math.pow(x,y)

Python 语言的关键字(33个)
and as assert break class
continue def del elif else except
False finally for from global if
import in is lambda None
nonlocal not or pass raise
return True try while with
yield

APPENDIXES 附录 B

ASCII 码

高位			000	001	010	011	100	101	110	111
低位			0	1	2	3	4	5	6	7
0	0H	0000	NUL/空	DLE/数据链路转义	SP	0	@	P	、	p
1	1H	0001	SOH/标题开始	DC1/设备控制 1	!	1	A	Q	a	q
2	2H	0010	STX/正文开始	DC1/设备控制 2	“	2	B	R	b	r
3	3H	0011	ETX/正文结束	DC1/设备控制 3	#	3	C	S	c	s
4	4H	0100	EOT/传输结束	DC1/设备控制 4	$	4	D	T	d	t
5	5H	0101	ENQ/请求	NAK/无响应	%	5	E	U	e	u
6	6H	0110	ACK/响应	SYN/同步空闲	&	6	F	V	f	v
7	7H	0111	BEL/响铃	ETB/传输块结束	‘	7	G	W	g	w
8	8H	1000	BS/ 退格	CAN/取消	(	8	H	X	h	x
9	9H	1001	HT/水平制表符	EM/介质末端	)	9	I	Y	i	y
10	AH	1010	NL/LF/换行	SUB/替换	*	:	J	Z	j	z
11	BH	1011	VT/垂直制表符	ESC/取消/逃离/溢	+	;	K	[	k	{
12	CH	1100	FF/换页键	FS/文件分隔符	,	<	L	\	l	|
13	DH	1101	CR/回车键	GS/分组符	-	=	M	]	m	}
14	EH	1110	SO/不用切换	RS/记录分隔符	.	>	N	^	n	~
15	FH	1111	SI/启用切换	US/单元分隔符	/	?	O	-	o	DEL/删除

注：表中 128 个字符的 ASCII 码的最高位均为 0，表中的行对应了 ASCII 码的低 4 位，列对应高 3 位，高位与低位组合在一起就是对应字符的 ASCII 码，如 41H 或 100 0001 对应的字符是大写字符'A'，字符 A 的 ASCII 码是十六进制的 41H。

APPENDIXES 附录 C

转义序列

转义序列	英文含义	中文含义	示例-->代表输出	注释
\newline	backslash and newline ignored	续行符,输出不换行	s='a\ b\ c' -->'abc'	
\\	backslash (\)	反斜杠		
\'	single quote (')	单引号		
\"	double quote (")	双引号		
\a	ASCII Bell (BEL)	响铃		PyCharm 需要设置
\b	ASCII Back Space (BS)	退格		
\f	ASCII Form Seed (FF)	换页		
\n	ASCII Line feed (LF)	换行		
\r	ASCII Carriage Return (CR)	回车		
\t	ASCII Horizontal Tab (TAB)	水平制表符		
\v	ASCII Vertical Tab (VT)	垂直制表符		
\ooo	Character with octal value ooo	3 位八进制值对应的字符	'\101 ' --> 'A', '\007 '-->响铃	
\xhh	Character with hex value hh	2 位十六进制值对应的字符	'\x41' --> 'A'	
\N{name}	Character named name in the Unicode database	Unicode 数据库中的字符	print('\N{DANGER}') -->☨(匕首)	
\uxxxx	Character with 16-bit hex value xxxx	4 位的十六进制值的字符	\u6b22' -->欢	
\Uxxxxxxxx	Character with 32-bit hex value xxxxxxxx	8 位的十六进制值的字符	"\U000001a9" -->ƨ	

APPENDIXES 附录 D

运算符的优先级

Python 语言运算符种类大体上有赋值运算、逻辑运算、比较运算、算术运算、位运算、下标运算等，它们的优先级从低到高排列如下表所示，在同一个级别组中的运算符按照从左向右的方式结合(指数运算除外)。

从低到高	运　算　符	描　　述
1	:=	赋值表达式(参考 PEP572)
2	lambda	lambda 表达式
3	if-else	条件表达式
4	or	逻辑或
5	and	逻辑与
6	not x	逻辑非
7	in, not in, is, is not, <, <=, >, >=, !=, ==	比较运算,包括成员检测和 ID 检测
8	|	按位或
9	^	按位异或
10	&	按位与
11	<<, >>	位运算移位
12	+, -	算术加法,减法
13	*, @, /, //, %	算术乘法,矩阵乘法,除法,整除,求余
14	+x, -x, ~x	取正,取负,按位 not
15	**	指数运算
16	await x	await 表达式
17	x[index], x[index: index], x(arguments...), x.attribute	下标,切片,调用和属性引用
18	(express, ...), [ex...], {key: value,...}, {expr...}	元组,列表,字典,集合

注意：比较运算符、成员测试和 ID 测试运算具有同样的优先级，从左向右结合。目前还没有 Python 的内置类型实现矩阵乘法运算@，扩展库 NumPy 的矩阵乘法可以使用@运算。赋值表达式参考 PEP 572。

APPENDIXES 附录E

索 引

E.1 全书求解问题索引

求解问题编号	求解问题名称	对应章节
问题 1	在屏幕上输出文字信息	2.1
问题 2	计算两个固定整数的和与积	2.2
问题 3	计算任意两个整数的和与积	2.3
问题 4	温度转换	2.4
问题 5	求 3 个数的平均值	2.5
问题 6	计算圆的周长和面积	2.6
问题 7	绘制几何图形	2.7
问题 8	让成绩合格的学生通过	3.1
问题 9	按成绩把学生分成两组	3.2
问题 10	按成绩把学生分成多组(百分制)	3.3
问题 11	按成绩把学生分成多组(五级制)	3.4
问题 12	判断闰年问题	3.5
问题 13	判断点的位置	3.6
问题 14	打印规则图形	4.1
问题 15	自然数求和	4.2
问题 16	简单的学生成绩统计	4.3
问题 17	计算 2 的算术平方根	4.4
问题 18	打印九九乘法表	4.5
问题 19	列出素数	4.6
问题 20	随机游戏模拟	4.7
问题 21	再次讨论猜数游戏模拟问题	5.1
问题 22	是非判断问题求解	5.2
问题 23	问题的递归求解	5.3

续表

求解问题编号	求解问题名称	对应章节
问题 24	绘制几何图形的接口	5.4
问题 25	学生成绩统计	6.1
问题 26	有理数的四则运算	6.2
问题 27	身体质量指数计算器	6.3
问题 28	一组数据排序问题	7.1
问题 29	三门课程成绩按总分排序问题	7.2
问题 30	查找成绩问题	7.3
问题 31	在画布上绘制图形	7.4
问题 32	课程管理	8.1
问题 33	具有层次结构的规则几何图形	8.2
问题 34	一个文本编辑器	8.3
问题 35	给一个源程序文件做备份	9.1
问题 36	把数据保存到文件中	9.2
问题 37	建立一个数据库	9.3
问题 38	速度计算问题	10.1
问题 39	鸢尾花数据统计	10.2
问题 40	运动员信息分析	10.3
问题 41	文本数据分析	10.4

E.2 全书各章知识点索引

章　　节	知　识　点
1.1	计算机的基本组成和工作原理
1.2	计算机的信息存储方式和文件管理
1.3	程序和软件的概念，软件开发的基本流程
1.5	程序设计方法
1.6	程序设计语言，编译器和解释器
1.7	Python 简介
1.8	Python 程序设计的基本环境
2.1	Python 程序的基本框架，注释，模块导入，转义序列，print，turtle
2.2	Python 的数据类型，对象与变量，算术运算，赋值语句，格式化输出
2.3	input，类型转换，测试用例，程序的顺序结构
2.4	整除和 int 转换，运算符的优先级和结合性，变量初始化

续表

章节	知识点
2.5	浮点型数据,round 函数,format 函数 和 float 转换
2.6	符号常量
2.7	turtle 绘图
3.1	关系运算,逻辑常量与变量,单分支选择结构(if),特殊形式的判断条件
3.2	双分支选择结构(if-else),条件表达式
3.3	嵌套的 if 和 if-else 结构,多分支选择结构(if-elif)
3.4	字符串和字符,字符的输入与输出
3.5	逻辑运算及其优先级和短路性
3.6	turtle 绘图与 if
4.1	计数控制循环,循环结构 while
4.2	迭代计算,复合赋值运算
4.3	标记控制循环,程序容错,程序调试与测试,输入输出重定向
4.4	误差精度控制循环,格式化输出 f-string 和字符串的 format
4.5	循环嵌套,穷举法
4.6	break 和 continue
4.7	随机数模块 random,自顶向下、逐步求精的方法,结构化程序设计总结
5.1	函数定义、调用,关键字参数,默认参数,lambda 表达式,函数测试,函数模块化
5.2	判断函数,变量的作用域,函数调用堆栈
5.3	递归函数,尾递归
5.4	函数库接口,私有变量和私有函数,__name__属性,项目开发
6.1	定义对象类,创建对象(实例),UML,可变对象与不可变对象
6.2	类的私有成员,运算符重载,静态成员和类成员,@property,析构函数
6.3	tkinter 模块,小构件,事件驱动
7.1	数组的概念,列表与数组的关系,列表的创建、访问、输入输出,列表作为函数参数,交换排序算法,函数作为函数的参数,元组及其操作,字典及其操作,可变长参数
7.2	二维数组与二维列表,列表数据排序,选择排序算法
7.3	字符串对象及其操作,字符串常量,正则表达式,查找算法
7.4	tkinter 的画布,鼠标事件,菜单界面
8.1	对象的组合,集合,可 hash 对象,对象的链式存储,类的嵌套
8.2	类的继承,覆盖方法,多态性,抽象基类
8.3	tkinter 模块的对话框,小构件 Text
9.1	文件的概念,文件的读写模式,文本文件的读写,上下文管理器,命令行参数

续表

章 节	知 识 点
9.2	格式化文本文件读写和二进制文件,JSON 格式,pickle 和 struct
9.3	数据库的基本概念,SQL 常用命令,SQLite 数据库,sqlite3 模块
10.1	NumPy 库、matplotlib 库
10.2	NumPy 的自定义类型和描述性统计
10.3	Pandas 模块,闭包和函数修饰器
10.4	jieba 模块和 Wordcloud 模块

参考文献

[1] The Python Language Reference, https://docs.Python.org/3/reference/.

[2] The Python Tutorial, https://docs.Python.org/3/tutorial/index.html#tutorial-index.

[3] The Python Standard Library, https://docs.Python.org/3/library/index.html#library-index.

[4] (美)梁勇. Python 语言程序设计[M]. 李娜,译. 北京:机械工业出版社,2015.

[5] (美)Michael T Goodrich, Roberto Tamassia, Michael H Goldwasser, et.al.数据结构与算法 Python 语言实现[M].张晓,赵晓南,等译. 北京:机械工业出版社, 2018.

[6] 徐光侠,常光辉,解绍词,等. Python 程序设计案例教程[M].北京:人民邮电出版社,2017.

[7] 嵩天,礼欣,黄天羽. Python 语言程序设计基础 [M]. 2 版.北京:高等教育出版社,2017.

[8] 董付国. Python 程序设计基础 [M]. 2 版.北京:清华大学出版社,2018.

[9] (美) Wes McKinney.利用 Python 进行数据分析[M]. 徐敬一,译.北京:机械工业出版社,2018.

[10] (美) Alvaro Fuentes. Python 数据分析师修炼之道[M]. 刘璋,译.北京:清华大学出版社,2019.

[11] 魏伟一,李晓红. Python 数据分析与可视化[M]. 北京:清华大学出版社,2020.

[12] 黑马程序员. Python 数据分析与应用:从数据获取到可视化[M]. 北京:中国铁道出版社,2019.

图书资源支持

感谢您一直以来对清华版图书的支持和爱护。为了配合本书的使用，本书提供配套的资源，有需求的读者请扫描下方的“书圈”微信公众号二维码，在图书专区下载，也可以拨打电话或发送电子邮件咨询。

如果您在使用本书的过程中遇到了什么问题，或者有相关图书出版计划，也请您发邮件告诉我们，以便我们更好地为您服务。

我们的联系方式：

地　　址：北京市海淀区双清路学研大厦 A 座 714

邮　　编：100084

电　　话：010-83470236　010-83470237

客服邮箱：2301891038@qq.com

QQ：2301891038（请写明您的单位和姓名）

资源下载：关注公众号“书圈”下载配套资源。

资源下载、样书申请

书圈

获取最新书目

观看课程直播